住房和城乡建设行业专业人员知识丛书

安装质量员专业知识

《住房和城乡建设行业专业人员知识丛书》编委会　编

中国环境出版集团·北京

图书在版编目（CIP）数据

安装质量员专业知识/《住房和城乡建设行业专业人员知识丛书》编委会编. —北京：中国环境出版集团，2019.4
（住房和城乡建设行业专业人员知识丛书）
ISBN 978-7-5111-4040-1

Ⅰ.①安…　Ⅱ.①住…　Ⅲ.①房屋建筑设备－建筑安装－基本知识　Ⅳ.①TU8

中国版本图书馆 CIP 数据核字（2019）第 140441 号

出 版 人　武德凯
责任编辑　张于嫣
责任校对　任　丽
封面设计　彭　杉

出版发行　中国环境出版集团
（100062　北京市东城区广渠门内大街16号）
网　　址：http：//www.cesp.com.cn
电子邮箱：bjgl@cesp.com.cn
联系电话：010-67112765（编辑管理部）
010-67112739（第三分社）
发行热线：010-67125803，010-67113405（传真）
印　　刷　北京中科印刷有限公司
经　　销　各地新华书店
版　　次　2019 年 4 月第 1 版
印　　次　2019 年 4 月第 1 次印刷
开　　本　787×1092　1/16
印　　张　20
字　　数　492 千字
定　　价　60.00 元

《住房和城乡建设行业专业人员知识丛书》
编 委 会

《安装质量员专业知识》编写组

主　　编： 魏佳强　江科文

副 主 编： 唐春平　蒋　理　朱　林

主　　审： 王显谊　唐小林

参加编写： 吕念南　邓泽贵　唐巾鸿　阳　俊　杨　旋

前　言

为了深入推进房屋建筑与市政基础设施工程现场施工专业人员（以下简称专业人员）队伍建设，更好地指导、服务于专业人员培训及人才评价工作，重庆市建设岗位培训中心组织编写了《住房和城乡建设行业专业人员知识丛书》，丛书紧扣现场施工专业人员职业能力标准，结合建设行业改革发展的新形势新要求，坚持与施工现场专业人员的定位相结合、与现行的国家标准和行业标准相结合、与建设类“双证制”院校的专业设置相融合，力求体现科学性、针对性、实用性。

本书作为《住房和城乡建设行业专业人员知识丛书》中的一本，坚持以“职业素质”为基础、以“职业能力”为本位、以“实用易懂”为导向的编写思路，围绕与安装工程质量员岗位能力要求相关的现行国家、行业及地方标准规范、技术指南等，重点对安装工程质量员的知识点和能力点进行介绍，帮助读者学习基本的安装工程质量员专业知识与技能，能够胜任参与现场施工质量管理的基本工作。

全书共 11 章，内容包括：质量管理岗位职责，工程质量管理的相关规定和标准，抽样统计分析，常用安装工程材料和设备，工程质量管理，施工质量计划，工程质量控制和评定，建筑安装工程质量问题分析、预防及处理，安装工程试验检测与调试，安装工程施工工艺，安装工程质量资料管理。本书与《通用知识》一书配套使用。

本书编写的具体分工是：主编由重庆市建筑业教育中心魏佳强、重庆工商职业学院江科文担任，副主编由重庆工商职业学院唐春平、重庆电子工程职业学院蒋理、重庆市建筑业教育中心朱林担任，重庆建筑工程职业学院邓泽贵、国网重庆市电力公司检修分公司唐巾鸿、重庆建筑工程职业学院吕念南、中建五局第三建设有限公司阳俊、重庆市建设岗位培训中心杨旋参与编写。第一章、第二章、第三章、第四章、第五章由江科文编写；第六章、第七章由蒋理、阳俊编写；第八章由邓泽贵、唐春平编写；第九章由吕念南、朱林、唐巾鸿编写；第十章、第十一章由魏佳强、杨旋编写。由江科文统稿。

本书由王显谊、唐小林任主审。

本书可作为施工现场专业人员岗位培训教材、“双证制”院校教学的参考用书，以及建筑类工程技术人员工作参考书。

限于编写时间之仓促，囿于编者之水平，书中难免有不足之处，恳请广大同仁和读者批评指正。

目　录

第一章　质量管理岗位职责

第一节　《建设工程质量管理条例》关于施工单位的质量责任和义务的规定

《建设工程质量管理条例》（以下简称本条例）规定在中华人民共和国境内从事建设工程的新建、扩建、改建等有关活动及实施对建设工程质量监督管理的，必须遵守本条例的规定。

本条例所称建设工程，是指土木工程、建筑工程、线路管道和设备安装工程及装修工程。

本条例规定了施工单位作为工程质量主体的相关质量责任和义务如下：

第二十五条　施工单位应当依法取得相应等级的资质证书，并在其资质等级许可的范围内承揽工程。禁止施工单位超越本单位资质等级许可的业务范围或者以其他施工单位的名义承揽工程。禁止施工单位允许其他单位或者个人以本单位的名义承揽工程。

施工单位不得转包或者违法分包工程。

第二十六条　施工单位对建设工程的施工质量负责。

施工单位应当建立质量责任制，确定工程项目的项目经理、技术负责人和施工管理负责人。

建设工程实行总承包的，总承包单位应当对全部建设工程质量负责；建设工程勘察、设计、施工、设备采购的一项或者多项实行总承包的，总承包单位应当对其承包的建设工程或者采购的设备质量负责。

第二十七条　总承包单位依法将建设工程分包给其他单位的，分包单位应当按照分包合同的约定对其分包工程的质量向总承包单位负责，总承包单位与分包单位对分包工程的质量承担连带责任。

第二十八条　施工单位必须按照工程设计图纸和施工技术标准施工，不得擅自修改工程设计，不得偷工减料。

施工单位在施工过程中发现设计文件和图纸有差错的，应当及时提出意见和建议。

第二十九条　施工单位必须按照工程设计要求、施工技术标准和合同约定，对建筑材料、建筑构配件、设备和商品混凝土进行检验，检验应当有书面记录和专人签字；未经检验或者检验不合格的，不得使用。

第三十条　施工单位必须建立、健全施工质量的检验制度，严格工序管理，做好隐蔽工程的质量检查和记录。隐蔽工程在隐蔽前，施工单位应当通知建设单位和建设工程质量监督机构。

第三十一条　施工人员对涉及结构安全的试块、试件以及有关材料，应当在建设单位或者工程监理单位监督下现场取样，并送具有相应资质等级的质量检测单位进行检测。

第三十二条　施工单位对施工中出现质量问题的建设工程或者竣工验收不合格的建设工程，应当负责返修。

第三十三条　施工单位应当建立、健全教育培训制度，加强对职工的教育培训；未经教育培训或者考核不合格的人员，不得上岗作业。

第二节　重庆市关于质量员岗位职责及相关知识能力的规定

质量员是施工企业内部质量保证体系的重要成员，是保证工程质量的卫士，是质量控制的主要实施者，每个分项工程检验批都要在班组自检、交接检的基础上，由质量员进行检查评定。质量员在保证施工质量上起着重要的把关作用，施工企业应高度重视质量员的培训工作，使其具备岗位工作能力。

一、质量员应具备的基本素质

1）能掌握分项工程检验批的检验方法和验收标准，正确地进行检查验收，能熟练填写各种检查表格。

2）能正确地判定各分项工程检验批的检验结果，了解原材料的主要物理（化学）性能。

3）能提出工程质量通病的防治措施，制定新工艺、新技术的质量保证措施。

4）了解和掌握发生质量事故的一般规律，具备对一般事故的分析、判断和处理能力。

5）熟悉国家和地方有关工程质量验收的标准。

6）能使用工程质量评价软件，用电脑整理工程资料。

7）掌握住宅工程质量分户验收的内容。

质量员不仅应具有岗位工作能力，而且还要有很好的政治素质，对工作有高度的责任心。质量员必须做到：坚持原则，严格标准，认真负责，一丝不苟，不讲情面，实事求是。其主要职责是根据国家有关技术标准、规范和设计文件，严格把好每一道工序质量关，在质量上有否决权。坚持做到上道工序不合格、下道工序就不能继续施工。该整修的整修，该返工的返工，在施工的全过程中真正起到检查把关的作用。

二、质量员应具备的职责

质量员不仅负责质量检查工作，还担负着企业的质量管理工作。质量员的主要工作职责见表 1-1。

表 1-1　质量员的主要工作职责

项次	分类	主要工作职责
1	质量计划准备	（1）参与施工质量策划 （2）参与制定质量管理制度
2	材料质量控制	（3）参与工程材料、构配件和设备的采购 （4）负责核查进场材料、构配件和设备的质量保证资料，监督进场材料的抽样复验 （5）负责监督、跟踪施工试验，负责计量器具的符合性审查
3	工序质量控制	（6）参与施工图会审和施工方案审查 （7）参与制定工序质量控制措施和施工技术交底 （8）负责工序质量检查和关键工序、特殊工序的旁站检查 （9）参与施工交接检验、隐蔽验收、技术复核 （10）参与安全和重要使用功能试验检测 （11）负责检验批和分项工程的质量验收 （12）参与分部工程和单位工程的质量验收 （13）参与绿色施工的管理 （14）参与施工现场标准化管理
4	质量问题处置	（15）参与制定质量通病预防和纠正措施 （16）负责监督质量缺陷的处理 （17）参与质量事故的调查、分析和处理
5	质量资料管理	（18）负责质量检查的记录，编制质量资料 （19）负责汇总、整理、移交质量资料

三、质量员应该具备的专业技能

质量员应该具备的专业技能见表 1-2。

表 1-2　质量员应该具备的专业技能

项次	分类	专业技能
1	质量计划准备	（1）能够参与编制施工项目质量计划
2	材料质量控制	（2）能够评价材料、构配件和设备质量 （3）能够判断施工试验检测结果
3	工序质量控制	（4）能够识读施工图 （5）能够确定施工质量控制点 （6）能够参与编写质量控制措施等质量控制文件，并实施质量交底 （7）能够进行工程质量检查、验收、评定
4	质量问题处置	（8）能够识别质量缺陷，并进行分析和处理 （9）能够参与调查、分析质量事故，提出处理意见
5	质量资料管理	（10）能够编制、收集、整理质量资料

四、质量员应该具备的专业知识

质量员应该具备的专业知识见表 1-3。

表 1-3　质量员应该具备的专业知识

<table>
<tr><th>项次</th><th>分类</th><th>专业知识</th></tr>
<tr><td>1</td><td>通用知识</td><td>（1）熟悉国家、行业、重庆市工程建设相关法律法规
（2）熟悉工程材料、构配件和设备的基本知识
（3）掌握施工图识读、绘制的基本知识
（4）熟悉工程施工工艺和方法
（5）熟悉工程项目管理的基本知识</td></tr>
<tr><td>2</td><td>基础知识</td><td>（6）熟悉绿色施工管理的基本知识
（7）熟悉相关专业的力学知识
（8）熟悉相关专业工程结构、构造、施工设备的基本知识
（9）熟悉施工测量的基本知识
（10）掌握抽样统计分析的基本知识</td></tr>
<tr><td>3</td><td>岗位知识</td><td>（11）熟悉与本岗位相关的标准和管理规定
（12）掌握工程质量管理的基本知识
（13）掌握施工质量计划的内容和编制方法
（14）熟悉工程质量控制的方法
（15）了解施工试验检测的内容、方法和判定标准
（16）掌握工程质量问题的分析、预防及处理方法</td></tr>
</table>

第二章　工程质量管理的相关规定和标准

第一节　建设工程质量管理法规和规定

一、《实施工程建设强制性标准监督规定》

《实施工程建设强制性标准监督规定》内容如下：

第一条　为加强工程建设强制性标准实施的监督工作，保证建设工程质量，保障人民的生命、财产安全，维护社会公共利益，根据《中华人民共和国标准化法》《中华人民共和国标准化法实施条例》《建设工程质量管理条例》等法律法规，制定本规定。

第二条　在中华人民共和国境内从事新建、扩建、改建等工程建设活动，必须执行工程建设强制性标准。

第三条　本规定所称工程建设强制性标准是指直接涉及工程质量、安全、卫生及环境保护等方面的工程建设标准强制性条文。

国家工程建设标准强制性条文由国务院住房和城乡建设主管部门会同国务院有关主管部门确定。

第四条　国务院住房和城乡建设主管部门负责全国实施工程建设强制性标准的监督管理工作。

国务院有关主管部门按照国务院的职能分工负责实施工程建设强制性标准的监督管理工作。

县级以上地方人民政府住房和城乡建设主管部门负责本行政区域内实施工程建设强制性标准的监督管理工作。

第五条　建设工程勘察、设计文件中规定采用的新技术、新材料，可能影响建设工程质量和安全，又没有国家技术标准的，应当由国家认可的检测机构进行试验、论证，出具检测报告，并经国务院有关主管部门或者省、自治区、直辖市人民政府有关主管部门组织的建设工程技术专家委员会审定后，方可使用。

工程建设中采用国际标准或者国外标准，现行强制性标准未作规定的，建设单位应当向国务院住房和城乡建设主管部门或者国务院有关主管部门备案。

第六条　建设项目规划审查机关应当对工程建设规划阶段执行强制性标准的情况实施

监督。

施工图设计文件审查单位应当对工程建设勘察、设计阶段执行强制性标准的情况实施监督。

建筑安全监督管理机构应当对工程建设施工阶段执行施工安全强制性标准的情况实施监督。

工程质量监督机构应当对工程建设施工、监理、验收等阶段执行强制性标准的情况实施监督。

第七条　建设项目规划审查机关、施工图设计文件审查单位、建筑安全监督管理机构、工程质量监督机构的技术人员必须熟悉、掌握工程建设强制性标准。

第八条　工程建设标准批准部门应当定期对建设项目规划审查机关、施工图设计文件审查单位、建筑安全监督管理机构、工程质量监督机构实施强制性标准的监督进行检查，对监督不力的单位和个人，给予通报批评，建议有关部门处理。

第九条　工程建设标准批准部门应当对工程项目执行强制性标准情况进行监督检查。监督检查可以采取重点检查、抽查和专项检查的方式。

第十条　强制性标准监督检查的内容包括：

（一）有关工程技术人员是否熟悉、掌握强制性标准；

（二）工程项目的规划、勘察、设计、施工、验收等是否符合强制性标准的规定；

（三）工程项目采用的材料、设备是否符合强制性标准的规定；

（四）工程项目的安全、质量是否符合强制性标准的规定；

（五）工程中采用的导则、指南、手册、计算机软件的内容是否符合强制性标准的规定。

第十一条　工程建设标准批准部门应当将强制性标准监督检查结果在一定范围内公告。

第十二条　工程建设强制性标准的解释由工程建设标准批准部门负责。

有关标准具体技术内容的解释，工程建设标准批准部门可以委托该标准的编制管理单位负责。

第十三条　工程技术人员应当参加有关工程建设强制性标准的培训，并可以计入继续教育学时。

第十四条　住房和城乡建设主管部门或者有关主管部门在处理重大工程事故时，应当有工程建设标准方面的专家参加；工程事故报告应当包括是否符合工程建设强制性标准的意见。

第十五条　任何单位和个人对违反工程建设强制性标准的行为有权向住房和城乡建设主管部门或者有关部门检举、控告、投诉。

第十六条　建设单位有下列行为之一的，责令改正，并处以 20 万元以上 50 万元以下的罚款：

（一）明示或者暗示施工单位使用不合格的建筑材料、建筑构配件和设备的；

（二）明示或者暗示设计单位或者施工单位违反工程建设强制性标准，降低工程质量的。

第十七条　勘察、设计单位违反工程建设强制性标准进行勘察、设计的，责令改正，并处以 10 万元以上 30 万元以下的罚款。

有前款行为，造成工程质量事故的，责令停业整顿，降低资质等级；情节严重的，吊销资质证书；造成损失的，依法承担赔偿责任。

第十八条　施工单位违反工程建设强制性标准的，责令改正，处工程合同价款 2%以上 4%以下的罚款；造成建设工程质量不符合规定的质量标准的，负责返工、修理，并赔偿因此造成的损失；情节严重的，责令停业整顿，降低资质等级或者吊销资质证书。

第十九条　工程监理单位违反强制性标准规定，将不合格的建设工程以及建筑材料、建筑构配件和设备按照合格签字的，责令改正，处 50 万元以上 100 万元以下的罚款，降低资质等级或者吊销资质证书；有违法所得的，予以没收；造成损失的，承担连带赔偿责任。

第二十条　违反工程建设强制性标准造成工程质量、安全隐患或者工程质量安全事故的，按照《建设工程质量管理条例》《建设工程勘察设计管理条例》和《建设工程安全生产管理条例》的有关规定进行处罚。

第二十一条　有关责令停业整顿、降低资质等级和吊销资质证书的行政处罚，由颁发资质证书的机关决定；其他行政处罚，由住房和城乡建设主管部门或者有关部门依照法定职权决定。

第二十二条　住房和城乡建设主管部门和有关主管部门的工作人员，玩忽职守、滥用职权、徇私舞弊的，给予行政处分；构成犯罪的，依法追究刑事责任。

第二十三条　本规定由国务院住房和城乡建设主管部门负责解释。

第二十四条　本规定自发布之日起施行。

二、《房屋建筑和市政基础设施工程质量监督管理规定》

国务院发布的《建设工程质量管理条例》明确了建设工程质量实行监督制度，住房和城乡建设部以第 5 号令发布了《房屋建筑和市政基础设施工程质量监督管理规定》，明确了建设工程质量监督机构的法律地位、基本结构和权利、责任、监督内容等要求。

第四条　本规定所称工程质量监督管理，是指主管部门依据有关法律法规和工程建设强制性标准，对工程实体质量和工程建设、勘察、设计、施工、监理单位（以下简称工程质量责任主体）和质量检测等单位的工程质量行为实施监督。

本规定所称工程实体质量监督，是指主管部门对涉及工程主体结构安全、主要使用功能的工程实体质量情况实施监督。

本规定所称工程质量行为监督，是指主管部门对工程质量责任主体和质量检测等单位履行法定质量责任和义务的情况实施监督。

第五条　工程质量监督管理应当包括下列内容：

（一）执行法律法规和工程建设强制性标准的情况；

（二）抽查涉及工程主体结构安全和主要使用功能的工程实体质量；

（三）抽查工程质量责任主体和质量检测等单位的工程质量行为；

（四）抽查主要建筑材料、建筑构配件的质量；

（五）对工程竣工验收进行监督；

（六）组织或者参与工程质量事故的调查处理；

（七）定期对本地区工程质量状况进行统计分析；

（八）依法对违法违规行为实施处罚。

第六条　对工程项目实施质量监督，应当依照下列程序进行：

（一）受理建设单位办理质量监督手续；

（二）制订工作计划并组织实施；

（三）对工程实体质量、工程质量责任主体和质量检测等单位的工程质量行为进行抽查、抽测；

（四）监督工程竣工验收，重点对验收的组织形式、程序等是否符合有关规定进行监督；

（五）形成工程质量监督报告；

（六）建立工程质量监督档案。

第七条　工程竣工验收合格后，建设单位应当在建筑物明显部位设置永久性标牌，载明建设、勘察、设计、施工、监理单位等工程质量责任主体的名称和主要责任人姓名。

第八条　主管部门实施监督检查时，有权采取下列措施：

（一）要求被检查单位提供有关工程质量的文件和资料；

（二）进入被检查单位的施工现场进行检查；

（三）发现有影响工程质量的问题时，责令改正。

第十条　县级以上地方人民政府建设主管部门应当将工程质量监督中发现的涉及主体结构安全和主要使用功能的工程质量问题及整改情况，及时向社会公布。

工程质量监督在工程建设中是政府对工程质量监督管理的一个重要环节，工程建设中各个质量责任主体必须履行质量义务，接受政府监督，保证工程质量符合设计和验收规范的要求。

三、违反《建设工程质量管理条例》的处罚条款

《建设工程质量管理条例》还对建设单位、设计单位、监理单位的质量责任和义务进行了明确，规定了违反《建设工程质量管理条例》的处罚条款。

罚则

第五十四条　违反本条例规定，建设单位将建设工程发包给不具有相应资质等级的勘察、设计、施工单位或者委托给不具有相应资质等级的工程监理单位的，责令改正，处50万元以上100万元以下的罚款。

第五十五条　违反本条例规定，建设单位将建设工程肢解发包的，责令改正，处工程合同价款0.5%以上1%以下的罚款；对全部或者部分使用国有资金的项目，并可以暂停项目执行或者暂停资金拨付。

第五十六条　违反本条例规定，建设单位有下列行为之一的，责令改正，处20万元以上50万元以下的罚款：

（一）迫使承包方以低于成本的价格竞标的；

（二）任意压缩合理工期的；

（三）明示或者暗示设计单位或者施工单位违反工程建设强制性标准，降低工程质量的；

（四）施工图设计文件未经审查或者审查不合格，擅自施工的；

（五）建设项目必须实行工程监理而未实行工程监理的；

（六）未按照国家规定办理工程质量监督手续的；

（七）明示或者暗示施工单位使用不合格的建筑材料、建筑构配件和设备的；

（八）未按照国家规定将竣工验收报告、有关认可文件或者准许使用文件报送备案的。

第五十七条　违反本条例规定，建设单位未取得施工许可证或者开工报告未经批准，擅自施工的，责令停止施工，限期改正，处工程合同价款1%以上2%以下的罚款。

第五十八条　违反本条例规定，建设单位有下列行为之一的，责令改正，处工程合同价款2%以上4%以下的罚款；造成损失的，依法承担赔偿责任：

（一）未组织竣工验收，擅自交付使用的；

（二）验收不合格，擅自交付使用的；

（三）对不合格的建设工程按照合格工程验收的。

第五十九条　违反本条例规定，建设工程竣工验收后，建设单位未向建设行政主管部门或者其他有关部门移交建设项目档案的，责令改正，处1万元以上10万元以下的罚款。

第六十条　违反本条例规定，勘察、设计、施工、工程监理单位超越本单位资质等级承揽工程的，责令停止违法行为，对勘察、设计单位或者工程监理单位处合同约定的勘察费、设计费或者监理酬金1倍以上2倍以下的罚款；对施工单位处工程合同价款2%以上4%以下的罚款，可以责令停业整顿，降低资质等级；情节严重的，吊销资质证书；有违法所得的，予以没收。

未取得资质证书承揽工程的，予以取缔，依照前款规定处以罚款；有违法所得的，予以没收。

以欺骗手段取得资质证书承揽工程的，吊销资质证书，依照本条第一款规定处以罚款；有违法所得的，予以没收。

第六十一条　违反本条例规定，勘察、设计、施工、工程监理单位允许其他单位或者个人以本单位名义承揽工程的，责令改正，没收违法所得，对勘察、设计单位和工程监理单位处合同约定的勘察费、设计费和监理酬金1倍以上2倍以下的罚款；对施工单位处工程合同价款2%以上4%以下的罚款；可以责令停业整顿，降低资质等级；情节严重的，吊销资质证书。

第六十二条　违反本条例规定，承包单位将承包的工程转包或者违法分包的，责令改正，没收违法所得，对勘察、设计单位处合同约定的勘察费、设计费25%以上50%以下的罚款；对施工单位处工程合同价款0.5%以上1%以下的罚款；可以责令停业整顿，降低资质等级；情节严重的，吊销资质证书。

工程监理单位转让工程监理业务的，责令改正，没收违法所得，处合同约定的监理酬金25%以上50%以下的罚款；可以责令停业整顿，降低资质等级；情节严重的，吊销资质证书。

第六十三条　违反本条例规定，有下列行为之一的，责令改正，处 10 万元以上 30 万元以下的罚款：

（一）勘察单位未按照工程建设强制性标准进行勘察的；

（二）设计单位未根据勘察成果文件进行工程设计的；

（三）设计单位指定建筑材料、建筑构配件的生产厂、供应商的；

（四）设计单位未按照工程建设强制性标准进行设计的。

有前款所列行为，造成工程质量事故的，责令停业整顿，降低资质等级；情节严重的，吊销资质证书；造成损失的，依法承担赔偿责任。

第六十四条　违反本条例规定，施工单位在施工中偷工减料的，使用不合格的建筑材料、建筑构配件和设备的，或者有不按照工程设计图纸或者施工技术标准施工的其他行为的，责令改正，处工程合同价款 2%以上 4%以下的罚款；造成建设工程质量不符合规定的质量标准的，负责返工、修理，并赔偿因此造成的损失；情节严重的，责令停业整顿，降低资质等级或者吊销资质证书。

第六十五条　违反本条例规定，施工单位未对建筑材料、建筑构配件、设备和商品混凝土进行检验，或者未对涉及结构安全的试块、试件以及有关材料取样检测的，责令改正，处 10 万元以上 20 万元以下的罚款；情节严重的，责令停业整顿，降低资质等级或者吊销资质证书；造成损失的，依法承担赔偿责任。

第六十六条　违反本条例规定，施工单位不履行保修义务或者拖延履行保修义务的，责令改正，处 10 万元以上 20 万元以下的罚款，并对在保修期内因质量缺陷造成的损失承担赔偿责任。

第六十七条　工程监理单位有下列行为之一的，责令改正，处 50 万元以上 100 万元以下的罚款，降低资质等级或者吊销资质证书；有违法所得的，予以没收；造成损失的，承担连带赔偿责任：

（一）与建设单位或者施工单位串通，弄虚作假、降低工程质量的；

（二）将不合格的建设工程、建筑材料、建筑构配件和设备按照合格签字的。

第六十八条　违反本条例规定，工程监理单位与被监理工程的施工承包单位以及建筑材料、建筑构配件和设备供应单位有隶属关系或者其他利害关系承担该项建设工程的监理业务的，责令改正，处 5 万元以上 10 万元以下的罚款，降低资质等级或者吊销资质证书；有违法所得的，予以没收。

第六十九条　违反本条例规定，涉及建筑主体或者承重结构变动的装修工程，没有设计方案擅自施工的，责令改正，处 50 万元以上 100 万元以下的罚款；房屋建筑使用者在装修过程中擅自变动房屋建筑主体和承重结构的，责令改正，处 5 万元以上 10 万元以下的罚款。

有前款所列行为，造成损失的，依法承担赔偿责任。

第七十条　发生重大工程质量事故隐瞒不报、谎报或者拖延报告期限的，对直接负责的主管人员和其他责任人员依法给予行政处分。

第七十一条　违反本条例规定，供水、供电、供气、公安消防等部门或者单位明示或者暗示建设单位或者施工单位购买其指定的生产供应单位的建筑材料、建筑构配件和设备的，责令改正。

第七十二条　违反本条例规定，注册建筑师、注册结构工程师、监理工程师等注册执业人员因过错造成质量事故的，责令停止执业1年；造成重大质量事故的，吊销执业资格证书，5年以内不予注册；情节特别恶劣的，终身不予注册。

第七十三条　依照本条例规定，给予单位罚款处罚的，对单位直接负责的主管人员和其他直接责任人员处单位罚款数额5%以上10%以下的罚款。

第七十四条　建设单位、设计单位、施工单位、工程监理单位违反国家规定，降低工程质量标准，造成重大安全事故，构成犯罪的，对直接责任人员依法追究刑事责任。

第七十五条　本条例规定的责令停业整顿，降低资质等级和吊销资质证书的行政处罚，由颁发资质证书的机关决定；其他行政处罚，由建设行政主管部门或者其他有关部门依照法定职权决定。

依照本条例规定被吊销资质证书的，由工商行政管理部门吊销其营业执照。

第七十六条　国家机关工作人员在建设工程质量监督管理工作中玩忽职守、滥用职权、徇私舞弊，构成犯罪的，依法追究刑事责任；尚不构成犯罪的，依法给予行政处分。

第七十七条　建设、勘察、设计、施工、工程监理单位的工作人员因调动工作、退休等原因离开该单位后，被发现在该单位工作期间违反国家有关建设工程质量管理规定，造成重大工程质量事故的，仍应当依法追究法律责任。

四、房屋建筑工程和市政基础设施工程施工图审查管理的规定

《建设工程质量管理条例》中对施工图审查管理工作做了相应规定。

第十一条　施工图设计文件审查的具体办法，由国务院建设行政主管部门、国务院其他有关部门制定。施工图设计文件未经审查批准的，不得使用。

2013年4月27日住房和城乡建设部修订发布了第13号令《房屋建筑和市政基础设施工程施工图设计文件审查管理办法》，于2013年8月1日起施行。

第三条　国家实施施工图设计文件（含勘察文件，以下简称施工图）审查制度。

本办法所称施工图审查，是指施工图审查机构（以下简称审查机构）按照有关法律、法规，对施工图涉及公共利益、公众安全和工程建设强制性标准的内容进行的审查。施工图审查应当坚持先勘察、后设计的原则。

施工图未经审查合格的，不得使用。从事房屋建筑工程、市政基础设施工程施工、监理等活动，以及实施对房屋建筑和市政基础设施工程质量安全监督管理，应当以审查合格的施工图为依据。

第九条　建设单位应当将施工图送审查机构审查。但审查机构不得与所审查项目的建设单位、勘察设计企业有隶属关系或者其他利害关系。送审管理的具体办法由省、自治区、直辖市人民政府住房和城乡建设主管部门按照“公开、公平、公正”的原则规定。

建设单位不得明示或者暗示审查机构违反法律法规和工程建设强制性标准进行施工图审

查，不得压缩合理审查周期、压低合理审查费用。

第十一条　审查机构应当对施工图审查下列内容：

（一）是否符合工程建设强制性标准；

（二）地基基础和主体结构的安全性；

（三）消防安全性；

（四）人防工程（不含人防指挥工程）防护安全；

（五）是否符合民用建筑节能强制性标准，对执行绿色建筑标准的项目，还应当审查是否符合绿色建筑标准；

（六）勘察设计企业和注册执业人员以及相关人员是否按规定在施工图上加盖相应的图章和签字；

（七）法律、法规、规章规定必须审查的其他内容。

第十四条　任何单位或个人不得擅自修改审查合格的施工图。确需修改的，凡涉及本办法第十一条规定内容的，建设单位应当将修改后的施工图送原审查机构审查。

第十五条　勘察设计企业应当依法进行建设工程勘察、设计，严格执行工程建设强制性标准，并对建设工程勘察、设计的质量负责。

审查机构对施工图审查工作负责，承担审查责任。施工图经审查合格后，仍有违反法律、法规和工程建设强制性标准的问题，给建设单位造成损失的，审查机构依法承担相应的赔偿责任。

根据《房屋建筑和市政基础设施工程施工图设计文件审查管理办法》的要求，首先要取得设计审查合格证书，施工图应有图审机构盖章。

国家规定的施工图审查是对施工图涉及公共利益、公众安全和工程建设强制性标准内容进行的审查，不是全面审查，因此在工程施工前设计单位应向施工单位进行全面的技术交底，施工单位应先熟悉图纸，检查下列内容，然后进行图纸会审。

设计的图纸必须是具有相应资质设计单位正式设计的图纸，所标的图签内容应符合规定要求。

设计计算的假定和采用的处理方法是否符合实际情况；当套用标准图时是否同工程实际相适应，有无漏洞。

地震设防烈度是否符合当地要求，抗震结构是否符合抗震要求。

设计的施工图纸中规定采用的特殊材料是否有现行的质量标准；无标准时，图纸中是否给予了质量指标，其他材料是否能替换等。

应查看总平面图与施工图的几何尺寸、平面位置、标高是否一致。

建筑结构与建筑图的平面尺寸、标高是否一致，表示方法是否清楚；建筑结构与各专业图纸是否存在差错和矛盾。

应审查土建施工和设备安装图纸是否矛盾，各种预留孔洞的位置、尺寸是否统一，施工时又如何交叉衔接。

施工图中所列的各种标准图在当地是否适用。

消防、防火是否符合有关要求和规定。

在审查过程中，发现地质勘察报告和施工图中有不符合质量标准和要求的，要立即通知建设单位或设计单位进行修正，否则不能施工。

五、房屋建筑工程和市政基础设施工程竣工验收备案管理的规定

《建设工程质量管理条例》对竣工验收的规定：

第十六条　建设单位收到建设工程竣工报告后，应当组织设计、施工、工程监理等有关单位进行竣工验收。

建设工程竣工验收应当具备下列条件：

（一）完成建设工程设计和合同约定的各项内容；

（二）有完整的技术档案和施工管理资料；

（三）有工程使用的主要建筑材料、建筑构配件和设备的进场试验报告；

（四）有勘察、设计、施工、工程监理等单位分别签署的质量合格文件；

（五）有施工单位签署的工程保修书。建设工程经验收合格的，方可交付使用。

第十七条　建设单位应当严格按照国家有关档案管理的规定，及时收集、整理建设项目各环节的文件资料，建立、健全建设项目档案，并在建设工程竣工验收后，及时向建设行政主管部门或者其他有关部门移交建设项目档案。

依据《建设工程质量管理条例》住房和城乡建设部印发了《房屋建筑和市政基础设施工程竣工验收规定》（建质〔2013〕171号），对竣工验收的程序、要求、内容作出了规定。

第四条　工程竣工验收由建设单位负责组织实施。

第五条　工程符合下列要求方可进行竣工验收：

（一）完成工程设计和合同约定的各项内容；

（二）施工单位在工程完工后对工程质量进行了检查，确认工程质量符合有关法律、法规和工程建设强制性标准，符合设计文件及合同要求，并提出工程竣工报告。工程竣工报告应经项目负责人和施工单位有关负责人审核签字；

（三）对于委托监理的工程项目，监理单位对工程进行了质量评估，具有完整的监理资料，并提出工程质量评估报告。工程质量评估报告应经总监理工程师和监理单位有关负责人审核签字；

（四）勘察、设计单位对勘察、设计文件及施工过程中由设计单位签署的设计变更通知书进行了检查，并提出质量检查报告应经该项目勘察、设计负责人和勘察、设计单位有关负责人审核签字；

（五）有完整的技术档案和施工管理资料；

（六）有工程使用的主要建筑材料、建筑构配件和设备的进场试验报告，以及工程质量检测和功能性试验资料；

（七）建设单位已按合同约定支付工程款；

（八）有施工单位签署的工程质量保修书；

（九）对于住宅工程，进行分户验收并验收合格，建设单位按户出具《住宅工程质量分户验收表》；

（十）建设主管部门及工程质量监督机构责令整改的问题全部整改完毕；

（十一）法律、法规规定的其他条件。

第六条　工程竣工验收应当按以下程序进行：

（一）工程完工后，施工单位向建设单位提交工程竣工报告，申请工程破工验收。实行监理的工程，工程竣工报告须经总监理工程师签署意见；

（二）建设单位收到工程竣工报告后，对符合竣工验收要求的工程，组织勘察、设计、施工、监理等单位组成验收组，制定验收方案。对于重大工程和技术复杂工程，根据需要可邀请有关专家参加验收组；

（三）建设单位应当在工程竣工验收 7 个工作日前将验收的时间、地点及验收组名单书面通知负责监督该工程的工程质量监督机构；

（四）建设单位组织工程竣工验收：

1. 建设、勘察、设计、施工、监理单位分别汇报工程合同履约情况和在工程建设各个环节执行法律、法规和工程建设强制性标准的情况；

2. 审阅建设、勘察、设计、施工、监理单位的工程档案资料；

3. 实地查验工程质量；

4. 对工程勘察、设计、施工、设备安装质量和各管理环节等方面作出全面评价，形成经验收组人员签署的工程竣工验收意见。

参与工程竣工验收的建设、勘察、设计、施工、监理等各方不能形成一致意见时，应当协商提出解决的方法，待意见一致后，重新组织工程竣工验收。

第七条　工程竣工验收合格后，建设单位应当及时提出工程竣工验收报告。工程竣工验收报告主要包括工程概况，建设单位执行基本建设程序情况，对工程勘察、设计、施工、监理等方面的评价，工程竣工验收时间、程序、内容和组织形式，工程竣工验收意见等内容。

工程竣工验收报告还应附有下列文件：

（一）施工许可证；

（二）施工图设计文件审查意见；

（三）本规定第五条（二）、（三）、（四）、（八）项规定的文件；

（四）验收组人员签署的工程竣工验收意见；

（五）法规、规章规定的其他有关文件。

第八条　负责监督该工程的工程质量监督机构应当对工程竣工验收的组织形式、验收程序、执行验收标准等情况进行现场监督，发现有违反建设工程质量管理规定行为的，责令改正，并将对工程竣工验收的监督情况作为工程质量监督报告的重要内容。

第九条　建设单位应当自工程竣工验收合格之日起 15 日内，依照《房屋建筑和市政基础设施工程竣工验收备案管理办法》（住房和城乡建设部令　第 2 号）的规定，向工程所在地的县级以上地方人民政府建设主管部门备案。

六、房屋建筑工程质量保修范围、保修期限和违规处罚的规定

（1）《建设工程质量管理条例》关于建筑保修的规定

第三十九条　建设工程实行质量保修制度。

建设工程承包单位在向建设单位提交工程竣工验收报告时，应当向建设单位出具质量保修书。质量保修书中应当明确建设工程的保修范围、保修期限和保修责任等。

第四十条　在正常使用条件下，建设工程的最低保修期限为：

（一）基础设施工程、房屋建筑的地基基础工程和主体结构工程，为设计文件规定的该工程的合理使用年限；

（二）屋面防水工程、有防水要求的卫生间、房间和外墙面的防渗漏，为 5 年；

（三）供热与供冷系统，为 2 个采暖期、供冷期；

（四）电气管线、给排水管道、设备安装和装修工程，为 2 年。

其他项目的保修期限由发包方与承包方约定。

建设工程的保修期，自竣工验收合格之日起计算。

第四十一条　建设工程在保修范围和保修期限内发生质量问题的，施工单位应当履行保修义务，并对造成的损失承担赔偿责任。

第四十二条　建设工程在超过合理使用年限后需要继续使用的，产权所有人应当委托具有相应资质等级的勘察、设计单位鉴定，并根据鉴定结果采取加固、维修等措施，重新界定使用期。

（2）《房屋建筑工程质量保修办法》关于违反质量保修办法的处罚

第十八条　施工单位有下列行为之一的，由建设行政主管部门责令改正，并处 1 万元以上 3 万元以下的罚款。

（一）工程竣工验收后，不向建设单位出具质量保修书的；

（二）质量保修的内容、期限违反本办法规定的。

第十九条　施工单位不履行保修义务或者拖延履行保修义务的，由建设行政主管部门责令改正，处 10 万元以上 20 万元以下的罚款。

七、建设工程专项质量检测、见证取样检测的规定

工程质量检测试验是确认工程质量的一个重要手段，检测试验报告是判断工程质量的一个重要依据，每一个工程检测试验都是必不可少的。

1. 检测报告

（1）型式检验报告

型式检验报告是对产品所有指标进行检测的报告。一般在产品开盘时应做一个型式检验，然后按照产品标准的规定在相隔一定时间（一般为两年）的有效期内做一次型式检验。如果验收标准要求材料进场时提供型式检验报告，则材料生产厂家或材料供应商在提供材料质量证明文件时同时提供型式检验报告，如果验收标准没有要求提供型式检验报告，材料进场时

不必要求提供型式检验报告。

（2）系统耐候性检测报告

系统耐候性检测报告是指建筑节能系统应用于工程之前对其耐候性进行检测的报告，当耐候性满足要求时，该系统方可用于工程，检查耐候性检测报告方要检查现场所用的材料是否和做耐候性检测时所用的材料一致，如果不一致，应禁止使用。

（3）产品检测报告

产品检测报告是产品出厂时按照产品标准要求的检验批次和检测项目进行检测而根据其检测结果出具的检测报告，该检测报告所检测的项目应和产品标准规定的出厂检测项目一致，不一定是产品的全部检测项目，其检测项目和检测结果只要符合产品标准中规定的出厂检测要求就可以了。

（4）材料进场抽样检测报告

材料、设备、半成品进场后应按设计或相关专业验收规范的要求进行抽样检测，由具有检测资质的第三方检测机构根据检测结果出具的检测报告为进场抽样检测报告，也称复验报告。《建筑工程施工质量验收统一标准》（GB 50300—2013）、国家专业验收规范对材料进场抽样检测的说法不一致，一种说法叫复验；另一种说法叫进场抽样检测。

（5）现场实体检测报告

现场实体检测报告主要依据《混凝土结构工程施工质量验收规范》（GB 50204—2015）和《建筑节能工程施工质量验收规范》（GB 50411—2007）两个专业规范的要求，对混凝土强度、钢筋保护层厚度、保温材料的厚度、外窗气密性进行检测的报告。

（6）热工性能检测报告

依据《建筑节能工程施工质量验收规范》（GB 50411—2007）的规定，当具备热工性能检测条件时，应提供热工性能检测报告。

（7）系统节能性能检测报告

依据《建筑节能工程施工质量验收规范》（GB 50411—2007）的规定，对空调、电气安装等系统应进行检测，检测结果提供系统节能性能检测报告。

2. 见证检验

见证检验是指在建设单位或工程监理单位人员的见证下，由施工单位的现场试验人员对工程中涉及结构安全的试块、试件和材料在现场取样，并送至有资质的检测机构进行检测。《建筑工程施工质量验收统一标准》（GB 50300—2013）第 3.0.6 条第四款规定：对涉及结构安全、节能、环境保护和主要使用功能的试块、试件及材料，应在进场时或施工中按规定进行见证检验。其中“按规定进行见证检验”，这个规定是指原建设部 141 号令《建设工程质量检测管理办法》中对见证检测的项目、数量做了规定，但各地执行的情况不一致，有其地方规定，因此“按规定进行见证检验”应执行国家《建设工程质量检测管理办法》或各地的规定执行。

3. 抽样复验、试验方案

《建筑工程施工质量验收统一标准》（GB 50300—2013）第 3.0.4 条规定：

符合下列条件之一时，可按相关专业验收规范的规定适当调整抽样复验、试验数量，调整后的抽样复验、试验方案应由施工单位编制，并报监理单位审核确认。

1）同一项目中由相同施工单位施工的多个单位工程，使用同一生产厂家的同品种、同规格、同批次的材料、构配件、设备。

2）同一施工单位在现场加工的成品、半成品、构配件用于同一项目中的多个单位工程。

3）在同一项目中，针对同一抽样对象已有的检验成果可以重复利用。

在工程施工前，应制订抽样复验、试验方案，这个方案编制的依据是设计文件或专业验收规范或相关应用技术规程规定的现场抽样检测、现场检测的批次、抽样数量、检测参数，当单位工程之间使用同一批次的材料或不同专业之间对同一抽样对象都要求检测时，施工单位在编制方案时应考虑这些因素，不必重复抽样检测，方案编制完成后报监理单位审核确认。

4）相同施工单位在同一项目中施工的多个单位工程，使用的材料、构配件、设备等多属于同一批次，如果要求每一个单位工程分别进行抽样检验势必会造成重复，形成浪费，因此适当调整抽样检验的数量是可行的，但总的批量要求不应大于相关专业验收规范的规定。

5）施工现场加工的成品、半成品、构配件等抽样检验，可用于多个工程。但总的批量应符合相关标准的要求，对施工安装后的工程质量应按分部工程的要求进行检测试验，不能减少抽样数量，如结构实体混凝土强度检测、钢筋保护层厚度检测等。

6）同一专业内或不同专业之间对同一对象有时都有抽样检测的要求，如装饰装修工程和建筑节能工程中对门窗的气密性试验等，此时只需要做一次试验。因此本条规定可避免对同一对象的重复检验，可重复利用检验成果。

八、《特种设备安全监察条例》的相关规定

为了加强特种设备的安全监察，防止和减少事故，保障人民群众生命和财产安全，促进经济发展，2003 年 3 月 11 日由中华人民共和国国务院令第 373 号公布了《特种设备安全监察条例》。根据 2009 年 1 月 24 日《国务院关于修改〈特种设备安全监察条例〉的决定》进行修订，修订后的《特种设备安全监察条例》自 2009 年 5 月 1 日起施行。

1. 特种设备的生产

第十一条　压力容器的设计单位应当经国务院特种设备安全监督管理部门许可，方可从事压力容器的设计活动。

压力容器的设计单位应当具备下列条件：

（一）有与压力容器设计相适应的设计人员、设计审核人员；

（二）有与压力容器设计相适应的场所和设备；

（三）有与压力容器设计相适应的健全的管理制度和责任制度。

第十二条　锅炉、压力容器中的气瓶（以下简称气瓶）、氧舱和客运索道、大型游乐设施以及高耗能特种设备的设计文件，应当经国务院特种设备安全监督管理部门核准的检验检测机构鉴定，方可用于制造。

第十三条　按照安全技术规范的要求，应当进行型式试验的特种设备产品、部件或者试

制特种设备新产品、新部件、新材料，必须进行型式试验和能效测试。

第十四条　锅炉、压力容器、电梯、起重机械、客运索道、大型游乐设施及其安全附件、安全保护装置的制造、安装、改造单位，以及压力管道用管子、管件、阀门、法兰、补偿器、安全保护装置等（以下简称压力管道元件）的制造单位和场（厂）内专用机动车辆的制造、改造单位，应当经国务院特种设备安全监督管理部门许可，方可从事相应的活动。

前款特种设备的制造、安装、改造单位应当具备下列条件：

（一）有与特种设备制造、安装、改造相适应的专业技术人员和技术工人；

（二）有与特种设备制造、安装、改造相适应的生产条件和检测手段；

（三）有健全的质量管理制度和责任制度。

第十五条　特种设备出厂时，应当附有安全技术规范要求的设计文件、产品质量合格证明、安装及使用维修说明、监督检验证明等文件。

第十六条　锅炉、压力容器、电梯、起重机械、客运索道、大型游乐设施、场（厂）内专用机动车辆的维修单位，应当有与特种设备维修相适应的专业技术人员和技术工人以及必要的检测手段，并经省、自治区、直辖市特种设备安全监督管理部门许可，方可从事相应的维修活动。

第十七条　锅炉、压力容器、起重机械、客运索道、大型游乐设施的安装、改造、维修以及场（厂）内专用机动车辆的改造、维修，必须由依照本条例取得许可的单位进行。

电梯的安装、改造、维修，必须由电梯制造单位或者其通过合同委托、同意的依照本条例取得许可的单位进行。电梯制造单位对电梯质量以及安全运行涉及的质量问题负责。

特种设备安装、改造、维修的施工单位应当在施工前将拟进行的特种设备安装、改造、维修情况书面告知直辖市或者设区的市的特种设备安全监督管理部门，告知后即可施工。

第十八条　电梯井道的土建工程必须符合建筑工程质量要求。电梯安装施工过程中，电梯安装单位应当遵守施工现场的安全生产要求，落实现场安全防护措施。电梯安装施工过程中，施工现场的安全生产监督，由有关部门依照有关法律、行政法规的规定执行。

电梯安装施工过程中，电梯安装单位应当服从建筑施工总承包单位对施工现场的安全生产管理，并订立合同，明确各自的安全责任。

第十九条　电梯的制造、安装、改造和维修活动，必须严格遵守安全技术规范的要求。电梯制造单位委托或者同意其他单位进行电梯安装、改造、维修活动的，应当对其安装、改造、维修活动进行安全指导和监控。电梯的安装、改造、维修活动结束后，电梯制造单位应当按照安全技术规范的要求对电梯进行校验和调试，并对校验和调试的结果负责。

第二十条　锅炉、压力容器、电梯、起重机械、客运索道、大型游乐设施的安装、改造、维修以及场（厂）内专用机动车辆的改造、维修竣工后，安装、改造、维修的施工单位应当在验收后30日内将有关技术资料移交使用单位，高耗能特种设备还应当按照安全技术规范的要求提交能效测试报告。使用单位应当将其存入该特种设备的安全技术档案。

第二十一条　锅炉、压力容器、压力管道元件、起重机械、大型游乐设施的制造过程和锅炉、压力容器、电梯、起重机械、客运索道、大型游乐设施的安装、改造、重大维修过程，必须经国务院特种设备安全监督管理部门核准的检验检测机构按照安全技术规范的要求进行监督检验；未经监督检验合格的不得出厂或者交付使用。

第二十二条　移动式压力容器、气瓶充装单位应当经省、自治区、直辖市的特种设备安全监督管理部门许可，方可从事充装活动。

充装单位应当具备下列条件：

（一）有与充装和管理相适应的管理人员和技术人员；

（二）有与充装和管理相适应的充装设备、检测手段、场地厂房、器具、安全设施；

（三）有健全的充装管理制度、责任制度、紧急处理措施。

气瓶充装单位应当向气体使用者提供符合安全技术规范要求的气瓶，对使用者进行气瓶安全使用指导，并按照安全技术规范的要求办理气瓶使用登记，提出气瓶的定期检验要求。

2. 特种设备的使用

第二十三条　特种设备使用单位，应当严格执行本条例和有关安全生产的法律、行政法规的规定，保证特种设备的安全使用。

第二十四条　特种设备使用单位应当使用符合安全技术规范要求的特种设备。特种设备投入使用前，使用单位应当核对其是否附有本条例第十五条规定的相关文件。

第二十五条　特种设备在投入使用前或者投入使用后30日内，特种设备使用单位应当向直辖市或者设区的市的特种设备安全监督管理部门登记。登记标志应当置于或者附着于该特种设备的显著位置。

第二十六条　特种设备使用单位应当建立特种设备安全技术档案。安全技术档案应当包括以下内容：

（一）特种设备的设计文件、制造单位、产品质量合格证明、使用维护说明等文件以及安装技术文件和资料；

（二）特种设备的定期检验和定期自行检查的记录；

（三）特种设备的日常使用状况记录；

（四）特种设备及其安全附件、安全保护装置、测量调控装置及有关附属仪器仪表的日常维护保养记录；

（五）特种设备运行故障和事故记录；

（六）高耗能特种设备的能效测试报告、能耗状况记录以及节能改造技术资料。

第二十七条　特种设备使用单位应当对在用特种设备进行经常性日常维护保养，并定期自行检查。特种设备使用单位对在用特种设备应当至少每月进行一次自行检查，并作出记录。特种设备使用单位在对在用特种设备进行自行检查和日常维护保养时发现异常情况的，应当及时处理。

特种设备使用单位应当对在用特种设备的安全附件、安全保护装置、测量调控装置及有关附属仪器仪表进行定期校验、检修，并作出记录。

锅炉使用单位应当按照安全技术规范的要求进行锅炉水（介）质处理，并接受特种设备检验检测机构实施的水（介）质处理定期检验。

从事锅炉清洗的单位，应当按照安全技术规范的要求进行锅炉清洗，并接受特种设备检验检测机构实施的锅炉清洗过程监督检验。

第二十八条　特种设备使用单位应当按照安全技术规范的定期检验要求，在安全检验合格有效期届满前1个月向特种设备检验检测机构提出定期检验要求。

检验检测机构接到定期检验要求后，应当按照安全技术规范的要求及时进行安全性能检验和能效测试。

未经定期检验或者检验不合格的特种设备，不得继续使用。

第二十九条　特种设备出现故障或者发生异常情况，使用单位应当对其进行全面检查，消除事故隐患后，方可重新投入使用。

特种设备不符合能效指标的，特种设备使用单位应当采取相应措施进行整改。

第三十条　特种设备存在严重事故隐患，无改造、维修价值，或者超过安全技术规范规定使用年限，特种设备使用单位应当及时予以报废，并应当向原登记的特种设备安全监督管理部门办理注销。

第三十一条　电梯的日常维护保养必须由依照本条例取得许可的安装、改造、维修单位或者电梯制造单位进行。

电梯应当至少每15日进行一次清洁、润滑、调整和检查。

第三十二条　电梯的日常维护保养单位应当在维护保养中严格执行国家安全技术规范的要求，保证其维护保养的电梯的安全技术性能，并负责落实现场安全防护措施，保证施工安全。

电梯的日常维护保养单位，应当对其维护保养的电梯的安全性能负责。接到故障通知后，应当立即赶赴现场，并采取必要的应急救援措施。

第三十三条　电梯、客运索道、大型游乐设施等为公众提供服务的特种设备运营使用单位，应当设置特种设备安全管理机构或者配备专职的安全管理人员；其他特种设备使用单位，应当根据情况设置特种设备安全管理机构或者配备专职、兼职的安全管理人员。

特种设备的安全管理人员应当对特种设备使用状况进行经常性检查，发现问题的应当立即处理；情况紧急时，可以决定停止使用特种设备并及时报告本单位有关负责人。

第三十四条　客运索道、大型游乐设施的运营使用单位在客运索道、大型游乐设施每日投入使用前，应当进行试运行和例行安全检查，并对安全装置进行检查确认。

电梯、客运索道、大型游乐设施的运营使用单位应当将电梯、客运索道、大型游乐设施的安全注意事项和警示标志置于易于为乘客注意的显著位置。

第三十五条　客运索道、大型游乐设施的运营使用单位的主要负责人应当熟悉客运索道、大型游乐设施的相关安全知识，并全面负责客运索道、大型游乐设施的安全使用。

客运索道、大型游乐设施的运营使用单位的主要负责人至少应当每月召开一次会议，督促、检查客运索道、大型游乐设施的安全使用工作。

客运索道、大型游乐设施的运营使用单位，应当结合本单位的实际情况，配备相应数量的营救装备和急救物品。

第三十六条　电梯、客运索道、大型游乐设施的乘客应当遵守使用安全注意事项的要求，服从有关工作人员的指挥。

第三十七条　电梯投入使用后，电梯制造单位应当对其制造的电梯的安全运行情况进行跟踪调查和了解，对电梯的日常维护保养单位或者电梯的使用单位在安全运行方面存在的问题，提出改进建议，并提供必要的技术帮助。发现电梯存在严重事故隐患的，应当及时向特种设备安全监督管理部门报告。电梯制造单位对调查和了解的情况，应当作出记录。

第三十八条　锅炉、压力容器、电梯、起重机械、客运索道、大型游乐设施、场（厂）内专用机动车辆的作业人员及其相关管理人员（以下统称特种设备作业人员），应当按照国家有关规定经特种设备安全监督管理部门考核合格，取得国家统一格式的特种作业人员证书，方可从事相应的作业或者管理工作。

第三十九条　特种设备使用单位应当对特种设备作业人员进行特种设备安全、节能教育和培训，保证特种设备作业人员具备必要的特种设备安全、节能知识。

特种设备作业人员在作业中应当严格执行特种设备的操作规程和有关的安全规章制度。

第四十条　特种设备作业人员在作业过程中发现事故隐患或者其他不安全因素，应当立即向现场安全管理人员和单位有关负责人报告。

3. 事故预防和调查处理

第六十一条　有下列情形之一的，为特别重大事故：

（一）特种设备事故造成 30 人以上死亡，或者 100 人以上重伤（包括急性工业中毒，下同），或者 1 亿元以上直接经济损失的；

（二）600 兆瓦以上锅炉爆炸的；

（三）压力容器、压力管道有毒介质泄漏，造成 15 万人以上转移的；

（四）客运索道、大型游乐设施高空滞留 100 人以上并且时间在 48 小时以上的。

第六十二条　有下列情形之一的，为重大事故：

（一）特种设备事故造成 10 人以上 30 人以下死亡，或者 50 人以上 100 人以下重伤，或者 5 000 万元以上 1 亿元以下直接经济损失的；

（二）600 兆瓦以上锅炉因安全故障中断运行 240 小时以上的；

（三）压力容器、压力管道有毒介质泄漏，造成 5 万人以上 15 万人以下转移的；

（四）客运索道、大型游乐设施高空滞留 100 人以上并且时间在 24 小时以上 48 小时以下的。

第六十三条　有下列情形之一的，为较大事故：

（一）特种设备事故造成 3 人以上 10 人以下死亡，或者 10 人以上 50 人以下重伤，或者 1 000 万元以上 5 000 万元以下直接经济损失的；

（二）锅炉、压力容器、压力管道爆炸的；

（三）压力容器、压力管道有毒介质泄漏，造成 1 万人以上 5 万人以下转移的；

（四）起重机械整体倾覆的；

（五）客运索道、大型游乐设施高空滞留人员 12 小时以上的。

第六十四条　有下列情形之一的，为一般事故：

（一）特种设备事故造成3人以下死亡，或者10人以下重伤，或者1万元以上1 000万元以下直接经济损失的；

（二）压力容器、压力管道有毒介质泄漏，造成500人以上1万人以下转移的；

（三）电梯轿厢滞留人员2小时以上的；

（四）起重机械主要受力结构件折断或者起升机构坠落的；

（五）客运索道高空滞留人员3.5小时以上12小时以下的；

（六）大型游乐设施高空滞留人员1小时以上12小时以下的。

除前款规定外，国务院特种设备安全监督管理部门可以对一般事故的其他情形做出补充规定。

第六十五条　特种设备安全监督管理部门应当制定特种设备应急预案。特种设备使用单位应当制定事故应急专项预案，并定期进行事故应急演练。

压力容器、压力管道发生爆炸或者泄漏，在抢险救援时应当区分介质特性，严格按照相关预案规定程序处理，防止二次爆炸。

第六十六条　特种设备事故发生后，事故发生单位应当立即启动事故应急预案，组织抢救，防止事故扩大，减少人员伤亡和财产损失，并及时向事故发生地县以上特种设备安全监督管理部门和有关部门报告。

县以上特种设备安全监督管理部门接到事故报告，应当尽快核实有关情况，立即向所在地人民政府报告，并逐级上报事故情况。必要时，特种设备安全监督管理部门可以越级上报事故情况。对特别重大事故、重大事故，国务院特种设备安全监督管理部门应当立即报告国务院并通报国务院安全生产监督管理部门等有关部门。

第六十七条　特别重大事故由国务院或者国务院授权有关部门组织事故调查组进行调查。

重大事故由国务院特种设备安全监督管理部门会同有关部门组织事故调查组进行调查。

较大事故由省、自治区、直辖市特种设备安全监督管理部门会同有关部门组织事故调查组进行调查。

一般事故由设区的市的特种设备安全监督管理部门会同有关部门组织事故调查组进行调查。

第六十八条　事故调查报告应当由负责组织事故调查的特种设备安全监督管理部门的所在地人民政府批复，并报上一级特种设备安全监督管理部门备案。

有关机关应当按照批复，依照法律、行政法规规定的权限和程序，对事故责任单位和有关人员进行行政处罚，对负有事故责任的国家工作人员进行处分。

第六十九条　特种设备安全监督管理部门应当在有关地方人民政府的领导下，组织开展特种设备事故调查处理工作。

有关地方人民政府应当支持、配合上级人民政府或者特种设备安全监督管理部门的事故调查处理工作，并提供必要的便利条件。

第七十条　特种设备安全监督管理部门应当对发生事故的原因进行分析，并根据特种设备的管理和技术特点、事故情况对相关安全技术规范进行评估；需要制定或者修订相关安全技术规范的，应当及时制定或者修订。

第二节　建筑工程施工质量验收标准和规范

一、工程质量验收标准和规范

对建筑物的质量要求，就在于以符合适用、可靠、耐久、美观等各项要求和符合当前经济上最优条件所制定的各项工程技术标准、定额和管理标准来最大限度地满足人们日益增长的生产和生活的需要。因此，制定建筑业的各类工程技术标准和管理标准，就成为确保工程质量和衡量经济效益的基础。而这些工程标准的制定都是通过科研和生产实践，制定合理的指标，通过鉴定、审批，在不同范围内，以国家标准、行业标准、地方标准和企业标准的形式，颁布实施。

工程标准依其作用的不同，可分为基础标准、控制标准、方法标准、产品标准、管理标准 5 大类。名词术语、图例符号、模数、气象参数等为基础标准；满足安全、防火、卫生、环保要求以及工期、造价、劳动、材料定额等为控制标准；试验检测、设计计算、施工操作、安全技术、检查、验收、评定等为方法标准；确定工程材料、构配件、设备、建筑机具、模具等性能为产品标准；计划管理、质量管理、成本管理、技术管理、安全管理、劳动管理、机具管理、物料管理、财务管理等为管理标准。

上述这些技术标准和管理标准，不仅是咨询、勘察、设计、施工企业据以生产的标准，也是国家据以进行工程质量监督、检查和评价的标准。这些标准的编、修、颁布工作，不是一劳永逸，它随着生产的发展、技术的进步、生活水平的提高，不断地充实、完善和更新。所以每一个标准、规范等技术、管理文件，都由编制管理单位长期管理，收集反馈信息，及时进行修订，才能为确保工程质量、提高工程经济效益奠定良好的基础。

现行工程质量验收标准以建筑工程施工质量的验收方法、质量标准、检验数量和验收程序以及建筑工程施工现场质量管理和质量控制为体系，提出了检验批质量检验的抽样方案的要求，规定了建筑工程施工质量验收中子单位和子分部工程的划分，涉及建筑工程安全和主要使用功能的见证取样及抽样检测，并确定了必须严格执行的强制性条文。自 2001 年 7 月，陆续发布了工程质量验收规范，2010 年开始时有关验收规范进行了修订，现行验收规范主要由以下标准组成，同时还有一些应用技术规程中规定了一些验收要求：

《建筑工程施工质量验收统一标准》（GB 50300—2013）；

《建筑地基基础工程质量验收规范》（GB 50202—2018）；

《砌体结构工程施工质量验收规范》（GB 50203—2011）；

《混凝土结构工程施工质量验收规范》（GB 50204—2015）；

《钢结构工程施工质量验收规范》（GB 50205—2001）；

《木结构工程施工质量验收规范》(GB 50206—2012);

《屋面工程质量验收规范》(GB 50207—2012);

《地下防水工程质量验收规范》(GB 50208—2011);

《建筑地面工程施工质量验收规范》(GB 50209—2010);

《建筑装饰装修工程质量验收规范》(GB 50210—2018);

《建筑给水排水及采暖工程施工质量验收规范》(GB 50242—2002);

《通风与空调工程施工质量验收规范》(GB 50243—2016);

《建筑电气工程施工质量验收规范》(GB 50303—2015);

《电梯工程施工质量验收规范》(GB 50310—2002);

《民用建筑工程室内环境污染控制规范》(GB 50325—2010)(2013 年版);

《智能建筑工程质量验收规范》(GB 50339—2013);

《建筑节能工程施工质量验收规范》(GB 50411—2007)。

二、建筑工程质量检查验收与评定

1. 工程质量验收与评定的层次及分工

建筑工程的质量检查验收与评定由检验批、分项工程、分部工程、单位工程 4 个层次组成,每个层次的验收组织人、参加人、验收方法、验收程序均有不同,在《建筑工程施工质量验收统一标准》(GB 50300—2013)和专业规范中都有规定,各项验收程序关系对照见表 2-1。

表 2-1　工程质量验收评定的层次就对应人员

序号	验收表的名称	质量自检人员	质量检查评定人员		质量验收人员
			验收组织人	参加验收人员	
1	施工现场质量管理检查记录表	项目负责人	项目负责人	项目技术负责人分包单位负责人	总监理工程师
2	检验批质量验收记录	班组长	项目专业质量检查员	班组长、分包项目技术负责人项目技术负责人	监理工程师(建设单位项目专业技术负责人)
3	分项工程质量验收记录表	班组长	项目专业技术负责人	班组长项目技术负责人分包项目技术负责人项目专业质量检查员	监理工程师(建设单位项目专业技术负责人)
4	分部、子分部工程质量验收记录表	项目负责人分包单位项目负责人	项目负责人	项目专业技术负责人分包项目技术负责人勘察、设计单位项目负责人建设单位项目专业负责人	总监理工程师(建设单位项目负责人)
5	单位、子单位工程质量竣工验收记录	项目负责人	建设单位	项目负责人分包单位项目负责人设计单位项目负责人企业技术、质量部门总监理工程师	建设单位项目负责人

续表

序号	验收表的名称	质量自检人员	质量检查评定人员		质量验收人员
			验收组织人	参加验收人员	
6	单位、子单位工程质量控制资料核查记录表	项目技术负责人	项目负责人	分包单位项目负责人监理工程师项目技术负责人企业技术、质量部门	总监理工程师（建设单位项目负责人）
7	单位、子单位工程安全和功能检验资料核查及主要功能抽查记录表	项目技术负责人	项目负责人	分包单位项目负责人项目技术负责人监理工程师企业技术、质量部门	总监理工程师（建设单位项目负责人）
8	单位、子单位工程观感质量检查记录表	项目技术负责人	项目负责人	分包单位项目负责人项目技术负责人监理工程师企业技术、质量部门	总监理工程师（建设单位项目负责人）

2. 检验批工程质量检查验收与评定

检验批应由专业监理工程师组织施工单位项目专业质量检查员、专业工长等进行验收。验收记录表使用《建筑工程施工质量验收统一标准》（GB 50300—2013）规定的表格。该表由质量检查员填写，并应做好下列工作：

核对各工序中所用的原材料、半成品、成品、设备质量证明文件。检查各工序中所用的原材料、半成品、成品、设备是否按专业规范和试验方案进行现场抽样检测，检测结果是否符合要求，检测结果不符合要求的不得用于工程。检查主控项目是否符合要求。检查一般项目是否符合要求，允许偏差项目实测实量。填写检验批表格，随着国家对信息化的重视，建立工程电子档案是必然趋势，因此应使用符合要求的工程资料软件，有的省已制定工程资料管理规范，明确资料软件和建立电子档案的要求，对有要求的省份，应按要求使用资料软件，建立电子档案。

1）表头的填写。使用资料软件表头中的相关内容应自动生成，未使用资料软件的表头应按实填写，要注意的是“施工执行标准名称及编号”一栏，该栏填写的是施工执行的标准如施工规范、操作规程、工法等操作标准，而不是验收规范，操作标准是约束操作行为，验收标准是约束验收行为，操作标准有的要求应高于验收标准，两者是有原则区别的，不能填写验收标准的名称及编号。

2）“验收规范的规定”一栏可填写主要内容，不必把全部条款均录入，但应反映主要规定。

3）“施工、分包单位检查记录”一栏，填写的内容应能反映工程质量状况，如所用材料的主要规格型号、质量证明文件、现场抽样检测报告等基本情况，现场实测的有允许偏差要求的应填写实测的偏差，资料软件要求填写实测值的按资料软件的设置填写。

4）“施工、分包单位检查结果”一栏，使用资料软件的将检查记录输入资料软件后，应自动计算允许偏差合格率，自动评价检验批检查结果，建立电子档案；未使用资料软件不能自动评价的应在施工、分包单位检查结果中填写检查结果，检查结果应明确合格（优质）和不合格。不合格的应按不合格工程的处理程序进行处理后重新评定。当符合验收要求时，项目专业质量检查员签字提交给监理工程师。

监理工程师收到检验批验收记录表格后，应核查每一项内容，如真实、有效，应在“监理单位验收记录”栏中签署验收意见。在“监理单位验收结论”签署结论性意见，专业监理工程师签字。如使用资料软件，监理工程师在资料软件上签名确认，建立完整电子档案。

3. 分项工程质量检查验收与评定

分项工程应由监理工程师组织施工单位项目专业技术负责人等进行验收。验收记录表使用《建筑工程施工质量验收统一标准》(GB 50300—2013）规定的表格，验收记录表应由专业技术负责人填写签字，质量检查员协助，并应做好下列工作：

核对分项工程中各检验批验收记录，验收程序是否正确、验收内容是否齐全、验收记录是否完整、验收部位是否正确、验收时间是否准确、验收签字是否合法。

填写分项工程验收记录表。

1）填写表头，使用资料软件应自动生成表头。

2）“检验批名称、部位、区段”每一个检验批占一行，按实填写。

3）“施工、分包单位检查结果”将检验批验收记录中的检查结果填入。

4）“监理单位验收结论”将检验批验收记录中的验收结论填入。

5）“施工单位检查结果”一栏，根据分项工程质量验收标准评定分项工程的检查结果。项目专业技术负责人签字后提交给监理工程师。

监理工程师收到分项工程质量验收记录表格后，经核查属实后在“监理单位验收结论”签署结论性意见，专业监理工程师签字。如使用资料软件，该表格应能自动生成，监理工程师在资料软件上签名确认，建立完整电子档案。

4. 分部工程质量检查验收与评定

分部工程应由总监理工程师组织施工单位项目负责人和项目技术、质量负责人等进行验收。勘察、设计单位项目负责人和施工单位技术、质量部门负责人应参加地基与基础分部工程的验收。设计单位项目负责人和施工单位技术、质量部门负责人应参加主体结构、节能分部工程的验收。验收记录表使用《建筑工程施工质量验收统一标准》(GB 50300—2013）规定的表格，验收记录表应由项目负责人填写签字，质量员协助，并应做好下列工作：

1）核对分部工程中各分项工程质量验收记录，验收划分是否正确、验收内容是否齐全、验收记录是否完整、验收时间是否准确、验收签字是否合法。

2）核查质量控制资料。《建筑工程施工质量验收统一标准》(GB 50300—2013）第 1.0.3 条中明确分部工程的质量控制资料应完整，但具体内容未做明确的规定，只是在单位工程质量验收时对质量控制资料提出了明确要求，凡涉及的内容都应该完整。

3）核查有关安全及功能的检验和抽样检测结果。《建筑工程施工质量验收统一标准》(GB 50300—2013）第 5.0.3 条中明确“地基与基础、主体结构和设备安装等分部工程有关安全及功能的检验和抽样检测结果应符合有关规定”，尽可能在分部工程验收前完成相关检测。

4）核查观感质量。《建筑工程施工质量验收统一标准》（GB 50300—2013）第 5.0.3 条中规定“观感质量应符合要求”，观感质量是通过观察和必要的测试所反映的工程外在质量和功能状态，所以应是能够观察到的地方。各分部工程的观感质量在相应的专业规范中有相应的要求，主要是一般项目中可观察到的项目的质量要求，虽然《建筑工程施工质量验收统一标准》（GB 50300—2013）第 5.0.5 条第三款规定“分部工程观感质量验收记录应按相关专业验收规范的规定填写”，但有的专业验收规范并没有观感质量验收记录的规定，操作上可进行细化、检查，做好观感质量验收记录，作为分部工程质量验收记录的附件。

5）对分项工程进行汇总，在“分项工程名称”“检验批数”“施工分包单位检查结果”“验收结论”栏中填写汇总情况，按实填写。

“综合验收结论”应明确下列事项：共几个分项工程、质量控制资料核查结果、安全和功能检验结果、观感质量验收意见。此处的“综合验收结论”是经各单位认可的结论，可能和前面填写的内容一致，但意义不一样，前面应是施工单位先填写好的。

形成一致意见后，参加验收的各单位项目负责人和监理单位总监现场签字。

5. 单位工程质量检查验收与评定

1）单位工程完工后，施工单位应组织有关人员进行自检。总监理工程师应组织各专业监理工程师对工程质量进行竣工预验收。存在施工质量问题时，应由施工单位及时整改，整改完毕后，由施工单位向建设单位提交工程竣工报告，申请工程竣工验收。

2）建设单位收到工程竣工报告后，应由建设单位项目负责人组织监理、施工、设计、勘察等单位项目负责人进行单位工程验收。

3）验收记录表使用《建筑工程施工质量验收统一标准》（GB 50300—2013）规定的表格，验收记录由施工单位填写，验收结论由监理单位填写。综合验收结论经参加验收各方共同商定，由建设单位填写，应对工程质量是否符合设计文件和相关标准的规定及总体质量水平做出评价。

表头的填写。开工日期和完工日期填写实际开工和完工日期，不是计划日期，其他按实填写。

4）核对各分部工程质量验收记录，检查工程实体质量，验收划分是否正确、验收内容是否齐全、验收记录是否完整、验收时间是否准确、验收签字是否合法；

5）质量控制资料核查。《建筑工程施工质量验收统一标准》（GB 50300—2013）第 5.0.4 条中明确质量控制资料应完整，并对质量控制资料核查的内容提出了明确要求，凡涉及的内容都应该完整。当部分资料缺失时，应委托有资质的检测机构按有关标准进行相应的实体检验或抽样试验。此项工作应在工程验收前完成，否则验收无法进行，在填写表格时，应如实填写资料缺失的份数，在验收结论中明确缺失的资料已通过实体检验或抽样试验，其质量是否达到标准要求。

6）核查有关安全及功能的检验和抽样检测结果。《建筑工程施工质量验收统一标准》（GB 50300—2013）第 5.0.4 条中明确，“所含分部工程中有关安全、节能、环境保护和主要使用功能的检验资料应完整”，单位工程验收前应完成相关检测。表格中“共核查项，符合规定项，共抽查项，符合规定项，经返工处理符合规定项”核查的项目应按《建筑工程施工质量验收统一标准》（GB 50300—2013）附录 H 全数核查检测、试验报告和有关记录，填写总项目和符合规定的项目。抽查的项目是在核查的基础上，在现场进行抽查，便于抽查的项目比较少，抽查几项算几项，按实填写。经返工处理符合规定的项目从核查或抽查的结果中可得知，如果没有就填写“0”。

7）核查观感质量。《建筑工程施工质量验收统一标准》（GB 50300—2013）第 5.0.4 条中规定“观感质量应符合要求”，附录 H 表 H.0.1-4 的要求，明确了观感质量的检查项目，按该表的要求检查、记录。对于观感质量的检查结果，是一个定性的概念，没有定量的要求，不需进行相关的计算。

“综合验收结论”应明确下列事项：共几个分部工程、质量控制资料核查结果、安全和功能检验结果、观感质量验收意见。此处的“综合验收结论”是经验收各方商量的结论，可能和前面填写的内容一致，但意义不一样，前面的验收记录由施工单位填写，验收结论由监理单位填写，而“综合验收结论”是经参加验收各方共同商定，由建设单位填写。

形成一致意见后，参加验收的各单位项目负责人和监理单位总监现场签字，相关单位应盖单位法人印章，本验收记录是单位工程验收的法定文件。在单位工程验收时，还应执行 2013 年 12 月 2 日住房和城乡建设部印发的《房屋建筑和市政基础设施工程竣工验收规定》。

三、质量验收的程序和组织的要求

1）检验批应由专业监理工程师组织施工单位项目专业质量检查员、专业工长等进行验收。

2）分项工程应由专业监理工程师组织施工单位项目专业技术负责人等进行验收。

3）分部工程应由总监理工程师组织施工单位项目负责人和项目技术负责人等进行验收。勘察、设计单位项目负责人和施工单位技术、质量部门负责人应参加地基与基础分部工程的验收。

4）设计单位项目负责人和施工单位技术、质量部门负责人应参加主体结构、节能分部工程的验收。

5）单位工程中的分包工程完工后，分包单位应对所承包的工程项目进行自检，并应按验收标准规定的程序进行验收。验收时，总包单位应派人参加。分包单位应将所分包工程的质量控制资料整理完整，并移交给总包单位。

6）单位工程完工后，施工单位应组织有关人员进行自检。总监理工程师应组织各专业监理工程师对工程质量进行竣工预验收。存在施工质量问题时，应由施工单位整改。整改完毕后，由施工单位向建设单位提交工程竣工报告，申请工程竣工验收。

7）建设单位收到工程竣工报告后，应由建设单位项目负责人组织监理、施工、设计、勘察等单位项目负责人进行单位工程验收。

第三节　安装工程的管理规定

一、特种设备施工管理和检验验收的规定

依据《特种设备安全监察条例》（国务院令　第373号）的相关规定执行。

1. 特种设备的检验检测

第四十一条　从事本条例规定的监督检验、定期检验、型式试验以及专门为特种设备生产、使用、检验检测提供无损检测服务的特种设备检验检测机构，应当经国务院特种设备安全监督管理部门核准。

特种设备使用单位设立的特种设备检验检测机构，经国务院特种设备安全监督管理部门核准，负责本单位核准范围内的特种设备定期检验工作。

第四十二条　特种设备检验检测机构，应当具备下列条件：

（一）有与所从事的检验检测工作相适应的检验检测人员；

（二）有与所从事的检验检测工作相适应的检验检测仪器和设备；

（三）有健全的检验检测管理制度、检验检测责任制度。

第四十三条　特种设备的监督检验、定期检验、型式试验和无损检测应当由依照本条例经核准的特种设备检验检测机构进行。

特种设备检验检测工作应当符合安全技术规范的要求。

第四十四条　从事本条例规定的监督检验、定期检验、型式试验和无损检测的特种设备检验检测人员应当经国务院特种设备安全监督管理部门组织考核合格，取得检验检测人员证书，方可从事检验检测工作。

检验检测人员从事检验检测工作，必须在特种设备检验检测机构执业，但不得同时在两个以上检验检测机构中执业。

第四十五条　特种设备检验检测机构和检验检测人员进行特种设备检验检测，应当遵循诚信原则和方便企业的原则，为特种设备生产、使用单位提供可靠、便捷的检验检测服务。

特种设备检验检测机构和检验检测人员对涉及的被检验检测单位的商业秘密，负有保密义务。

第四十六条　特种设备检验检测机构和检验检测人员应当客观、公正、及时地出具检验检测结果、鉴定结论。检验检测结果、鉴定结论经检验检测人员签字后，由检验检测机构负责人签署。

特种设备检验检测机构和检验检测人员对检验检测结果、鉴定结论负责。

国务院特种设备安全监督管理部门应当组织对特种设备检验检测机构的检验检测结果、鉴定结论进行监督抽查。县以上地方负责特种设备安全监督管理的部门在本行政区域内也可以组织监督抽查，但是要防止重复抽查。监督抽查结果应当向社会公布。

第四十七条　特种设备检验检测机构和检验检测人员不得从事特种设备的生产、销售，不得以其名义推荐或者监制、监销特种设备。

第四十八条　特种设备检验检测机构进行特种设备检验检测，发现严重事故隐患或者能耗严重超标的，应当及时告知特种设备使用单位，并立即向特种设备安全监督管理部门报告。

第四十九条　特种设备检验检测机构和检验检测人员利用检验检测工作故意刁难特种设备生产、使用单位，特种设备生产、使用单位有权向特种设备安全监督管理部门投诉，接到投诉的特种设备安全监督管理部门应当及时进行调查处理。

2. 监督检查

第五十条　特种设备安全监督管理部门依照本条例规定，对特种设备生产、使用单位和检验检测机构实施安全监察。

对学校、幼儿园以及车站、客运码头、商场、体育场馆、展览馆、公园等公众聚集场所的特种设备，特种设备安全监督管理部门应当实施重点安全监察。

第五十一条　特种设备安全监督管理部门根据举报或者取得的涉嫌违法证据，对涉嫌违反本条例规定的行为进行查处时，可以行使下列职权：

（一）向特种设备生产、使用单位和检验检测机构的法定代表人、主要负责人和其他有关人员调查、了解与涉嫌从事违反本条例的生产、使用、检验检测有关的情况；

（二）查阅、复制特种设备生产、使用单位和检验检测机构的有关合同、发票、账簿以及其他有关资料；

（三）对有证据表明不符合安全技术规范要求的或者有其他严重事故隐患、能耗严重超标的特种设备，予以查封或者扣押。

第五十二条　依照本条例规定实施许可、核准、登记的特种设备安全监督管理部门，应当严格依照本条例规定条件和安全技术规范要求对有关事项进行审查；不符合本条例规定条件和安全技术规范要求的，不得许可、核准、登记；在申请办理许可、核准期间，特种设备安全监督管理部门发现申请人未经许可从事特种设备相应活动或者伪造许可、核准证书的，不予受理或者不予许可、核准，并在 1 年内不再受理其新的许可、核准申请。

未依法取得许可、核准、登记的单位擅自从事特种设备的生产、使用或者检验检测活动的，特种设备安全监督管理部门应当依法予以处理。

违反本条例规定，被依法撤销许可的，自撤销许可之日起 3 年内，特种设备安全监督管理部门不予受理其新的许可申请。

第五十三条　特种设备安全监督管理部门在办理本条例规定的有关行政审批事项时，其受理、审查、许可、核准的程序必须公开，并应当自受理申请之日起 30 日内，作出许可、核准或者不予许可、核准的决定；不予许可、核准的，应当书面向申请人说明理由。

第五十四条　地方各级特种设备安全监督管理部门不得以任何形式进行地方保护和地区封锁，不得对已经依照本条例规定在其他地方取得许可的特种设备生产单位重复进行许可，也不得要求对依照本条例规定在其他地方检验检测合格的特种设备，重复进行检验检测。

第五十五条　特种设备安全监督管理部门的安全监察人员（以下简称特种设备安全监察

人员）应当熟悉相关法律、法规、规章和安全技术规范，具有相应的专业知识和工作经验，并经国务院特种设备安全监督管理部门考核，取得特种设备安全监察人员证书。

特种设备安全监察人员应当忠于职守、坚持原则、秉公执法。

第五十六条　特种设备安全监督管理部门对特种设备生产、使用单位和检验检测机构实施安全监察时，应当有两名以上特种设备安全监察人员参加，并出示有效的特种设备安全监察人员证件。

第五十七条　特种设备安全监督管理部门对特种设备生产、使用单位和检验检测机构实施安全监察，应当对每次安全监察的内容、发现的问题及处理情况，作出记录，并由参加安全监察的特种设备安全监察人员和被检查单位的有关负责人签字后归档。被检查单位的有关负责人拒绝签字的，特种设备安全监察人员应当将情况记录在案。

第五十八条　特种设备安全监督管理部门对特种设备生产、使用单位和检验检测机构进行安全监察时，发现有违反本条例规定和安全技术规范要求的行为或者在用的特种设备存在事故隐患、不符合能效指标的，应当以书面形式发出特种设备安全监察指令，责令有关单位及时采取措施，予以改正或者消除事故隐患。紧急情况下需要采取紧急处置措施的，应当随后补发书面通知。

第五十九条　特种设备安全监督管理部门对特种设备生产、使用单位和检验检测机构进行安全监察，发现重大违法行为或者严重事故隐患时，应当在采取必要措施的同时，及时向上级特种设备安全监督管理部门报告。接到报告的特种设备安全监督管理部门应当采取必要措施，及时予以处理。

对违法行为、严重事故隐患或者不符合能效指标的处理需要当地人民政府和有关部门的支持、配合时，特种设备安全监督管理部门应当报告当地人民政府，并通知其他有关部门。当地人民政府和其他有关部门应当采取必要措施，及时予以处理。

第六十条　国务院特种设备安全监督管理部门和省、自治区、直辖市特种设备安全监督管理部门应当定期向社会公布特种设备安全以及能效状况。

公布特种设备安全以及能效状况，应当包括下列内容：

（一）特种设备质量安全状况；

（二）特种设备事故的情况、特点、原因分析、防范对策；

（三）特种设备能效状况；

（四）其他需要公布的情况。

二、消防工程设计、施工管理及验收、准用的规定

《建设工程消防监督管理规定》于2009年4月30日以中华人民共和国公安部第106号令发布，根据2012年7月17日中华人民共和国公安部第119号令公布的关于修改《建设工程消防监督管理规定》的决定修订，自2012年11月1日起施行。

本规定适用于新建、扩建、改建（含室内外装修、建筑保温、用途变更）等建设工程的消防监督管理。不适用住宅室内装修、村民自建住宅、救灾和其他非人员密集场所的临时性

建筑的建设活动。

本规定要求建设、设计、施工、工程监理等单位应当遵守消防法规、建设工程质量管理法规和国家消防技术标准，对建设工程消防设计、施工质量和安全负责。建设工程的消防设计、施工必须符合国家工程建设消防技术标准。公安机关消防机构依法实施建设工程消防设计审核、消防验收和备案、抽查，对建设工程进行消防监督。除省、自治区人民政府公安机关消防机构外，县级以上地方人民政府公安机关消防机构承担辖区建设工程的消防设计审核、消防验收和备案抽查工作。具体分工由省级公安机关消防机构确定，并报公安部消防局备案。跨行政区域的建设工程消防设计审核、消防验收和备案抽查工作，由其共同的上一级公安机关消防机构指定管辖。

1. 消防设计、施工的质量责任

第八条　建设单位不得要求设计、施工、工程监理等有关单位和人员违反消防法规和国家工程建设消防技术标准，降低建设工程消防设计、施工质量，并承担下列消防设计、施工的质量责任：

（一）依法申请建设工程消防设计审核、消防验收，依法办理消防设计和竣工验收消防备案手续并接受抽查；建设工程内设置的公众聚集场所未经消防安全检查或者经检查不符合消防安全要求的，不得投入使用、营业；

（二）实行工程监理的建设工程，应当将消防施工质量一并委托监理；

（三）选用具有国家规定资质等级的消防设计、施工单位；

（四）选用合格的消防产品和满足防火性能要求的建筑构件、建筑材料及装修材料；

（五）依法应当经消防设计审核、消防验收的建设工程，未经审核或者审核不合格的，不得组织施工；未经验收或者验收不合格的，不得交付使用。

第九条　设计单位应当承担下列消防设计的质量责任：

（一）根据消防法规和国家工程建设消防技术标准进行消防设计，编制符合要求的消防设计文件，不得违反国家工程建设消防技术标准强制性要求进行设计；

（二）在设计中选用的消防产品和具有防火性能要求的建筑构件、建筑材料、装修材料，应当注明规格、性能等技术指标，其质量要求必须符合国家标准或者行业标准；

（三）参加建设单位组织的建设工程竣工验收，对建设工程消防设计实施情况签字确认。

第十条　施工单位应当承担下列消防施工的质量和安全责任：

（一）按照国家工程建设消防技术标准和经消防设计审核合格或者备案的消防设计文件组织施工，不得擅自改变消防设计进行施工，降低消防施工质量；

（二）查验消防产品和具有防火性能要求的建筑构件、建筑材料及装修材料的质量，使用合格产品，保证消防施工质量；

（三）建立施工现场消防安全责任制度，确定消防安全负责人。加强对施工人员的消防教育培训，落实动火、用电、易燃可燃材料等消防管理制度和操作规程。保证在建工程竣工验收前消防通道、消防水源、消防设施和器材、消防安全标志等完好有效。

第十一条　工程监理单位应当承担下列消防施工的质量监理责任：

（一）按照国家工程建设消防技术标准和经消防设计审核合格或者备案的消防设计文件实施工程监理；

（二）在消防产品和具有防火性能要求的建筑构件、建筑材料、装修材料施工、安装前，核查产品质量证明文件，不得同意使用或者安装不合格的消防产品和防火性能不符合要求的建筑构件、建筑材料、装修材料；

（三）参加建设单位组织的建设工程竣工验收，对建设工程消防施工质量签字确认。

第十二条　社会消防技术服务机构应当依法设立，社会消防技术服务工作应当依法开展。为建设工程消防设计、竣工验收提供图纸审查、安全评估、检测等消防技术服务的机构和人员，应当依法取得相应的资质、资格，按照法律、行政法规、国家标准、行业标准和执业准则提供消防技术服务，并对出具的审查、评估、检验、检测意见负责。

2. 消防设计审核和消防验收

第十三条　对具有下列情形之一的人员密集场所，建设单位应当向公安机关消防机构申请消防设计审核，并在建设工程竣工后向出具消防设计审核意见的公安机关消防机构申请消防验收：

（一）建筑总面积大于二万平方米的体育场馆、会堂，公共展览馆、博物馆的展示厅；

（二）建筑总面积大于一万五千平方米的民用机场航站楼、客运车站候车室、客运码头候船厅；

（三）建筑总面积大于一万平方米的宾馆、饭店、商场、市场；

（四）建筑总面积大于二千五百平方米的影剧院，公共图书馆的阅览室，营业性室内健身、休闲场馆，医院的门诊楼，大学的教学楼、图书馆、食堂，劳动密集型企业的生产加工车间，寺庙、教堂；

（五）建筑总面积大于一千平方米的托儿所、幼儿园的儿童用房，儿童游乐厅等室内儿童活动场所，养老院、福利院，医院、疗养院的病房楼，中小学校的教学楼、图书馆、食堂，学校的集体宿舍，劳动密集型企业的员工集体宿舍；

（六）建筑总面积大于五百平方米的歌舞厅、录像厅、放映厅、卡拉OK厅、夜总会、游艺厅、桑拿浴室、网吧、酒吧，具有娱乐功能的餐馆、茶馆、咖啡厅。

第十四条　对具有下列情形之一的特殊建设工程，建设单位必须向公安机关消防机构申请消防设计审核，并且在建设工程竣工后向出具消防设计审核意见的公安机关消防机构申请消防验收：

（一）设有本规定第十三条所列的人员密集场所的建设工程；

（二）国家机关办公楼、电力调度楼、电信楼、邮政楼、防灾指挥调度楼、广播电视楼、档案楼；

（三）本条第一项、第二项规定以外的单体建筑面积大于四万平方米或者建筑高度超过五十米的公共建筑；

（四）城市轨道交通、隧道工程，大型发电、变配电工程；

（五）生产、储存、装卸易燃易爆危险物品的工厂、仓库和专用车站、码头，易燃易爆气体和液体的充装站、供应站、调压站。

第十五条　建设单位申请消防设计审核应当提供下列材料：

（一）建设工程消防设计审核申报表；

（二）建设单位的工商营业执照等合法身份证明文件；

（三）新建、扩建工程的建设工程规划许可证明文件；

（四）设计单位资质证明文件；

（五）消防设计文件。

第十六条　具有下列情形之一的，建设单位除提供本规定第十五条所列材料外，应当同时提供特殊消防设计文件，或者设计采用的国际标准、境外消防技术标准的中文文本，以及其他有关消防设计的应用实例、产品说明等技术资料：

（一）国家工程建设消防技术标准没有规定的；

（二）消防设计文件拟采用的新技术、新工艺、新材料可能影响建设工程消防安全，不符合国家标准规定的；

（三）拟采用国际标准或者境外消防技术标准的。

第十七条　公安机关消防机构应当自受理消防设计审核申请之日起二十日内出具书面审核意见。但是依照本规定需要组织专家评审的，专家评审时间不计算在审核时间内。

第十八条　公安机关消防机构应当依照消防法规和国家工程建设消防技术标准对申报的消防设计文件进行审核。对符合下列条件的，公安机关消防机构应当出具消防设计审核合格意见；对不符合条件的，应当出具消防设计审核不合格意见，并说明理由：

（一）设计单位具备相应的资质；

（二）消防设计文件的编制符合公安部规定的消防设计文件申报要求；

（三）建筑的总平面布局和平面布置、耐火等级、建筑构造、安全疏散、消防给水、消防电源及配电、消防设施等的消防设计符合国家工程建设消防技术标准；

（四）选用的消防产品和具有防火性能要求的建筑材料符合国家工程建设消防技术标准和有关管理规定。

第十九条　对具有本规定第十六条情形之一的建设工程，公安机关消防机构应当在受理消防设计审核申请之日起五日内将申请材料报送省级人民政府公安机关消防机构组织专家评审。

省级人民政府公安机关消防机构应当在收到申请材料之日起三十日内会同同级住房和城乡建设行政主管部门召开专家评审会，对建设单位提交的特殊消防设计文件进行评审。参加评审的专家应当具有相关专业高级技术职称，总数不应少于七人，并应当出具专家评审意见。评审专家有不同意见的，应当注明。

省级人民政府公安机关消防机构应当在专家评审会后五日内将专家评审意见书面通知报送申请材料的公安机关消防机构，同时报公安部消防局备案。

对三分之二以上评审专家同意的特殊消防技术方案，受理消防设计审核申请的公安机关消防机构应当出具消防设计审核合格意见。

第二十条　建设、设计、施工单位不得擅自修改经公安机关消防机构审核合格的建设工程消防设计。确需修改的，建设单位应当向出具消防设计审核意见的公安机关消防机构重新申请消防设计审核。

第二十一条　建设单位申请消防验收应当提供下列材料：

（一）建设工程消防验收申报表；

（二）工程竣工验收报告和有关消防设施的工程竣工图纸；

（三）消防产品质量合格证明文件；

（四）有防火性能要求的建筑构件、建筑材料、装修材料符合国家标准或者行业标准的证明文件、出厂合格证；

（五）消防设施检测合格证明文件；

（六）施工、工程监理、检测单位的合法身份证明和资质等级证明文件；

（七）其他依法需要提供的材料。

第二十二条　公安机关消防机构应当自受理消防验收申请之日起二十日内组织消防验收，并出具消防验收意见。

第二十三条　公安机关消防机构对申报消防验收的建设工程，应当依照建设工程消防验收评定标准对已经消防设计审核合格的内容组织消防验收。

对综合评定结论为合格的建设工程，公安机关消防机构应当出具消防验收合格意见；对综合评定结论为不合格的，应当出具消防验收不合格意见，并说明理由。

第二十四条　对通过消防设计审核的高层建筑、地下工程，以及采用新技术、新工艺、新材料的建设工程，公安机关消防机构应当重点进行监督检查，督促施工单位落实工程建设消防安全和质量责任。

3. 消防设计和竣工验收的备案抽查

第二十五条　对本规定第十三条、第十四条规定以外的建设工程，建设单位应当在取得施工许可、工程竣工验收合格之日起七日内，通过省级公安机关消防机构网站进行消防设计、竣工验收消防备案，或者到公安机关消防机构业务受理场所进行消防设计、竣工验收消防备案。

建设单位在进行建设工程消防设计或者竣工验收消防备案时，应当分别向公安机关消防机构提供备案申报表、本规定第十五条规定的相关材料及施工许可文件复印件或者本规定第二十一条规定的相关材料。按照住房和城乡建设行政主管部门的有关规定进行施工图审查的，还应当提供施工图审查机构出具的审查合格文件复印件。

依法不需要取得施工许可的建设工程，可以不进行消防设计、竣工验收消防备案。

第二十六条　公安机关消防机构收到消防设计、竣工验收消防备案申报后，对备案材料齐全的，应当出具备案凭证；备案材料不齐全或者不符合法定形式的，应当当场或者在五日内一次告知需要补正的全部内容。

公安机关消防机构应当在已经备案的消防设计、竣工验收工程中，随机确定检查对象并向社会公告。对确定为检查对象的，公安机关消防机构应当在二十日内按照消防法规和国家工程建设消防技术标准完成图纸检查，或者按照建设工程消防验收评定标准完成工程检查，制作检查记录。检查结果应当向社会公告，检查不合格的，还应当书面通知建设单位。

建设单位收到通知后，应当停止施工或者停止使用，组织整改后向公安机关消防机构申请复查。公安机关消防机构应当在收到书面申请之日起二十日内进行复查并出具书面复查意见。

建设、设计、施工单位不得擅自修改已经依法备案的建设工程消防设计。确需修改的，建设单位应当重新申报消防设计备案。

第二十九条　建设工程的消防设计、竣工验收未依法报公安机关消防机构备案的，公安机关消防机构应当依法处罚，责令建设单位在五日内备案，并确定为检查对象；对逾期不备案的，公安机关消防机构应当在备案期限届满之日起五日内通知建设单位停止施工或者停止使用。

三、防雷接地系统施工管理和检验验收的规定

《防雷装置设计审核和竣工验收规定》已于2011年7月11日经中国气象局局务会议审议通过，自2011年9月1日起施行。

1. 防雷设计审核制度

第七条　防雷装置设计实行审核制度。建设单位应当向气象主管机构提出申请，填写《防雷装置设计审核申报表》。

建设单位申请新建、改建、扩建建（构）筑物设计文件审查时，应当同时申请防雷装置设计审核。

第八条　申请防雷装置初步设计审核应当提交以下材料：

（一）《防雷装置设计审核申请书》；

（二）总规划平面图；

（三）设计单位和人员的资质证和资格证书的复印件；

（四）防雷装置初步设计说明书、初步设计图纸及相关资料；

需要进行雷电灾害风险评估的项目，应当提交雷电灾害风险评估报告。

第九条　申请防雷装置施工图设计审核应当提交以下材料：

（一）《防雷装置设计审核申请书》；

（二）设计单位和人员的资质证和资格证书的复印件；

（三）防雷装置施工图设计说明书、施工图设计图纸及相关资料；

（四）设计中所采用的防雷产品相关资料；

（五）经当地气象主管机构认可的防雷专业技术机构出具的防雷装置设计技术评价报告。

防雷装置未经过初步设计的，应当提交总规划平面图；经过初步设计的，应当提交《防雷装置初步设计核准意见书》。

第十条　防雷装置设计审核申请符合以下条件的，应当受理：

（一）设计单位和人员取得国家规定的资质、资格；

（二）申请单位提交的申请材料齐全且符合法定形式；

（三）需要进行雷电灾害风险评估的项目，提交了雷电灾害风险评估报告。

第十一条　防雷装置设计审核申请材料不齐全或者不符合法定形式的，并出具《防雷装置设计审核资料补正通知》。逾期不告知的，收到申请材料之日起即视为受理。

第十二条　气象主管机构应当在收到全部申请材料之日起 5 个工作日内，按照《中华人民共和国行政许可法》第三十二条的规定，根据本规定的受理条件做出受理或者不予受理的书面决定，并对决定受理的申请出具《防雷装置设计审核受理回执》。对不予受理的，应当书面说明理由。

第十三条　防雷装置设计审核内容：

（一）申请材料的合法性；

（二）防雷装置设计文件是否符合国家有关标准和国务院气象主管机构规定的使用要求。

第十四条　气象主管机构应当在受理之日起 20 个工作日内完成审核工作。

防雷装置设计文件经审核符合要求的，气象主管机构应当办结有关审核手续，颁发《防雷装置设计核准意见书》。施工单位应当按照经核准的设计图纸进行施工。在施工中需要变更和修改防雷设计的，应当按照原程序重新申请设计审核。

防雷装置设计经审核不符合要求的，气象主管机构出具《防雷装置设计修改意见书》。申请单位进行设计修改后，按照原程序重新申请设计审核。

2. 防雷装置竣工验收制度

第十五条　防雷装置实行竣工验收制度。建设单位应当向气象主管机构提出申请，填写《防雷装置竣工验收申请书》。

新建、改建、扩建建（构）筑物竣工验收时，建设单位应当通知当地气象主管机构同时验收防雷装置。

第十六条　防雷装置竣工验收应当提交以下材料：

（一）《防雷装置竣工验收申请书》；

（二）《防雷装置设计核准意见书》；

（三）施工单位的资质证和施工人员的资格证书的复印件；

（四）取得防雷装置检测资质的单位出具的《防雷装置检测报告》；

（五）防雷装置竣工图纸等技术资料；

（六）防雷产品出厂合格证、安装记录和符合国务院气象主管机构规定的使用要求的证明文件。

第十七条　防雷装置竣工验收申请符合以下条件的，应当受理：

（一）防雷装置设计取得当地气象主管机构核发的《防雷装置设计核准意见书》；

（二）施工单位和人员取得国家规定的资质和资格；

（三）申请单位提交的申请材料齐全且符合法定形式。

第十八条　防雷装置竣工验收申请材料不齐全或者不符合法定形式的，气象主管机构应当在收到申请材料之日起 5 个工作日内一次告知申请单位需要补正的全部内容，并出具《防雷装置竣工验收资料补正通知》。逾期不告知的，收到申请材料之日起即视为受理。

第十九条　根据本规定的受理条件作出受理或者不予受理的书面决定，并对决定受理的申请出具《防雷装置竣工验收受理回执》。对不予受理的，应当书面说明理由。

第二十条　防雷装置竣工验收内容：

（一）申请材料的合法性；

（二）安装的防雷装置是否符合国家有关标准和国务院气象主管机构规定的使用要求；

（三）安装的防雷装置是否按照核准的施工图施工完成。

第二十一条　气象主管机构应当在受理之日起 10 个工作日内作出竣工验收结论。

防雷装置经验收符合要求的，气象主管机构应当办结有关验收手续，出具《防雷装置验收意见书》。

防雷装置验收不符合要求的，气象主管机构应当出具《防雷装置整改意见书》。整改完成后，按照原程序重新申请验收。

第二十二条　申请单位不得以欺骗、贿赂等手段提出申请或者通过许可；不得涂改、伪造防雷装置设计审核和竣工验收有关材料或者文件。

第二十三条　县级以上地方气象主管机构应当加强对防雷装置设计审核和竣工验收的监督与检查，建立健全监督制度，履行监督责任。公众有权查阅监督检查记录。

第二十四条　上级气象主管机构应当加强对下级气象主管机构防雷装置设计审核和竣工验收工作的监督检查，及时纠正违规行为。

第二十五条　县级以上地方气象主管机构进行防雷装置设计审核和竣工验收的监督检查时，不得妨碍正常的生产经营活动，不得索取或者收受任何财物和谋取其他利益。

第二十六条　单位和个人发现违法从事防雷装置设计审核和竣工验收活动时，有权向县级以上地方气象主管机构举报，县级以上地方气象主管机构应当及时核实、处理。

第二十七条　县级以上地方气象主管机构履行监督检查职责时，有权采取下列措施：

（一）要求被检查的单位或者个人提供有关建筑物建设规划许可、防雷装置设计图纸等文件和资料，进行查询或者复制；

（二）要求被检查的单位或者个人就有关建筑物防雷装置的设计、安装、检测、验收和投入使用的情况作出说明；

（三）进入有关建筑物进行检查。

第二十八条　县级以上地方气象主管机构进行防雷装置设计审核和竣工验收监督检查时，有关单位和个人应当予以支持和配合，并提供工作方便，不得拒绝与阻碍依法执行公务。

第二十九条　从事防雷装置设计审核和竣工验收的监督检查人员应当经过培训，经考核合格后，方可从事监督检查工作。

第三章　抽样统计分析

第一节　数理统计的基本概念、抽样调查的方法

一、总体

总体也称母体，是所研究对象的全体。个体是组成总体的基本元素。总体中含有个体的数目通常用 N 表示。在对一批产品质量检验时，该批产品是总体，其中的每件产品是个体，这时 N 是有限的数值，则称为有限总体。若对生产过程进行检测时，应该把整个生产过程过去、现在以及将来的产品视为总体，随着生产的进行 N 是无限的，称为无限总体。一般把从每件产品检测得到的某一质量数据（强度、几何尺寸、重量等）即质量特性值视为个体，产品的全部质量数据的集合即为总体。

二、样本

样本也称子样，是从总体中随机抽取出来，并根据对其研究结果推断总体质量特征的那部分个体。被抽中的个体称为样品，样品的数目称样本容量，用 n 表示。

三、统计推断工作过程

质量统计推断工作是运用质量统计方法在生产过程中或一批产品中，随机抽取样本，通过对样品进行检测和整理加工，从中获得样本质量数据信息，并以此为依据，以概率数理统计为理论基础，对总体的质量状况做出分析和判断。质量统计推断工作过程如图 3-1 所示。

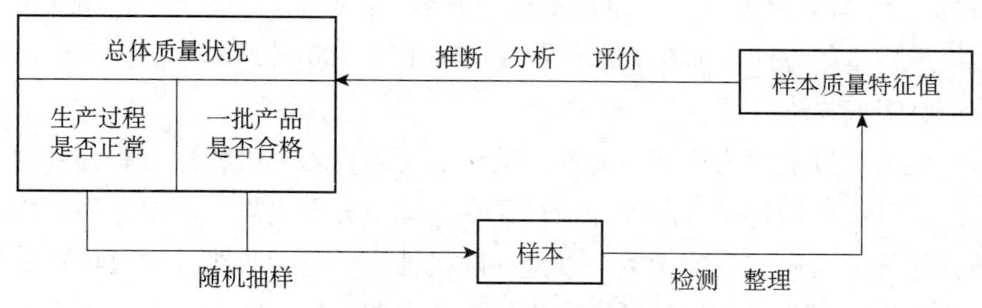

图 3-1　质量统计推断工作过程

四、质量数据的收集方法

1. 全数检验

全数检验是对总体中的全部个体逐一观察、测量、计数、登记，从而获得对总体质量水平评价结论的方法。

全数检验的特点是：①一般比较可靠，能提供大量的质量信息，但要消耗很多人力、物力、财力和时间，特别是不能用于具有破坏性的检验和过程质量控制，应用上具有局限性；②在有限总体中，对重要的检测项目，采用简易快速的不破损检验方法时可选用全数检验方案。

2. 随机抽样检验

抽样检验是按照随机抽样的原则，从总体中抽取部分个体组成样本，根据对样品进行检测的结果，推断总体质量水平的方法。

随机抽样检验的特点是：①抽取样品不受检验人员主观意愿的支配，每一个体被抽中的概率都相同，从而保证了样本在总体中的分布比较均匀，有充分的代表性；②它还具有节省人力、物力、财力、时间和准确性高的优点；③它又可用于破坏性检验和生产过程的质量监控，完成全数检测无法进行的检测项目，具有广泛的应用空间。抽样的具体方法有：

（1）简单随机抽样

简单随机抽样又称纯随机抽样、完全随机抽样，是对总体不进行任何加工，直接进行随机抽样，获取样本的方法。

一般的做法是对全部个体编号，然后采用抽签、摇号、随机数字表等方法确定中选号码，相应的个体即为样品。这种方法常用于总体差异不大或对总体了解甚少的情况。

（2）分层抽样

分层抽样又称分类或分组抽样，是将总体按与研究目的有关的某一特性分为若干组，然后在每组内随机抽取样品组成样本的方法。

由于对每组都有抽取，样品在总体中分布均匀，更具代表性，特别适用于总体比较复杂的情况。如研究混凝土浇筑质量时，可以按生产班组分组，或按浇筑时间（白天、黑夜；或季节）分组，或按原材料供应商分组后，再在每组内随机抽取个体。

（3）等距抽样

等距抽样又称机械抽样、系统抽样，是将个体按某一特性排队编号后均分为 n 组，这时每组有 $K=N/n$ 个个体，然后在第一组内随机抽取第一件样品，以后每隔一定距离（K）抽选出其余样品组成样本的方法。如在流水作业线上每生产 100 件产品抽出一件产品做样品，直到抽出 n 件产品组成样本。

在这里，距离可以理解为空间、时间、数量的距离。若分组特性与研究目的有关，就可看作分组更细且等比例的特殊分层抽样，样品在总体中分布更均匀，更有代表性，抽样误差也最小；若分组特性与研究目的无关，就是纯随机抽样。进行等距抽样时特别要注意的是所采用的距离（K 值）不要与总体质量特性值的变动周期一致，如对于连续生产的产品按时间距离抽样时，相隔的时间不要是每班作业时间 8 h 的约数或倍数，以避免产生系统偏差。

（4）整群抽样

整群抽样一般是将总体按自然存在的状态分为若干群，并从中抽取样品群组成样本，然后在中选群内进行全数检验的方法。如对原材料质量进行检测，可按原包装的箱、盒为群随机抽取，对中选箱、盒做全数检验；每隔一定时间抽出一批产品进行全数检验等。

由于随机性表现在群间，样品集中，分布不均匀，代表性差，产生的抽样误差也大，同时在有周期性变动时，也应注意避免系统偏差。

（5）多阶段抽样

多阶段抽样又称多级抽样。上述抽样方法的共同特点是整个过程中只有一次随机抽样，因而统称为单阶段抽样。但是当总体很大时，很难一次抽样完成预定的目标。多阶段抽样是将各种单阶段抽样方法结合使用，通过多次随机抽样来实现的抽样方法。如检验钢材、水泥等质量时，可以对总体按不同批次分为 R 群，从中随机抽取 r 群，而后在中选的 r 群中的 M 个个体中随机抽取 m 个个体，这就是整群抽样与分层抽样相结合的二阶段抽样，它的随机性表现在群间和群内有两次。

五、质量数据的分类

质量数据是指由个体产品质量特性值组成的样本（总体）的质量数据集，在统计上称为变量；个体产品质量特性值称变量值。根据质量数据的特点，可以将其分为计量值数据和计数值数据。

1. 计量值数据

计量值数据是可以连续取值的数据，属于连续型变量。其特点是在任意两个数值之间都可以取精度较高一级的数值。它通常由测量得到，如重量、强度、几何尺寸、标高、位移等。此外，一些属于定性的质量特性，可由专家主观评分、划分等级而使之数量化，得到的数据也属于计量值数据。

2. 计数值数据

计数值数据是只能按 0，1，2，…数列取值计数的数据，属于离散型变量。它一般由计数得到，计数值数据又可分为计件值数据和计点值数据。

1）计件值数据，表示具有某一质量标准的产品个数。如总体中合格品数、一级品数。

2）计点值数据，表示个体（单件产品、单位长度、单位面积、单位体积等）上的缺陷数、质量问题点数等。如检验钢结构构件涂料涂装质量时，构件表面的焊渣、焊疤、油污、毛刺的数量等。

六、质量数据的分布特征

1. 质量数据的特征值

样本数据特征值是由样本数据计算的描述样本质量数据波动规律的指标。统计推断就是根据这些样本数据特征值来分析、判断总体的质量状况。常用的有描述数据分布集中趋势的算术平均数、中位数和描述数据分布离中趋势的极差、标准偏差、变异系数等。

2. 质量数据的特性

质量数据具有个体数值的波动性和总体（样本）分布的规律性。

在实际质量检测中，我们发现即使在生产过程是稳定正常的情况下，同一总体（样本）的个体产品的质量特性值也是互不相同的，这种个体间表现形式上的差异性，反映在质量数据上即为个体数值的波动性、随机性。然而，当运用统计方法对这些大量丰富的个体质量数值进行加工、整理和分析后，我们又会发现这些产品质量特性值（以计量值数据为例）大多分布在数值变动范围的中部区域，即有向分布中心靠拢的倾向，表现为数值的集中趋势。还有一部分质量特性值在中心的两侧分布，随着逐渐远离中心，数值的个数变少，表现为数值的离中趋势。质量数据的集中趋势和离中趋势反映了总体（样本）质量变化的内在规律性。

3. 质量数据波动的原因

众所周知，影响产品质量主要有 5 方面因素，即人（包括质量意识、技术水平、精神状态等）、材料（包括材质均匀度、理化性能等）、方法（包括生产工艺、操作方法等）、环境（包括时间、季节、现场温湿度、噪声干扰等）、机械设备（包括其先进性、精度、维护保养状况等）。同时，这些因素自身也在不断地变化中。个体产品质量的表现形式的千差万别就是这些因素综合作用的结果，质量数据也就具有了波动性。

质量特性值的变化在质量标准允许范围内波动称为正常波动，是由偶然性原因引起的。若是超越了质量标准允许范围的波动则称为异常波动，是由系统性原因引起的。

4. 质量数据分布的规律性

对于每件产品来说，在产品质量形成的过程中，单个影响因素对其影响的程度和方向是不同的，也是在不断改变的。众多因素交织在一起，共同起作用的结果，使各因素引起的差异大多互相抵消，最终表现出来的误差具有随机性。对于在正常生产条件下的大量产品，误差接近零的产品数目要多些，具有较大正负误差的产品要相对少，偏离很大的产品就更少，同时正负误差绝对值相等的产品数目非常接近。于是就形成了一个能反映质量数据规律性的分布，即以质量标准为中心的质量数据分布，它可用一个“中间高、两端低、左右对称”的几何图形表示，即一般服从正态分布。

概率数理统计在对大量统计数据研究中，归纳总结出许多分布类型，如一般计量值数据服从正态分布，计件值数据服从二项分布，计点值数据服从泊松分布等。实践中，只要是受许多起微小作用的因素影响的质量数据，都可认为是近似服从正态分布的，如构件的几何尺寸、混凝土强度等。如果是随机抽取的样本，无论它来自的总体是何种分布，在样本容量较大时，其样本均值也将服从或近似服从正态分布。因此，正态分布具有最重要、最常见、应用最广泛的特点。正态分布概率密度曲线如图 3-2 所示。

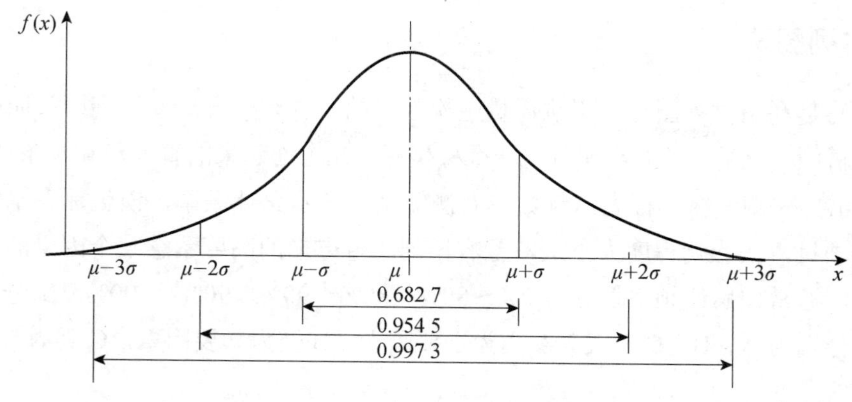

图 3-2　正态分布概率密度曲线

第二节　施工质量数据抽样和统计分析方法

一、统计调查表法

统计调查表法又称统计调查分析法，它是利用专门设计的统计表对质量数据进行收集、整理和粗略分析质量状态的一种方法。

在质量控制活动中，利用统计调查表收集数据，简便灵活，便于整理，实用有效。它没有固定格式，可根据需要和具体情况，设计出不同统计调查表。常用的有：

①分项工程作业质量分布调查表。

②不合格项目调查表。

③不合格原因调查表。

④施工质量检查评定用调查表等。

统计调查表常与分层法结合起来应用，可以更好、更快地找出问题的原因，以便采取改进的措施。

二、分层法

分层法又叫分类法，是将调查收集的原始数据，根据不同的目的和要求，按某一性质进行分组、整理的分析方法。分层的结果使数据各层间的差异突出地显示出来，层内的数据差异减少了。在此基础上再进行层间、层内的比较分析，可以更深入地发现和认识质量问题的原因。由于产品质量是多方面因素共同作用的结果，因而对同一批数据，可以按不同性质分层，使我们能从不同角度来考虑、分析产品存在的质量问题和影响因素。

分层法是质量控制统计分析方法中最基本的一种方法。其他统计方法一般都要与分层法配合使用，如排列图法、直方图法、控制图法、相关图法等，先利用分层法将原始数据分门别类，再进行统计分析。

三、排列图法

排列图法是利用排列图寻找影响质量主次因素的一种有效方法。排列图又叫帕累托图或主次因素分析图，它是由两个纵坐标、一个横坐标、几个连起来的直方形和一条曲线所组成。如图 3-3 所示。左侧的纵坐标表示频数，右侧纵坐标表示累计频率，横坐标表示影响质量的各个因素或项目，按影响程度大小从左至右排列，直方形的高度示意某个因素的影响大小。实际应用中，通常按累计频率划分为 0%～80%、80%～90%、90%～100%三部分，与其对应的影响因素分别为 A、B、C 三类。A 类为主要因素，B 类为次要因素，C 类为一般因素。

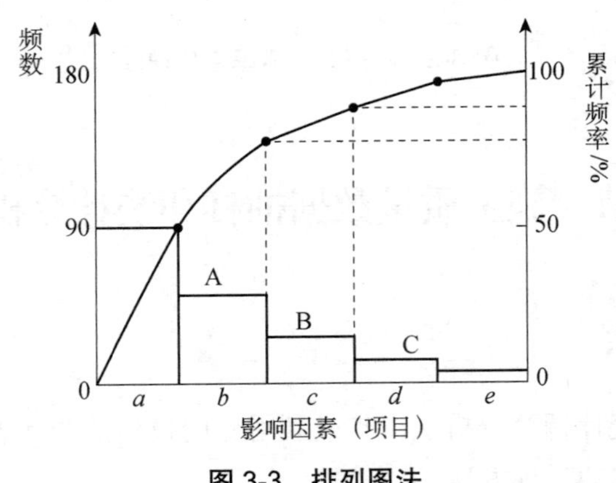

图 3-3　排列图法

四、因果分析图法

因果分析图法是利用因果分析图来系统整理分析某个质量问题（结果）与其产生原因之间关系的有效工具。因果分析图也称特性要因图，又因其形状常被称为树枝图或鱼刺图。

因果分析图基本形式如图 3-4 所示。从图中可见，因果分析图由质量特性（即质量结果指某个质量问题）、要因（产生质量问题的主要原因）、枝干（指一系列箭线表示不同层次的原因）、主干（指较粗的直接指向质量结果的水平箭线）等所组成。

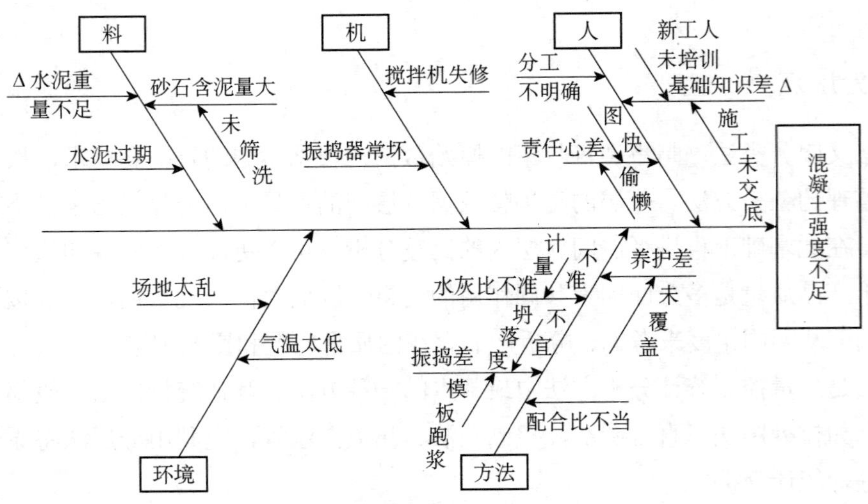

图 3-4　因果分析图的基本形式

五、直方图法

直方图法即频数分布直方图法，它是将收集到的质量数据进行分组整理，绘制成频数分布直方图，用以描述质量分布状态的一种分析方法，所以又称质量分布图法。

通过直方图的观察与分析，可了解产品质量的波动情况，掌握质量特性的分布规律，以便对质量状况进行分析判断。同时可通过质量数据特征值的计算，估算施工生产过程总体的不合格品率，评价过程能力等。

六、抽样检验方案

1. 抽样检验方案

抽样检验方案是根据检验项目特性所确定的抽样数量、接受标准和方法。如在简单的计数值抽样检验方案中，主要是确定样本容量 n 和合格判定数，即允许不合格品件数 c，记为方案（n，c）。

2. 检验

检验是对检验项目中的性能进行量测、检查、试验等，并将结果与标准规定要求进行比较，以确定每项性能是否合格所进行的活动。它包括对每一个体的缺陷数目或某种属性记录的计数检验和对每一个体的某个定量特性测量的计量检验。

3. 检验批

检验批是按同一的生产条件或是按规定的方式汇总起来供检验用的，由一定数量产品组成的检验体，其中的产品件数称为批量，用 N 表示。组成检验批的基本原则应是具有生产条件、时间基本相同，质量基本均匀的一定量同批次个体产品，否则难于通过检验区分质量水平。

在建筑工程质量检验中，检验批是检验的最小单位，是分项工程乃至整个建筑工程质量验收的基础，一般根据施工及质量控制和专业验收需要按楼层、施工段、变形缝等进行划分。在施工过程中条件相同并具有一定数量的材料、构配件或安装项目，由于其质量基本均匀一致，因此可作为检验的基本单位，即检验批，并按批验收。

4. 批不合格品率

批不合格品率是指检验批中不合格品数占整个批量的比重。反映了批的质量水平，其计算公式为：由总体计算：

$$P=D/N$$

由样本计算：

$$p=d/n$$

式中，P、p——分别为检验批（总体）、样本计算的批不合格品率；

D、d——分别为检验批、样本中的不合格品件数；

N、n——分别为检验批、样本中的产品件数。

对于计点值数据，若用 C 表示批中的缺陷数时，其质量水平可由下式计算：

$$\text{批的每百单位缺陷数}=100C/N$$

5. 过程平均批不合格品率

过程平均批不合格品率是指对 k 批产品首次检验得到的 k 个批不合格品率的平均数。它可以衡量一个基本稳定的生产过程，在较长时间内所提供产品的质量水平。由总体计算的用 $\overline{P}$ 表示；由样本计算的 k 批的平均不合格品率用 $\overline{p}$ 表示。$\overline{p}$ 是 $\overline{P}$ 的优良估计值。这里，首次检验的含义是指：在实施二次或多次抽样检验方案时，只能取第一个样本的 P 或 p 值计算；k 值不应少于 20 批。

6. 接受概率

接受概率又称批合格概率，是根据规定的抽样检验方案将检验批判为合格而接受的概率。一个既定方案的接受概率是产品质量水平，即批不合格品率 p 的函数，用 L（p）表示，检验批的不合格品率 p 越小，接受概率 L（p）就越大。

抽样检验方案确定后，即可采用选定的抽样方法（分类抽样、等距抽样、整群抽样等），从既定的检验批中随机抽取 n 件样品，按照质量标准进行检验和判断。

第四章　常用安装工程材料和设备

常用安装工程材料和设备主要有建筑给排水管材、附件及器具，电线、电缆及电线导管，照灯具、开关及插座等。本章就以上材料做相关介绍。

第一节　建筑给排水管材、附件及器具

建筑给水系统采用的管材及附件均应满足国家及行业现行有关标准和规范的要求。对于生活饮用水所涉及的管道及附件的卫生性能还应符合《生活饮用水输配水设备及防护材料的安全性评价标准》（GB/T 17219—1998）的规定。当生活给水与消防给水共用管道时，管材及附件须满足消防的相关要求。

给水管材及附件的选择需要综合考虑设计工作压力、温度、管道埋深、地面荷载、使用场所及经济性等因素，并宜考虑适当安全余量。

一、塑料管材

1. 聚丙烯管

聚丙烯管材分为无规共聚聚丙烯管（PP-R）和耐冲击共聚聚丙烯管（PP-B），该管材主要用于建筑内冷热水管道系统，具有耐腐蚀性好，易于加工及价格低廉等优点，但其具有低温易脆性、易燃及架空管道易变性等缺点。聚丙烯管材一般为灰色，也可由供需双方协商确定其他颜色。管材长度一般为 4 m 或 6 m，也可根据用户要求由供需双方协商确定。

PP-R 管道设计压力不宜大于 1.0 MPa，设计温度不应低于 0℃且不应高于 70℃，可用于冷热水管道；PP-B 管道设计压力不宜大于 1.0 MPa，设计温度不应低于 0℃且不应高于 40℃，可用于冷水管道。基于供水安全型考虑，在给水加压水泵房内不宜采用聚丙烯管道，如需采用，选型时应注意按设计压力选用的管系列 S 应提高一档，系统该工作压力不应大于 0.6 MPa，同时给水加压设备出水管考虑有效的防水锤措施。

聚丙烯管道连接常用热熔或电热熔连接方式，一般热熔连接用于管径≤110 mm 的管道，电熔连接用于管径≥110 mm 或热熔施工困难的场所。熔接机具及电熔管件一般由管材厂家提供或确认。当特殊情况下管道采用螺纹或法兰连接时，应由管材厂家提供专用管道配件。

2. 聚乙烯类管

常用聚乙烯类管包括聚乙烯（PE，根据使用的原料级别又分为 PE63、PE80、PE100）、交联聚乙烯（PE-X）和耐热聚乙烯（PE-RT），具有强度高、耐腐蚀、耐低温性能等特点，被广泛应用于给水管制造领域。

聚乙烯类管道在室内不得用于消防给水系统，不得与消防和生活给水合用系统连接。

建筑内冷水管可选用聚乙烯（PE）、交联聚乙烯（PE-X）、耐热聚乙烯（PE-RT）管，热水管应选用交联聚乙烯（PE-X）、耐热聚乙烯（PE-RT）管。聚乙烯（PE）管道不得用于热水系统。

聚乙烯（PE）、耐热聚乙烯（PE-RT）管常用热熔连接、电熔连接、钢塑过渡接头连接，交联聚乙烯（PE-X）管常用卡箍式连接、卡压式连接。法兰连接用于塑料给水管与同材质管道、金属管道、管道附件、设备连接等。

3. 硬聚氯乙烯管

硬聚氯乙烯（PVC-U）管硬度较高，耐腐蚀的特点，用于水温不超过 45℃条件下输送饮用水和一般用途水。该管材不得用于室内消防管道和与其相连接的其他给水系统。管材一般长度为 4 m、6 m，也可由供需双方协商确定。

硬聚氯乙烯（PVC-U）管常用连接方式有粘结连接、橡胶圈连接和法兰连接。

二、金属管材

1. 钢管

钢管具有承压能力较高，力学性能较好，易连接、好施工的特点，但耐腐蚀性能差，使用时必须做好防腐处理。按照不同的分类标准，钢管种类较多。

按其制造工艺及所用管坯外形不同，钢管分为焊接钢管和无缝钢管。焊接钢管按焊缝形式不同又分为直缝焊管和螺旋焊管，螺旋焊管强度一般比直缝焊管高，通常较小口径的焊管多采用直缝焊管，大口径焊管则大多采用螺旋焊管。镀锌钢管为钢管表面镀锌，起到管道防锈防腐蚀作用，消防给水管道、生产给水管道多采用热镀锌钢管。

不锈钢管具有外观美观、内壁光滑、重量轻、耐高压、耐腐蚀、安装方便等优点，但其价格较贵，用于生活给水管道及其他水质要求较高的场所。

总体来说，钢管承压能力较高，力学性能较好，易连接、施工，但耐腐蚀性能差，使用时必须做好防腐处理。

（1）焊接钢管

焊接钢管按壁厚分为普通钢管、加厚钢管，当系统工作压力 $P \leqslant 1.0$ MPa 时，可采用普通钢管，工作压力 1.0 MPa$< P \leqslant$1.6 MPa 时，采用加厚钢管。钢管常用连接方式有：螺纹连接、沟槽式卡箍连接、法兰连接和焊接连接。管径 $DN \leqslant 50$ mm 时，一般采用螺纹连接，管径 $DN > 50$ mm 时，可沟槽式卡箍连接、法兰连接或者焊接，焊接连接时应有可靠防腐措施。

沟槽式卡箍连接的沟槽式管接头应符合《沟槽式管接头》（CJ/T 156—2001）的规定，当采用刚性接头时，$DN \leqslant 200$ mm 管道的沟槽式管接头最大工作压力为 2.5 MPa，$DN \geqslant 250$ mm

管道的沟槽式管接头最大工作压力为 1.6 MPa；当采用挠性接头时，*DN*≤300 mm 管道的沟槽式管接头最大工作压力为 2.5 MPa，*DN*≥350 mm 管道的沟槽式管接头最大工作压力为 1.6 MPa。超压场所管道连接可根据具体情况采用法兰连接或焊接连接。

（2）无缝钢管

无缝钢管一般用于工作压力较高场所，一般工作压力 1.6 MPa 以上场所采用。无缝钢管尺寸、重量等参数详见《无缝钢管尺寸、外形、重量及允许偏差》（GB/T 17395—2008）的规定。

（3）镀锌钢管

钢管镀锌应采用热浸镀锌法，钢管镀锌层重量可由供需双方协商确定，但钢管内外表面镀锌层总重量不应小于 500 g/m^2。通常可按镀锌钢管比非镀锌钢管重 3%～6%估算。镀锌钢管常用于作消防给水管道及生产用水管道。

（4）薄壁不锈钢管

薄壁不锈钢管管材中铬与氧化剂反应产生钝化作用，在表面形成一层薄而坚韧的致密钝化膜 Cr_2O_3，起抗腐蚀的保护覆膜作用。薄壁不锈钢管输水过程中可确保输水水质的纯净，且经久耐用，具有安全可靠、卫生环保等特点，生活饮用水、热水系统常采用的是奥氏体不锈钢 06Cr19Ni10、022Cr19Ni10。

建筑给水薄壁不锈钢管道系统应全部采用薄壁不锈钢制管子、管件和附件。当与其他材料的管子、管件和附件相连接时，应采取防止电化学腐蚀的措施。对埋地敷设的薄壁不锈钢管，其管材牌号宜采用 022Cr17Ni12Mo2，并应对管道外壁采取防腐蚀措施，外壁防腐材料不宜含有氯离子成分。

薄壁不锈钢管可采用卡压式、环压式、焊接、螺纹式、卡套式、卡凸式、压缩式、沟槽式、法兰式、转换接头等连接方式，对不同的连接方式应分别符合相应标准的要求，卡压式、环压式、螺纹式、卡套式、卡凸式、压缩式、焊接连接方式可适用于 *DN*100 及以下小口径薄壁不锈钢管，沟槽式、法兰、焊接连接可适用于 *DN*100 以上大口径薄壁不锈钢管。

2. 球墨铸铁管

球墨铸铁管具有高强度、高伸长率、硬度低、加工方便等特点，其耐腐蚀性能优于钢管。球磨铸铁管可依据壁厚等级系数 K 分为 K8、K9、K10、K12 四级，凡合同中未注明的均按 K9 级供货。

球磨铸铁给水管的口径可分为 *DN*40、*DN*50、*DN*60、*DN*65、*DN*89、*DN*100、*DN*125、*DN*150、*DN*200、*DN*250、*DN*300、*DN*350、*DN*400、*DN*450、*DN*500、*DN*600、*DN*700、*DN*800、*DN*900、*DN*1000、*DN*1100、*DN*1200、*DN*1400、*DN*1500、*DN*1600、*DN*1800、*DN*2000、*DN*2200、*DN*2400、*DN*2600 共 30 种。

球磨铸铁管常以内、外涂覆的状态交货。外涂层为镀锌层和终饰层，内衬水砂浆涂层。外部涂层应包括金属锌层和其上覆盖的与锌层相容的合成树脂的终饰层。这两种涂层应在工厂内涂覆。水泥砂浆内衬是覆盖在整个直管内表面的一层致密、均匀的衬层，起到提高管道耐腐蚀能力和保护水质的作用，内衬材料应符合《生活饮用水输配水设备及防护材料卫生安全评价规范》（GB/T 17219—1998）的相关要求。

球磨铸铁给水管按管口的接口形式可分为滑入式（T 型）、机械式（K 型）和法兰式 3 类。

3. 铜管

建筑给水铜管应采用紫铜管，牌号为 TP2，称磷脱氧铜。具有致密性强（为钢管的 1.15 倍）、电化学性能稳定（仅次于金、银）、耐腐蚀、耐高温（205℃）、耐低温（−196℃）及耐压等特性。可经久耐用、可再生利用。在相同稳定下，其线膨胀系数比钢管大 1.5 倍，比 PP-R 塑料管低 10 倍，但用作热水管使用时，要有防热胀冷缩的技术措施。

铜管发生性能强、声绝缘性能差。在室内环境有安静要求时，应控制水流速度。管径小于等于 *DN*25 时，流速宜采用小于等于 0.8 m/s，管径大于 *DN*25 时，流速宜采用小于等于 1.2 m/s。

为防止损伤，防结露，防噪声，减少热损失，室内及埋地管道宜选用塑覆铜管。

铜管按硬度状态分为硬态、半硬态、软态三种，给水铜管宜采用硬态铜管，当管径不大于 *DN*25 时，可采用半硬态铜管。

铜管连接可采用钎焊连接、法兰连接、沟槽连接、卡套连接、卡压连接等方式。

三、复合管材

复合管材为采用两种或两种以上的材料，经复合工艺而制成为整体的圆管道，达到增强管道某种性能，而又经济实用的目的。建筑常用的复合管材有钢塑复合管、钢塑复合压力管、铝塑复合管、钢丝网骨架塑料（聚乙烯）复合管、内衬不锈钢复合钢管等。

1. 钢塑复合管

钢塑复合管为在钢管内壁衬（涂）一定厚度塑料层复合而成的管道。采用紧衬复合工艺将塑料管衬于钢管内而制成的复合管成为衬塑复合管，将塑料粉末涂料均匀地涂覆于钢管表面并经加工而制成的复合管为涂塑钢管。

当管道系统工作压力不大于 1.0 MPa 时，宜采用涂（衬）塑焊接钢管，可锻铸铁衬塑管件，螺纹连接。当管道系统工作压力大于 1.0 MPa 且小于 1.6 MPa 时，宜采用涂（衬）塑无缝钢管、无缝钢管件或球墨铸铁涂（衬）塑管件，法兰连接或沟槽式连接。当管道系统工作压力大于 1.6 MPa 且小于 2.5 MPa 时，应采用涂（衬）塑的无缝钢管和无缝钢管或铸钢涂（衬）塑管件，采用法兰或沟槽式连接。

管径不大于 100 mm 时宜采用螺纹连接，管径大于 100 mm 时宜采用法兰或沟槽式连接。水泵房管道宜采用法兰连接。

衬塑复合钢管不得用于建筑热水系统，主要因其易造成内衬塑料脱层，减少有效截面积。

2. 钢塑复合压力管

钢塑复合压力管是以焊接钢管为中间层，内外层为聚乙（丙）烯塑料、采用专用热熔胶，通过挤出成型方法复合成一体的管材，克服了钢管本身的易锈蚀及塑料管本身的强度低、易变性的缺陷，同时具备了钢管的高强度和塑料管的耐腐蚀等优点，在中低压给水管道方面得到较广泛的应用。

钢塑复合压力管连接方式有扩口式、内胀式、承插式和卡槽式 4 种管件连接方式。其中扩口式、内胀式和卡槽式接口为刚性连接；承插式接口为柔性连接。管道与金属管、阀门、水表等连接常采用螺纹或法兰连接。

3. 钢丝网骨架塑料（聚乙烯）复合管

钢丝网骨架塑料（聚乙烯）复合管是以缠绕成型的高强度钢丝为芯层骨架，采用专用热熔胶、塑料通过挤出成型方法复合成一体的管材，在 PE 管的基础上增强了刚性和承压能力。给水用管材、管件的聚乙烯材料为 PE80 或 PE100。

钢丝网骨架塑料（聚乙烯）复合管分普通管和加强管两种管壁结构系列。

4. 铝塑复合管

铝塑复合管是中间层采用焊接铝管，外层和内层采用中密度或高密度聚乙烯塑料或交联高密度聚乙烯，经热熔胶黏合而复合成的管道。铝塑复合管为 5 层结构，中间为铝或铝合金层，按焊接方式又分为超声搭接和氩弧对接焊；内外为塑料层；铝层与内外塑料层之间为热熔黏合剂层。铝塑复合管同时具有金属管的耐压性能和塑料管的抗腐蚀性能。

由于铝塑复合管有多重结构形式，而每种结构形式只有一种壁厚，因此应根据系统的工作压力和输送的水温，再适当考虑工程安全余量来选择管材的结构形式。

铝塑复合管不得用于室内消防管道和与其相连接的其他给水系统。

四、阀门

给水管道上使用的各类阀门的材质，应耐腐蚀和耐压。根据管径大小和所承受压力的等级及使用温度，可采用全铜、全不锈钢、铁壳铜芯和全塑阀门等。建筑给水常用的阀门按阀体结构形式和功能可分为截止阀、闸阀、蝶阀、旋塞阀、止回阀、减压阀、安全阀、排气阀、电磁阀等。按照驱动动力分为手动、电动、液动、气动 4 种方式。按照公称压力分为高压、中压、低压 3 类，建筑给水工程中常用的多为低压阀门。

五、排水管材及附件

排水管材的选择应综合考虑水质、水温、覆土、地面荷载、敷设场所及供货条件等因素，应具有足够的强度，耐腐蚀性能。建筑室内排水管多采用铸铁管和塑料管，特殊情况下可采用经可靠防腐处理的钢管，室外排水多采用塑料管和钢筋混凝土管。

1. 排水铸铁管

排水铸铁管常用于高层和超高层建筑、承受内压较高、易受人为损坏、防火要求较高的场所，具有强度高、隔声好、抗压、抗震等优点。

建筑排水中常用的排水铸铁管为柔性接口排水铸铁管，是以柔性接头连接的灰口铸铁管材及其配件的，连接方式分为法兰承插式和卡箍式，接口类型见表 4-1。

一般情况下，在安装空间小，明装和有感官要求的场所宜采用卡箍式连接，而在对管道稳定性要求较高，暗装或相对隐蔽的场所宜采用法兰承插式连接。

表 4-1 柔性接口排水铸铁管接口类型

管材类别	接口型式代号
柔性接口卡箍式排水铸铁管	W 型接口
	I 型接口
柔性接口法兰承插式排水铸铁管	A 型接口
	RC 型接口
	B 型接口

2. 建筑排水塑料管

常用的建筑排水塑料管有硬聚氯乙烯（PVC-U）管、氯化聚氯乙烯（PVC-C）管、高密度聚乙烯（HDPE）管、聚丙烯（PP）管、苯乙烯与聚氯乙烯（SAN+PVC）共混管等。不同种类的管材必须分别采用对应的胶黏剂，不同品质的胶黏剂不得混用。

硬聚氯乙烯（PVC-U）、氯化聚氯乙烯（PVC-C）和苯乙烯+聚氯乙烯（SAN+PVC）等排水管道应采用胶黏剂承插粘接，立管也可采用橡胶密封圈连接；高密度聚乙烯（HPDE）排水管道可采用对焊连接、电熔管箍连接、法兰连接、伸缩承插连接、密封圈承插连接、螺纹连接和卡箍连接方式；聚丙烯（PP）和聚丙烯静音排水管及伸缩节伸缩部位采用橡胶密封圈连接。

3. 室外埋地排水塑料管

室外排水塑料管主要以硬聚氯乙烯（PVC-U）管和高密度聚乙烯（HDPE）管为主，除此之外还有增强聚丙烯（FRPP）管、玻璃纤维增强塑料（RPM）夹砂管和钢带增加聚乙烯（PE）螺旋波纹管等。

六、卫生器具

卫生器具是供收集和排放生活及生产中所产生的污（废）水的设备。按其用途可分为盥洗用卫生器具、沐浴用卫生器具、洗涤用卫生器具和便溺用卫生器具。卫生间的卫生器具和配件应符合《节水型生活用水器具》（CJ/T 164—2014）的有关规定。在每个卫生器具下面必须装设存水弯，以防止排水系统中的有害气体进入室内。

1. 洗脸盆

洗脸盆主要是安装在住宅的卫生间及公用建筑的盥洗室、洗手间、浴室中，供洗脸或洗手用。按其形状有长方形、椭圆形、三角形等，安装方式有挂墙式、立柱式和台式等。

2. 盥洗槽

盥洗槽一般设在集体宿舍、工厂的生活间、候车室、旅馆等的盥洗室中，供多人同时盥洗用。分为单面、双面、长方形、圆形等形式，有水磨石、搪瓷、玻璃钢等材质。

七、沐浴用卫生器具

1. 淋浴器

淋浴器通常设于集体宿舍、住宅、医院、旅馆、体育场的卫生间、企业公共卫生间、公共浴池等处，供沐浴用，由莲蓬头、出水管和控制阀组成。按类型划分为手动式淋浴器、脚踏式淋浴器、感应式淋浴器。

2. 浴盆

浴盆通常设在宾馆、住宅、医院等卫生间及公共浴室内，供人们沐浴用。按形状划分，有长方形、方形、椭圆形等；按材料划分，有陶瓷、搪瓷、玻璃钢等。按功能划分，有普通型、按摩型等。

3. 淋浴盆

淋浴盆用于收集淋浴排水，配合淋浴器使用，分为无壁式、地面式、下沉式，成品或混凝土现浇。

4. 净身盆

净身盆又名妇洗器，通常设于高级宾馆和住宅内，也用于医院、疗养院、养老院的卫生间内，供便溺后冲洗下身用，更适合妇女和痔疮患者使用。台盆装有龙头喷嘴，有冷、热水供选择和调节，并且还有直喷式和下喷式两种出水方式。

八、洗涤用卫生器具

1. 洗涤盆（池）

洗涤盆用于厨房及餐饮业的操作间内洗涤碗碟及蔬菜等食物之用。按洗涤盆格数区别有单格和双格之分，根据需要可配热水管，采用混合水嘴。

2. 化验盆

化验盆通常设置于工厂、科研机关和学校的化验室或实验室内，用于洗涤化验器皿、供给实验用水、倾倒化验排水等，配单联、双联、三联鹅颈龙头。

3. 污水盆

污水盆用来供洗涤拖布等清扫用具或倾倒污水，设置于公用建筑的卫生间和盥洗室内，按安装高度分为落地式和架空式。

九、便溺用卫生器具

便溺卫生器具指收集和排除粪便、尿液的卫生器具。设置在厕所或卫生间内，供人们便溺使用。按用途分为大便器、小便器、倒便器和冲洗设备等；按组成分为便器、冲洗装置和排出口。

1. 大便器

大便器能将粪便和便纸快速地排入下水道，同时还能防臭。常用的大便器有坐式和蹲式两种。

坐式大便器通常简称坐便器。按便器与水箱关系分为分体式和连体式；按排出口位置分为底排水和横排水；按冲洗原理分为冲洗式和虹吸式。

蹲式大便器又称蹲便器，由于使用时不与人体接触，可有效防止疾病传染，但污物冲洗不彻底。按污水排出口的位置分为前出口和后出口。蹲便器一般用于集体宿舍和公共建筑的公共厕所和防止接触传染的医院厕所内。

2. 小便器

小便器用于公共卫生间男厕内，多为陶瓷制品，分为落地式和壁挂式。

3. 倒便器

倒便器是供医院病房内倾倒粪便并冲洗便盆的卫生器具。脚踏式开关用于打开倒便器密封盖，存有污物的便盆可插入密封盖内侧的卡子上，关闭倒便器密封盖，将污物倒落入下水道内，开启冲洗阀即可冲洗便盆，冲洗过后可开启蒸汽阀，对便盆进行高温消毒。

4. 冲洗设备

冲洗设备主要有冲洗水箱和冲洗阀，为便溺卫生器具的配套设备。冲洗水箱是在水箱内储存足够的冲洗用水，保证一定冲洗强度，可以起到调节流量和空气隔断作用，防止给水系统污染。按安装高度划分为高水箱和低水箱，高水箱多用于蹲便器、大便槽和小便槽；低水箱多用于坐便器，一般为手动操作。

第二节　电线、电缆及电线导管

一、绝缘导线

1. 绝缘导线定义

绝缘导线是用以传输电能的线材产品。建筑电气中常指家用布电线，简称为电线。绝缘导线型号较多，根据绝缘材质，分为橡皮绝缘导线、聚氯乙烯绝缘导线或聚乙烯绝缘导线等。根据导体材质，分为铜芯绝缘导线和铝芯绝缘导线。根据导体芯数，可以分为单芯绝缘导线和多芯绝缘导线。

2. 绝缘导线的结构形式

绝缘导线结构形式简单，由导体、绝缘层及护套层组成。

（1）导体

导体类型分为不镀金属或镀金属的退火铜线、铝或铝合金线。导体结构形式分为实心导体、绞合圆形和绞合成型导体。

（2）绝缘层

绝缘层是起隔离导体与大地或导体之间电气连接的有机高分子材料。绝缘层材料主要包括聚氯乙烯、聚乙烯、橡胶等。

（3）护套

护套层为绝缘导线的非必要组成。材质通常与绝缘层一致。

3. 绝缘导线的型号

绝缘导线型号由汉语拼音字母和阿拉伯数字代表的代码组成。绝缘导线型号命名规则如图 4-1 所示。

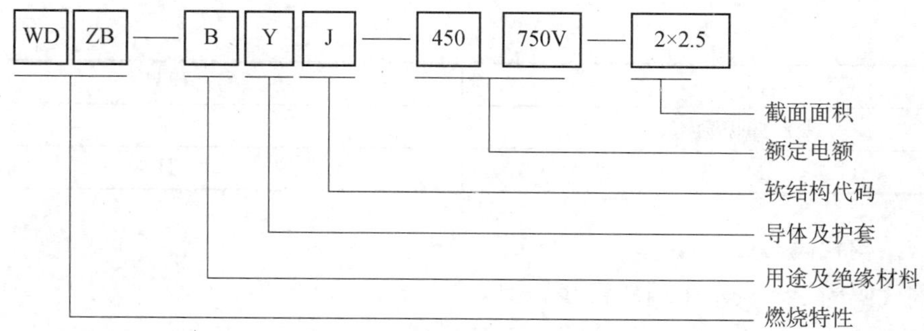

图 4-1　绝缘导线型号命名规则

（1）燃烧特性

燃烧特性是指材料燃烧时的火焰传播和蔓延、热释放速率、热释放量、燃烧烟密度以及燃烧生成物毒性等综合性能。燃烧特性代号按无卤低烟、阻燃、耐火顺序排列，其代号意义见表 4-2。

表 4-2　燃烧特性代号

名称	代号
无卤低烟	WD
阻燃 A 级	ZA
阻燃 B 级	ZB
阻燃 C 级	ZC
阻燃 D 级	ZD
耐火	N

（2）用途及绝缘材料代号（表 4-3）

表 4-3　绝缘材料代号

名称	代号
布线	B
控制	K
聚氯乙烯绝缘	V
交联聚乙烯绝缘	YJ
聚乙烯	Y
橡胶	X

（3）导体及护套代号（表 4-4）

表 4-4　导体及护套代号

名称	代号
导体	L-铝；铜不标注
聚氯乙烯护套	V

续表

名称	代号
聚乙烯护套	Y
橡套	H

（4）软结构代码

软结构代码为 R，表示采用软铜线。

（5）截面规格

常用电力电缆导体标称截面面积有如下几种：1.5 mm^2、2.5 mm^2、4 mm^2、6 mm^2、10 mm^2、16 mm^2、25 mm^2、35 mm^2、50 mm^2、70 mm^2、95 mm^2、120 mm^2、150 mm^2、185 mm^2、240 mm^2、300 mm^2、400 mm^2 等。

例：WDZB-BYJ-450/750V-2x2.5 表示无卤低烟阻燃 B 级、交联聚乙烯绝缘、铜芯、电压等级为 450/750V、2 根单芯、截面面积为 2.5 mm^2 的绝缘导线。

二、电力电缆

1. 电力电缆定义

电力电缆是用以传输电能的线材产品，通常简称为电缆。电力电缆型号多种多样，采用不同的分类方法，电力电缆分类也不尽相同。根据电力电缆的燃烧特性，分为普通电力电缆、阻燃电力电缆、耐火电线电缆、无卤低烟阻燃电线电缆、无卤低烟阻燃耐火电线电缆、隔离型防火电缆及矿物绝缘电缆。根据导体的材质不同，可以分为铜电缆、铝电缆或合金电缆。

2. 电力电缆的结构形式

电力电缆的结构形式如图 4-2 所示。

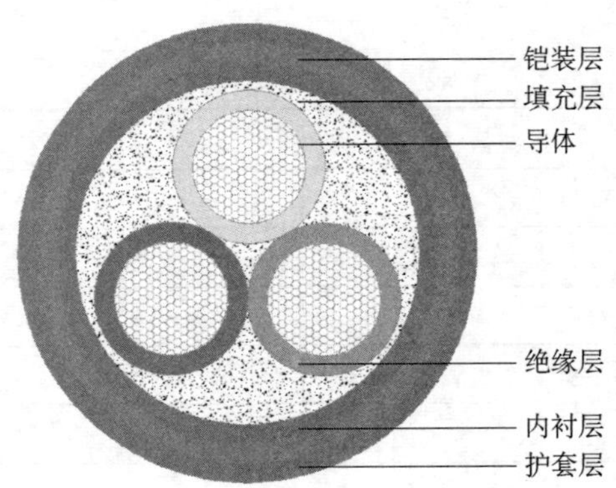

图 4-2　电力电缆的结构形式

（1）导体

导体是传输电能的最基本构件，其主要材料包括铜（包括铜包钢）、铝及其合金制品或其他导电性能优良的金属等。

（2）绝缘层

绝缘层是隔离不同导体或隔离导体与大地之间电气连接的构件，其主要材料包括高分子有机物（PVC、橡胶等）或无机物（云母）等。

（3）填充层

填充层是维护结构，使得多芯电缆成规则的形状，利于包带、挤护套，其主要材料为聚丙烯。

（4）内衬层

内衬层是包覆在多芯电缆的缆芯和填充物外面，且位于保护层下面的非金属包覆层，其主要材料一般与护套层材质相同。

（5）铠装层

铠装层能增加电缆机械强度，提高电线电缆的抗拉及抗压性能，其主要材料为钢带，细钢丝或粗钢丝。

（6）护套层

护套层位于电缆的最外层，是对绝缘层起保护作用的构件，其主要材料为高分子有机物，如聚氯乙烯或聚乙烯。特殊条件下，需要对护套料添加化学药剂，使电缆适合特殊应用场合。

以上结构中，导体、绝缘层及护套层为不可缺少部分，通过增减结构或改变结构材质，可得到不同的电力电缆。如聚氯乙烯绝缘聚氯乙烯护套铜芯电线，无铠装结构。

3. 电力电缆的型号

电力电缆型号由汉语拼音字母和阿拉伯数字代表的代码组成。每一个型号都表示一种电力电缆结构及其使用场合或某些特征。电力电缆型号命名规则如图 4-3 所示。

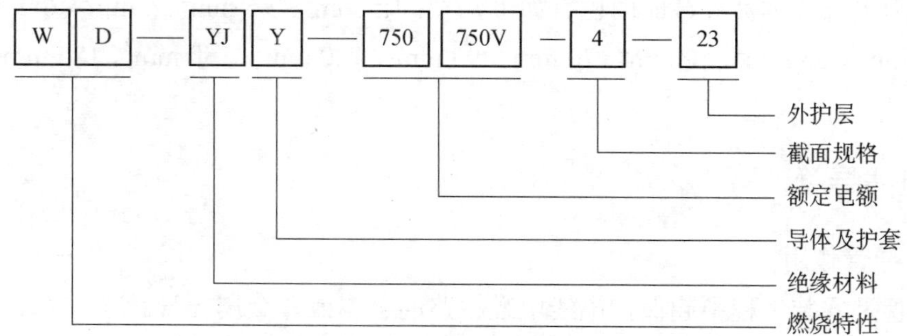

图 4-3　电力电缆型号命名规则

（1）绝缘材料代号（表 4-5）

表 4-5　绝缘材料代号

名称	代号
聚氯乙烯绝缘	V
交联聚乙烯绝缘	YJ
聚乙烯	Y
橡胶	X
丁基橡胶	XD

（2）导体及护套代号（表 4-6）

表 4-6　导体及护套代号

名称	代号
导体	L-铝；铜不标注
聚氯乙烯护套	V
聚乙烯护套	Y
橡套	H
铜护套	T

（3）额定电压（表 4-7）

表 4-7　额定电压

名称	额定电压	代号
重型	750/750V	Z
轻型	500/500V	Q
常用	0.6/1 kV	无

注：额定电压中，斜杠前表示电缆设计用的导体对地或金属屏蔽之间的额定工频电压。斜杠后表示电缆设计用的导体之间的额定工频电压。

（4）截面规格

常用电力电缆导体标称截面面积有如下几种：1.5 mm^2、2.5 mm^2、4 mm^2、6 mm^2、10 mm^2、16 mm^2、25 mm^2、35 mm^2、50 mm^2、70 mm^2、95 mm^2、120 mm^2、150 mm^2、185 mm^2、240 mm^2、300 mm^2 等。

三、电线导管

1. 电线导管作用

电线导管是安装工程中起保护电线电缆线路的金属或非金属导管。

2. 导管类型及使用场所

常用的电线导管按材质分，可以分为金属管和非金属管。主要有 3 大类型产品：建筑用绝缘电工套管、薄壁钢管和低压液体输送用焊接钢管。

（1）建筑用绝缘电工套管

建筑用绝缘电工套管，俗称“塑料穿线管”。常用材料为聚氯乙烯，阻燃性能良好，价格便宜。按机械性能，可以分为低机械应力型、中机械应力型、高机械应力型和超高机械应力型，简称为轻型、中型、重型和超重型；按弯曲特点，可以分为硬质套管、半硬质套管和波纹套管，其中硬质套管又可分为冷弯型硬质套管和半冷弯型硬质套管；按连接形式分，可以分为螺纹套管和非螺纹套管。

建筑用绝缘电工套管，抗腐蚀能力强、易于黏接、价格低，易老化，一般应用于室内照明、插座线路暗埋和智能化线路敷设。使用时应先检测套管内外表面是否光滑，不应有裂纹、凸棱、毛刺等缺陷。内外径是否符合国家统一标准，管壁厚度是否均匀一致。穿入电线电缆时，套管不应损坏电线电缆。暗敷设时应采用中型以上导管。

（2）薄壁钢管

薄壁钢管可分为扣压式薄壁钢管、紧定式薄壁钢管两个类型。扣压式薄壁钢管，俗称“KBG 管”，紧定式薄壁钢管，俗称“JDG 管”。薄壁钢管是介于建筑用绝缘电工套管和焊接钢管之间的产品。施工简单，材料成本较焊接钢管低，某些场合下可直接替代绝缘电工套管和焊接钢管。

薄壁钢管按力学性能分，可以分为能承受很小机械应力的导管、能承受小机械应力的导管、能承受中等机械应力的导管、能承受较机械应力的导管和能承受很大机械应力的导管，简称为超轻型管、轻型管、中型管、重型管和超重型管。按防腐蚀和污染分类，分为内外防护相同的导管和外表防护能力高于内表面的导管。防护能力相同的导管又分为防护能力较低的导管、防护能力中等的导管和防护能力较高的导管。外表面防护能力高于内表面的导管又为分外表面防护能力中等、内表面防护能力低的导管，外表面防护能力高、内表面防护能力低的导管，外表面防护能力高、内表面防护能力中等的导管。

（3）低压液体输送用焊接钢管

低压液体输送用焊接钢管（SC 管），俗称“黑铁管”，用于暗敷设或强度要求较高的场所。电气穿管连接方式为螺纹和沟槽连接、通常长度为 3～12 m。常用钢牌号为：Q215A（B）、Q235A（B）、Q275A（B）、Q235A（B）和 Q345A（B）。订货时，应在合同中注明钢的牌号。

第三节　照明灯具、开关及插座

一、照明术语

（1）一般照明

一般照明是为照亮整个场所而设置的均匀照明。

（2）分区一般照明

分区一般照明是为照亮工作场所中某一特定区域而设置的均匀照明。

（3）局部照明

局部照明是用于特定视觉工作，为照亮某个局部而设置的照明。

（4）混合照明

混合照明是由一般照明与局部照明组成的照明。

（5）重点照明

重点照明是为提高特定区域或目标的照度，使其比周围区域突出的照明。

（6）正常照明

正常照明是指在正常情况下使用的照明。

（7）应急照明

应急照明是因正常照明的电流失效而启用的照明。应急照明包括疏散照明、安全照明、备用照明。

（8）值班照明

值班照明是指在非工作时间使用，为值班所设置的照明。

（9）警卫照明

警卫照明是用于警戒而安装的照明。

（10）障碍照明

障碍照明是在可能危及航行安全的建筑物或构筑物上安装的标识照明。

（11）显色性

显色性是指与参考标准光源相比较时，光源显现物体颜色的特性。

（12）色温

当光源的色品与某一温度下黑体的色品相同时，该黑体的绝对温度称为此光源的色温。亦称“色度”。

（13）光能量维持率

光能量维持率是指光源在给定点燃时间后的光能量与其初始光能量之比。

（14）照明功率密度

照明功率密度是指单位面积上一般照明的安装功率（包括光源、镇流器或变压器等附属用电器件）。

（15）白炽灯

白炽灯是指用通电的方法将灯丝加热到白炽状态而发光，如钨丝灯、卤钨灯等。

（16）气体放电灯

气体放电灯是指发出的光是由气体、金属蒸气或几种气体和金属蒸气混合放电直接产生的，如高压钠灯；或通过放电激发荧光灯而发光，如荧光灯。

（17）发光二极管（LED 灯）

发光二极管是指由电致固体发光的一种半导体器件作为照明光源的灯。

二、照明光源

电光源按其发光物质分类，可以分为热辐射光源、气体放电光源和固态光源 3 类。白炽灯、荧光灯和 LED 灯分别为其代表光源。

1. 照明灯具

灯具是透光、分配和改变光源光分布的器具，包括除光源外所有用于固定和保护光源的零、部件及与电源连接的线路附件。灯具的主要作用是固定光源、为光源提供保护、实现配光、电击防护和装饰环境。

不同光源适用于不同的场合。灯具安装高度较低时的一般照明，宜采用细管直管形三基色荧光灯。重点照明宜采用小功率陶瓷金属卤化灯、发光二极管灯。灯具安装高度较高的场所，应采用金属卤化物灯、高压钠灯或高频大功率细管直管荧光灯。无特殊情况下，不应采用普通照明白炽灯。用于有调光要求或对灯具色彩要求较丰富的场所时，应选用 LED 灯具。

2. 镇流器

镇流器是连接在电源和气体放电灯之间，用于将灯的电流限制在要求值的一种部件，为点亮气体放电灯提供必要条件。气体放电灯的镇流器分电子镇流器和电感镇流器两类。

电子镇流器价高、节能、频闪小、发光稳定、功率因数高、噪声低、质量轻，可实现调光，但其谐波含量高，产品质量参差不齐，需仔细辨别。

电感镇流器可靠、寿命长、价格低，谐波含量小，但其功率因数低，频闪效应明显。

直管型荧光灯应采用电子镇流器。高压气体放电灯一般选用节能型电感镇流器。

3. 触发器

触发器是产生高电压脉冲来击穿灯管内的气体使其启动的一种部件。如果触发器既提供电压脉冲，又提供气体放电灯电极预热，则被称为启动器。高压气体放电灯触发器分为脉冲触发器和并联触发器两种。

4. 补偿电容器

补偿电容器是用于提高气体放电灯的功率因数，减少相位差，减少线路损耗的一种部件。接入适当容量的电容器的灯具，可将单灯功率因数提高到 0.85～0.9。

三、开关

1. 术语定义

开关是用于接通或分断一个或多个电路里的电流的装置。

按钮开关是启动机构，由人体的一部分（通常是手指或手掌）来按压按钮，利用储存的能量（如弹簧）来改变开关状态的控制开关。拉线开关是通过拉动线绳改变触头状态的开关。若开关在动作后，能自动恢复到初始状态的开关，叫作瞬动式开关。

2. 开关的参数

开关的额定电压优先值为 130 V、250 V、277 V、380 V、400 V、415 V、440V。用以控制电铃、电磁遥控开关或延时开关的瞬动式开关的标准额定电压为 130 V 和 250 V。

开关的额定电流优先值为 6 A、10 A、16 A、20 A、25 A、32 A、40 A、63 A。额定电流不应小于 6 A，但用以控制控制电铃、电磁遥控开关或延时开关的瞬动式开关的额定电流可以是 1 A、2 A 或 4 A。用于小容量的固定式照明用拉线开关的额定电流可以是 4 A。额定电流不超过 16 A 的开关中，除三级开关和瞬动式开关外，其余开关的荧光灯电流额定值应等于开关的额定电流。

开关的优先防护等级为 IP20、IP40、IP44、IP54 和 IP55。

3. 开关的分类

（1）按照连接方式分类

开关按连接方式，可以分为单极开关、双极开关、三极开关、三级加分合中线的开关、双控开关、带公共进线的双路开关、有一个断开位置的双控开关、双控双极开关等。

（2）按照防水等级分类

按防水等级分，可以分为无防水等级的开关（IPX0）、防溅开关（IPX4）、防喷开关（IPX5）等。

（3）按照安装方法分类

开关按安装方法，可以分为明装开关、暗装开关、半暗装开关、面板安装开关及框缘安装开关等。

（4）按照启动方法分类

开关按启动方法，可以分为旋转开关、倒扳开关、跷板开关、按钮开关和接线开关。

4. 开关的标注识别

开关产品标注采用符号标注，开关的荧光灯电流符号为“AX”，也可用“X”代替。额定电流和额定电压的标志可单独采用数字，电源性质的标志紧靠在额定电流和额定电压标志的后面。例如，10A250V～，表示该开关额定电流10A，额定电压250V，交流电。

5. 开关选择安装

在满足开关额定电压和额定电流的条件下，开关选择还应遵循以下原则：

1）旅馆的客房宜选择调光开关。

2）除设置单个灯具的房间外，每个房间的照明控制开关不宜少于2个。

3）住宅建筑公用部位的照明，应采用延时自动熄灭或自动降低照度的开关。当应急疏散照明采用节能自熄开关时，应采取消防时强制点亮的措施。

4）当房间有两列或多列灯具时，宜分组控制。

四、插座

1. 术语定义

（1）插头

插头是指用于与插座的插套插合的插销，并装有用于软缆电气连接和机械定位部件的电器附件。

（2）插座

插座是指用于与插头的插销插合的插套，并装有用于连接软缆的端子的电器附件。

固定式插座是用于与固定布线连接的插座；移动式插座是用于连接到软缆上或与软缆构成整体的且在与电源连接时易于从一地移至另一地的插座；多位插座是两个或多个插座的组合体；器具插座是用于装在电器中的或固定到电器上的插座。

（3）保护门

保护门是指装在插座里、用于在插头拔出时能自动地、至少将插套遮蔽起来的活动部件。

2. 插座参数

插座的优先防护等级为IP20、IP40、IP44、IP54和IP55。

3. 插座分类

（1）按防水等级分类

插座按照防水等级可以分为无防水等级的插座（IPX0）、防溅插座（IPX4）、防喷插座

（IPX5）等。

（2）按接地措施分类

插座按照接地措施可以分为带接地触头的插座和不带接地触头的插座。

（3）按有无保护门分类

插座按照有无保护门可以分为带保护门的插座和不带保护门的插座。

（4）按安装方法分类

插座按照安装方法可以分为明装式插座、暗装式插座、半暗装式插座、移动式插座、台式插座、地板嵌入式插座等。

4. 插座的标注识别

插座产品标注采用符号标注。额定电流和额定电压的标志可单独采用数字，电源性质的标志紧靠在额定电流和额定电压标志的后面。

例：16 A 440 V～或 16/440～，表示该插座的额定电流 16 A，额定电压 440 V，交流电。插座中性导线接线端用字母“N”表示。用作保护性导线连接的接地接线端用符号“⏚”表示。

5. 插座使用

插座的配线安装应遵循以下原则：

1）插座的计算负荷按已知使用设备的额定功率计，未知使用设备按每出线口 100 W 计。

2）插座的额定电流应按已知使用设备的额定电流的 1.25 倍计，未知使用设备按不小于 10 A 计。

3）对已知使用设备的插座供电，应该大于插座的额定电流。

4）应该采用与使用设备电压等级相匹配的插座。

5）潮湿场所，应该采用防溅插座。

6）在住宅和儿童专用活动场所应该采用带保护门的插座。

7）带接地线的电器插座必须带接地孔。

第四节　建筑设备

一、建筑给排水系统的分类、应用及常用器材

1. 建筑给水系统

（1）建筑给水系统分类

给水系统应根据用户对水质、水压、水量和水温的要求，并结合外部给水系统的具体情况来划分。常用的三种基本给水系统有：生活给水系统、生产给水系统和消防给水系统。

根据建筑物用水的不同需求，各种给水系统划分情况如下：

1）生活给水系统划分为：生活饮用水系统、中水系统、生活热水系统、直饮水系统等。

2）生产给水系统划分为：直流给水系统、循环给水系统、复用给水系统、软化水给水系

统、纯水给水系统等。

3）消防给水系统划分为：消火栓给水系统、自动喷水灭火系统等。

（2）建筑给水系统应用

根据室外给水能力、建筑物性质及对水量、水压的要求，建筑给水系统采用相适应的给水方式。同时，建筑给水系统应充分利用室外给水管网压力直接供水，竖向分区应根据使用要求，材料设备性能、节能、节水和维护管理等因素确定。常用的给水方式包括以下几种。

1）直接供水方式：当室外给水能力满足建筑水量及水压的要求时，建筑给水系统直接与室外给水管网连接，利用外网压力向室内供水。该方式供水较可靠，系统简单，可充分利用外网压力，节能能源，但该方式水量水压受外网影响较大，由于内部无贮水设备，当外网事故停水时，建筑内部立即断水。

2）设水箱的供水方式：当外网压力周期性不足时，室内要求水压稳定，允许设置高位水箱时，可采用高位水箱供水方式，该方式与外网直接连接，高位水箱调节流量及压力。

这种供水方式有两种管道布置形式：一种是外网直接供水到高位水箱，由水箱向室内供水；另一种是外网通过室内管网系统供水到高位水箱。

这种方式供水较可靠，可充分利用外网压力，节省能源。若高位水箱容积不足时，可能会造成上下层停水。

3）设水泵的供水方式：当室外给水管网水压经常不足时可采用水泵加压供水方式。建筑内部用水量均匀时，可采用恒速水泵，用水不均匀时，宜配置一台或多台水泵变速运行，以提高水泵工作效率。采用水泵直接从外网抽水时，应设置旁通管，以充分利用市政水压，节约能源。当采用水泵直接从室外管网抽水时，必须征得供水主管部门同意，并采取必要的防污染措施。如外网不允许直接抽水，可加设低位水池。

4）设水泵和水箱的供水方式：当外网水压经常或间断不足，外网允许直接抽水时采用该种供水方式。水泵自外网直接抽水加压，利用高位水箱调节流量，在外网水压高时也可直接供。如果外网不允许直接抽水，可加设低位水池。

5）分区供水方式：当室外管网压力只能满足下几层供水要求时，可采用分区供水方式。

室外管网供水压力范围内的楼层由室外管网直接供水（低区），以上楼层由水泵加压供水（高区）。两个分区之间可以连接，并设置阀门，当低区压力不足或低区进水管故障时，可打开分区阀门，由高区向低区供水。

高层建筑中常用的分区供水方式主要有串联分区供水、并联分区供水和减压阀分区供水。

（3）常用器材

1）水表：建筑给水常用的水表主要是旋翼式和螺翼式水表，二者同属于流速式水表。通常接管直径不超过 50 mm 时选用旋翼式水表，接管直径超过 50 mm 时选用螺翼式水表。

水表按显示方式，还可分为远传式和就地显示式，户内水表一般选用远传式水表。

当建筑用水量均匀时，应以给水设计流量选定水表的常用流量，如公共浴室、洗衣房、公共食堂等用水密集型的建筑，小区引入管等处。

当建筑用水量不均匀时，应以给水设计流量选定水表的过载流量，如住宅和旅馆等公共建筑。

在生活、消防合用系统中，应以生活设计流量选定水表，然后叠加消防流量进行校核，校核流量不应大于水表的过载流量。

2）压力表和真空表：按作用原理，可分为液柱式压力表和弹性式压力表。压力表是以大气压力为基准，测量大于大气压力的仪表；真空表是用于测量大于和小于大气压力的仪表。

液柱式压力表应保证管内液体不致因被测介质的压力波动而外溢，一般情况下待测压力的正常值应为仪表最大刻度的2/3。弹性式压力表测量稳定压力时，待测压力的正常值应为仪表最大刻度的 2/3 或 3/4；测量波动压力时，待测压力的正常值应为仪表最大刻度的 1/2，最小值应为仪表最大刻度的1/3。

工业用压力表、真空表，一般要求仪表精度为1.5级或2.5级；实验室或校验用压力表、真空表，一般要求仪表精度为0.4级或0.25级以上。

安装在管道上的压力表，取压点应选择在水流稳定的直管段上，不应在管路分叉、弯曲、死角或其他可能形成旋涡的管段上取压。

3）水泵：水泵有许多种类，如离心泵、轴流泵、喷射泵等。在给排水系统中，离心泵应用最为广泛。离心泵的种类也很多，按吸水方式可分成单吸水泵（叶轮一面进水）和双吸水泵（叶轮双面进水）；按叶轮级数分为单级泵和多级泵（多个叶轮串联）；按泵轴形式分卧式泵和立式泵；按输送水质分为清水泵、污水泵等。

4）气压给水设备：气压给水设备是增压给水设备中一种利用密闭贮罐内空气的可压缩性进行贮存、调节和压送水量的装置，其作用相当于高位水箱或水塔。气压给水设备一般由气压水罐、水泵机组、管路系统、电控系统、自动控制柜等组成。

常用的气压给水设备有补气式气压给水设备、隔膜式气压给水设备。

5）变频调速给水设备：变频调速给水系统与普通加压泵站给水系统基本上是一样的，只是在变频调速给水系统中增加了一套控制微机和变频器，在运行过程中根据生活用水系统对水量和水压的实际变化要求进行工作。它把水泵特性曲线中的多余功通过变频器调频节约下来。变频调速也有一定的变频范围，应按照水泵效率曲线使得水泵长期运行在高效区。变频调速范围应该设在水泵供水量的 25%～100%（这里可不考虑扬程的变化）。小于 25%的水泵供水量时，则水泵工作效率就会落到低效区。

6）无负压给水设备：无负压给水设备是一种直接串联接到市政给水管网的引入管或有压管道上加压的给水设备，具有全封闭、无污染、无负压、节能、占地少、安装快捷、维护方便等特点，被广泛应用于新建、扩建和改建工程的二次加压供水系统中。

2. 建筑排水系统

（1）建筑排水系统分类

建筑排水系统可分为污废水排水系统和屋面雨水排水系统两大类。按照污废水性质，污废水系统又分为生活排水系统和工业废水排水系统。

（2）建筑排水系统应用

建筑排水系统采用分流制、合流制或其他排水方式，要根据污水性质、污染程度、建筑标准、结合室外排水体制、总体规划和当地环卫部门的要求等确定。

（3）常用器材

1）存水弯：存水弯是设置在卫生器具排出管或卫生器具内的具有一定高度的水柱，用来防止排水管道系统内有害气体传入室内，该水柱又称为水封，水封高度不应小于 50 mm。按其形状有 P 型、S 型和 U 型 3 种类型。P 型存水弯用于排水横支管距卫生器具出水口较近位置的连接；S 型存水弯用于排水横支管距卫生器具出水口较远，器具排水管与排水横支管垂直连接的情况；U 型存水弯用于水平横支管，为防止污物沉积，在 U 型存水弯两侧设置清扫口。

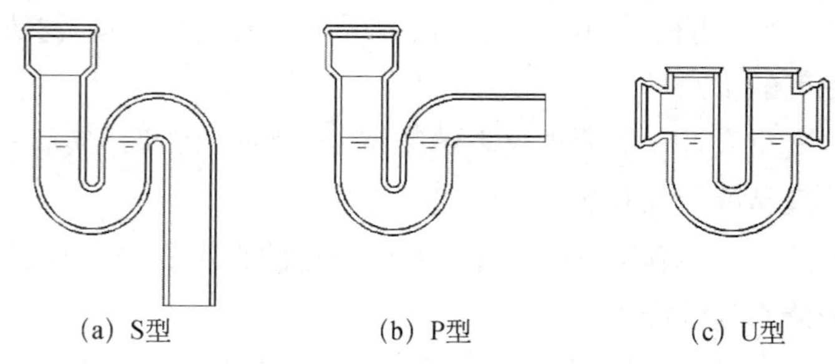

图 4-4　存水弯及水封

2）地漏：是用来排除地面水的特殊排水装置，主要设置在容易溅水的卫生器具（如浴盆、拖布池、小便斗、洗脸盆等）附件的地面上，或是需要排除地面积水的场所（如淋浴间、水泵房等），以及地面需要清洗的场所（如食堂、餐厅等），也可以作为住宅建筑洗衣机排水口。

地漏应设置在卫生器具附近地面的最低处，地漏箅子面应低于地面 5～10 mm，地面应以 0.01 的坡度坡向地漏。

应优先选用具有防涸功能的地漏，食堂、厨房和公共浴室等排水宜设置网框式地漏，任何场所严禁采用钟罩（扣碗）式地漏。

3）检查口：为带有开启检查盖的配件，装设在排水立管及较长水平管段上，可作检查和双向清通管道之用。

4）清扫口：是装设在排水横管上，用于单向清通排水管道的排水附件，也可用带清扫口的弯头配件或在排水管道起点设置堵头来代替。

5）雨水斗：是将屋面雨水收集并排入排水管道的专用装置，设置在天沟或屋面最低处。它具有泄水、稳定天沟水位、减少掺气量及阻拦杂物流入管道的作用。

雨水斗按不同的流态分为重力流雨水斗和虹吸式雨水斗。

二、建筑电气工程的分类、组成及常用器材

建筑电气是电能和信息在建筑物中的传送、分配过程，分为强电和弱电两个部分。建筑电气电能传送、分配涉及的内容，可以分为外线工程、变配电工程、室内配线工程、动力工程、照明工程、防雷接地工程等。

1. 外线工程

外线工程是指建筑物或建筑群外部与具体建筑物或建筑群有从属关系的电力线路的敷

设。包括室外电缆敷设、工作井施工、电缆沟施工、排管施工等。

（1）电缆沟或浅沟

电缆沟是指容纳电缆数量较多，且含支架的有盖槽式构筑物。浅沟是指容纳电缆数量较少，且无支架的有盖槽式构筑物。

（2）工作井

工作井是专用于安置电缆接头等附件或供牵拉电缆作业所需的有盖坑式电缆构筑物。

（3）排管

排管是预先埋设于地下用于穿电缆的一组保护管的构筑物。

2. 变配电工程

变配电工程是指变电站和配电站内成套设备安装工程的总称。包括变压器、箱式变电所安装，成套配电柜、控制柜（台、箱）的安装、柴油发电机组安装、UPS 及 EPS 安装等。

（1）变压器

变压器是利用电磁感应的原理来改变交流电压的装置。主要构件有初级线圈、次级线圈和铁心（磁芯）。在建筑电气设备中，通常用作降电压和安全隔离。

（2）箱式变电所

箱式变电所是将高压开关设备、低压柜和变压器，按一定接线方案，在工厂内预制完成的紧凑式配电设备，又叫作预装式变压所或预装式变电站。

（3）成套配电柜、控制柜（台、箱）

成套配电柜、控制柜（台、箱）是指由一个或多个低压开关设备和与之相关的控制、测量、信号、保护、调节等设备，由制造厂家负责完成所有内部的电气和机械的连接，用结构部件完整地组装在一起的一种组合体。

（4）柴油发电机组

柴油发电机组是以柴油内燃机为动力，拖动发电机发电的成套电源设备。由柴油发动机、发电机和控制器 3 部分组成。

（5）UPS 及 EPS

UPS 是不间断电源设备的缩写简称，是指变流器、开关和储能装置（如蓄电池）组合构成的，在输入电源故障时，用以维持负载电力连续性的电源设备。

EPS 是指在主电源中断或电压低于规定值时，为负载提供应急供电的静止式电源装置或设备。

3. 室内配线工程

室内配线工程是指室内线路敷设及线路保护用桥架、导管安装工程的总称。包括母线槽的安装、梯架、托盘和槽盒安装、导管敷设、电缆敷设、导管内穿线和槽盒内敷线、塑料护套线直敷布线、钢索配线、电缆头制作、导线连接等。

（1）母线槽

母线槽是指为所有类型的负载配电和控制电能，适用于工业、商业和类似用途，导体系统形式的封闭成套设备。该导体系统由管道、槽或相似外壳中绝缘材料间隔和支撑的母线构成。

（2）梯架、托盘、槽盒

梯架是指带有牢固地固定在纵向主支撑组件上的一系列横向支撑构件的电缆支撑物。电缆托盘是指带有连续底盘和侧边，但没有盖子的电缆支撑物。槽盒是指用于围护绝缘导线和电缆，带有底座和可移动盖子的封闭壳体。电缆支架是指用于支持和固定电缆的支撑物，由型钢制作而成，但不包括梯架、托盘和槽盒。

4. 动力工程

动力工程是指动力设备接线、动力配电箱安装工程的总称。包括配电柜（屏、台、箱）的安装、控制箱（柜）的安装、低压电动机、电加热器及电动执行机构接线等。

5. 照明工程

照明工程是指对人工照明涉及的设备安装的总称。包括普通灯具安装、专用灯具安装、开关、插座、风扇安装等。

6. 防雷接地工程

防雷接地工程是指因防雷需要而涉及的工程总称，包括接闪器的安装、引下线的连接、接地装置安装、建筑物等电位连接等。一般采用热镀锌圆钢或者热镀锌扁钢制作。

（1）接闪器

接闪器是由拦截闪击的接闪杆、接闪带、接闪线、接闪网以及金属屋面、金属构件等组成，用来直接接闪雷击的金属物体。

（2）引下线

引下线用于将雷电流从接闪器传导至接地装置的导体。

（3）接地装置

接地装置是接地体和接地线的总和，指用于传导雷电流并将其流散入大地的装置。

（4）等电位联结

等电位联结是指将分开的诸金属物体直接用连接导体连接到一起以达到消除电位差的措施。

三、通风与空调系统的分类、应用及常用器材

1. 通风系统

（1）通风系统的分类及应用

民用建筑中的通风一般多属于全面通风，是指将建筑室内不符合卫生标准的热、湿空气或污浊空气排至室外，把新鲜空气或者经过净化处理的空气送入室内的过程。一般分为自然通风和机械通风两种方式。

自然通风是依靠风压和热压形成有组织的气流，满足室内要求。在民用建筑中通常利用开窗的方式，无须使用动力，来满足自然通风的要求。住宅和公共建筑对室外空气的需求，可按空调季节满足卫生的新风量和过渡季节利用室外温度较低的新风带走室内热湿负荷两个方面来考虑。一般只有住宅空调季节的新风才允许通过自然通风的方式获得，规范上对新风洞口的最小面积提出了要求。民用建筑过渡季节全新风的要求，一般以开窗面积不小于地面

积的 5%～8%或不小于外墙面积的 10%来满足自然通风的要求，对于工业建筑，自然通风量应经过计算进行确定。

由于自然通风受室外气象条件和建筑地理位置及外形的影响，在不满足自然通风的情况下，采用机械通风，即依靠风机提供风压、风量，通过管道和送排风口，实现将新鲜空气引入，污浊空气排出的过程。设备用房、厨房等大量散热、散发有害气体的房间，当无自然通风条件时，均须设置可靠的机械通风系统。

（2）通风系统的器材

1）通风管道的材料可以根据管道材质及风管压力的不同进行划分。

①按制作风管的材料分：用作通风管道的材料常用的主要有金属材料和非金属材料两大类。金属风管规格应以外径或外边长为准，非金属风管的风道规格应以内径或内边长为准。金属风管包含：普通钢板风管、镀锌钢板风管、彩色涂塑钢板风管、不锈钢管风管、镀锌钢板螺旋圆风管、镀锌钢板螺旋扁圆风管和铝合金板风管等；非金属风管包含：酚醛铝箔复合板风管、聚氨酯铝箔复合板风管、玻璃纤维复合板风管、无机玻璃钢风管、聚氨酯乙烯风管、聚酯纤维织物风管和柔性风管等。

②按风管系统的工作压力分：微压系统（$P \leqslant 125$ Pa）、低压系统（$125 < P \leqslant 500$ Pa）、中压系统（$500 < P \leqslant 1\,500$ Pa）和高压系统（$1\,500 < P \leqslant 2\,500$ Pa）。

2）通风机。按工作原理，通风机可以分为离心风机、轴流风机和贯流风机 3 类。

2. 空调系统

（1）空调系统的分类和应用

空调系统按空气处理设备的位置可以分为：集中系统、半集中系统、分散系统等。

空调系统按承担室内负荷所用的介质可以分为：全空气系统、全水系统、空气–水系统、制冷系统等。

（2）空调系统的器材

分体空调主要由室内机、室外机和连接它们的冷媒管组成，多联机也属于分体空调范畴，不同之处在于：制冷剂流量可变，作用半径较大（$L \leqslant 175$ m），可以连接多台室内机，系统也较为简单。下面主要介绍中央空调系统的组成。

1）冷热源装置：生产冷量的设备称为冷源装置（或制冷设备），把生产热量的设备称为热源装置（或供热设备）。

①冷源装置：常用的冷源装置主要有以消耗电能为主的蒸气压缩式制冷设备和以消低位热能或矿物燃料为主的吸收式制冷机组。蒸气压缩式制冷机组包含：活塞式冷水机组、涡旋式冷水机组、螺杆式冷水机组和离心式冷水机组，它们的制冷量范围依次增大，活塞式冷水机组目前已经很少使用。吸收式冷水机组和直燃型吸收式冷水机组，一般用在既无可再生能源和城市热网，夏季电能供应又比较紧张的地区。

冷源装置需要将室内吸收的热量通过风冷或水冷的方式散发到空气中去，通常利用冷却塔加以实现。

②热源装置：常见的热源装置有燃油（气）锅炉、电热锅炉、直燃式热水机组、燃煤锅

炉等。

2）热泵装置：热泵装置是利用驱动能使能量从低位热源流向高位热源，夏季供冷，冬季供热的装置。常用的热泵装置有：空气源热泵、地源热泵、水源热泵等。

冷热源的能耗占空调系统能耗的40%以上，每种冷热源各具特色，同时又受能源、环境、工程状况等多种因素的影响。因此，应客观全面地对冷热源方案进行技术经济比较，以可持续发展的思路确定合理的冷热源方案，尤其是应提倡可再生能源的应用。

3）水系统：集中空调水系统是将冷热源装置产生的冷或热，以水为媒介，通过水泵和相应的水管道，输送至空调区域的末端设备，进而实现对空调区域的制冷（或供热）。

水系统按末端设备的水流程，可分为同程系统和异程系统，按照冷、热管道的设置方式，可分为两管制系统（只要求按季节同时供冷和供热）和四管制系统（要求不同房间同时供冷供热），按照末端用户侧水流量的特征，可分为定流量系统和变流量系统。

水系统中最主要的部件是水泵，空调系统中常用的水泵有单级单吸清水离心泵和管道泵两种，当系统流量较大时，也可采用单级双吸离心泵，流量较小但要求高扬程的地方也会采用多级泵，如高层建筑的供暖、空调系统的定压补水等。对于空调系统来说，大温差设计可减小水泵耗电量和管网管径，因此一般空调冷水系统温差不应小于 5℃，热水供回水温差严寒和寒冷地区不宜小于 15℃，夏热冬冷地区不宜小于 10℃。另外，由于水泵的轴功率和转速的三次方成正比，因此除设置一台冷水机组的小型工程外，尽量提倡水泵变流量运行，以节约运行能耗。

水系统中除水泵外，还有分集水器、定压设备、排气阀、补偿器、水处理设备、阀件及水过滤器等附属设备。

（3）空气处理系统（末端装置）

空调系统的末端装置是通过与冷媒直接或间接接触，实现空气不同的加热、冷却、加湿、减湿处理和净化、消毒的装置，以水为冷媒的常用中央空调系统的末端装置包含：空气处理机组、风机盘管、新风机组和全热交换器。

1）空气处理机组属于集中式空气处理系统，通过风机、冷却器、加热器、过滤器等功能段的选取，几乎可以实现所有的空气处理过程，将需要的新风与回风混合处理后，通过风管分配到空调区域，一般风量较大，多数需要设置独立的空调机房，风量较小的吊顶式空气处理机组也可吊装。

2）风机盘管机组是由风机和冷热盘管组合而成，带有简单的过滤装置，对房间直接送风，其风量一般在 250～2 500 m^3/h，出口静压小于 100 Pa，通常在房间内吊装，可以实现不同房间根据需要单独控制。

3）空气处理机组如果只处理新风，不设置回风，则为新风机组，集中处理的大风量的新风机应设空调机房，落地安装，小风量的新风机组则可吊装。人员密集且变化较大的房间，通常通过 CO_2 浓度来控制新风机送入新风量的大小，以节约能源。严寒和寒冷地区新风与室外相连接的风管和设施上应设置可自动连锁关闭且密闭性能好的电动风阀，并采取密封措施，以防冻裂。

4）全热交换器是一种高效节能型空调通风装置，其核心功能是利用室内、外空气的温差和湿差，通过能量回收机芯良好的换能特性，在双向置换通风的同时，产生能量交换，使新风有效获取排风中的焓值（全热型）或温度（显热型），从而节约了新风预处理的能耗，通常在室内外温差大于 15℃的地区应用效果显著。

四、自动喷水灭火系统的分类、应用及常用器材

1. 自动喷水灭火系统分类

自动喷水灭火系统由洒水喷头、报警阀组、水流报警装置（水流指示器或压力开关）等组件，以及管道、供水设施等组成，能在发生火灾时喷水的自动灭火系统。

根据喷头形式和管网充水情况，自动喷水灭火系统可分为以下几种形式：

（1）湿式自动喷水灭火系统

湿式自动喷水灭火系统喷头为闭洒水式喷头，管网内平时充满有压水，当建筑内发生火灾时，着火区域温度升高，使闭式喷头的闭锁装置熔化脱落，水就自动喷出，同时发出报警信号。湿式系统用于环境温度不低于 4℃且不高于 70℃的场所。

（2）干式自动喷水灭火系统

干式自动喷水灭火系统为管网内平时不充水，而是充有有压气体的闭式系统。当发生火灾时温度达到开启闭式洒水喷头温度，喷头开启，排气、充水、灭火。该系统灭火时需要先排除管网内气体，灭火及时性不如湿式系统，但管网中平时无水，对环境温度无要求，适用于环境温度低于 4℃或高于 70℃的场所。系统喷头采用直立性洒水喷头或干式下垂型洒水喷头。

（3）预作用灭火系统

预作用灭火系统在准工作状态时配水管道内不充水，由火灾自动报警系统自动开启雨淋报警阀后，转为湿式系统的闭式系统。当火灾温度继续升高，闭式喷头的闭锁装置脱落，喷头自动喷水灭火。系统喷头采用直立性洒水喷头或干式下垂型洒水喷头。预作用灭火系统用于准工作状态严禁管道漏水、严禁系统勿喷的场所，也可以替代干式灭火系统。

（4）雨淋系统

雨淋系统为喷头常开的灭火系统，当建筑内发生火灾时，由火灾自动报警系统或传动管控制，自动开启雨淋报警阀和气动供水泵后，向洒水喷头供水的自动灭火系统。其特点是动作快，喷水强度大。雨淋系统用于扑救大面积的火灾，在火灾燃烧猛烈、蔓延快的部位使用。

（5）水幕系统

水幕系统由开式洒水喷头或水幕喷头、雨淋报警阀组或感温雨淋阀以及水流报警装置（水流指示器或压力开关）等组成，用于挡烟阻火和冷却分隔物的喷水系统，包括防火分隔水幕和防火冷却水幕。

2. 常用器材

（1）闭式喷头

闭式喷头是闭式自动喷水灭火系统的管件组件，通过热敏释放机构动作而喷水。由喷头

口、温感释放器和溅水盘组成。喷头根据感温原件形式可分为易熔合金喷头、玻璃球喷头；按喷头安装形式分为下喷型、直立型、边墙型等；按感温级别又分为不同温度场所适用的喷头。喷头公称动作温度应比环境最高温度高 3℃左右。

（2）湿式报警阀组

湿式报警阀组适用于在湿式自动喷水灭火系统立管上安装，主要由报警阀、水力警铃、压力开关、延时器、控制阀等组成。

报警阀的主要结构原理为单向阀。ZSZ 系列湿式报警阀最大工作压力不超过 1.2 MPa，ZSS 系列湿式报警阀最大工作压力不超过 1.6 MPa。

（3）干式报警阀组

干式报警阀组适用于在干式自动喷水灭火系统立管上安装，主要由报警阀、水力警铃、压力开关、空压机、安全阀、控制阀等组成。Z 系列干式报警阀最大工作压力不超过 1.2 MPa。

（4）预作用报警阀组

预作用报警阀组主要由预作用阀、水力警铃、压力开关、空压机、控制阀、启动装置等组成。预作用阀是有雨淋阀和湿式报警阀上下串联组成。

（5）水流指示器

水流指示器是用于自动喷水灭火系统中将水流型号转换成电信号的报警装置。作用原理主要是在消防时，闭式喷头破裂喷水，管道中的水流动，冲击叶片向水流方向偏移倾斜，动作杆挤压超小型开关，延时电路接通，延时器开始计时，到达设定时间时，电触点闭合，发出电接点信号；当水流停止时，叶片和动作杆复位，超小型开关触电断开，电接点信号消除。

水流指示器的最大工作压力为 1.2 MPa。

（6）末端试水装置

在每个报警阀组控制的最不利点处均应设末端试水装置。其主要作用是检测系统的可靠性，测试系统能否在开放一只喷头的最不利条件下可靠报警并正常启动。对于干式和预作用系统，可以测试系统的充水时间。

五、智能化工程系统的分类及常用器材

智能化工程系统是为建筑内电气信息的传送、分配过程。根据智能化涉及的内容，可以分为通信网络系统、综合布线系统、广播系统、安全防范系统、电视系统、视频监控系统、建筑设备自动化系统和火灾自动报警系统。

1. 通信网络系统

通信网络系统是现在建筑中最基本的系统之一，是建筑物内语音、数据、图像传输的基础，是与外界信息交换的基石，可以为建筑物的管理者及使用者提供有效的信息服务。

（1）光缆交接箱

光缆交接箱主要是用于光缆接入网中主干层光缆与配线层光缆交接处的接口设备。

（2）光缆配线箱

光缆配线箱适用于多个光缆之间的线路调配，通过适配器，用光跳线实现配线功能，引

出光信号，应用于主设备间与楼层交接间光缆的端接。

（3）末端信息箱

末端信息箱是为了满足终端信息设备安装空间而设置的末端箱体，箱内采用模块化设置，可以将不同信息点集中接入通信网络系统内。

2. 综合布线系统

综合布线系统一般采用星形结构，基本构成可以分为3个子系统：

（1）建筑群子系统

建筑群子系统由连接多个建筑物之间的主干缆线、建筑群配线设备及设备缆线和跳线组成。

（2）干线子系统

干线子系统由设备间至电信间的主干缆线、安装在设备间的建筑物配线设备及设备缆线和跳线组成。

（3）配线子系统

配线子系统由工作区内的信息插座模块、信息插座模块至电信间配线设备的水平缆线、电信间的配线设备及设备缆线和跳线组成。

3. 广播系统

在民用建筑工程中，广播系统可分为公共广播系统和厅堂扩声系统。公共广播系统主要是有线广播系统，包括背景音乐和紧急广播功能，采用定压式传输方式。厅堂扩声系统采用专业音响设备，配置有大功率扬声器和功放，采用低阻直接传输方式。

广播系统可以分为节目源设备、信号放大处理设备、传输线路和扬声器设备4个部分。

（1）节目源设备

节目源设备主要有FM/AM调谐器、放音机、传声器（话筒）、电子乐器和其他播放设备。主要任务是提供广播系统的声音源。

（2）信号放大处理设备

信号放大处理设备主要有调音台、前置放大器、功率放大器和其他控制设备。信号放大处理设备功能一是信号的处理、放大；二是节目源的选择。

（3）传输线路

传输线路简单，通常采用音频传输线和网线，也可为追求声音质量而采用专用线路。

（4）扬声器设备

扬声器设备又称音箱，作用是将音频的电信号转化为声音，将声音送入人耳。音箱的性能指标直接影响到广播系统的质量好坏。

4. 安全防范系统

安全防范系统，包括出入口控制系统、入侵报警系统、视频监控系统、访客对讲系统、电子巡更系统和停车场综合管理系统等。

（1）出入口控制系统

出入口管理系统是对建筑正常出入的通道进行管理，控制人员出入和控制人员活动区域的系统。包括目标识别装置、出入口管理主机、出入口执行机构。

（2）入侵报警系统

入侵报警系统是利用探测技术，对建筑内外重点区域布控设防，探测非法入侵、及时向相关人员报警的系统。包括探测器、报警控制主机。

（3）访客对讲系统

访客对讲系统是为来访客人和被访人提供双向通话（视频通话），提供遥控出入口大门的开和关的系统。也可实现紧急情况下向安保中心报警的功能。

（4）电子巡更系统

电子巡更系统是通过巡更路径上设置的巡更开关或读卡器，监督安保人员能够在指定时间和指定区域内巡逻的系统，可以分为在线式和离线式两类系统。离线式较为简单、灵活、先进。完整的离线系统包括巡更控制主机、信息采集器（卡）、巡更按钮（读卡器）和下载器。其中巡更控制主机可以采用普通 PC 机。巡更人员携带信息采集器（卡），在固定线路上将信息采集器（卡）靠近巡更按钮（读卡器）采集信息，巡更完成后、将信息采集器（卡）插入下载器中，读取巡更记录。

（5）停车场综合管理系统

停车场综合管理系统是由汽车库出入管理系统发展而来，除了提供管理车辆出入通道管理，停车计费，还可提供车库内停车诱导指示、行车指示等功能。包括车辆出入检测装置、信号管理主机、车辆诱导系统。

5. 电视系统

电视系统一般由前端、干线和用户分配 3 个部分组成。

6. 视频监控系统

视频监控系统根据使用环境、使用部门及功能要求有不同的组成方式，无论视频监控系统规模大小，均可概括为摄像、传输、控制储存和显示 4 个部分。

7. 建筑设备自动化系统

建筑设备自动化系统（BAS）用来对整栋建筑内的各种机电设备进行自动控制，包括通风空调、给排水系统、供配电系统、照明设备、电梯、消防设备等多种设备的自动控制。通过信息网络设备组成分散控制、集中监控和管理的分布式控制系统，在线监测、显示、控制各个设备的运行情况，根据前期设定的条件，自动调节各种设备的运行工况，自动实现对供水、供热和电力等能源的调节与管理，使设备始终运行在最佳状态。

8. 火灾自动报警系统

火灾自动报警系统是指探测火灾早期特征、发出火灾报警信号，为人员疏散、防止火灾蔓延和启动自动灭火设备提供控制与指示的消防系统。火灾自动报警系统可以分为火灾探测报警系统、消防联动控制系统和火灾预警系统 3 个部分。

第五章　工程质量管理

第一节　质量检验的形成及发展

一、质量检验阶段

1. 质量检查制度形成

20 世纪初，质量管理演变到工长的质量管理，这一时期，现代工厂大量出现，在工厂中，执行相同任务的人划为一个班组，以工长为首进行指挥，形成工长对工人进行质量负责的阶段。在第一次世界大战期间，制造工业复杂起来，生产工长负责管理的工人人数增加，第一批专职的检验人员从生产工人中分离出来，走上质量管理正规的第一阶段，即质量检验阶段。

2. 检验制度的缺陷

1）“事后检验”制度，主要是在产品生产之后，将不合格的废品从产品中挑选出来，形成较大的浪费，无法补救。

2）检验的产品为 100%的逐个检验，造成人力、物力的浪费，在生产规模逐渐扩大的情况下，这种检验是不合理的。

3. 质量检验的特点

1）质量检验所验证的是确定质量是否符合标准要求，含义是静态的符合性质量。

2）质量检验的主要职能：把关、报告（信息反馈）。

3）质量检验的基本环节：测量（度量）比较、判断和处理。

4）质量检验的基本方式：全数检验和抽样检验。随着科学技术水平的提高，先进的检测手段的出现和广泛应用，使得质量检验的职能、环节和方式发生了很大的变化。

5）检验职能中的预防和报告职能得到加强。

在现代生产方式下，质量事故带来的损失越来越大，依靠检验信息的反馈进行预防十分重要。

6）检验环节集成度和检验水平有显著的提高。

随着生产过程的自动化，自动检测技术水平提高，检验的集成化水平提高。自动生产、自动检验、自动判断以及自动反馈能在短时间内完成，具有很高的时效性，大大简化了管理工作。

7）检验方式的多样化。

传统的检验方式是全检和抽检，在保证质量和节约检验费用的前提下，许多发达国家在生产过程中使用无序检验方式。统计过程控制的贯彻和工人自己管理，为无序检验方式提供了可靠的保证。

二、统计质量控制的形成

1. 统计质量控制阶段的特点

1）利用数理统计原理对质量进行控制。

2）将事后检验转变为事前控制。

3）将专职检验人员的质量控制活动转移给专职质量控制工程师和技术人员来承担。

4）改变最终检验为每道工序之中的抽样检验。

2. 统计质量控制的不足

1）过分强调质量控制而忽视其组织管理工作，使人们误认为统计方法就是质量管理。

2）因数理统计是比较深奥的理论，致使人们误认为质量管理是统计学家们的事情，对质量管理感到高不可攀。

尽管有一些弱点，统计方法仍为质量管理的提高做出了显著的成绩。质量控制理论也从初期发展到成熟。

市场变化大，产品多样化，传统的统计理论受到冲击，电子计算机的出现给统计理论又带来了新的生机，计算机可将大量的数据在较短的时间内统计计算出结果，为统计学开辟了新的领域。

控制手段和控制方法也不断创新，在实践中运用事前控制、过程控制、工序控制、反馈控制等多种形式，制订控制方案和控制计划，使控制理论在实践中不断深化和提高。

三、全面质量管理阶段

1. 全面质量管理的特点

全面质量管理理论始于20世纪60年代，在现阶段仍在不断完善和发展，主要特点是：

1）执行质量职能是全体人员的责任，应该使全体人员都有质量的概念和参与质量管理的要求。

2）全面质量管理不排除检验质量管理和统计质量管理的方法。

3）进一步采用现代生产技术，对一切与生产产品有关的因素进行系统管理，在此基础上，保证建立一个有效的、确保质量提高的质量体系。

全面质量管理理论提出后，很快被各国接受，最有成效的是日本。20世纪50年代日本向美国学习，引进了美国的先进经验，日本叫作全公司质量管理，全面引进管理技术，在工业产品质量方面迅速提高，有些产品（汽车、家用电器）一跃达到世界一流水平。

2. 全面质量管理的弱点

1）随着世界经济的迅猛发展，各国之间的质量标准不尽统一，全面质量管理无力解决。

2）在世界经济市场的激烈竞争中，低价竞争愈演愈烈，使质量管理面临一个新的课题。

虽然全面质量管理有不足，但是全面质量管理的出现使仅仅依赖质量检验和运用统计方法的管理成为全体人员的质量管理，使全体人员都参加到质量管理之中，企业的各职能部门、管理层、操作层和每一个人都与质量管理密切相连，建立起从产品的研究、设计、生产到服务全过程的质量保障体系。把过去的事后检验和最后把关，转变为事前控制，以预防为主，把分散管理转变为全面系统的综合管理，使产品的开发、生产全过程都处于受控状态，提高了质量，降低了成本，使企业获得丰厚的经济效益。

四、质量管理和质量保证阶段

国际标准化组织质量管理和质量保证技术委员会（ISO/TC 176）在多年协调努力的基础上，总结了各国质量管理和质量保证经验，经过各国质量管理专家近 10 年的努力工作，于 1986 年 6 月 15 日正式发布《质量——术语》（ISO 8402：1986）标准，1987 年 3 月正式发布 ISO 9000～ISO 9004 系列标准。

ISO 9000 系列标准的发布，使世界主要工业发达国家的质量管理和质量保证的概念、原则、方法和程序在国际标准的基础上统一，它标志着质量管理和质量保证走向规范化、程序化的新高度。自 ISO 9000 系列标准发布以来，已有 60 多个国家等效和等同采用。标准化组织在各国迅速发展质量认证制度，以实现 ISO 9000 系列标准为共同目标。

回顾质量管理的发展史，可以清醒地看到质量管理发展的过程是与社会的发展、科学技术的进步和生产力水平的提高相适应的，随着世界经济的发展，新技术产业的崛起，人类会面临新的挑战，人类会进一步研究质量管理理论，将质量管理推进到一个更新的发展阶段。

第二节　工程质量管理及控制体系

一、工程质量管理的概念和特点

1. 工程质量管理的概念

建设工程施工质量控制是建设工程质量管理的重要任务之一，它贯穿于建设工程项目决策阶段和实施阶段的全过程，牵涉建设工程施工质量保证体系的建立和运行、施工质量的预控、施工过程的质量控制和施工质量验收各方面、各环节的工作。只有认真把握住每个环节按质量要求严格控制它，才能建造出高质量、高水准的工程。建设工程施工质量控制是工程质量管理的一部分，质量控制是在明确的质量方针和目标指导下，通过对具体作业技术和管理活动的计划和实施过程，致力于实现预期的质量目标，是一种过程性、纠正性和把关性的质量控制。只有严格对建设工程施工全过程进行质量控制，包括建立和运行施工质量保证体系，采取施工质量预控，实施施工过程质量控制和严把施工质量验收，才能实现建设工程施工的质量目标。

施工质量保证体系的建立是以现场施工管理组织机构（如施工项目经理部）为主体，根据施工单位质量管理体系和建设单位方或总承包方的工程项目质量控制总体系统的有关规定和要求而建立的。施工质量保证体系需要根据施工管理的范围，结合工程的特点建立，其主要内容有：①现场施工质量控制的目标体系。②现场施工质量控制的业务职能（部门）分工。③现场施工质量控制的基本制度和主要工作流程（可引用企业质量管理体系的相关制度）。④现场施工质量计划或施工组织设计文件。⑤现场施工质量控制点及其控制措施。⑥现场施工质量控制的内外沟通协调关系网络及其运行措施。施工质量保证体系是通过以上内容所形成的现场施工质量保证的制度性和程序性的文件体系，为现场施工管理组织注入质量控制的活力和机制。施工质量保证体系有如下特点：系统性、互动性、双重性、一次性。施工质量保证体系的运行，应以质量计划为龙头，过程管理为重心，按照 PDCA 循环原理展开，即计划，明确目标并制定实现目标的行动方案；实施，包含两个环节，计划行动方案的交底和按计划规定的方法与要求展开施工作业技术活动；检查（check），对计划实施过程进行各种检查；处置，对质量检查发现的问题，及时进行原因分析，采取必要的措施予以纠正。施工质量保证体系的运行，应按照事前、事中和事后控制相结合的模式依次展开。

建设工程质量简称工程质量，是指工程满足建设单位需要的，符合国家法律、法规、技术规范标准、设计文件及合同规定的特性综合。建设工程作为一种特殊的产品，除具有一般产品共有的质量特性，如性能、寿命、可靠性、安全性、经济性等满足社会需要的使用价值及其属性外，还具有特定的内涵。工程质量有影响因素多、质量波动大的特点，还具有一定的隐蔽性、终检的局限性、评价方法的特殊性。

工程质量管理，是指为实现工程建设的质量方针、目标，进行质量策划、质量控制、质量保证和质量改造的工作。广义的工程质量管理，泛指建设全过程的质量管理，其管理的范围贯穿于工程建设的决策、勘察、设计、施工的全过程。一般意义的质量管理，指的是工程施工阶段的管理。

2. 工程项目质量管理的特点

1）工程项目的质量特性较多。

2）工程项目形体庞大、高投入、周期长、牵涉面广、具有风险性。

3）影响工程项目质量因素多。

4）工程项目质量管理难度较大。

5）工程项目质量具有隐蔽性。

二、质量控制体系的组织框架

建设工程项目质量控制体系，一般形成多层次、多单元的结构形态，这是由其任务的委托方式和合同结构所决定的。

多层次结构是对应建设工程项目工程系统纵向垂直分解的单项、单位工程项目的质量控制体系。在大中型工程项目尤其是群体工程项目中，第一层次的质量控制体系应由建设单位的工程项目管理机构负责建立；在委托代建、委托项目管理或实行交钥匙式工程总承包的情况下，应由相应的代建方项目管理机构、受托项目管理机构或工程总承包企业项目管理机构负责建立。第二层次的质量控制体系，通常是指分别由建设工程项目的设计总负责单位、施工总承包单位等建立的相应管理范围内的质量控制体系。第三层次及其以下，是承担工程设计、施工安装、材料设备供应等各承包单位的质量保证体系。

三、质量控制体系的人员职责

在质量管理体系中，全面质量管理要坚持“预防为主，防治结合”的基本思路，将管理重点放在影响工作质量的人、机、料、法和环境等因素。而其中首要的因素就是人的因素，为确保工程的施工质量，应成立以项目经理为主，由施工、技术、质控、测量、材料部门人员组织的质量小组，与监理人员密切配合，形成一个强有力的质量保证体系。施工单位及人员资质符合有关规定要求，项目经理、施工员、质量员、特种作业人员等必须持证上岗。质量控制体系中人员的职责分工如下：

1）项目经理的质量职责。项目经理是项目经理部质量工作的组织者、领导者，对所承担的工程质量负全部责任。

2）项目副经理的质量职责。项目副经理必须协助、配合项目经理实现对工程质量工作的组织、贯彻、落实，确保项目经理部质量目标的实现。对工程负有组织、贯彻、落实和检查的责任。

3）项目部技术负责人的质量职责。认真贯彻执行国家规程、规范和质量标准，确保质量目标的实现。负责编制工程施工组织设计、施工方案、技术措施、工艺流程、操作方法和工程质量目标设计。负责向施工员和班组长进行详细的施工技术交底，处理日常技术问题，对工程负有质量技术监督责任。

4）施工员的质量职责。组织班组严格按照图纸、规范标准和技术交底进行施工。控制本专业的主要材料的使用，对未经验证和试验的材料不得使用，对由于使用不合格材料造成的工程质量事故负直接责任。组织班组开展自检互检交接检活动，组织本专业分项工程的检查、评定，对操作中的质量问题必须及时处理。对违反有关原则的班组或个人给予停工、返工处罚。

5）质量员的质量职责。严格按照施工图纸、验收规范、工艺标准、质量评定及验收标准的规定进行验收评定和监督检查。及时收集整理各分项分部、单位工程质量原始检查评定记录，建立有关质量台账，及时填报工程质量报表。坚持原则，深入生产第一线，对重点部位、重点工序严格把关，随时掌握工程质量动态，对粗制滥造者有权停工、返工或经济处罚。参加隐蔽工程检查和验收、交接工作及对质量事故和质量问题的处理。

6）材料员的质量职责。根据工程项目所用设备、材料的质量要求，会同物资职能部门采购、订货、运输、保管供应合格的设备和材料。对进场材料进行验证，及时把有关证明文件转交施工员，对进场原材料外观质量进行检查，并正确标识。

第三节 ISO 9000质量管理体系

一、ISO 9000质量管理体系的要求

《质量管理体系 基础和术语》（GB/T 19000—2016）规定了对质量管理体系的要求，供组织需要证实其具有稳定地提供顾客要求和适用法律法规要求产品的能力时应用，组织通过体系的有效应用，包括持续改进体系的过程及确保符合顾客与适用法规的要求增强顾客满意度，成为用于审核和第三方认证的唯一标准，它用于内部和外部评价组织提供满足组织自身要求和顾客、法律法规要求的产品的能力。标准应用了以过程为基础的质量管理体系模式的结构，鼓励组织在建立、实施和改进质量管理体系及提高其有效性时，采用过程方法，通过满足顾客要求，增强顾客满意度。ISO 9000标准重点规定了质量管理体系和要求，可供组织作为内部审核的依据，也可用于认证或合同目的，在满足顾客要求方面ISO 9000所关注的是质量管理的有效性。

质量管理的基本要求如下：①施工企业应结合自身特点和质量管理需要，建立质量管理体系并形成文件。②施工企业应对质量管理中的各项活动进行策划。③施工企业应检查、分析、改进质量管理活动的过程和结果。

二、质量管理的八项原则

ISO 9000族标准对八项质量管理原则做了清晰的表述，它是质量管理的最基本、最通用的一般规律，适用于所有类型的产品和组织，是质量管理的理论基础。八项质量管理原则是组织的领导者有效实施质量管理工作必须遵守的原则，同时也为从事质量管理的审核员和所有从事质量管理工作的人员学习、理解、掌握ISO 9000族标准提供帮助。

1. 以顾客为关注焦点

组织（从事一定范围生产经营活动的企业）依存于其顾客。任何一个组织都应时刻关注顾客，将理解和满足顾客的要求作为首要工作考虑，并以此安排所有的活动。同时还应了解顾客要求的不断变化和未来的需求，并争取超越顾客的期望。

2. 领导作用

领导确立本组织统一的宗旨和方向，在企业质量管理中起着决定性的作用。因此，领导者应当创造并保持使员工能充分参与实现组织目标的内部环境，确保员工主动理解和自觉实现组织目标，以统一的方式来评估、协调和实施质量活动，促进各层次之间协调。

3. 全员参与

各级人员的充分参与，才能使他们的才能为组织带来收益。人是管理活动的主体，也是

管理活动的客体。质量管理是通过组织内部各职能各层次人员参与产品实现过程及支持过程来实施的，全员的主动参与极为重要。

4. 过程方法

将活动和相关的资源作为过程进行管理，可以更为高效地得到期望的结果。为使组织有效运作，必须识别和管理众多相互关联的过程，系统地识别和管理组织所应用的过程，特别是这些过程之间的相互作用，对于每一个过程做出恰当的考虑与安排，更加有效地使用资源、降低成本、缩短周期，通过控制活动进行改进，取得好的效果。

5. 管理的系统方法

将相互关联的过程作为系统加以识别、理解和管理，有助于组织提高实现目标的有效性和效率。不同企业应根据自己的特点，建立资源管理、过程实现、测量分析改进等方面的关联关系，并加以控制。

一般建立实施质量管理体系包括：①确定顾客期望。②建立质量目标和方针。③确定实现目标的过程和职责。④确定必须提供的资源。⑤规定测量过程有效性的方法。⑥实施测量确定过程的有效性。⑦确定防止不合格产品并消除其产生原因的措施。⑧建立和应用持续改进质量管理体系的过程。

6. 持续改进

持续改进是组织的一个永恒目标。事物是在不断发展的，持续改进能增强组织的适应能力和竞争力，使组织能适应外界环境变化，从而改进组织的整体业绩。

7. 基于事实的决策方法

有效的决策是建立在数据和信息分析的基础上，决策是一个行动之前选择最佳行动方案的过程。作为过程就应有信息和数据输入，输入信息和数据足够可靠，能准确地反映事实，则为决策方案奠定了重要的基础。

8. 与供方互利的关系

任何一个组织都有伙伴，组织与供方是相互依存、互利的关系，合作得越来越好，双方都会获得效益。

三、建筑安装工程质量管理中实施 ISO 9000 的重要意义

实施 ISO 9000 标准旨在通过一个公正的第三产品或质量管理体系做出正确、可信的评价，从而使他们对产品质量建立信心，对整个社会都有十分重要的意义。

1）通过实施质量认证可以促进企业完善质量管理体系。企业要想获取第三方认证机构的质量管理体系认证或按典型产品认证制度实施的产品认证，都需要对其质量管理体系进行检查和完善，以保证认证的有效性。并在实施认证时，对其质量管理体系实施检查和评定中发生的问题，均需及时加以纠正，所有这些都会对企业完善质量管理体系起到积极的推动作用，而且提高了企业内部管理的严肃性和有效性。

2）可以提高企业的信誉和市场竞争能力。企业通过了质量管理体系认证机构的认证，获

取合格证书和标志并通过注册加以公布，从而也就证明其具有生产满足顾客要求产品的能力，能大大提高企业的信誉，增加企业市场竞争能力。

3）有利于保护供需双方的利益。实施质量认证，一方面对通货产品质量认证或质量管理体系认证的企业准予使用认证标志或予以政策公布，使顾客了解哪些企业的产品质量是有保证的，从而可以引导顾客防止误购不符合要求的产品，起到保护消费者利益的作用。并且由于实施第三方认证，对于缺少测试设备、缺少有经验的人员或远离供方的用户来说带来了许多方便，同时也降低了进行重复检验和检查的费用。另一方面如果供方建立了完善的质量管理体系，一旦发生质量争议，也可以把质量管理体系作为自我保护的措施，较好地解决质量争议。

4）有利于国际市场的开拓，增加国际市场的竞争力。认证制度已发展成为世界上许多国家的普遍做法，各国的质量认证机构都在设法通过签订双边或多边认证合作协议，取得彼此之间的相互认可，企业一旦获得国际上有权威的认证机构的产品质量管理体系注册，便会得到各国的认可，并可享受一定的优惠待遇，如免检、减免税和优惠价等。

5）有利于项目部加强现场监控、控制工程成本，为索赔工作提供最有力的支持。

四、建立和运行项目质量管理体系中的要点

1）明确的职责分工和奖励措施。项目管理体系的运行依靠有效的组织设计和完整的规章制度，这就是我们通常说的“项目内部管理制度”。项目的每一位成员应明确知道自己在整个系统中处于什么位置、自己该做什么、要做的程序是什么、出了错会有什么后果；同时还要了解项目部其他人员或部门的职责，知道如果超出自己工作范围的工作该找谁去解决。这样，项目部就会形成一个既有分工又有合作的有机整体，这种聚合效应是实现项目总体目标的根本保证。

要实现工期、成本和质量的有效控制，必须使之与个人的经济挂钩，并有相应的奖罚制度做保障，否则项目部的意图很难得到真正的贯彻执行。

2）工作程序化。工作程序化程度是反映项目管理水平的重要指标。在实践中，我们体会到，减少作业和管理工作的随意性，将使项目的运转效率明显提高。实现工作程序化，要求项目经理部成员从自身做起，并逐步影响要求项目部其他人员按程序办事，逐步形成规范的工作方法和程序。程序化工作不仅能提高工作效率，更能有助于项目经理部有效控制工程质量和成本。

3）有效的控制方法。按照满意化原则制订了项目总体工作计划和相应的分部计划后，更为重要的就是如何有效监控计划的落实，以便于实施时的纠偏和调整。在项目实施过程中，主要坚持以下原则和做法：一切以书面记录为准；坚持工程例会制度；对项目运行实时监控；系统有序的文件管理。

五、有关分项工程的施工质量控制流程

1. 工程材料、构配件和设备质量控制流程

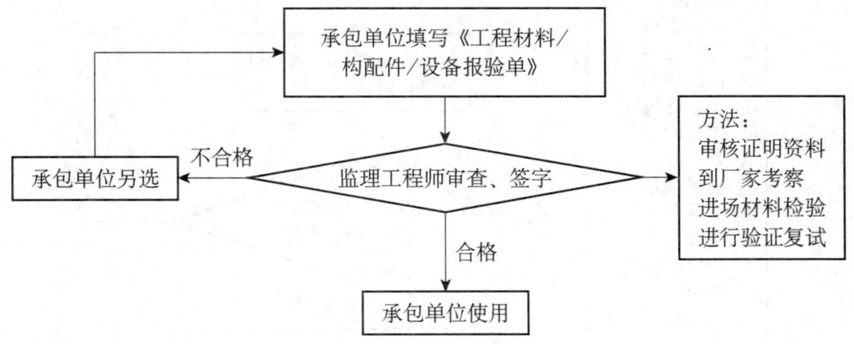

2. 施工组织设计（施工方案）审批程序流程

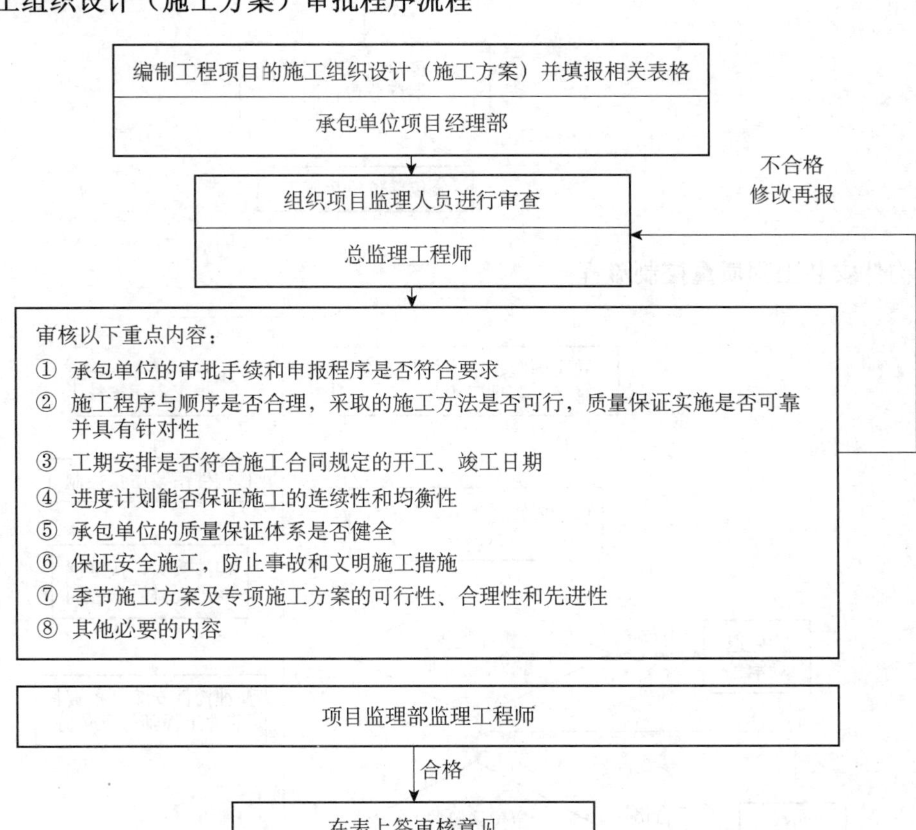

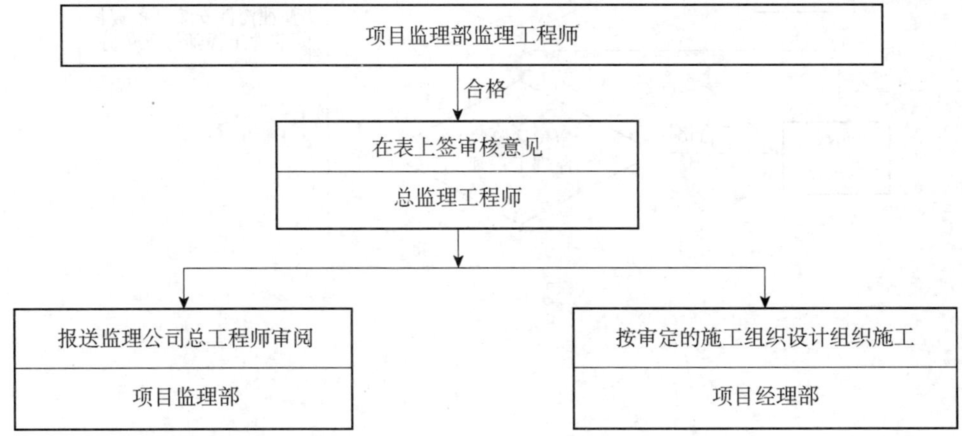

3. 分包单位资质审查基本流程

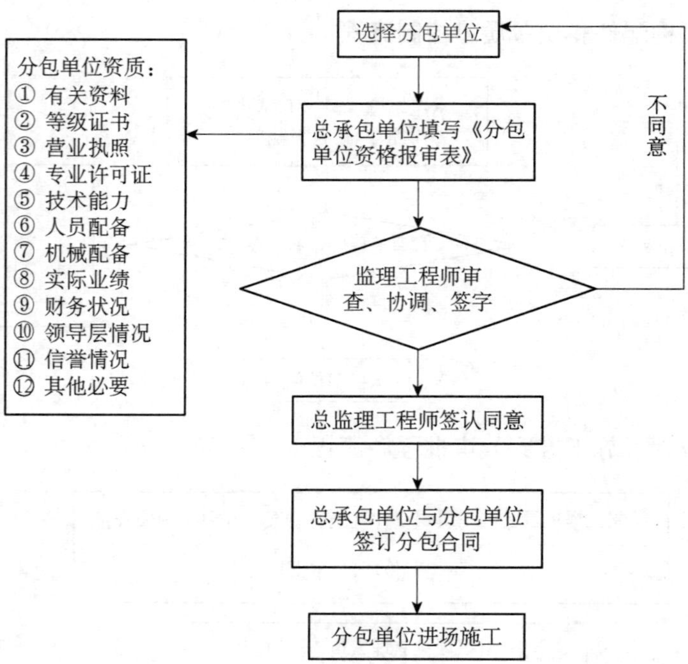

4. 构件安装工程质量控制流程

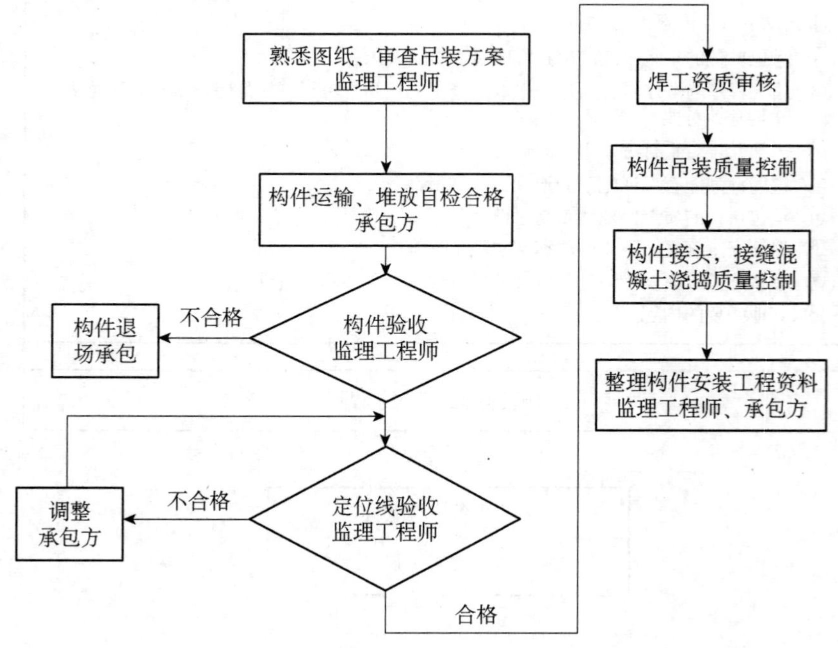

5. 构配件安装质量控制流程

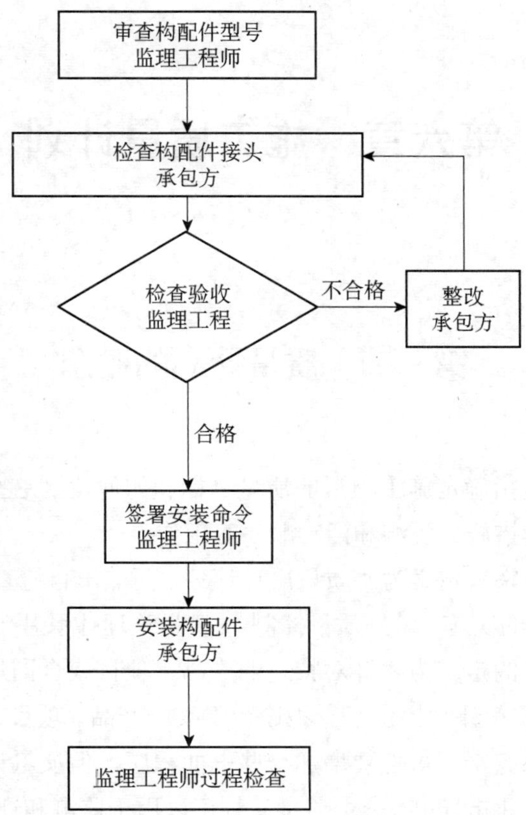

第六章　施工质量计划

第一节　质量计划的概念

施工项目质量计划是指确定施工项目的质量目标和如何达到这些质量目标所制定的必要的作业过程、专门的质量措施、资源和活动顺序等工作。

现代质量管理的基本宗旨定义为“质量出自计划，而非出自检查”。只有做出精确标准的质量计划，才能指导项目的实施，做好质量控制。《质量管理体系基础和术语》（GB/T 19000—2008）中对“质量计划”的定义为“针对特定的产品、项目或合同规定专门的质量措施、资源和活动顺序的文件”。质量计划提供了一种途径将某一产品、项目或合同的特定要求与现行的通用质量体系程序联系起来。虽然要增加一些书面程序，但质量计划无须开发超出现行规定的一套综合的程序或作业指导书。一个质量计划可以用于监测和评估贯彻质量要求的情况，但这个指南并不是为了用作符合要求的清单。质量计划也可以用于没有文件化质量体系的情况，在这种情况下，需要编制程序计划。质量计划是质量管理的一部分。通过质量计划，将质量计划设定的质量目标所制定的作业过程和相关资源用书面形式表现出来，就是质量计划。因此，编制质量计划实际上就是质量计划过程的一部分。质量管理是指导和控制与质量有关的活动（包括质量方针和质量目标的建立、质量计划、质量控制、质量保证和质量改进），属于“指导”与质量有关的活动，也就是“指导”质量控制、质量保证和质量改进的活动。在质量管理中，质量计划的地位低于质量方针的建立，是设定质量目标的前提，高于质量控制、质量保证和质量改进。质量控制、质量保证和质量改进只有经过质量计划，才可能有明确的对象和目标，才可能有切实的措施和方法。因此，质量计划是质量管理诸多活动中不可或缺的中间环节，是连接质量方针（可能是“虚”的或“软”的质量管理活动）和具体的质量管理活动（常被看作是“实”的或“硬”的工作）之间的桥梁和纽带。

第二节　质量计划的内容

在合同环境下，质量计划是企业向顾客表明质量管理方针、目标及其具体实现的方法、手段和措施的文件，体现企业对质量责任的承诺和实施的具体步骤。工程项目质量计划在工程项目的实施过程中是不可或缺的，必须把工程质量计划与施工组织设计结合起来，工程项目质量计划既可用于对建设单位的质量保证，又适用于指导施工。针对施工项目质量计划编制的内容，编制施工项目质量计划也要对每一项提出相应的编制方法及步骤。

质量计划的内容一般应包括以下几个方面的内容：

1）编制依据。

2）项目概述。

3）质量目标。

4）组织机构。

5）质量控制及管理组织协调的系统描述。

6）必要的质量控制手段，施工过程、服务、检验和试验程序及与其相关的支持性文件。

7）确定关键过程和特殊过程及作业指导书。

8）与施工阶段相适应的检验、试验、测量、验证要求。

9）更改和完善质量计划的程序。

第三节　质量计划编制的方法

一、质量计划的编制依据

1）工程承包合同、设计文件。

2）施工企业的《质量手册》及相应的程序文件。

3）施工操作规程及作业指导书。

4）各专业工程施工质量验收规范。

5）《建筑法》《建设工程质量管理条例》、环境保护条例及法规。

6）安全施工管理条例等。

二、质量计划编制原则

1）施工项目质量计划应由项目经理主持编制。

2）施工项目质量计划作为对外质量保证和对内质量控制的依据文件。

3）施工项目质量计划应体现施工项目从分项工程、分部工程到单位工程的过程控制，同时也要体现从资源投入到完成工程质量最终检验和试验的全过程控制。

三、施工项目质量计划的编制方法及要求

施工项目质量计划应由项目经理主持编制。质量计划作为对外质量保证和对内质量控制的依据文件，应体现施工项目从分项工程、分部工程到单位工程的过程控制，同时也要体现

从资源投入到完成工程质量最终检验和试验的全过程控制。施工项目质量计划编制的要求主要包括以下几个方面。

1. 质量目标

合同范围内的全部工程的所有使用功能符合设计（或更改）图纸要求。分项、分部、单位工程质量达到既定的施工质量验收统一标准，合格率100%，其中专项达到：①所有隐蔽工程为业主质检部门验收合格。②卫生间不渗漏，地下室、地面不出现渗漏，所有门窗不渗漏雨水。③所有保温层、隔热层不出现冷热桥。④所有高级装饰达到有关设计规定。⑤所有的设备安装、调试符合有关验收规范。⑥特殊工程的目标。⑦工程交工后维修期为 1 年，其中屋面防水维修期 3 年。⑧工程基础和地下室×年×月×日前完工；主体×年×月×日完工；设备安装和装修×年×月×日交付业主（或安装）；分包工程××项×年×月×日交工。

2. 管理职责

1）项目经理是本工程实施的最高负责人，对工程应符合设计、验收规范和标准要求负责；对各阶段、各工号按期交工负责。

2）项目经理委托项目质量副经理（或技术负责人）负责本工程质量计划和质量文件的实施及日常质量管理工作。当有更改时，负责更改后的质量文件活动的控制和管理：①对本工程的准备、施工、安装、交付和维修整个过程质量活动的控制、管理、监督、改进负责；②对进场材料、机械设备的合格性负责；③对分包工程质量的管理、监督、检查负责；④对设计和合同有特殊要求的工程和部位负责组织有关人员、分包商和用户按规定实施，指定专人进行相互联络，解决相互间接口发生的问题；⑤对施工图纸、技术资料、项目质量文件、记录的控制和管理负责。

3）项目生产副经理对工程进度负责，调配人力、物力保证按图纸和规范施工，协调同业主、分包商的关系，负责审核结果、整改措施和质量纠正措施和实施。

4）队长、工长、测量员、试验员、计量员在项目质量副经理的直接指导下，负责所管部位和分项施工全过程的质量，使其符合图纸和规范要求，有更改者符合更改要求，有特殊规定者符合特殊要求。

5）材料员、机械员对进场的材料、构件、机械设备进行质量验收或退货、索赔，有特殊要求的物资、构件、机械设备执行质量副经理的指令。对业主提供的物资和机械设备负责按合同规定进行验收；对分包商提供的物资和机械设备按合同规定进行验收。

3. 资源提供

1）规定项目经理部管理人员及操作工人的岗位任职标准及考核认定方法。

2）规定项目人员流动时进出人员的管理程序。

3）规定人员进场培训（包括供方队伍、临时工、新进场人员）的内容、考核、记录等。

4）规定对新技术、新结构、新材料、新设备修订的操作方法和操作人员进行培训并记录等。

5）规定施工所需的临时设施（含临建、办公设备、住宿房屋等）、支持性服务手段、施工设备及通信设备等。

4. 工程项目实现过程策划

1）规定施工组织设计或专项项目质量的编制要点及接口关系。

2）规定重要施工过程的技术交底和质量策划要求。

3）规定新技术、新材料、新结构、新设备的策划要求。

4）规定重要过程验收的准则或技艺评定方法。

5. 业主提供的材料、机械设备等产品的过程控制

施工项目上需要使用的材料、机械设备在许多情况下是由业主提供的。对这种情况要做出如下规定：①业主如何标识、控制其提供产品的质量；②检查、检验、验证业主提供产品满足规定要求的方法；③对不合格的处理办法。

6. 材料、机械、设备、劳务及试验等采购控制

由企业自行采购的工程材料、工程机械设备、施工机械设备、工具等，质量计划作如下规定：①对供方产品标准及质量管理体系的要求。②选择、评估、评价和控制供方的方法。③必要时对供方质量计划的要求及引用的质量计划。④采购的法规要求。⑤有可追溯性（追溯所考虑对象的历史、应用情况或所处场所的能力）要求时，要明确追溯内容的形成，记录、标志的主要方法。⑥需要的特殊质量保证证据。

7. 产品标识和可追溯性控制

隐蔽工程、分项分部工程质量验评、特殊要求的工程等必须做可追溯性记录，质量计划要对其可追溯性范围、程序、标识、所需记录及如何控制和分发这些记录等内容做出规定。

坐标控制点、标高控制点、编号、沉降观察点、安全标志、标牌等是工程重要标识记录，质量计划要对这些标识的准确性控制措施、记录等内容做规定。

重要材料（水泥、钢材、构件等）及重要施工设备的运作必须具有可追溯性。

8. 施工工艺过程的控制

1）对工程从合同签订到交付全过程的控制方法做出规定。

2）对工程的总进度计划、分段进度计划、分包工程的进度计划、特殊部位进度计划、中间交付的进度计划等做出过程识别和管理规定。

3）规定工程实施全过程各阶段的控制方案、措施、方法及特别要求等，主要包括下列过程：①施工准备；②土石方工程施工；③基础和地下室施工；④主体工程施工；⑤设备安装；⑥装饰装修；⑦附属建筑施工；⑧分包工程施工；⑨冬期、雨期施工；⑩特殊工程施工；⑪交付。

4）规定工程实施过程需用的程序文件、作业指导书（如工艺标准、操作规程、工法等），作为方案和措施必须遵循的办法。

5）规定对隐蔽工程、特殊工程进行控制、检查、鉴定验收、中间交付的方法。

6）规定工程实施过程需要使用的主要施工机械、设备、工具的技术和工作条件、运行方案、操作人员上岗条件和资格等内容，作为对施工机械设备的控制方式。

7）规定对各分包单位项目上的工作表现及其工作质量进行评估的方法、评估结果送交有关部门、对分包单位的管理办法等，以此控制分包单位。

9. 搬运、贮存、包装、成品保护和交付过程的控制

1）规定工程实施过程在形成的分项、分部、单位工程的半成品、成品保护方案、措施、交接方式等内容，作为保护半成品、成品的准则。

2）规定工程期间交付、竣工交付、工程的收尾、维护、验评、后续工作处理的方案、措施，作为管理的控制方式。

3）规定重要材料及工程设备的包装防护的方案及方法。

10. 安装和调试的过程控制

对于工程水、电、暖、电信、通风、机械设备等的安装、检测、调试、验评、交付、不合格的处置等内容规定方案、措施、方式。由于这些工作同土建施工交叉配合较多，因此对于交叉接口程序、验证项目、交接验收、检测、试验设备要求、特殊要求等内容要做明确规定，以便各方面实施时遵循。

11. 检验、试验和测量的过程控制

1）规定材料、构件、施工条件、结构形式在什么条件、什么时间必须进行检验、试验、复验、以验证是否符合质量和设计要求，如钢材进场必须进行型号、钢种、炉号、批量等内容的检验，不清楚时要进行取样试验或复验。

2）规定施工现场必须设立试验室（员）配置相应的试验设备，完善试验条件，规定试验人员资格和试验内容；对于特定要求要规定试验程序及对程序过程进行控制的措施。

3）当企业和现场条件不能满足所需各项试验要求时，要规定委托上级试验或外单位试验的方案和措施。当有合同要求的专业试验时，应规定有关的试验方案和措施。

4）对于需要进行状态检验和试验的内容，必须规定每个检验试验点所需检验、试验的特性、所采用程序、验收准则、必须的专用工具、技术人员资格、标识方式、记录等要求。如结构的荷载试验等。

5）当有业主亲自参加见证或试验的过程或部位时，要规定该过程或部位的所在地，见证或试验时间，如何按规定进行检验试验，前后接口部位的要求等内容。如屋面、卫生间的渗漏试验。

6）当有当地政府部门要求进行或亲临的试验、检验过程或部位时，要规定该过程或部位在何处、何时、如何按规定由第三方进行检验和试验。如搅拌站空气粉尘含量测定、防火设施验收、压力容器使用验收，污水排放标准测定等。

7）对于施工安全设施、用电设施、施工机械设备安装、使用、拆卸等，要规定专门安全技术方案、措施、使用的检查验收标准等内容。

8）要编制现场计量网络图、明确工艺计量、检测计量、经营计量的网络、计量器具的配备方案、检测数据的控制管理和计量人员的资格。

9）编制控制测量、施工测量的方案，制定测量仪器配置，人员资格、测量记录控制、标识确认、纠正、管理等措施。

10）要编制分项、分部、单位工程和项目检查验收、交付验评的方案，作为交验时进行控制的依据。

12. 检验、试验、测量设备的过程控制

规定要在本工程项目上使用所有检验、试验、测量和计量设备的控制和管理制度，包括：①设备的标识方法。②设备校准的方法。③标明、记录设备准状态的方法。④明确哪些记录需要保存，以便一旦发现设备失准时，便于确定以前的测试结果是否有效。

13. 不合格品的控制

1）要编制工种、分项、分部工程不合格产品出现的方案、措施，以及防止与合格之间发生混淆的标识和隔离措施。规定哪些范围不允许出现不合格；明确一旦出现不合格哪些允许修补返工，哪些必须推倒重来，哪些必须局部更改设计或降级处理。

2）编制控制质量事故发生的措施及事故发生后的处置措施。

3）规定当分项分部和单位工程不符合设计图纸（更改）和规范要求时，项目和企业各方面对这种情况的处理有如下职权：①质量监督检查部门有权提出返工修补处理、降级处理或作不合格品处理；②质量监督检查部门以图纸（更改）、技术资料、检测记录为依据用书面形式向以下各方发出通知：当分项分部项目工程不合格时通知项目质量副经理和生产副经理；当分项工程不合格时通知项目经理；当单位工程不合格时通知项目经理和公司生产经理。

上述接收返工修补处理、降级处理或不合格处理通知方有权接受和拒绝这些要求：当通知方和接收通知方意见不能调解时，则上级质量监督检查部门、公司质量主管负责人，乃至经理裁决；若仍不能解决时，申请由当地政府质量监督部门裁决。

第四节　施工项目质量检验批划分的原则和方法

一、施工质量验收层次划分的目的

建筑安装工程施工质量验收涉及建筑工程施工过程控制和竣工验收控制，是工程施工质量控制的重要环节，合理划分建筑安装工程施工质量验收层次是非常必要的。特别是不同专业工程的验收批如何确定将直接影响质量验收工作的科学性、经济性和实用性及可操作性。因此，有必要建立统一的工程施工质量验收的层次划分。通过验收批和中间验收层次及最终验收单位的确定，实施对工程施工质量的过程控制和终端把关，确保工程施工质量达到工程项目决策阶段所确定的质量目标和水平。

二、施工质量验收划分的层次、原则及方法

根据《建筑工程施工质量验收统一标准》（GB 50300—2013）的规定，建筑工程施工质量验收应划分为单位工程、分部工程、分项工程和检验批。标准规定，可将建筑规模较大的单体工程和具有综合使用功能的综合性建筑物工程划分为若干个子单位工程进行验收。在分部工程中，按相近工作内容和系统划分为若干个子分部工程。每个子分部工程中包括若干个分项工程。每个分项工程中包含若干个检验批，检验批是工程施工质量验收的最小单位。

1. 单位工程的划分

单位工程的划分应按下列原则确定：①具备独立施工条件并能形成独立使用功能的建筑物及构筑物为一个单位工程。如一个学校中的一栋教学楼、某城市的广播电视塔等。②对于规模较大的单位工程，可将其能形成独立使用功能的部分划分为一个子单位工程。如室外建筑环境中的附属建筑；室外安装工程中的给排水或电气工程。

2. 分部工程的划分

分部工程的划分应按下列原则确定：

分部工程的划分应按专业性质、工程部位确定。如建筑工程划分为地基与基础、主体结构、建筑装饰装修、建筑屋面、建筑给水排水及采暖、建筑电气、智能建筑、通风与空调、建筑节能、电梯10个分部工程。

当分部工程较大或较复杂时，可按施工程序、专业系统及类别等划分为若干个子分部工程。如智能建筑分部工程中就包含了火灾及报警消防联动系统、安全防范系统、综合布线系统、智能化集成系统等。

3. 分项工程的划分

分项工程应按主要工种、材料、施工工艺、设分。如建筑电气工程中室外电气可以划分为变压器、箱式变电所安装，成套配电柜、控制柜（屏、台）和动力、照明配电箱（盘）及控制柜安装，梯架、支架、托盘和槽盒安装管敷设，电缆敷设，管内穿线和槽盒内敷线，电缆头制作，导线连接，线路绝缘测试，普通专用灯具安装，建筑照明通电试运行，接地装置安装。

4. 检验批的划分

分项工程可由一个或若干个检验批组成，检验批可根据施工及质量控制和专业验收需要按楼层、施工段、变形缝等进行划分。

1）建筑工程的地基基础分部工程中的分项工程一般划分为一个检验批。

2）有地下层的基础工程可按不同地下层划分检验批。

3）屋面分部工程中的分项工程不同楼层屋面可划分为不同的检验批。

4）单层建筑工程中的分项工程可按变形缝等划分检验批，多层及高层建筑工程中主体分部的分项工程可按楼层或施工段来划分检验批。

5）其他分部工程中的分项工程一般按楼层划分检验批。

6）对于工程量较少的分项工程可统一划分为一个检验批。

7）安装工程一般按一个设计系统或组别划分为一个检验批。

8）室外工程统一划分为一个检验批。散水、台阶、明沟等包含在地面检验批中。

根据《建筑工程施工质量验收统一标准》（GB 50300—2013）的规定，建筑工程的分部工程、分项工程划分宜按附录B采用。施工前，应由施工单位制定分项工程和检验批的划分方案，并由监理单位审核。对于附录B及相关专业验收规范未涵盖的分项工程和检验批，可以由建设单位组织监理、施工等单位协商确定。

第七章　工程质量控制和评定

第一节　影响建筑工程质量的主要因素

一、施工人员素质

参与工程建设各方人员按其作用性质可划分为：

1）决策层：参与工程建设的决策者。

2）管理层：决策意图的执行者，包含各级职能部门、项目部的职能人员。

3）作业层：工程实施中各项作业的操作者，包括技术工人和辅助工。

人员素质是指参与建设活动的人群的决策能力、管理能力、作业能力、组织能力、公关能力、经营能力、控制能力及道德品质的总称。对不同层次人员有不同的素质要求。

人员素质直接影响工程质量目标的成败。通常情况下，人员素质的高低是工程质量好坏的决定性因素，决策层的素质更是关键，决策失误或指挥失误，对工程质量的危害更大。职能部门管理人员的能力素质高低直接影响他们的工作质量，尤其是一些专业技术岗位，必须具有高素质的技术管理知识和实际工作能力。

作业人员素质不仅应具有一定的技术水平，还应具有良好的心理状态和职业道德品质。在混凝土施工中，操作人员为图操作方便，在经试验确定的配合比拌和的混凝土中任意加水，造成混凝土强度的波动，成为质量缺陷，就是素质缺陷的反映。控制工程质量重要的是从控制人员素质抓起，管理者和操作者都应该是有“资格”的行家，严禁不具备基本专业知识和操作技能的人员上岗。

二、工程材料

工程材料泛指构成工程实体的各类建筑材料、构配件、半成品等。

各类工程材料是工程建设的物质条件，因而材料的质量是工程质量的基础。工程材料选用是否合理、产品是否合格、材质是否经过检验、保管使用是否得当等，都将直接影响建设工程的结构，影响工程外表及观感，影响工程使用功能，影响工程的使用寿命。

构配件和半成品的优劣同工程材料一样会直接影响建设工程的结构强度和稳定性，对工程使用功能及使用寿命都有影响。

对工程材料质量，主要是控制其相应的力学性能、化学性能、物理性能，必须符合标准规定。因此，进入现场的工程材料必须有产品合格证或质量保证书，性能检测报告，并应符合设计标准要求；凡需现场抽样检测的建材必须检测合格才能使用；使用进口的工程材料必须符合我国相应的质量标准，并持有商检部门签发的商检合格证书；严禁易污染、易反应的材料混放，造成材性蜕变。同时，还要注意设计、施工过程对材料、构配件、半成品的合理选用，严禁混用、少用、多用，以避免造成质量失控。

三、机具设备

机具设备可分为两类，一是指组成工程实体配套的工艺设备和各类机具，如电梯、泵机、通风设备等（简称工程用机具设备）。它们的作用是与工程实体结合，保证工程形成完整的使用功能。二是施工机具设备，是指施工过程中使用的各类机具设备，包括大型垂直与横向移动建筑物件的运输设备，各类操作工具，各种施工安全设施，各类测量仪器、计量器具等（以上简称施工机具设备）。

施工机具的选用很重要，如高层建筑混凝土结构选用混凝土泵进行输送、浇筑，将有利于改善混凝土的质量；又如选用测量仪器精度不准，会使建筑物定位或允许偏差超标。

四、工艺技术

工艺技术是指施工现场在建设参与各方配合下采用的施工方案、技术措施、工艺手段、施工方法。

工艺技术水平对质量有一定的影响。采用先进合理的工艺、技术，依据操作规程、工艺标准和作业指导书施工，必将对组成质量因素的产品精度、清洁度、平整度、密封性等物理、化学特性方面起良性推进作用。例如，钢筋连接用焊接工艺或机械连接替代人工绑扎，不仅提高了作业效率，更利于提高连接质量。在砌砖工程中，采用不同的砂浆铺设方法和砖块搭接形式，都会对砌体的整体强度产生不同的影响。

五、环境条件

环境条件是指对工程质量特性起重要作用的环境因素，如工程地质、水文、气象等工程技术环境，施工现场作业面大小、劳动设施、光线和通信条件等作业环境，以及邻近工程的地下管线、建（构）筑物等周边环境等。

环境条件往往对工程质量有一定的影响。如良好的安全作业环境，对材料和构配件、设备有良好的保护措施，有利于保证工程的文明施工和产品保护。恶劣的气候条件，将给保证工程质量增加许多困难。如在地下水位高的地区，在雨季进行基坑开挖，遇到连续暴雨或排水困难，会引起基坑塌方或地基受水浸泡影响承载力等；在未经干燥条件下进行沥青防水层施工，容易产生大面积空鼓；冬季寒冷地区工程措施不当，工程会受冻融破坏而影响质量。因此，加强环境管理，改进作业条件，把握好技术环境，辅以必要的措施，是控制环境对质量影响的重要保证。

六、其他影响因素

1. 施工工期

工期是指建设工程从正式开工至竣工交付的全过程所花的时间，常用天数表示。

合理的工期反映了工程项目建设过程必要的程序及其规律性，为此，国家制定了各类工程的工期定额，实施工期管理，目的是通过制定合理的工期，使建设施工能合理安排施工进度，科学管理，保证工程质量。

工期目标不合理，盲目压工期，抢速度，将打乱建筑施工正常的节奏，导致蛮干，打乱了合理的工序搭接以及工程产品形成过程中必要的停止点，如混凝土、砂浆养护期，回填土或砌体的沉降稳定期，涂料的凝固干燥期，各种检测、试验的必需时间被挤占，正常施工秩序受到干扰，必然影响工程质量。

2. 工程造价

在建设实施阶段通常把建筑安装费称为工程造价。也有把实施招标工程的中标价称为合同造价。工程造价一般由工程成本、利润和税金组成。

价格是价值的体现。工程建设的造价、工期和质量三者之间存在相互依存与制约的关系。在一定的技术方案和工期、质量的条件下，工程所需的人工、材料和机械费用等成本是相对固定的，因而降低造价费用的空间是有限的。任意压低造价，将造成建设各方盲目压缩必需的质量成本及质量投入，从而使工程质量得不到充分的物质保证，影响质量目标的实现。

工程建设必须尊重客观规律，在一定的技术前提下及一定的工期条件下，需要有一定的质量成本，该花钱的就应该花钱。通过优化管理，可以减少消耗，降低成本，但过低的成本是无法实现工程质量的。所以严禁工程盲目压价，工程招投标中严禁任意分包、层层转包、层层压价，应成为造价控制的要点。

3. 市场准入

市场准入是指各建设市场主体，包括发包方（业主）、承包方（勘察、设计、施工及设备材料供应单位）、中介方（工程咨询、监理单位、检测单位），只有具备符合规定的资质和条件，才能参与建设市场活动，建立承发包关系。这是建设市场管理的一项重要制度。

市场准入制度与工程质量有密切的关系。如业主招标发包工程应具有一定的能力和条件，承包方参与投标要有相应的资质等级，设备材料应有合格证性能检测报告，否则就不准参与建设市场交易。市场准入不仅有利于建设市场秩序管理，而且对参与建设各方从总体素质上予以控制，对保证工程质量有重要的影响。建设市场准入把关不严，存在无证设计、无证施工、借证卖照，资质挂靠、越级和超越规定范围承包，或逃避市场管理，搞私下交易等情况，必然对建设工程质量构成严重威胁。不少工程发生重大质量事故，往往与参与建设各方违反市场准入规定有关。因此严格市场准入管理，是保证工程质量不可忽视的重要环节。

第二节　工程质量控制方法

一、PDCA 循环工作方法

PDCA 循环是指由计划（Plan）、实施（Do）、检查（Check）和处理（Action）4 个阶段组成的工作循环，如图 7-1 所示。它是一种科学管理程序和方法，其工作步骤如下：

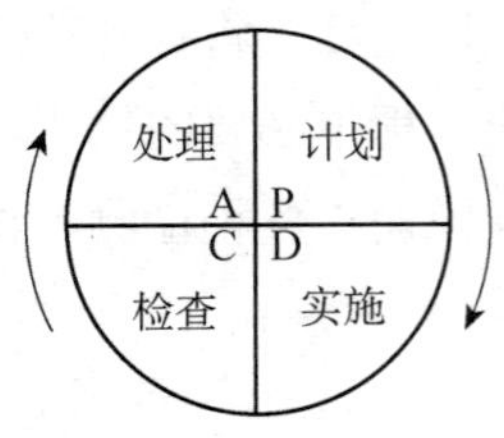

图 7-1　PDCA 循环

1. 计划（Plan）

计划阶段包含以下 4 个步骤：

第一步，分析质量现状，找出存在的质量问题。

首先，要分析企业范围内的质量通病，也就是工程质量上的常见病和多发病。其次，针对工程中的一些技术复杂、难度大的项目，质量要求高的项目，以及新工艺、新技术、新结构、新材料等项目，要依据大量的数据和情报资料，让数据说话，用数理统计方法来分析反映问题。

第二步，分析产生质量问题的原因和影响因素。

这一步也要依据大量的数据，应用数理统计方法，并召开有关人员和有关问题的分析会议，最后，绘制成因果分析图。

第三步，找出影响质量的主要因素。

为找出影响质量的主要因素，可采用的方法有两种：一是利用数理统计方法和图表；二是当数据不容易取得或者受时间限制来不及取得时，可根据有关问题分析会的意见来确定。

第四步，制定改善质量的措施，提出行动计划，并预计效果。

在进行这一步时，要反复考虑并明确回答以下“5W1H”问题：①为什么要采取这些措施？为什么要这样改进？即要回答采取措施的原因。（Why）②改进后能达到什么目的？有什么效果？（What）③改进措施在何处（哪道工序、哪个环节、哪个过程）执行？（Where）④什么时间执行，什么时间完成？（When）⑤由谁负责执行？（Who）⑥用什么方法完成？用哪种方法比较好？（How）

2. 实施（Do）

实施阶段只有一个步骤，即第五步。

第五步，组织对质量计划或措施的执行。

怎样组织计划措施的执行呢？首先，要做好计划的交底和落实。落实包括组织落实、技术落实和物资材料落实。有关人员还要经过训练、实习并经考核合格后再执行。其次，计划的执行，要依靠质量管理体系。

3. 检查（Check）

检查阶段也只有一个步骤，即第六步。

第六步，检查采取措施的效果。

也就是检查作业是否按计划要求去做的：哪些做对了？哪些还没有达到要求？哪些有效果？哪些还没有效果？

4. 处理（Action）

处理阶段包含 2 个步骤。

第七步，总结经验，巩固成绩。

经过上一步检查后，把确有效果的措施在实施中取得的好经验，通过修订相应的工艺文件、工艺规程、作业标准和各种质量管理的规章制度加以总结，把成绩巩固下来。

第八步，提出尚未解决的问题。

通过检查，把效果还不显著或还不符合要求的那些措施，作为遗留问题，反映到下一循环中。

PDCA 循环是不断进行的，每循环一次，就实现一定的质量目标，解决一定的问题，使质量水平有所提高。如此不断循环，周而复始，使质量水平也不断提高。

二、施工质量控制

1. 质量控制流程

施工质量控制是在明确的质量方针指导下，通过对施工方案和资源配置的计划、实施、检查和处置，进行施工质量目标的事前控制、事中控制和事后控制的系统过程。

2. 事前控制阶段（准备阶段的质量控制）

1）事前控制是在正式施工活动开始前进行的质量控制，事前控制是先导。事前控制主要是预先进行周密的质量计划，包括质量策划、管理体系、岗位设置，把各项质量职能活动，包括作业技术和管理活动建立在有充分能力、条件保证和运行机制的基础上。对于建设工程项目，尤其是施工阶段的质量预控，就是通过施工质量计划、施工组织设计或施工项目管理实施规划的制定过程，运用目标管理手段，实施工程质量事前预控。

2）事前质量预控通过编制施工质量计划，明确质量目标，制定施工方案，设置质量管理点，落实质量责任，分析可能导致质量目标偏离的各种影响因素，针对这些影响因素制定有效的预防措施，防患于未然。

3）事前质量预控要针对质量控制对象的控制目标、活动条件、影响因素进行周密分析，找出薄弱环节，制定有效的控制措施和对策。

3. 事中控制阶段（施工阶段的质量控制）

1）事中控制是指在施工过程中进行的质量控制，事中控制是关键。事中控制主要是采取自主控制和监督控制方式相结合。自主控制是第一位的，作业者在作业过程中对自己质量活动行为的约束和技术能力的发挥，以完成预定质量目标的作业任务。监督控制包括企业内部质量管理部门和企业外部相关质量管理部门（政府质量监督机构、业主和监理单位等的监控）。事中质量控制的目标是确保每一道工序质量合格，杜绝质量事故发生。

2）事中质量控制关键是增强质量意识，发挥操作者自我约束、自主控制，坚持质量标准是根本，监督控制是必要的补充，没有前者或用后者取代前者都是不正确的，有效进行过程质量控制在于创造一种过程控制的机制和活力。

3）事中质量控制主要包括：完善工序质量控制，把影响工序质量的因素都纳入管理范围；及时检查和审核质量统计分析资料和质量控制图表，抓住影响质量的关键问题进行处理和解决；严格工序间交接检查，做好各项隐蔽验收工作，加强交接检验制度的落实，对达不到质量要求的前道工序决不交给下道工序施工，直至质量符合要求为止；对完成的分部分项工程，按相应的质量验收标准和规范进行检查、验收；审核设计变更和图样修改等。

4. 事后控制阶段（交工验收阶段的质量控制）

1）事后控制是指对施工的产品进行质量检查验收，就是事后质量把关。事后质量控制的核心就是坚持不合格的工序或产品不流入下道工序。事后质量控制的任务就是对质量活动结果进行评价、认定，对工序质量偏差进行纠正，对不合格产品进行整改和处理。事后质量控制具体体现在施工质量验收各个环节的控制方面。

2）事后质量控制主要包括：按照施工质量验收统一标准规定的质量验收划分，从施工作业工序开始，依次做好检验批、分项工程、分部工程及单位工程的施工质量验收，通过多层次的设防把关，严格验收，控制建设工程项目的质量目标；防止施工顺序不当或交叉作业造成相互干扰、污染和损坏已完工成品，对已完工成品要采取防护、覆盖、封闭、包裹等相应措施进行保护，设备单体试运转、各系统调试、机电联合调试前，由项目技术负责人负责组织专业工程师编制专项调试方案，经项目技术负责人及项目经理审核、审批后，还需报监理及业主审批，无方案或者方案未经审核、审批前不得盲目安排调试工作。方案批准后项目技术负责人必须组织机电专业工程师和调试人员进行技术交底和调试方案的学习，并请设备厂家专业工程师担任技术顾问，熟悉和掌握调试程序和方法；整理所有的技术资料，并编目、归档。

事前质量控制、事中质量控制和事后质量控制是质量控制的三大环节，不是孤立和截然分开的，它们之间构成有机的系统过程，实质上就是质量管理 PDCA 循环的具体化，并在每一次流动循环中不断提高，达到质量管理和质量控制的持续改进。施工质量控制阶段图如图 7-2 所示。

三、施工要素的质量控制

施工生产要素是施工质量形成的物质基础，包括人员、机械、材料、方法、环境。施工准备阶段项目部对这些要素要精心策划、精细管理、严格控制、统一思想，确保工程质量目标实现，并在施工过程中不断总结经验，提高管理水平，达到质量管理和质量控制的持续改进。

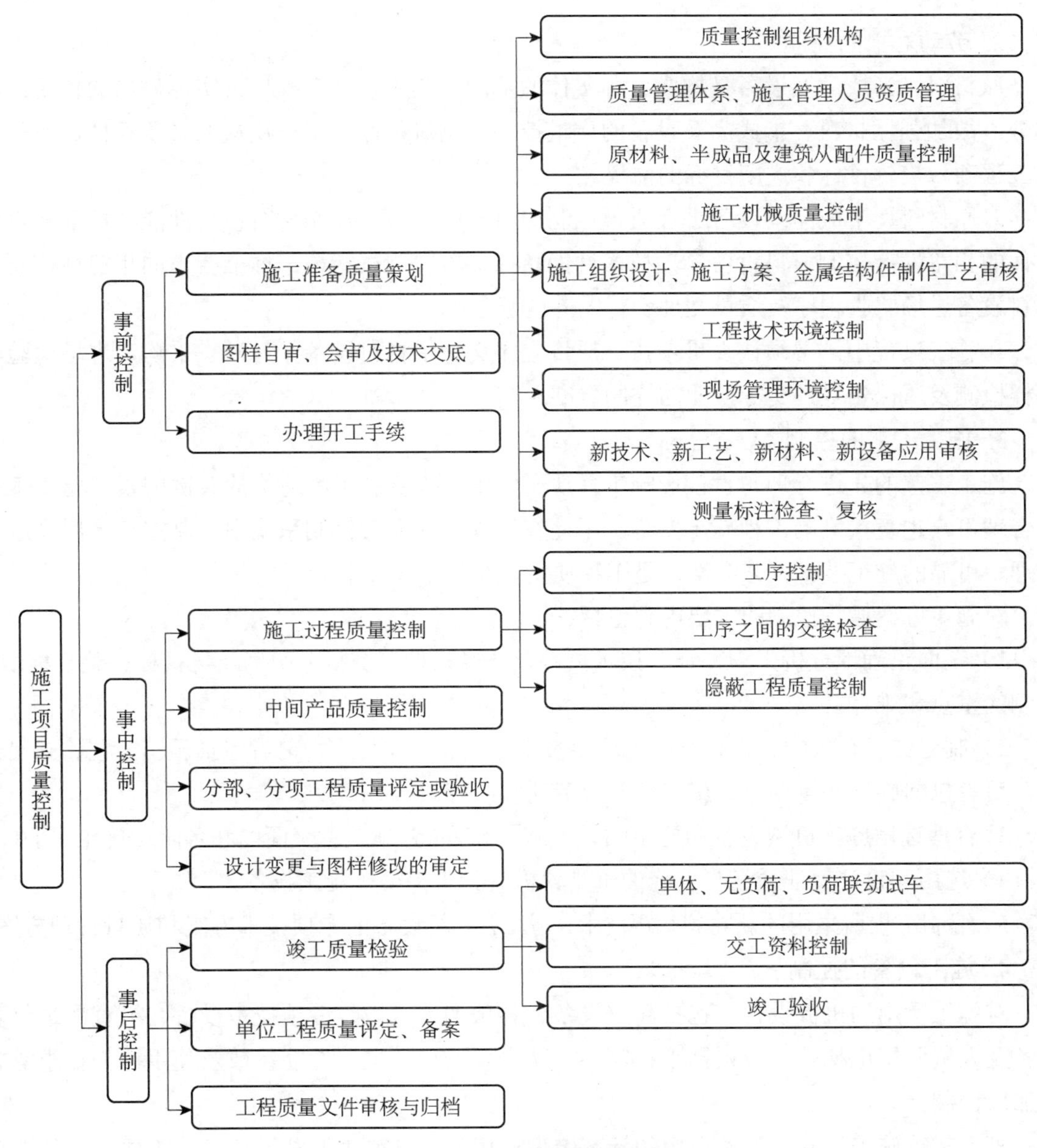

图 7-2　施工质量控制阶段图

1. 劳动主体控制

劳动主体的质量包括工程各类参与人员的生产技能、文化素养、生理体能、心理行为等方面的个体素质及经过合理组织充分发挥其潜在能力的群体素质。因此，要通过择优录用、加强思想教育及技能方面的教育培训，合理组织、严格考核，并辅以必要的激励机制，使企业员工的潜在能力得到最好的组合和充分发挥，从而保证劳动主体在质量控制系统中发挥主体自控作用。

劳动主体控制的重点是加强项目管理人员进行质量意识教育和组织能力训练，对劳务分包的资质考核和施工人员的资格考核，坚持工种按规定持证上岗制度。

2. 劳动对象的控制

原材料、半成品及设备是构成工种实体的基础，其质量是工程项目实体质量的重要组成部分。故加强原材料、半成品及设备的质量控制，不仅是保证工程质量的必要条件，也是实现工程项目投资目标和进度目标的前提。

对原材料、半成品及设备进行质量控制的主要内容为：控制材料设备性能、标准与设计文件的相符性；控制材料设备各项技术性能指标、检验测试指标与标准要求的相符性控制；材料设备进场验收程序及质量文件资料的齐全程度等。

在施工过程中，必须认真贯彻执行质量程序文件中材料设备在封样、采购、进场检验、抽样检测及质保资料提交等方面的控制标准。

3. 施工工艺的控制

施工工艺的先进合理是直接影响工程质量、工程进度及工程造价的关键因素，施工工艺的合理可靠也直接影响工程施工安全。因此在工程项目质量控制系统中，制定和采用先进、合理、可靠的施工技术工艺方案，是工程质量控制的重要环节。

对施工方案质量控制的主要内容包括：

1）全面正确地分析工程特征、技术关键及环境条件等资料，明确质量目标、验收标准、控制的重点和难点。

2）制定合理有效的、有针对性的施工技术方案和组织方案，前者包括施工工艺、施工方法，后者包括施工区段划分、施工流向及劳动组织等。

3）合理选用施工机械设备和施工临时设施，合理布置施工总平面图和各阶段施工平面图。

4）选用和设计保证质量与安全的机具、模具、脚手架等施工设备。

5）编制工程所采用的新材料、新技术、新工艺、新设备的专项技术方案和质量管理方案。

4. 施工设备的控制

对施工所用的机械设备，包括起重设备、各项加工机械、专项技术设备、检查测量仪表设备及人货两用电梯等，应根据工程需要，从设备选型、主要性能参数及使用操作要求等方面加以控制。

脚手架等施工设施，除按适用的标准定型选用外，一般需要按设计及施工要求进行专项设计，对其设计方案及制作质量的控制及验收应作为重点进行控制。

按现行施工管理制度要求，工程所用的施工机械、脚手架，特别是危险性较大的现场安装的起重机械设备，要履行安装方案的审批手续，而且安装完毕启用前必须经专业管理部门的验收，合格后方可使用。同时，在使用过程中落实相应的管理制度，以确保其安全正常使用。

5. 施工环境的控制

环境因素主要包括地质水文状况、气象变化及其他不可抗力因素，以及施工现场的通风、照明、安全卫生防护设施等劳动作业环境内容。环境因素对工程施工的影响一般难以避免，要消除其对施工质量的不利影响，主要是采取预测预防的控制方法。

对地质水文等方面影响因素的控制，应根据设计要求，分析工程岩土地质资料，预测不利因素，并会同设计等方面采取相应的措施，如地埋管道回填等技术控制方案。

对天气气象方面的不利条件，应在施工方案中制定专项施工方案，明确施工措施，落实人员、器材等方面各项准备以紧急应对，从而控制其对施工质量造成不利影响。

环境因素造成的施工中断，会对工程质量造成不利影响，必须通过加强管理、调整计划等措施，加以控制。

四、设置施工质量控制点的原则和方法

采用质量控制点的方式进行质量控制是目前施工质量管理比较成熟的经验，而工程质量控制点的设立工作是基础，是根据工程质量特性进行重点控制的依据。质量控制点由参建各方讨论后确定。

1. 设置质量控制点的原则

1）对产品的适用性（性能、精度、寿命、可靠性、安全性等）有严重影响的关键质量特性、关键部位或重要影响因素应设置质量控制点。

2）对工艺有严格要求，对下道工序的工作有严重影响的关键特性部位应设置质量控制点。

3）隐蔽工程是必检点。

4）对质量不稳定，频繁出现不合格品的环节，应设置质量控制点。

5）对重要不良项目（质量通病）应设置质量控制点。

6）对紧缺物资或可能对生产安全有严重影响的关键项目应设置质量控制点。

7）对采用新工艺、新技术、新材料、新结构的部位应设置质量控制点。

8）选择的质量控制点应准确并便于有效控制。

2. 质量控制点方法

1）A 级：重要质量控制点，是确保工程质量的关键。该控制点的工程质量须经业主项目部、监理公司、承包方三方确认达到认可的标准后，才能转入下一道工序施工。被设定为停止点的工程质量须通知质量监督站检查核实。

2）B 级：较重要的质量控制点，该控制点的工程质量需经监理公司、施工承包方双方专业人员确认。

3）C 级：一般质量控制点，为施工承包方质量检查部门进行自行检查全过程质量控制。项目质量控制点的设立必须由业主项目部、监理公司、施工方、质监站等共同讨论并会签后执行。

3. 质量控制点设置后的实施要点

1）要求施工承包方的质量控制工程师、技术员把质量控制点的质量特性及控制措施向施工人员交底，务必使有关人员真正理解，树立以预防为主的思想。

2）监理公司和巡视的各专业工程师、质量控制工程师在施工现场要进行重点抽检、检查，对关键的质量控制点要进行旁站监督。严格要求施工人员按规程、规范认真作业，保证每个环节的质量。

3）按规定做好检查，认真记录检查结果。运用数据统计方法对控制要素进行分析，不断

加以改进，直至质量控制点验收合格。

第三节　工程质量检查、验收、评定的知识

一、分项工程与检验批

1）分项工程可按主要工种、材料、施工工艺、设备类别进行划分。如室内给水系统可以划分为给水管道及配件安装，给水设备安装，室内消火栓系统安装，消防喷淋系统安装，防腐、绝热、管道冲洗、消毒，试验与调试。

2）检验批可根据施工、质量控制和专业验收的需要，按工程量、楼层、施工段、变形缝进行划分。

3）检验批质量验收记录表（目录）。建筑给水排水及供暖工程中共有60种形式检验批验收表格，其中室内给水管道及配件安装检验批质量验收记录还用于防腐、绝热、管道冲洗、消毒、试验与调试；室内消火栓系统安装检验批质量验收记录还用于室内消火栓系统的试验与调试；卫生器具、排水和雨水管道及配件安装检验批质量验收记录还用于试验与调试；室内热水系统管道及配件安装与辅助设备安装检验批质量验收记录还用于绝热、试验与调试；室外给水管网管道与室外消火栓系统、室外排水管网管道、管沟与井池安装检验批质量验收记录还用于系统试验与调试；室外供热管网管道及配件安装检验批质量验收记录还用于防腐、绝热。

二、分部工程

建筑安装工程有 6 个分部工程：建筑给水、排水及采暖，通风空调，建筑电气，智能建筑，建筑节能和电梯分部工程。

三、子分部工程

据《建筑工程施工质量验收统一标准》的规定，各分部工程可以划分为若干个子分部工程。

1）建筑给水、排水及采暖分部工程划分为室内给水系统、室内排水系统、室内热水供应系统、卫生器具安装、室内采暖系统、室外给水管网、室外排水管网、室外供热管网、建筑中水系统及游泳池系统、供热锅炉及辅助设备安装和太阳能热水系统 11 个子分部工程。

2）通风空调分部工程划分为送排风系统、防排烟系统、除尘系统、空调风系统、净化空调系统、制冷设备系统、空调水系统和地源热泵系统 8 个子分部工程。

3）建筑电气分部工程划分为室外电气、变配电室、供电干线、电气动力、电气照明安装、备用和不间断电源安装、防雷及接地安装 7 个子分部工程。

4）智能化分部工程划分为通信网络系统、计算机网络系统、建筑设备监控系统、火灾报

警及消防联动系统、会议系统与信息导航系统、专业应用系统、安全防范系统、综合布线系统、智能化集成系统、电源与接地、计算机机房工程和住宅（小区）智能化系统 12 个子分部工程。

5）建筑节能分部工程划分为围护系统节能、供暖空调设备及管网节能、电气动力节能、监控系统节能和可再生能源 5 个子分部工程。

6）电梯分部工程划分为电力驱动的曳引式或强制式电梯安装、液压电梯安装和自动扶梯、自动人行道安装 3 个子分部工程。

四、分部（子分部）工程验收条件

1）所含分项工程的质量均应验收合格。

2）质量控制资料应完整。

3）有关安全、节能、环境保护和主要使用功能的抽样检验结果应符合相应规定。

4）观感质量应符合要求。

五、分部工程质量验收原则

分部（子分部）工程质量验收检查要求验收的原则：分部工程中只有一个子分部工程时，子分部就是分部工程。当有几个子分部工程时，可以一个子分部、一个子分部地进行质量验收。然后应核查各子分部的质量控制资料，进行观感质量评价等。其各项内容的具体验收如下：

1. 检查每个分项工程验收是否正确；注意查看核对所含分项工程有无遗漏、缺损或是没有进行验收；检查分项工程的资料完整不完整，每个验收资料的内容是否有缺漏项，以及分项验收人员的签字是否齐全及符合规定。

2. 核查质量控制资料是否完整，这项验收内容实际也是统计、归纳和核查，主要包括 3 个方面的内容：核查和归纳各检验批的验收记录资料，查看核对其是否完整；核查和归纳各检验批的施工操作依据、质量检查记录，查对其是否配套完整，包括有关施工工艺（企业标准）、原材料、构配件出厂合格证及按规定进行的试验资料的完整程度；核对各种资料的内容、数据及验收人员的签字是否规范等。

3. 分部工程有关安全及功能的检测和抽样检测结果应符合有关规定的检查，这项验收内容包括安全及功能两个方面的检测资料。抽样检测项目在各专业质量验收规范中已有明确规定，在验收时应注意 3 个方面的工作：检查规范中规定检验的项目是否都进行了验收，不能进行检测的项目应该说明原因；检查各项检测记录（报告）的内容、数据是否符合要求，包括检测项目的内容，所遵循的检测方法标准、检测结果的数据是否达到规定的标准；核查资料的检测程序、有关取样人、检测人、审核人、试验负责人，以及公章签字是否齐全等。

4. 观感质量验收应符合要求。分部（子分部）工程的观感质量检查，是经过现场工程的检查，由检查人员共同评价确定的，分为好、一般、差。

六、分部（子分部）工程验收评定表

分部工程验收评定表格分部（子分部）工程质量应由总监理工程师组织施工单位项目负责人和有关的勘察、设计单位项目负责人等进行验收，并应按表 7-1 记录。

表 7-1 ________分部（子分部）工程验收记录

工程名称		结构类型		层数	
施工单位		技术部门负责人		质量部门负责人	
分包单位		分包单位负责人		分包技术负责人	

序号	分项工程名称	检验批数	施工、分包单位检查结果	验收结论
1				
2				
3				
4				
5				
6				
7				
8				
质量控制资料				
安全、功能检查结果				
外观质量				

综合验收结论	

分包单位	施工单位	设计单位	勘察单位	监理单位
项目负责人： 年　月　日	项目负责人： 年　月　日	项目负责人： 年　月　日	项目负责人： 年　月　日	项目负责人： 年　月　日

七、单位工程划分原则

根据《建筑工程施工质量验收统一标准》（GB 50300—2013），单位工程划分原则是：

1）具备独立施工条件并能形成独立使用功能的建筑物或构筑物为一个单位工程。

2）建筑规模较大的单位工程，可将其能形成独立使用功能的部分划分为一个子单位工程。

八、单位工程质量验收规定

单位工程质量验收应符合的规定单位工程质量验收也称质量竣工验收，是建筑工程投入使用前的最后一次验收，也是最重要的一次验收，验收合格的条件有 5 个：

1）所含分部工程的质量均应验收合格。工程质量验收的前提条件为施工单位自检合格，验收时施工单位对自检中发现的问题已完成整改。

2）质量控制资料应完整。

①主控项目和一般项目的划分应符合各专业验收规范的规定。

②见证检验的项目、内容、程序、抽样数量等应符合国家、行业和地方有关规范的规定。

③考虑到隐蔽工程在隐蔽后难以检验，因此隐蔽工程在隐蔽前应进行验收，验收合格后方可继续施工。

3）所含分部工程有关安全、节能、环境保护和主要使用功能的检验资料应完整。涉及安全、节能、环境保护和主要使用功能的分部工程检验资料应复查合格，这些检验资料与质量控制资料同等重要。资料复查要全面检查其完整性，不得有漏检缺项，其次复核分部工程验收时补充进行的见证抽样检验报告，这体现了对安全和主要使用功能等的重视。

4）主要使用功能的抽查结果应符合相关专业验收规范的规定。对主要使用功能应进行抽查。这是对设备安装工程质量的综合检验，也是用户最为关心的内容，体现了验收标准完善手段、过程控制的原则，也将减少工程投入使用后的质量投诉和纠纷。因此，在分项、分部工程验收合格的基础上，竣工验收时再做全面检查。抽查项目是在检查资料文件的基础上由参加验收的各方人员商定，并用计量、计数的方法抽样检验，检验结果应符合有关专业验收规范的规定。

5）观感质量应符合要求。观感质量可通过观察和简单的测试确定，观感质量的综合评价结果应由验收各方共同确认并达成一致。对影响观感及使用功能或质量评价为差的项目应进行返修。

九、检查

单位工程验收评定组织单位工程完工后，施工单位应自行组织有关人员进行检查评定，并向建设单位提交工程验收报告。建设单位收到工程验收报告后，应由建设单位（项目）负责人组织施工、勘察、设计、监理等单位（项目）负责人进行单位工程验收，程序如下：

1）工程完工后，施工单位自行组织有关人员进行检查评定。

2）自行验收合格后提交竣工验收报告（申请验收）。

3）建设单位收到竣工验收报告后，由建设单位（项目）负责人组织施工、勘察、设计、监理等单位（项目）负责人进行单位工程验收。

4）分包单位对所承包的工程项目检查评定，总包单位派人参加，验收合格后将资料交总包。

十、单位（子单位）工程质量竣工验收记录

单位工程质量竣工验收、单位工程质量控制资料核查、单位工程安全和功能检验资料核查和单位工程观感质量检查应按表 7-2 填写记录。“单位（子单位）工程质量竣工验收记录”的验收记录由施工单位填写，验收结论由监理单位填写。综合验收结论经参加验收各方共同

商定，由建设单位填写，应对工程质量是否符合设计文件和相关标准的规定及总体质量水平做出评价。

表 7-2　单位（子单位）工程质量竣工验收记录

<table>
<tr><td>工程名称</td><td></td><td>结构类型</td><td></td><td>建筑面积及层数</td><td></td></tr>
<tr><td>施工单位</td><td></td><td>技术负责人</td><td></td><td>开工日期</td><td></td></tr>
<tr><td>项目负责人</td><td></td><td>项目技术负责人</td><td></td><td>完工日期</td><td></td></tr>
<tr><td>序号</td><td>项目</td><td colspan="2">验收记录</td><td colspan="2">验收结论</td></tr>
<tr><td>1</td><td>分部工程</td><td colspan="2"></td><td colspan="2"></td></tr>
<tr><td>2</td><td>质量控制资料检查</td><td colspan="2"></td><td colspan="2"></td></tr>
<tr><td>3</td><td>安全及使用功能检查</td><td colspan="2"></td><td colspan="2"></td></tr>
<tr><td>4</td><td>观感质量验收</td><td colspan="2"></td><td colspan="2"></td></tr>
<tr><td>5</td><td>综合验收结论</td><td colspan="2"></td><td colspan="2"></td></tr>
<tr><td rowspan="2">参加验收单位</td><td>建设单位</td><td>施工单位</td><td>设计单位</td><td>勘察单位</td><td>监理单位</td></tr>
<tr><td>项目负责人：
年　月　日</td><td>项目负责人：
年　月　日</td><td>项目负责人：
年　月　日</td><td>项目负责人：
年　月　日</td><td>总监理工程师：
年　月　日</td></tr>
</table>

十一、隐蔽工程验收内容及要求

隐蔽工程由于其隐蔽性及难检查性，在工程里面作为重要控制检查项目。隐蔽工程检查记录应分专业、分系统（机电工程）、分区段、分部位、分工序、分层进行。隐蔽工程未经检查或验收未通过，不允许进行下一道工序的施工。安装工程隐蔽验收，符合专项检查的填写专项检查记录表，没有专项检查记录的填写通用记录表。

1. 隐蔽工程检查程序和依据

（1）隐蔽工程检查程序

隐蔽工程施工完毕后，由专业施工员填写隐蔽工程检查记录表，由项目技术负责人组织，监理单位旁站，施工单位质检员、专业施工员共同参加，验收符合要求后，由监理单位签署审核意见，并下审核结论。

（2）隐蔽工程检查依据

隐蔽工程检查依据有施工图纸、图纸会审记录、设计变更、洽商记录；有关国家现行标准、规范有工程建设国家标准（GB）、建筑工程行业标准（JGJ）、城镇建设工程行业标准（CJJ）、中国工程建设标准化协会标准（CECS）、地方标准（DB）、相关施工方案；材料、构配件、设备出厂质量证明、试（检）验报告；检验批质量验收记录等。

2. 隐蔽工程主要检查项目

（1）建筑给水、排水及采暖工程

1）直埋入地下或结构中，暗敷设于沟槽、管井、进入吊顶内的给水、排水、雨水、采暖、消防管道和相关设备，以及有防水要求的套管；检查管材、管件、阀门、设备的材质与型号、安装位置、标高、坡度；防水套管的定位及尺寸；管道连接做法及质量；附件使用、支架固定以及是否已按照设计要求及施工规范规定完成强度、严密性、冲洗、灌水、通球等试验。

2）有绝热、防腐要求的风管、空调水管及设备；检查绝热形式与做法、绝热材料的材质和规格、防腐处理材料及做法。绝热管道与支吊架之间应垫以绝热衬垫或经防腐处理的木衬垫，其厚度应与绝热层厚度相同，表面平整，衬垫接合面的空隙应填实。

（2）电梯工程隐检

检查电梯承重梁、起重吊环埋设；电梯钢丝绳头灌注；电梯井内导轨、层门的支架、螺栓埋设等。

（3）智能建筑工程

1）埋在结构内的各种导管：检查导管的品种、规格、位置、弯曲度、弯曲半径、连接、跨接地线、防腐、需焊接部位的焊接质量、管盒固定、管口处理、敷设情况、保护层等。

2）不能进入吊顶内的导管：检查导管的品种、规格、位置、弯曲度、弯曲半径、连接、跨接地线、防腐、需焊接部位的焊接质量、管盒固定、管口处理、固定方法、固定间距等。

3）不能进入吊顶内的线槽：检查其品种、规格、位置、连接接地、防腐、固定方法、固定间距等。

4）直埋电缆：检查电缆的品种、规格、埋设方法、埋深、弯曲半径、标桩埋设情况。

5）不进入电缆沟敷设的电缆：检查电缆的品种、规格、弯曲半径、固定方法、固定间距、标识情况等。

建筑隐蔽工程验收项目内容见表 7-3。

表 7-3　建筑隐蔽工程验收项目内容

分部	项目	检查内容
建筑给水排水及采暖	直埋于地下或结构中，暗敷的管道和有关设备，以及有防水要求的管道	检查管材、管件、阀门、设备的材质与型号、安装位置、标高、坡度；防水套管的定位及尺寸；管道连接做法及质量；附件使用，支架固定，以及是否已按照设计要求及施工规范完成强度严密性、冲洗等试验
	有绝热、防腐要求的管道和相关设备	检查绝热方式、绝热材料的材质与规格、绝热管道与支吊架之间的防结露措施、防腐处理次梁及做法
	埋地的采暖热水管道	在保温层、保护层完成后，所在部位进行回填之前，应进行隐检；检查安装位置、标高、坡度；支架做法；保温层、保护层设置
建筑电气	埋于结构内的各种导管	检查导管的品种、规格、位置、弯扁度、弯曲半径、连接、跨接地线、防腐、管盒固定、管口处理、敷设情况、保护层、需焊接部位的焊接质量
	利用结构钢筋做的避雷引下线	检查轴线位置、钢筋数量、规格、搭接长度、焊接质量、与接地极、避雷网、均压环等连接点的焊接情况
	金属门窗、幕墙与避雷引下线的连接	检查连接材料的品种、规格、连接位置和数量连接方式和质量
	等电位及均压环暗埋	检查使用材料的品种、规格、安装位置、连接方式、连接质量、保护层厚度

续表

分部	项目	检查内容
建筑电气	接地极装置埋设	检查接地极的位置、间距、数量、材质、埋深、接地极的连接方式、连接质量、防腐情况
	不进入吊顶内的电线和线槽	检查导管的品种、规格、位置、弯扁度、弯曲半径、连接、距接地线、防腐、需焊接部位的焊接质量、管盒固定、管口处理、固定方式固定间距；检查线槽品种、规格、位置、连接、接地、防腐、固定方法、固定间距及其他管线的位置关系等
	直埋电缆	检查电缆的品种、规格、埋设方式、埋深、弯曲半径、标桩埋设情况等
	不进入的电缆沟敷设电缆	检查电缆的品种、规格、弯曲半径、固定间距、标识情况等
通风与空调	敷设于竖井内、不进入吊顶内的风道	检查风道的标高、材质、接头、接口严密情况、附件、部件安装位置、支、吊、托架安装、固定，活动部件是否灵活可靠、方向正确，风道分支、变径处理是否合理，是否符合要求，是否已按照设计要求及施工规范规定完成风管的漏光、漏风检测、空调水管道的强度严密情况、冲洗等试验
	有绝热、防腐要求的风管、空调水管及设备	检查绝热形式与做法、绝热材料的材质和规格、防腐材料及做法。绝热管道与支吊架之间应垫以绝热衬垫或经防腐材料的木衬垫，其厚度应与绝热层厚度相同，表面平整，衬垫接合面的空隙应填实
电梯工程	各种电梯	检查电梯承重梁、起重吊环埋设；电梯钢丝绳头灌筑；电梯井道内导轨、层门的支架、螺栓埋设
其他		完工后无法进行检查的工程；重要结构部位和有特殊要求的隐蔽工程

第四节　工程材料和设备的质量控制知识

1. 建筑电气材料设备进场质量验收要求

主要设备、材料、成品和半成品进场检验结论应有记录，确认符合规范规定，才能在施工中应用。

因有异议送有资质试验室进行抽样检测，试验室应出具检测报告，确认符合规范和相关技术标准规定，才能在施工中应用。

依法定程序批准进入市场的新电气设备、器具和材料进场验收，除符合规范规定外，尚应提供安装、使用、维修和试验要求等技术工作。

进口电气设备、器具和材料进场验收，除符合规范规定外，还应提供商品检验证明和中文的质量合格证明文件、规格、型号、性能检测报告以及中文的安装、使用、维修和试验要求等技术文件。

经批准的免检产品或认定的名牌产品，当进场验收时，宜不做抽样检测。

2. 建筑给排水材料设备进场质量验收要求

建筑给水、排水及采暖工程所使用的主要材料、成品、半成品、配件、器具和设备必须具有中文质量合格证明文件，规格、型号及性能检测报告应符合国家技术标准或设计要求。进场时应做检查验收，并经监理工程师核查确认。

所有材料进场时应对品种、规格、外观等进行验收。包装应完好，表面无划痕及外力冲击破损。

主要器具和设备必须有完整的安装使用说明书。在运输、保管和施工过程中，应采取有效措施防止损坏或腐蚀。

3. 变压器、箱式变电所、高压电器及电瓷制品应符合的规定

1）查验合格证和随带技术文件，变压器有出厂试验记录。

2）外观检查：有铭牌，附件齐全，绝缘件无缺损、裂纹，充油部分不渗漏，充气高压设备气压指示正常，涂层完整。

4. 高低压成套配电柜、蓄电池柜、不间断电源柜、控制柜（屏、台）及动力、照明配电箱（盘）应符合的规定

1）查验合格证和随带技术文件，实行生产许可证和安全认证制度的产品，有许可证编号和安全认证标志。不间断电源柜有出厂试验记录。

2）外观检查：有铭牌，柜内元器件无损坏丢失、接线无脱落脱焊，蓄电池柜内电池壳体无碎裂、漏液，充油、充气设备无泄漏，涂层完整，无明显碰撞凹陷。

5. 柴油发电机组应符合的规定

1）依据装箱单，核对主机、附件、专用工具、备品备件和随带技术文件，查验合格证和出厂试运行记录，发电机及其控制柜有出厂试验记录。

2）外观检查：有铭牌，机身无缺件，涂层完整。

6. 电动机、电加热器、电动执行机构和低压开关设备等应符合的规定

1）查验合格证和随带技术文件，实行生产许可证和安全认证制度的产品，有许可证编号和安全认证标志。

2）外观检查：有铭牌，附件齐全，电气接线端子完好，设备器件无缺损，涂层完整。

7. 照明灯具及联合会应符合的规定

1）查验合格证，新型气体放电灯具有随带技术文件。

2）外观检查：灯具涂层完整，无损伤，附件齐全。防爆灯具铭牌上有防爆标志和防爆合格证号，普通灯具有安全认证标志。

3）对成套灯具的绝缘电阻、内部接线等性能进行现场抽样检测。灯具的绝缘电阻值不小于 2 MΩ，内部接线为铜芯绝缘电线，芯线截面积不小于 0.2 mm^2，橡胶或聚氯乙烯（PVC）绝缘电线的绝缘层厚度不小于 0.6 mm。对游泳池和类似场所灯具（水下灯及防水灯具）的密闭和绝缘性能有异议时，按批抽样送有资质的试验室检测。

8. 开关、插座、接线盒和风扇及其附件应符合的规定

1）查验合格证，防爆产品有防爆标志和防爆合格证号，实行安全认证制度的产品有安全认证标志。

2）外观检查：开关、插座的面板及接线盒盒体完整、无碎裂、零件齐全，风扇无损坏，涂层完整，调速器等附件适配。

3）对开关、插座的电气和机械性能进行现场抽样检测。检测规定如下：

①不同极性带电部件间的电气间隙和爬电距离不小于 3 mm。

②绝缘电阻值不小于 5MΩ。

③用自攻锁紧螺钉或自切螺钉安装的，螺钉与软塑固定件旋合长度不小于 8 mm，软塑固定件在经受 10 次拧紧退出试验后，无松动或掉渣，螺钉及螺纹无损坏现象。

④金属间相旋合的螺钉螺母，拧紧后完全退出，反复 5 次仍能正常使用。

4）对开关、插座、接线盒及其面板等塑料绝缘材料阻燃性能有异议时，按批抽样送有资质的试验室检测。

9. 电线、电缆应符合的规定

1）按批查验合格证，合格证有生产许可证编号，按《额定电压 450/750V 及以下聚氯乙烯绝缘电缆》（GB/T 5023.1～GB/T 5023.7）标准生产的产品有安全认证标志。

2）外观检查：包装完好，抽检的电线绝缘层完整无损，厚度均匀。电缆无压扁、扭曲，铠装不松卷。耐热、阻燃的电线、电缆外护层有明显标识和制造厂标。

3）按制造标准，现场抽样检测绝缘层厚度和圆形线芯的直径；线芯直径误差不大于标称直径的 1%；常用的 BV 型绝缘电线的绝缘层厚度不小于表 7-4 的规定。

表 7-4　BV 型绝缘电线的绝缘层厚度

序号	1	2	3	4	5	6	7	8	9	10	11	12	13	14	15	16	17
电线芯线标称截面积/mm^2	1.5	2.5	4	5	10	16	25	35	50	70	95	120	150	185	240	300	400
绝缘层厚度规定值/mm	0.7	0.8	0.8	0.8	1.0	1.0	1.2	1.2	1.4	1.4	1.6	1.6	1.8	2.0	2.2	2.4	2.6

4）对电线、电缆绝缘性能、导电性能和阻燃性能有异议时，按批抽样送有资质的试验室检测。

10. 导管应符合的规定

1）按批查验合格证。

2）外观检查：钢导管无压扁、内壁光滑。非镀锌钢导管无严重锈蚀，按制造标准油漆出厂的油漆完整；镀锌钢导管镀层覆盖完整、表面无锈斑；绝缘导管及配件不碎裂、表面有阻燃标记和制造厂标。

3）按制造标准现场抽样检测导管的管径、壁厚及均匀度。对绝缘导管及配件的阻燃性能有异议时，按批抽样送有资质的试验室检测。

11. 型钢和电焊条应符合的规定

1）按批查验合格证和材质证明书；有异议时，按批抽样送有资质的试验室检测。

2）外观检查：型钢表面无严重锈蚀，无过度扭曲、弯折变形；电焊条包装完整，拆包抽检，焊条尾部无锈斑。

12. 镀锌制品和外线金具应符合的规定

1）按批查验合格证或镀锌厂出具的镀锌质量证明书。

2）外观检查：镀锌层覆盖完整、表面无锈斑，金具配件齐全，无砂眼。

3）对镀锌质量有异议时，按批抽样送有资质的试验室检测。

13. 电缆桥架、线槽应符合的规定

1）查验合格证。

2）外观检查：部件齐全，表面光滑、不变形；钢制桥架涂层完整，无锈蚀；玻璃钢制桥架色泽均匀，无破损碎裂；铝合金桥架涂层完整，无扭曲变形，不压扁，表面不划伤。

14. 封闭母线、插接母线应符合的规定

1）查验合格证和随带安装技术文件。

2）外观检查：防潮密封良好，各段编号标志清晰，附件齐全，外壳不变形，母线螺栓搭接面平整、镀层覆盖完整、无起皮和麻面；插接母线上的静触头无缺损、表面光滑、镀层完整。

15. 裸母线、裸导线应符合的规定

1）查验合格证。

2）外观检查：包装完好，裸母线平直，表面无明显划痕，测量厚度和宽度符合制造标准；裸导线表面无明显损伤，不松股、扭折和断股（线），测量线径符合制造标准。

16. 电缆头部件及接线端子应符合的规定

1）查验合格证。

2）外观检查：部件齐全，表面无裂纹和气孔，随带的袋装涂料或填料不泄漏。

17. 钢制灯柱应符合的规定

1）按批查验合格证。

2）外观检查：涂层完整，根部接线盒盒盖紧固件和内置熔断器、开关等器件齐全，盒盖密封垫片完整。钢柱内设有专用接地螺栓，地脚螺孔位置按提供的附图尺寸，允许偏差为±2 mm。

18. 钢筋混凝土电杆和其他混凝土制品应符合的规定

1）按批查验合格证。

2）外观检查：表面平整，无缺角露筋，每个制品表面有合格印记；钢筋混凝土电杆表面光滑，无纵向、横向裂纹，杆身平直，弯曲不大于杆长的 1/1 000。

19. 阀门安装必须符合的规定

1）阀门安装前，应作强度和严密性试验。试验应在每批（同牌号、同型号、同规格）数量中抽查 10%，且不少于一个。对于安装在主干管上起切断作用的闭路阀门，应逐个作强度和严密性试验。

2）阀门的强度和严密性试验，应符合以下规定：阀门的强度试验压力为公称压力的 1.5

倍；严密性试验压力为公称压力的 1.1 倍；试验压力在试验持续时间内应保持不变，且壳体填料及阀瓣密封面无渗漏。阀门试压的试验持续时间应不少于表 7-5 的规定。

表 7-5　阀门试验持续时间

公称直径（*DN*）/mm	最短试验持续时间/s		
	严密性试验		强度试验
	金属密封	非金属密封	
≤50	15	15	15
65～200	30	15	60
250～450	60	30	180

3）管道上使用冲压弯头时，所使用的冲压弯头外径应与管道外径相同。

4）锅炉和省煤器安全阀的定压和调整应符合表 7-6 的规定。锅炉上装有 2 个安全阀时，其中的一个按表 7-6 中较高值定压，另一个按较低值定压。装有一个安全阀时，应按较低值定压。

表 7-6　安全阀定压规定

项次	工作设备	安全阀开启压力/MPa
1	蒸汽锅炉	工作压力+0.02
		工作压力+0.04
2	热水锅炉	1.12 倍工作压力，但不少于工作压力+0.07
		1.14 倍工作压力，但不少于工作压力+0.10
3	省煤器	1.1 倍工作压力

5）检验方法：检查定压合格证书。

6）压力表的刻度极限值，应大于或等于工作压力的 1.5 倍，表盘直径不得小于 100 mm。

7）检验方法：现场观察和尺量检查。

20. 电力变流设备必须符合的规定

电力变流设备的安装工程应按已批准的施工。电力变流设备在搬运和安装时，应采取防振、防潮、防止框架变形和漆面受损等保护措施。当产品有特殊要求时，还应符合产品技术文件的要求。电力变流设备保管宜存放在对有特殊保管要求的设备和元件，应按产品技术文件的要求保管。采用的设备和器材应符合合同技术协议要求，设备及关键器件应有铭牌及合格证件。电力变流设备和器材到达现场后，对设备和器材的检查应符合下列要求：

1）包装应完整。

2）开箱检查时，核对型号、规格应符合设计要求；设备外观检查应无损伤、无腐蚀、无受潮；附件、备件及专用工具应齐全。

3）产品的技术文件应齐全。

电力变流设备的施工应制定安全技术措施。

第八章　建筑安装工程质量问题分析、预防及处理

建筑工程质量是指在国家现行的有关法律、法规、技术标准、设计勘察文件及合同中，对工程安全、使用、耐久及经济美观、环境保护等方面所有明显和和隐含能力的特性综合，即工程实体的质量。由建筑产品的特点可以知道，其质量蕴藏于整个工程产品的形成过程中，要经过规划、勘察设计、建设实施、投入生产或使用几个阶段，每个阶段都有国家标准的严格要求。

“百年大计，质量第一”是建筑工程行业的一贯方针。然而，由于管理制度、管理者水平、技术人员素质等各方面原因，建筑工程质量缺陷司空见惯，质量事故时有发生。

第一节　建筑工程质量事故分类及识别

一、建筑工程质量事故的分类

建筑工程项目的建设具有综合性、可变性、多发性等特点，导致建筑工程质量事故更具复杂性，工程质量事故的分类也复杂多样。

1）依据事故发生的阶段划分，可分为施工过程中发生的事故、使用过程中发生的事故、改建、扩建发生的事故。

2）依据事故发生的部位划分，可分为地基基础事故、主体结构事故、装修工程事故等。

3）依据结构类型划分，可分为砌体结构事故、混凝土结构事故、钢结构事故、组合结构事故。

4）依据事故的严重程度划分，可分为一般事故、重大事故、特别重大事故。

①一般事故是指：补救当中经济损失一次在 100 元以上、10 万元以下或者人员重伤 2 人以下，且无人员死亡的事故。

②重大事故是指在工程建设过程中，由于责任过失造成工程倒塌、报废、机械设备毁坏、人员伤亡或重大经济损失的事故。具体现象如下：建筑物、构筑物或其他主要结构倒塌者；超过规范规定的基础不均匀沉降、建筑倾斜、结构开裂、主体结构强度严重不足，影响结构安全和建筑物使用寿命，造成不可补救的永久性缺陷者；影响建筑设备及相应系统的使用功能（如漏雨、变形过大、隔热隔声效果不好等），造成永久性缺陷者；一次性返工达到一定数额者。

重大工程质量事故分为以下 4 个等级：

a. 死亡 30 人以上，或者直接经济损失 300 万元以上为一级重大事故。

b. 死亡 10 人以上 29 人以下，或者直接经济损失 100 万元以上，不满 300 万元为二级重大事故。

c. 死亡 3 人以上 9 人以下，或者重伤 20 人以上，或者直接经济损失 30 万元以上，不满 100 万元为三级重大事故。

d. 死亡 2 人以下，或者重伤 3 人以上，19 人以下，或者直接经济损失 10 万元以上，不满 30 万元为四级重大事故。

③超过以上规定者均为特别重大事故。

二、质量问题的识别

凡出现下列问题之一者为质量问题：

1）直接经济损失在 1 万元以下的。

2）不影响使用功能和工程结构安全，但造成永久性质量缺陷的问题。

缺陷是指建筑工程中经常发生的和普遍存在的一些工程质量问题，工程质量缺陷不同于质量事故，但是质量事故开始时往往表现为一般质量缺陷而易被忽视。随着建筑物的使用或时间的推移，质量缺陷逐渐发展，就有可能演变为事故，待认识到问题的严重性时，则往往处理困难或无法补救。因此，对质量缺陷均应认真分析，找出原因，进行必要的处理。

三、质量事故的认定

确定建筑工程质量的优劣，可以从设计和施工两方面考虑。《建筑结构可靠性设计统一标准》（GB 50068—2018）规定了建筑结构必须满足下列各项功能的要求：

1）能承受在正常施工和正常使用时可能出现的各种作用。

2）在正常使用时具有良好的工作性能。

3）在正常维护下具有足够的耐久性能。

4）在偶然事件发生时及发生后，仍能保持必需的整体稳定性。

《建筑工程施工质量验收统一标准》（GB 50300—2013）重新修订后于自 2014 年 6 月 1 日起实施。各专业工程施工质量验收规范也相继修订实施。

第二节　安装工程质量事故的原因分析

造成工程质量事故发生的原因是多方面的、复杂的，既有经济和社会的原因，也有技术的原因，归纳起来可以分为以下几个方面：

（1）违背基本建设程序

基本建设程序是工程项目建设活动规律的客观反映，是我国经济建设经验的总结。《建设工程质量管理条例》明确指出：从事建设工程活动，必须严格执行基本建设程序，坚持先勘察、后设计、再施工的原则。县级以上人民政府及其有关部门不得超越权限审批建设项目或者擅自简化基本建设程序。但是，在具体的建设过程中，违反基本建设程序的现象屡禁不止。如“七无”工程，指无立项、无报建、无开工许可、无招投标、无资质、无监理、无验收；“三边”工程，指边勘察、边设计、边施工。此外，腐败现象及地方保护也是造成工程质量事故的原因之一。

（2）工程地质勘察失误或地基处理失误

地质勘察过程中钻孔间距太大，不能反映实际地质情况，勘察报告不准确、不详细，未能查明诸如孔洞、墓穴、软弱土层等地层特征，致使地基基础设计时采用不正确的方案，造成地基不均匀沉降、结构失稳、上部结构开裂甚至倒塌。

（3）设计问题

结构方案不正确，计算简图与结构实际受力不符；荷载或内力分析计算有误；忽视构造要求，沉降缝、伸缩缝设置不符合要求；有些结构的抗倾覆、抗滑移未做验算；有的盲目套用图纸，这些是导致工程事故的直接原因。

（4）施工过程中的问题

施工管理人员及技术人员的素质差是造成工程质量事故的又一个主要原因。主要表现在：

1）缺乏基本的业务知识，不具备上岗操作的技术资质，盲目蛮干。

2）不按照图纸施工，不遵守会审纪要、设计变更及其他技术核定制度和管理制度，主观臆断。

3）施工管理混乱，施工组织、施工工艺技术措施不当，违章作业。不重视质量检查及验收工作，一味赶进度、赶工期。

4）建筑材料及制品质量低劣，使用不合格的工程材料、半成品、构件等，必然会导致质量事故的发生。

5）施工中忽视结构理论问题，如不严格控制施工荷载，造成构件超载开裂；不控制砌体结构的自由高度（高厚比），造成砌体在施工过程中失稳破坏；模板与支架、脚手架设置不当发生破坏等。

6）自然条件影响。建筑施工露天作业多，受自然因素影响大，暴雨、雷电、大风及气温高低等都会对工程质量造成很大影响。

7）建筑物使用不当。有些建筑物在使用过程中，需要改变其使用功能，增大使用荷载；或者需要增加使用面积，在原有建筑物上部增层改造；或者随意凿墙开洞，削弱承重结构的截面面积等，这些都超出了原设计规定，埋下了工程事故的隐患。

第三节　建筑工程质量事故处理的原则、程序及方法

《建筑法》明确规定，任何单位和个人对建筑工程质量事故、质量缺陷都有权向建设行政

主管部门或者其他有关部门进行检举、控告、投诉。

重大质量事故发生后，事故发生单位必须以最快的方式，向上级建设行政主管部门和事故发生地的市、县级建设行政主管部门及检察、劳动部门报告，且以最快的速度采取有效措施抢救人员和财产，严格保护事故现场，防止事故扩大，24h之内写出书面报告，逐级上报。重大事故的调查由事故发生地的市、县级以上建设行政主管部门或国务院有关主管部门组成调查小组负责进行。

重大事故处理完毕后，事故发生单位应尽快写出详细的事故处理报告，并逐级上报。

特别重大事故的处理程序应按《特别重大事故调查程序暂行规定》及有关要求进行。

质量事故处理的一般工作程序：事故调查→事故原因分析→结构可靠性鉴定→事故调查报告→事故处理设计→施工方案确定→施工→检查验收→结论。若处理后仍不合格，需要重新进行事故处理设计及施工直至合格。有些质量事故在进行事故前需要先采取临时防护措施，以防事故扩大。

对于事故的处理，往往涉及单位、个人的名誉，涉及法律责任及经济赔偿等，事故的有关者会试图减少自己的责任，干扰正常的调查工作。在对事故的调查分析工作中一定要排除干扰，以法律、法规为准绳，以事实为依据，按公正、客观的原则进行。

第四节　常见水、暖管道工程常见质量问题分析与处理

给排水和电气安装是建筑安装中的重要组成部分，其安装的质量好坏对建筑工程总体质量有长期的影响作用。在当前的水电工程施工过程中，多数施工人员质量意识较差，不能有效掌握水电施工规定和流程，对土建安装不熟悉，更为严重的是，有些水电安装施工人员对供电系统的总负载一知半解，对大功率负荷不知道采用单独供电的方法，致使给施工和日后的用户使用留下重大隐患。还有在施工中一管多股、多支乱穿线、对线路的分支、灯具、插座不采用接线盒、不作护口，不能规范操作，这些都是需要重点注意的问题，如此，可能会造成施工过程中极大的危害。

1. 给水管道丝扣或沟槽连接处渗水

（1）原因分析

1）管道丝扣连接中的问题：

①套丝过程中无机油润滑散热或板牙已断丝，使加工的管道丝扣出现爆丝、烂丝、断丝等现象。

②绞板网格固定偏移（偏向小的方向），造成丝扣根部锥度过大，与配件连接旋转时突然紧固，回转调整配件方向出现连接不严密的现象。

③填料环绕与配件紧固旋转未同向，配件紧固时使填料反转脱出丝扣，填料未嵌入丝扣缝隙中。

2）管道卡箍连接中的问题：

①加工沟槽时，由于选用了壁厚低于标准的钢管，压槽时易使管口端部产生裂缝。

②卡箍安装时，槽内留有杂质，紧固后的箍内未处于密闭状态。

③管道支架设置远离接口，振动和管内水击造成连接处松动。

④管道系统安装完毕后，未按规范和设计施图要求进行严格的强度与严密性试验。

（2）处理措施

①对接口渗水的管段予以拆除，找出渗水原因，进行整改并重新加工安装。

②在管道接口处的旁侧调整或增设支架。

③对重新安装的管道进行强度、严密性试验。

2. PPR 管道安装后管段弯曲

（1）原因分析

①PPR 管道膨胀系数大，如在寒冷季节施工，到了夏季，形成热伸长。

②固定与滑动管卡选择和设置不妥，造成管道不能自由伸缩。

③设置管卡的间距超过了施工质量验收规范的规定。

（2）处理措施

①根据 PPR 管热膨胀特点调整固定与滑动管卡设置，对管道进行纠偏。

②对弯曲比较明显的管道，增补或调整管卡的设置。

③距离较长的直线管道增设补偿。

④选择施工期间气温比较偏暖的天气安装。

3. 管道电焊连接焊缝成型差，且存在咬肉、错位、焊瘤等现象

（1）原因分析

①焊接操作人员未经专业培训，技术不过关，未持证上岗。

②不熟悉焊接施工工艺和焊接质量要求。

③增大焊机电流加快施焊速度，焊缝两侧出现咬肉现象。

④管道对口错边最大。

⑤选用的钢管与钢制焊接配件直径不一致，造成管道与配件连接处错位。如公称口径 100 mm 的焊接钢管，外部直径是 114 mm，配 108 mm 钢制配件。

⑥施焊时运条不均匀，造成焊缝出现焊瘤。

（2）处理措施

①管道（配件）对接错边量超出规范要求的割除后重新对接。

②对焊缝成型不一致，且存在咬肉、错位、焊瘤现象的焊接部位用磨光机进行磨光清理，处理后重新焊接或修补。

③对管道焊接质量严重超标的焊缝，应予以割除，并按施工工艺和质量规范要求重新焊接。

4. 管道法兰、阀门保温处仅有一层铝箔纸或厚度不足及存在空鼓

（1）原因分析

①认为法兰片边宽有 50～60 mm，可以不保温。

②法兰片保温仅包一层铝箔纸能使整根管线外观比较平直美观。

③法兰、阀门等管道配件外部形状不规则，采用硬质管状保温料不适用，调整为硬质平板保温材料的施工难度较大。

④阀体的保温层表面有金属铝皮保护层，凹档处保温空鼓能遮住。

⑤成排管道散设时，仅考虑管道直径加保温层厚度，忽视了管线上阀门、法兰的保温要求，造成阀门、法兰保温厚度不足或仅有一层铝箔纸。

（2）处理措施

①若采用管道保温的同种材料，其法兰保温厚度与管道保温相等。

②将阀体保温厚度达不到设计要求或存在空鼓的予以拆除重新保温。将平板保温材料划成小块状，沿阀体外部不规则形状，用黏结油膏连成一体。对保温空鼓处用同种材料进行填塞（对于选用散状保温材料，应用扎带较密绑扎，然后用玻璃丝布缠绕）。

③对于局部法兰、阀门间距过小，如减小保温厚度的，应调整选择导热系数小的绝热材料，仅有一层铝箔纸的，应调整法兰、阀门的前后设置。

5. 消火栓箱及配管安装的问题

消火栓安装在消火栓箱门轴侧，消火栓箱门开后方向仅 90°或阻碍人的通行；安装在墙体中的消火栓箱底边无出水孔；消火栓箱内多余的半圆孔未修补；进消火栓箱短管半明半暗等。

（1）原因分析

①立管敷设在消火栓箱门轴一侧，为减少支管进箱长度，将消火栓设在门轴一侧。

②安装在楼梯间、电梯间的消火栓箱，因门开启处有障碍只能达到 90°或未考虑门开启时对人通行的影响。

③未认识到消火栓在调试过程中栓口易出现滴水现象，积存在箱底不能排出。

④消火栓箱预留的“敲落孔”位置与进箱“登高”管出现错位，箱体重新开孔或原孔口扩大，造成“敲落孔”钢板落下，箱底部出现半圆孔空洞现象。

⑤消火栓箱半嵌入墙面安装，造成进箱短管半明半暗。

（2）处理措施

①在满足功能前提下，调整门的开启方向，使消火栓与门轴不在同侧。

②调整消火栓箱安装的位置，保证门能开启至 180°或不阻碍人的通行。

③在箱体底部外侧钻 6 mm 出水孔 2 个，便于水的排放。

④管道安装完毕，及时对进箱管周边的半圆孔进行修正并做好防腐，修正部位涂漆颜色应与箱内本体一致。

⑤根据墙体厚度调整消火栓箱埋设深度，使进箱配管明露或暗敷。

6. 喷头高于梁底或通风管道腹面超过规定而形成喷洒盲区

（1）原因分析

①对喷头溅水盘设置高于梁底、通风管道、桥架等腹面与两者之间的水平距离有关的国家规范规定不了解。喷淋灭火系统的布置、喷头的设置完全按图施工。

②喷淋系统平面图中未反映出结构梁柱、风管、桥架等管线的平面布置位置，只要求安

装上喷淋，喷头距顶 75～150 mm。

③施工前各专业图纸未进行会审，相关问题未暴露出。

④消防喷淋管道与其他机电安装是两个承包单位施工，当发现喷头与建筑结构的梁柱和其他机电安装的风管、桥架等管线间距出现违反规范时，工程已大部施工，如果按照规范规定修改，将造成较大的人力、材料调整和返工。因此考虑到喷淋系统很少使用，决定还是按原设计施工图施工。

⑤喷淋管道先其他管线施工。

（2）处理措施

①喷头溅水盘设置高于梁底、通风管道、桥架等腹面（小于 1 200 mm），其间距超过规定时，应在允许规定的水平间距范围内进行调整。当通风管道、桥架等腹面（大于 1 200 mm）时，要设置下喷头。

②当喷淋管线调整工作最大时，增设下喷淋或直接将上喷淋改为下喷淋，但必须征求原设计单位的同意，并按消防部门意见，是否加装“聚热板”。

7. 排水管道堵塞

（1）现象

排水管道堵塞，造成排水不畅。

（2）原因分析

①在土建与安装交叉施工中，管道被堵塞的事例很多，特别是卫生间排水管口更为严重。即使管道安装后，管口用水泥砂浆封闭，还往往被人打开，作为打磨水磨石地面或清洗水泥找平地面的污水排出口。排水管道管径未按设计要求施工或变径过早，使管道流量变小。

②排水管道未进行通水、通球试验。

③排水管倒坡等。

（3）预防措施

①为了避免交叉施工中造成管道堵塞现象，在管道安装前，除应认真疏通管腔，清除杂物，合理按规范规定正确使用排水配件。

②安装管道时，应保证坡度，符合设计要求与规范规定。排水管道在施工过程中的临时甩口需进行临时封堵，并保证封堵严密，防止杂物进入管道内。

③管道直径应严格按设计要求进行施工，严禁变径过早，造成管道流量变小，容易造成管道堵塞。

④排水管道在竣工验收前，必须做通水和通球试验，把排水管道内的杂物冲洗干净，防止管道堵塞现象的发生。

8. 排水立管检查门过小、偏低、方向与楼层不对

（1）原因分析

①施工前未与土建协调商定排水管笼检查门墙体上预留孔大小和设置的部位、标高、门与框加工的尺寸。

②结构在施工中对出现砖墙上预留孔洞口偏小、标高偏低、方向不对和楼层有误等问题

未向土建有关管理人员提出。

③工程装饰期间，原结构留洞存在的问题未整改，门框已固定安装。

（2）处理措施

检查门因影响到排水管道检查、疏通，对低于排水管道检查口与管道检查口方向不对、门过小等均应拆卸、调整和整改。

9. 不同管径成排管道敷设易出现坡度过大或偏小以及出现凸起或凹陷

（1）原因分析

①对不同管径排水管的坡度要求不清楚。

②在成排管线敷设中，为提高观感效果，选择“龙门”支架统一固定安装。因管径大小和支架间距不一，造成管道坡度不能满足规范规定。

③以楼板底平面为坡度测量的参照物，且吊杆长短未严格按坡度要求量取，造成排水横管坡度过大或偏小以及出现凸起或凹陷。

④操作人员为图方便，以目测确定排水横管的坡度。

（2）处理措施

①对成排管线敷设，选择“龙门”支架固定安装，应根据管道直径和支架间距按规范坡度规定，调整支架上抱箍支撑的长短，使管道的坡度达到规范的要求。成排管道“龙门”支架一般是按大管径间距要求设置，对其中小管径还应设置吊点。

②排水横管坡度设定不能以楼板底平面作为基准面，必须按规范坡度要求，测定首末两端标高，然后拉线调整吊杆的长度。

10. 陶瓷卫生器具安装固定时，螺栓紧固用金属填片及弹簧垫圈

（1）原因分析

①目前工程中卫生器具安装如瓷坐便器、瓷立式小便器、瓷高低水箱等常采用金属膨胀螺栓固定，施工时为图方便，在器具安装紧固时不将弹簧垫圈去除或金属填片与瓷器具接触之间不衬垫非金属软性平垫片。

②施工作业人员对陶瓷卫生器具安装使用金属平垫片的危害不了解。

（2）处理措施

将膨胀螺栓上螺母、金属平垫圈、弹簧垫圈退下，套上柔性平垫片、金属平垫片，然后用螺母旋紧。

11. 莲蓬头、混合水嘴、浴缸排水栓（三点）不成一线或中心偏移

（1）原因分析

①冷热水管道与排水管进安装操作不是同批操作人员，施工过程出现偏差，两者之间均不愿调整。

②冷热水支管与排水支管统一落料、统一预制，当建筑墙体上下出现垂直错位和预留洞口坐标存在偏差时，造成莲蓬头、混合水嘴、浴缸排水栓（三点）不成一线。

③浴缸品牌调整，如地面式方头浴缸改为裙板浴缸，浴缸的宽度发生变化，造成预留排水管口距墙体间距尺寸不对，影响到中心的一致。

④卫生间墙体不正，装饰贴瓷砖时修正，造成墙体增厚，浴缸外移（左右方向移），中心出现偏移。

（2）处理措施

①要找出（三点）偏移问题出在何处，确定纠正范围。

②如莲蓬头出现偏左现象，则在管道右侧开槽，调整幅度较小时，往右边榫（出现偏右现象则相反）。调整幅度大时，将混合水嘴至莲蓬头管道拆下，拗成双弯后安装。如混合水嘴中心出现偏移，调整水嘴偏心调节弯（产品允许调整范围为偏移中心 15 mm）。

③如浴缸排水栓中心出现偏移，将浴缸 *DN*32 排出管适当偏中心插入排水管，以及适当调整浴缸长度一侧瓷砖坐在浴缸面上的深浅度（调整一般选择是莲蓬头和混合水嘴）。

12. 管道配件安装

（1）碟阀直接与止回阀或 Y 形过滤器连接

1）原因分析：工程中常见蝶阀直接与止回阀或 Y 形过滤器连接，这种连接方法虽节省了一副法兰，但当止回阀或 Y 形过滤器损坏须调换时，固定蝶阀的连接螺栓须拆卸，蝶阀将一同拆卸不能起到切断作用。

2）处理措施：应对配管进行调整，增加法兰短管，使蝶阀与其他阀类和配件通过法兰短管连接，以免其他配件检修调换时蝶阀拆卸。

（2）水箱配管（敞口与密闭）和给水立管阀门后部未装可拆卸的连接件、可拆卸的连接件与阀门前后装反

1）原因分析：

①施工图上未注明给水立管阀门后侧安装可拆卸的连接件。

②设置可拆卸的连接件作用与目的不知，根本未考虑前后设置的关系。

③水箱进水与出水配管考虑到阀门与可拆卸的连接件前后安装标准的一致。

2）处理措施：

①按液体流向及工艺要求，调整阀门与可拆卸的连接件前后设置。

②在阀门后侧将管道锯开，补装可拆卸的连接件。

13. 热水与采暖管道安装

（1）较长的热水直线管道无补偿

1）原因分析：

①认为热水管道比蒸汽管道温度低较多不用补偿，忽视了直线较长的管道微量热膨胀之和。

②在施工图的编制说明中要求按照验收规范施工，未做具体要求。

2）处理措施：根据热水能达到的最高温度，经过计算把结果告知设计院，如需要增设补偿器应办妥相关手续。

（2）滑动支架问题

滑动支架滑板与挡板间隙大小不一、压板与滑板间隙过大、支架安装时滑板位于中心。

1）原因分析：

①挡板与压板选用边宽 20 mm 或 25 mm 等边角钢，等边角钢未对一边做切割，加工后压

板与滑板间隙出现过大。

②对等边角钢其中一边做切割加工，将已切割这边做立面挡板，未切割这边作为平面压板，焊在支架型钢上。由于未在支架上划标准线，批量加工后支架滑板中心与两端挡板间距出现偏差。

③支架安装固定在墙（柱）上，因墙（柱）体表面平整度明显偏差，已安装的活动支架部分出现中心偏移。

④滑板中心与支架中心，未考虑管道在热态状况下膨胀后出现的位移。

⑤滑板就地寻料，厚度、宽度、长度存在不一致，出现挡板与压板的间隙。

2）处理措施：

①逐一对滑动支架检查，当挡板和压板与滑板间隙大于 5 mm 时，应将挡板和压板割下，按滑板宽度和厚度重新焊接。

②对已加工批量的滑板，选用厚度一致并按宽度、长度最小尺寸的滑板为样板，重新加工落料。将少数厚度不一致的滑板予以去除。

③用气割将滑板割下，根据补偿量滑板应朝管道补偿的反向适当位移 1/2，然后重新安装。

14. 消防工程质量常见问题的分析与处理

（1）除锈不彻底，防腐层脱落

1）原因分析：角钢表面氧化皮未除、未刷底漆，涂刷不均。

2）处理方法：

①用手工电动除锈机具代替手工除锈工具，将金属表面的氧化皮、水分、污物、锈蚀清除干净。

②表面除锈露出金属光泽后，及时涂刷底漆，待每一遍漆自然干后，方可进行下一遍漆的涂刷，直至面漆。

（2）涂层厚度不均；表面被污染、破坏

1）原因分析：防腐涂层涂刷不均匀，流淌、挂壁。

2）处理方法：

①油漆、涂料的调配比例及涂层厚度应严格按照设计或产品使用说明要求。

②涂刷时应由上至下，从内到外，勤蘸少蘸，涂刷用力均匀。

③可用防腐层测厚仪进行涂层厚度检查，厚度符合设计或产品使用说明要求后，方可进入下道工序。

④管道安装过程中，采取覆盖、包扎等成品保护措施，防止防腐层被破坏、污染。

（3）补口补伤涂层与原涂层色差大，污染其他管（线）路

1）原因分析：管道补漆，污染其他管路。

2）处理方法：

①支架安装前，必须按设计要求完成表面防腐。

②安装过程中对管外壁防腐层的损坏，应及时补口补伤。

③补口补伤用料、配比、厚度、涂刷方法应与原涂层一致。

④刷漆前应做好成品保护，防止其他设备、半成品、建筑物等被二次污染。

第五节　电气工程质量通病分析与处理

电气安装工程在施工过程中常见的质量通病有导线连接、电线、电缆导管敷等。

1. 导线连接

1）导线连接存在的问题及原因分析：大部分工程中的插座回路的接地保护线为串联连接，这是十分危险的，因为当串联线路中间一处意外断开，则其后所有插座将全部失去接地保护。多股铜芯线连接不搪锡，这样连接易造成线芯与线芯之间、线芯与连接端子之间连接不紧密，运行久后易氧化，使接触电阻增大，产生过热现象，甚至引起火灾。

2）预防措施：为解决 PE 线的不串联连接，可以把 PE 支线与干线并联，用 T 型接法绞接 6 圈，然后在绞接处搪锡，再包缠绝缘胶布，即可达到规范要求，对于线径较小的，也可以通过压接来实现。各支线应采用压接或绞接后搪锡连接。多股铜芯线与插接式端子连接前，端部应拧紧搪锡。

2. 电线、电缆导管敷设

1）存在的问题及原因分析：电线管明敷或暗敷时，线管弯曲半径太小。出现弯瘪、起皱，管子在转弯处不按规范装设过线盒。使用金属软管不跨接地线和金属软管的使用长度不按规范要求，乱拉乱接。暗敷在墙内或混凝土内的 PVC 管埋设深度不够，在楼板内预埋敷管交叉太多，现浇楼板内敷管集中成排，影响土建施工和结构安全。

2）预防措施：电线管明敷或暗敷时，管道的弯曲半径应严格按有关规范施工。PVC 管根据其内径选用不同规格的弹簧进行弯管。电线导管在墙内暗敷时，管子外表面距墙面不小于 15 mm，保证墙面沿管子不裂缝。在楼板内预埋敷设时，应尽量避免交叉。对于管道较多处，禁止成捆敷设，应将管道成排分开间隔放置，减少对楼板结构的影响。

3. 变压器、箱式变电所安装

（1）变压器中性点（N）与底座或箱体外光保护接地线（PE）串联

1）原因分析：

①认为都是接地线，可以串联在一起，只要连接牢固，阻值不上升，系统接地良好，不会影响使用或降低功能。

②认为接地干线引至变压器外壳后再连接至变压器中性点（N）是最近路径，还可以节约导线或母排。

2）处理方法：

①拆除变压器外壳接至变压器中性点（N）导线或母排。

②补设一路导线或母排从接地干线直接引至变压器中性点（N）的接地线。

（2）装有气体继电器的油浸电力变压器安装

装有气体继电器的油浸变压器安装时，水平安装没有升高坡度；有滚动滑轮的变压器没有安装滑轮止动装置。

1）原因分析：

①认为当变压器过载或局部故障时，热气流肯定上升，有没有坡度是一样的，气体继电器也会报警。

②安装无气体继电器的小型油浸变压器时，认为无升高坡度的要求。

③为了今后吊装和维修的方便，不安装止动装置。

④变压器安装在单独的空间，认为不可能受到意外的冲力，自身的重量即可保持平稳。

2）处理方法：

①根据变压器轮轴中心距计算升高坡度。若轮距为 1 m 则斜垫铁厚度应为 10～15 mm，只要在油枕侧的滚轮下用垫铁垫高即可，垫铁厚度用直尺或卡尺测量，调整时使用千斤顶。

②变压器就位后加以固定，尤其是对带有气体继电器的油浸变压器更要加以固定，避免变压器在运行中发生移动。大型变压器通常就位后拆除滚轮。安装与产品配套的减振软接头。

③在变压器输出端低压侧采用软性电缆与母排连接。

4. 成套配电柜、控制柜（屏、台）和动力、照明配电箱（盘）安装

（1）在轻质墙体、空心砖上安装配电箱、控制箱时用膨胀螺栓固定

1）原因分析：

①在轻质墙体、空心砖上安装配电箱、控制箱时用膨胀螺栓固定，施工方便省工、省钱、省时，外表一点看不出问题。

②认为多用几个膨胀螺栓也可达到牢固的目的。

③在钻孔时，用的钻头小一号也能使膨胀螺钉膨紧。

2）处理方法：配电箱、控制箱安装，选用膨胀螺栓固定在轻质墙体、空心砖上的应予以拆除，调整固定方法如选用对穿螺栓、开脚螺栓、墙体上预埋混凝土砖块、制作落地支架等。

3）具体施工要求是：

①对穿螺栓长度应按墙体厚度确定，非箱体固定侧应放置宽边垫片。

②开脚螺栓埋设在墙体内不小于 100 mm，水泥砂浆填嵌。

③按设计标离、位置与土建沟通，在墙体砌作时预先埋设混凝土砖块。

④安装条件允许可制作落地支架固定。

（2）照明各回路接地保护线（PE）或接零线（PEN）的安装问题

照明各回路接地保护线（PE）或接零线（PEN）同压在一个铜接头内，接在接地汇流排（PE）或接零汇流排（PEN）上。

1）原因分析：

①认为接地保护线（PE）或接零线（PEN）单独接在接地汇流排（PE）或接零汇流排（PEN）上与同压在一个铜接头内，接在接地汇流排（PE）或接零汇流排（PEN）上的作用是一样的。

②设计修改或业主要求增加回路造成接地汇流排（PE）或接零汇流排（PEN）上的接线

端过少，无法单独连接。

③照明配电箱的制造商为降低生产成本，在照明配电箱内，制作接线端子数量较少的接地汇流排（PE）或接零汇流排（PEN）。

2）处理方法：

①照明各回路接地保护线（PE）或接零线（PEN）应分别接至接地汇流排（PE）或接零汇流排（PEN）上，同一端子上导线连接不多于 2 根，导线之间应设有平垫片，其防松垫圈等零件应齐全。

②更换接线端子数不能满足导线连接的接地汇流排（PE）或接零汇流排（PEN）。

（3）配电柜（箱）内汇流排上螺栓所穿方向不一

1）原因分析：

①认为螺栓仅能对导线起紧固作用，只要固定牢固，达到使用功能，螺栓的方向不一，对质量不会造成影响。

②配电柜（箱）内元件较多，汇流排设置受柜（箱）体条件限制，离边间距过小，使螺栓所穿方向不一。

2）处理方法：

①配电柜（箱）内汇流排上螺栓所穿方向不一在接线前应调整，柜（箱）内汇流排设在左侧，螺栓应由左向右穿。

②汇流排设在右侧，螺栓应由右向左穿。汇流排设在底侧，螺栓应由下向上穿。

③汇流排设在里侧，螺栓应由里向外穿。调整办法是将固定在汇流排上的螺栓松开退出，调整所穿方向不对的螺栓，然后重新固定在流排上。

（4）控制回路二次接线端头未编号或排列方向不一

1）原因分析：

①认为主回路及设备均已编号，控制回路能保证设备运作正常，控制回路二次接线端头有没有编号或排列不一问题不大。

②控制箱（盘）内的二次接线引出端子未编号或排列与设计要求不符，是制造厂家未按控制箱（盘）设计平面布置图接线，编号的遗漏或排列方向不一责任在厂方。

2）处理方法：及时通知加工厂方，按设计平面布置图补设控制回路二次接线端头编号和标识，同时调整接线端头标列方向不一的施工问题。

5. 低压电动机、电加热器及电动执行机构检查接线

（1）电动机或电气设备接线桩头少紧固件

1）原因分析：

①认为电动机或电气设备产品的接线桩头本身就没有带做紧固件的防松零件。

②认为电动机或电气设备主回路接线桩头导线连接正确可靠、通电良好，防松零件增设没有必要。

③接线桩头不增设防松零件，可以满足设备的使用功能。

2）处理方法：补上所有电动机或电气设备主回路连接用作紧固件的防松零件。

（2）电动机进线电缆端头没包扎或少标牌

1）原因分析：

①认为接线盒本身就可起到防护作用，电缆已进入电动机的接线盒，不做电缆端头包扎不会影响电动机的运行。

②在电缆的输出端已有标牌，电动机进线端可以不挂牌。

2）处理方法：包扎或制作电动机进线电缆终端头，防止环境潮气侵入电缆绝缘层而使电缆受潮，补上标牌。

6. 裸母线、封闭母线、插接式母线安装

（1）垂直敷设封闭母线在分线插接箱处未设置固定支架

1）原因分析：

①封闭母线每层地坪处已设支架固定，而分线插接箱仅为附件，母线的插接箱处就不需设固定支架。

②垂直敷设封闭母线安装完成后，认为分线插接箱不会经常插入和拔出，故不必设置固定支架。

2）处理方法：在垂直敷设封闭母线分线插接箱处补设防晃固定支架。

（2）分接线盒未与封闭母线的 PE 排及外壳有良好的电气连续性

1）原因分析：

①认为分接线盒金属外壳与封闭母线的外壳已紧密接触可不做接地处理。

②未见分接线盒金属外壳有接地端子（接线盒内部的接地端子已与接地线连接除外），导线无法连接。

2）处理方法：

①分接线盒金属外壳补设接地端子，接地螺栓的直径不应小于 8 mm。

②与封闭母线的外壳或 PE 排导线连接，保证盒体接地有良好电气连接的连续性。

（3）封闭母线穿越建筑物变形缝处和直线超过 40 m 未设补偿装置

1）原因分析：

①施工图中未反映出封闭母线在穿越述筑物变形缝处和直线超过 40 m 时需设置补偿装置。

②对封闭母线穿越建筑物变形缝处和直线超过 40 m 时如何设置补偿装置的方法不明确。

2）处理方法：将穿越建筑物变形缝处和直线超过 40 m 后这节封闭母线段拆除，按现场尺寸委托封闭母线生产厂家定制补偿装置。

（4）裸母线搭接处未弯 45°双曲

1）原因分析：

①认为裸母线搭接处弯 45°双曲没有什么特别的意义，仅仅是为了外观的好看。

②在施工现场加工，裸母线的 45°双曲有难度，尺寸掌握不好，既费时又费人工。

2）处理方法：

①将裸母线平直搭接处螺栓松开退出，一端制作成 45°双曲，重新搭接。

②裸母线搭接处弯 45°双曲，可使直线母排敷设时，母排的截面中心在同一轴线上，不

会造成裸母线不平直的感觉，同时对截面较大的裸母线大电流通过时搭接处的热胀度有一个缓冲。

③可把需弯曲45°双曲的裸母线根据长度集中加工，保证弯曲质量。

7. 电缆桥架安装与桥架内电缆敷设

（1）镀锌金属梯形电缆桥架的支（吊）架无可靠接地

1）原因分析：

①认为电缆在镀锌金属梯形桥架内敷设不与支（吊）架接触，而每节桥架的连接有多只紧固件，导电性能良好。只要桥架两端接地可靠，桥架能满足接地要求，没有必要对支（吊）架进行接地。

②施工图纸上未注明，所用材料不能进入建安工程的工作量。

③桥架的支（吊）架一般2 m左右就有一个，如每个支架均需接地，工作量大，比较麻烦。

2）处理方法：在金属梯形电缆桥架上补设接地干线，并与桥架的本体及其所有的支、吊架用接地线或螺栓进行连接，且应保持良好的电气导通状态。

（2）电缆桥架宽度大于300 mm时，在转角对角线处未设支（吊）架

1）原因分析：

①认为在电缆桥架转角处已有支（吊）架了，对角处不需再设支吊架，牢固度应该没有问题。

②由于施工现场条件限制无法设置支（吊）架。

2）处理方法：电缆在桥架弯曲部位敷设，比较集中在转角的外侧，造成桥架外侧的负重明显增大，使桥架的水平度无法保证，电缆桥架宽度大于300 mm时，在转角对角处补上支（吊）架。

（3）桥架、线槽进柜（箱）末端接地与柜（箱）体外壳连接

1）原因分析：

①认为桥架、线槽进箱（柜）末端接地线接在箱（柜）外壳上，也是可靠接地，只要箱柜外光交接地良好，就没有问题。

②桥架、线槽进箱（柜）末端接地线接在箱（柜）外壳上施工方便，且接地点明显可见符合要求。

2）处理方法：拆除桥架、线槽进箱（柜）末端接在外壳上接地线，重新接至箱（柜）内的接地（PE）或接零（PEN）汇流排上。

（4）桥架、线槽直角（90°）弯内侧未采用双45°转角弯或内侧双45°转角弯角度偏小

1）原因分析：

①外加工的桥架、线槽直角（90°）内侧双45°弯配件的数量与施工现场实际需要的数量不一致（少）或因设计修改，业主要求改变桥架、线槽走向等，造成外加工弯头缺少。为不影响施工进度，现场将桥架自行加工成直角90°。所加工的直角（90°）弯内侧无双45°转角弯。

②现场平面管线较多，桥架设计的60%散热空间余量考虑在高度方面，虽然桥架转角弯头内侧有双45°弯，但整个弯头的半径小于电缆的最小允许碎曲半径，使桥架、线槽内敷设电

缆弯曲倍数不能满足规范的要求。

2）处理方法：

①量取现场加工的桥架、线槽弯头规格尺寸，外加工或自制直角（90°）内侧有双 45°弯头配件予以调换。

②根据电缆的种类、弯曲半径和数量，确定桥架、线槽的最小半径，按上述办法予以调换。

（5）电缆进成套配电柜、箱内，电缆末端未固定或电缆进箱处未进行封堵

1）原因分析：

①认为电缆进成套配电箱（柜）时，电缆末端不用固定也不会影响使用功能。

②在加工定制配电柜（箱）时，未考虑输入或输出（柜）箱电缆的数量、尺寸及排列，造成固定绑扎困难。

③认为配电箱（柜）顶部已有预留的（长方形）进线缆孔，电缆进箱、柜后，进线缆孔处不必另做封堵处理。

2）处理方法：应在箱（柜）内电气设备接线前，增设电缆固定横担，对电缆末端进行绑扎固定，然后再与电器设备连接；打开电缆桥架的盖板，用防火堵料进行封堵。如孔开得过大，应用薄壁钢板修补，防止防火堵料掉入箱（柜）内。

（6）裙房屋面高处敷设的桥架无盖板，电缆无防日晒的保护措施

1）原因分析：

①桥架在高跨处敷设，有的高达 4～5 m，不易发现。

②等待后续施工时盖住，后期被遗忘；无盖板不会影响使用功能。

③施工图上未注明需要盖板。

2）处理方法：室外敷设的电缆桥架如果不安装桥架盖板，会使桥架内的电缆受到太阳的暴晒，日照的高温、紫外线以及雨雪冰冻等会加速电缆外护层和绝缘层的老化，缩短电缆的使用寿命。无论设计有无说明，只要在露天敷设的桥架均需要有桥架盖板。按现场桥架的规格、数量、弯曲的角度，加工盖板予以盖住。

8. 电线导管、电缆导管和线梢敷设

（1）套接紧定式钢导管（JDG）定螺栓的力矩螺头未拧断，成排电气配管进箱、柜末端接地跨接线遗漏或接箱体外壳上

1）原因分析：

①局部施工现场条件限制，无法用力拧断紧定螺栓的力矩螺头，认为遗漏几个没关系。

②施工人员对选用套接紧定式钢导管（JDG），连接紧定螺栓的力矩螺头拧断要求不明确。

③认为使用了套接紧定式钢导管（JDG）进箱（柜），钢导管末端用锁紧纳子固定箱（柜）外壳就能代替接地跨接保护。

④套接紧定式钢导管的管接头（连接套管）产品质量存在缺陷，连接套管紧定螺纹孔处的壁厚未达到标准要求，造力矩螺头未拧断，紧定螺纹孔处的内丝扣损坏。

2）处理方法：

①采用正规生产厂家制造的产品，将紧定式电线钢导管（JDG）连接处，紧定螺栓未拧

断的力矩螺头用单头呆扳手拧断。

②成排进箱、柜电线的紧定式钢导管（JDG）末端，用导线和接地夹头并联成一体，并接入箱、柜内接地（PE）或接零（PEN）汇流排上。

（2）电气配管固定点间距长短不一或间距超标

1）原因分析：

①电气配管固定点设置时未考虑观感和标准的要求，未确定固定点设置距配管弯头中心点和箱、盒的间距，未明确直线配管固定点的间距须均匀的标准。

②在直径大小不一成排管线中，固定点间距按管径大的标准设置，造成其中管径小的配管固定点间距超标。

③箱、盒两端固定点间距超过标准的范围不大，配管又未出现下垂，认为不会有问题存在。

④工程中各种管线较多，如果固定点按标准设置，需要型钢用量较大及人工耗费。

2）处理方法：

①确定和统一固定点距配管弯头中心点和箱、盒的间距，然后对间距偏差的固定点进行调整。

②对配管固定点间距超标的管线，进行调整和增设固定点，调整和增设操作时，应注意间距的统一，提高观感标准。

（3）电箱照明输出电源线中接地线未按回路敷设或小于电源线截面

1）原因分析：

①认为电箱照明输出电源多个回路敷设一根接地线，可节约导线又不降低接地功能，线槽配管前的槽内的接地线拼头连接，不会出现使用方面的影响。

②认为施工图中应急照明、疏散照明虽然电源是 4 mm^2 导线，但接地线选择 4 mm^2 导线没有必要，2.5 mm^2 导线能满足要求。

2）处理方法：

①打开线槽盖板，抽出电管内导线，去除线槽内接地线。然后按每个回路敷设接地线，导线在线槽内应按回路绑扎编号，按开启排列逐一穿入线槽配管。

②将管内导线抽出，更换小于电源线截面的接地线，重新穿管敷设。

9. 灯具安装

（1）组合日光灯（2×40W）或（3×36W）无吊点，直接搁在装饰吊顶 T 形龙骨上

1）原因分析：

①认为组合日光灯具重量较轻，固定在装饰吊顶 T 形龙骨上施工方便，不会造成龙骨变形或下垂。

②受施工现场条件限制，特别是组合日光灯具设置在走道上方，因吊顶内有管道，风管、线槽等管线较多，影响吊链或吊杆的设置。

2）处理方法：

①卸下组合日光灯具旁侧的装饰板，在灯具上方用冲击电锤打 $\phi 8$ 孔，选择 $\phi 8$ 塑料胀管和直径 4 mm 灯钩，用 16#铅丝链与组合日光灯具连接。

②走道吊顶内因管线较多，影响组合日光灯具吊点的设置。吊点补设选择两种方法：一是利用组合支架；二是增加横担。灯具用16#铅丝链固定在组合支架或横担上。（2×40W）或（3×36W）不能固定在装饰吊顶龙骨上，应有独立固定灯具的吊链或吊杆。

（2）灯具电源多股软线连接前未做搪锡处理

1）原因分析：

①认为一般照明灯具的工作电流小，只要连接牢固，接触良好，即使断几根线芯不会影响使用。

②每套灯具的电源线均需搪锡，数量大，费时费人工，灯具安装完成后又不能被看到。

2）处理方法：

①照明灯具安装前，检查连接灯具电源的多股软线端部线头是否搪锡。如果未搪锡，应先做搪锡，然后安装灯具。

②将已搪过锡（接续端子）的灯具电源线与照明电源线连接。可选择搪锡、接线端子排或瓷接头连接方法。

10. 开关、插座安装

（1）多联开关、插座的电源线、接地线，桩头上串联连接

1）原因分析：

①认为在一个开关、插座内引线方便，不会影响使用功能。

②未考虑到电气采用串联连接存在不足和危害。

③不了解多联开关、插座的电源线、接地线标准连接方法。

2）处理方法：将开关的电源线卸下，然后用压线帽或搪锡的方法，根据多联开关控制回路的数量，并联出数量相等的电源线与开关连接；将插座的电源线、接地线卸下，然后用压线帽或搪锡的方法，根据插座的数量，并联出数量相等的电源线、接地线与插座连接。

（2）开关、插座面板上装饰帽遗漏

1）原因分析：

①认为开关、插座面板上装饰帽有无对功能不会影响。

②在安装开关、插座时装饰帽忘了安装。

③不重视工程的表面感观质量。

2）处理方法：暗装的开关、插座面板应紧贴墙面，四周无缝隙、安装牢固、表面光滑、整洁、无碎裂、划伤，补齐所有遗漏的开关、插座面板上装饰帽。

11. 接地装置安装

（1）结构内螺纹连接的钢筋做接地引下线时未做跨接

1）原因分析：

①认为钢筋螺纹连接，导电情况良好，不用进行跨接。

②利用结构内钢筋做接地引下线时，认为只要按施工图要求，标示出钢筋根数即可。不管是采用何种方法连接，肯定是连接牢固，而且混凝土浇捣后又不能被看到，因此认为钢筋螺纹连接，对连接部位做跨接没有必要。

2）处理方法：选用（≥ ϕ10）圆钢，对结构内用于导电钢筋螺纹连接的部位进行跨接。双面焊时焊接长度为圆钢直径的 6 倍。

（2）防雷主筋引下线终端未封闭，扁钢与钢筋单边焊接

1）原因分析：

①认为在基础阶段只要按施工图，确定主筋引下线的标记（起端），结构阶段主筋引上时确保钢筋不错位，终端钢筋是否封闭，对功能不会造成影响。

②外露引出扁钢与主筋两边施焊有难度。

2）处理方法：根据图纸要求，将每组主筋引下线的 2～4 根钢筋终端部位焊成一体。扁钢与扁钢搭接焊，焊接长度为扁钢宽度的 2 倍，不少于三面施焊；圆钢与圆钢搭接，焊接长度为圆钢直径的 6 倍，双面施焊；圆钢与扁钢搭接，焊接长度为圆钢直径的 6 倍，双面施焊。

第六节　通风与空调工程质量问题分析与处理

1. 螺栓与法兰不匹配

1）现象：主要表现在螺栓直径与法兰螺孔大小不匹配；同组法兰连接使用不同规格的螺栓或者安装方向不一致；螺栓突出螺母长度过长超过螺杆直径 1/2；螺栓使用开口垫片加平垫片。

2）原因分析：

①由于现行的管道安装工程施工验收规范以及民用施工验收规范对选用螺栓的直径无明确规定，施工人员对法兰等级与相对应螺栓的数量、直径、长度和规格等缺乏了解。

②现场仓库存在管理上的漏洞，各种规格的螺栓混放，加上施工人员随意领用及使用螺栓，导致紧固法兰的螺栓直径未达到标准规格，同组法兰上螺栓的安装存在方向及规格等不一致现象，影响螺栓的紧固性和系统安全性。

③现场螺栓使用开口垫片时再加一平垫片，会造成振动处的开口垫片随平垫片滑移，进而影响螺栓的紧固性。

3）纠正及预防措施：

①加强对螺栓直径与长度选择的施工前技术交底，当选用的螺栓直径比标准直径小时，法兰之间的紧固力就会大大降低，从而影响系统的安全性。一般螺栓的直径比法兰孔径单边小 1～1.5 mm，我们在施工前必须按《整体钢制管法兰》（GB/T 9113—2010）和《钢制管法兰　技术条件》（GB/T 9124—2010）的规定选用螺栓的直径和数量，加强施工人员对螺栓选用的交底，使得现场操作的施工人员有据可依地选用螺栓进行施工。同时对现场仓库进行管理，将不同规格的螺栓分类放置并做好标示。对于需要进行压力试验的管道，试验前必须对该系统上所有法兰连接螺栓进行检查，确保同组法兰上的螺栓长短一致、安装方向一致、直径规格选用正确，如发现不符合要求的，应及时调换。对于已经进行过压力试验并合格的管

路，如需调换法兰紧固螺栓，则在完成更换后必须再次对管路进行压力试验。对于螺栓的长度选择，可根据《建筑给水排水及采暖工程施工质量验收规范》（GB 50242—2016）的规定：法兰紧固后螺栓突出螺母的长度不应大于螺栓直径的1/2。也可根据《工业金属管道工程施工规范》（GB 50235—2010）的规定：法兰连接应使用同一规格螺栓，安装方向应一致。螺栓应对称紧固。螺栓紧固后应与法兰紧贴，不得有楔缝。当需要添加垫圈时，每个螺栓不应超过一个。所有螺母应全部拧入螺栓，且紧固后的螺栓宜与螺母齐平。具体执行哪条规定，依工程性质而定。

②加强现场仓库管理，螺栓应按其规格进行放置，避免出现现场施工人员随意领用和使用螺栓的现象。

③严禁现场螺栓使用开口垫片时再加一平垫片，加强现场的检查，一经发现，坚决整改。

2. 支吊架安装不当有松动现象

1）现象：由于支吊架的预埋件、射钉或膨胀螺栓的位置不准确，造成吊架或支架的倾斜，致使管道或设备与支架接触不严密，从而影响使用和美观。

2）原因分析：施工技术交底不清，未明确支架的形式及位置；施工人员工作不负责，对所安装的支架未进行认真复核、校正；进行膨胀螺栓固定前，墙板未抹灰找平，支架安装时也未找平。

3）预防措施：施工前，应完善施工技术交底，并认真向作业班组逐项进行交底；使用膨胀螺栓固定支架时，应先找平支架安装位置，并符合膨胀螺栓使用技术条件的规定；支架上螺孔采用机械加工，不得使用电焊或气焊进行开孔。

3. 矩形风管的扭曲、翘角

1）现象：风管表面不平整、对角线长度不相等、相邻表面不垂直、两相对表面不平行及两端平面不平行等。

2）原因分析：矩形板料下料后，未严格对4个边进行角方测量；风管的大边或小边的两个相对面的板料长度和宽度不相等；风管的4个角处的咬口宽度不相等。

3）防治措施：在展开下料过程中，对每片板料的长度、宽度及对角线进行检验，使其误差在允许范围内；下料后的板料，应将风管相对面的两片板料重合起来后，检验尺寸的准确性；板料咬口后预留尺寸必须正确，以保证咬口宽度的一致。

4. 冷水管结露现象

1）现象：安装好的冷水管再保温后有滴水的现象。

2）原因分析：管道安装好后，由于未按规范要求进行管道试压工作或是试压不严谨，导致管道丝接口处有渗水、漏水现象；在管道试压完成后，保温工序未能很好地进行，导致冷水管有结露现象。

3）防治措施：管道安装好，要严格按照规范要求进行管道试压，并先由施工方自检，然后交给监理单位检验，并形成书面文字，方可进行下道工序。管道保温工作同样重要，这对以后使用影响很大，不同接口处，如三通、弯头等，要有不同的施工工艺，由此延伸到热水管道的保温同样如此进行。只有严格施工，才能不会造成资源的浪费，方可避免以上现象的发生。

5. 供回水管道循环问题

1）现象：供回水管道局部部位无法进行正常的循环。

2）原因分析：

①由于供回水管道内可能存在垃圾，且未按照规范要求进行冲洗。

②系统未按照规范要求设置自动排气阀而造成气堵现象，堵塞管路。

3）纠正及预防措施：

①在施工过程中做好落手清工作以及成品保护工作，避免垃圾进入管线系统中。进行丝扣连接的管道麻丝不宜缠绕过厚，不然会导致麻丝堵塞管道；供回水系统安装完成后应严格按照规范进行系统的冲洗。

②施工过程中必须严格遵守《通风与空调工程施工质量验收规范》（GB 50243—2016）的规定，闭式系统管路应在系统最高处及所有可能积聚空气的高点设置排气阀，在管路最低点设置排水管及泄水阀。当施工现场为满足标高要求，或是由于现场结构、管线碰撞等原因，造成管线修改返高时，这些部位都有可能积聚空气而产生气堵现象，导致供回水管堵塞。所以在实际施工中应尽可能避免不必要的上下翻，当必须进行管线修改返高时，应在最高点设置自动排气阀。

6. 冷却水系统安装常见问题

1）现象：

①冷却水系统在施工时要注意顶部横总管的积气。

②设于同一建筑标高内并联的多台冷却塔，由于冷却塔塔底标高存在一定误差对系统产生影响。

2）原因分析：

①当冷却塔输出水管的顶部标高低于排入管横管顶部标高时，会导致横管中积气，严重的情况下会影响系统安全。此现象通常发生于冷却塔水源的输出水管总管管径较大的情况（如*DN*400～800）。当冷却塔输出水管水平敷设比总管低时，存在高度差就会造成总管内积气，且高度差等于总管内积气高度。

②设于同一建筑标高内并联的多台冷却塔，由于冷却塔塔底标高存在一定误差，则会造成启泵时，底部标高偏高的冷却塔吸干塔底水源，使得空气进入管路中，造成积气；闭泵时，底部标高过低的冷却塔塔盘溢水。

3）纠正及预防措施：

①在施工时必须保证冷却水输入总管顶部安装排气管，并且排气管高度不应低于冷却塔溢水管高度。

②当基础模板拆除后，需对冷却塔基础标高进行复核，检查是否存在高差。并严格遵守《通风与空调工程施工质量验收规范》（GB 50243—2016）的规定，同一冷却水系统的多组冷却塔安装时，各组冷却塔的水面高度应一致，高差不应大于 30 mm。

7. 焊接管道质量通病

1）现象：焊接管进施工时主要的问题是焊接质量不合格及同径或异型三通成型差。

2）原因分析：

①造成上述现象是由于焊工无证上岗，甚至是未经过专业培训的其他工种的施工人员进行施焊。

②从焊接工艺角度来说管道对口不符合规范，管道气割落料端面平整度不够，或是不打坡口等原因造成管道未焊透。

③焊接电流控制不合理，电流过小造成浮焊、假焊现象，电流过大导致焊条熔化速度过快，焊工无法控制焊缝成型，造成咬肉、裂纹、气孔、漏焊等缺陷。

④存在焊缝歪斜、高低不平、宽度不均等现象。

⑤从施工工序角度上来说，管道焊接后，焊缝表面未进行焊渣的清除，就直接进行防锈漆的涂刷，导致检查时忽略了被防锈漆遮盖的微小裂缝。

⑥管道正常使用前不进行压力试验，造成投入使用后出现渗漏现象；管道试压合格，但未对焊缝表面进行除锈就涂漆，造成管线焊缝部位除锈锈蚀。

3）纠正及预防措施：

①应注重及时组织焊工到相关部门进行专业培训，确保现场焊工均持有合格证上岗，保证焊接质量。

②焊接好的管道必须检查管道内壁焊缝。

③当发现未焊透的部位应割除后重新施焊。

④当发现浮焊和假焊的现象应割除后增大焊接电流重新施焊；当发现咬肉、裂纹、气孔、夹渣等缺陷时，应该将焊缝磨平后降低焊接电流重新施焊。

⑤对于焊缝表面的焊渣应敲除，使用钢丝刷刷去残余的油漆，并且在管路系统压力试验合格后再进行管道的防腐刷漆。

⑥对于焊缝处出现返锈现象的部位，应使用钢丝刷除去焊缝部位的油漆及锈蚀后重新涂漆。

8. 阀门安装中存在的问题

1）现象：

①阀门选型错误。

②水系统阀门安装位置或安装方法错误。

③冷冻水管上电动阀接线错误。

④蝶阀安装不合理。

⑤风机盘管球阀选用不合理。

2）原因分析：

①阀门的规格、材质等参数必须符合设计的要求。

②水系统阀门安装位置或安装方式错误主要有阀门安装时位置选择不当，导致无有效操作及维修的空间。对于有方向性安装要求的阀门，未注意到阀体上标注的箭头，导致阀门安装方向相反而使阀门失效。阀门安装空间不合理，强行连接或应力连接导致管道出现渗漏现象。

③现场施工人员不熟悉图纸，不熟悉管路系统走向或由于在安装电动调节阀时，管道人员只负责安装阀体，电气人员负责电动执行机构的接线，两者没进行很好的配合，接线完成后没有进行检查和测试，导致信号显示阀门开启时，现场实际阀门为关闭状态。

④施工中大口径管路常使用蝶阀，在机房管线中常出现蝶阀直接与止回阀或Y形过滤器连接，这种施工方法虽能节省一副法兰，但在管线维修等情况下会导致蝶阀失去启闭水源的作用。例如，当现场需要进行止回阀或Y形过滤器拆除时，固定蝶阀的连接螺栓必须拆卸，蝶阀无连接螺栓而坠落。

⑤空调系统进出风机盘管的管道上，可以选用截止阀和球阀。在选用球阀时，选用普通球阀。在空调系统阀门保温后影响操作。

3）纠正及预防措施：

①严禁将不符合要求的阀门安装到工程上，当发现阀门选型出现错误，必须拆除。

②施工时应严格执行《通风与空调工程施工质最验收规范》（GB 50243—2016）的规定，阀门安装位置、高度及进、出口方向符合设计要求，连接应牢固紧密，启、闭灵活，便于操作。在施工过程中应熟悉了解阀门的使用原理，如消防系统的闸阀应采用明杆闸阀，主要是让管理人员很清楚地知道阀门的启闭状况。在安装的过程中，应注重带方向的阀门壳体上标记的流向标注，同时对于冷冻水水平管道上安装的阀门手柄包括手动及电动阀门均不得向下；对于竖直方向上安装的阀门手柄应朝向便于操作的部位。若在配管时管道阀门安装空间不合理、法兰间隙存在偏差大、不平行、中心不对齐的情况，不得强行安装阀门或采用多层垫片进行连接，以免连接处垫片老化渗漏。应及时检查管线查出存在问题的连接缝的位置，将焊缝割开，调整管线后重新施焊。

③在施工时，应加强各工种间的配合，每道工序完成后，应进行检查。

④在配管时应增加短管，使蝶阀和其他阀门、配件通过法兰短管连接，保证在其他配件检修更换时，蝶阀能起到启闭水源的作用。

⑤空调系统进出风机盘管的管道上，可以选用截止阀和球阀。在选用球阀时，不能选用普通球阀，而应选用高柄球阀。因为普通球阀阀柄紧贴阀体，空调系统的阀门保温时，影响阀门的操作。

9. 矩形风管加工成型不方正

1）现象：矩形风管不方正，两组对边或对角线尺寸偏差大。

2）原因分析：

①风管板材下料时不使用角尺，导致对边不平行或长短不相等，造成加工成型后的风管尺寸存在偏差。

②咬口机机具存在故障或操作人员输送板料时不平行，导致板材对角线偏差大。

③角铁法兰不平整或翻边不符合要求，导致板材宽度不一致。加工法兰的材料，在加工前应调直。

3）纠正及预防措施：

①风管板材放样时，板材尺寸的测量应准确，同时要根据板材厚度、咬口宽度预留板材

的留量；在下料剪切板材时，应先试剪一块板，经复核无误后进行批量剪切，若剪切工作中断后再次剪切时，必须重新复核限位标尺；在折方时，应将板料画好的折方线置于折方机下模的中心线。

②咬口压制时，手要扶稳板料，并平行、均匀地送料。咬口要进行试轧，当满足要求时才可批量加工。

③法兰加工焊接时，用各规格模具卡紧，使加工成型的法兰端面平整。在法兰与风管套装时，管折方线与法兰平面应垂直，法兰与风管铆接应从中间向两边依次进行，风管翻边应平整、紧贴法兰，其宽度应一致。

④根据《通风与空调工程施工质量验收规范》（GB 50243—2016）的规定，风管外径或外边长的允许偏差：当小于或等于 300 mm 时，为 2 mm；当大于 300 mm 时，为 3 mm。管口平面度的允许偏差为 2 mm，矩形风管两条对角线长度之差不应大于 3 mm；圆形法兰任意正交两直径之差不应大于 2 mm。此外《通风管道技术规程》（JGJ/T 141—2017）规定，矩形风管端口对角线之差应分别如下：金属风管≤3 mm，非金属风管≤4 mm。若偏差接近规范上限值时，可用法兰口风管翻边宽度，来调整风管两端口平行度及法兰与风管之间的垂直度。在施工中如发现矩形风管板材对角线偏差过大时，必须拆除重新施做。

10. 风管与法兰之间的间隙不均

1）现象：风管法兰角钢不平整，法兰断面发生扭变。

2）原因分析：

①材质问题。加工法兰的角钢不符合规范标准的厚度，法兰加工时，造成强度、刚度不足导致变形。

②加工问题。在制作法兰前，对于平直度不够或存在变形的角钢，在加工前一定未进行调直。

③法兰尺寸和风管尺寸存在一定偏差，法兰强行套装于风管，使风管出现变形。

3）纠正及预防措施：

①法兰角钢的选用必须严格按照《通风与空调工程施工质量验收规范》（GB 50243—2016）的规定。中、低压系统风管法兰的螺拴及铆钉孔的孔距不得大于 150 mm；高压系统风管不得大于 100 mm。矩形风管法兰的四角部位应设有螺孔。

②圆形法兰卷成螺旋形状后，将卷好后的型钢画线割开，逐个放在平台上找平找正。组成法兰角钢与角钢的接缝处不应存在错位，点焊固定角钢后，必须检查是否存在错位的现象，发现错位必须断开角钢，对错位处进行校正后再点焊定位。焊后进行必要的检查，法兰平面的允许偏差为 2 mm。在对风管进行翻边处理时，必须严格遵守《通风与空调工程施工质量验收规范》（GB 50243—2016）的规定，风管与法兰采用铆接连接时，铆接应牢固，不应有脱铆和漏铆现象；翻边应平整、紧贴法兰，其宽度应一致，且不应小于 6 mm；咬缝与四角处不应有开裂与孔洞。如发现施工现场风管翻边存在不平整或不紧贴法兰的现象时，应再次用锤子敲打。

③法兰在划线下料时，应注意使焊成后的法兰内径不小于风管的外径，风管与法兰铆接前先进行技术质量复核，合格后将法兰套在风管上。

第九章　安装工程试验检测与调试

第一节　安装工程试验检测的内容

一、施工试验项目的确定

施工试验的目的是鉴别施工活动的结果是否符合预期的要求，即是说对施工工程形成的工程实体（包括成品、半成品、中间产品等）的安全指标、质量指标和功能等进行判定，是否符合相关规范、标准的规定和设计的要求。施工试验项目的确定有以下几个方面：

1）主要是依据现行的施工质量验收规范类的技术要求。

2）工程承包合同内约定的有关试验的条款。

3）“四新”技术应用而尚未在标准内反映施工试验要求，需在作业指导书中作出施工试验的具体规定。

二、施工试验分类

从时间阶段划分为：准备阶段的施工试验（包括材料的进场验收时的检验、给水工程阀门在安装前的强度和严密性试验）；施工过程中的施工试验（隐蔽的排水管道在隐蔽前要做灌水试验）；交工验收阶段的施工试验，即各类的试运行试验。

从试验状态划分为静态试验和动态考核两类。

1. 静态试验

静态试验是指已建成的工程实体，其动设备不运转、管路内介质不流动、线缆内电流不流通的一种对承载能力的试验。如给水管道的强度和严密性试验、排水管道的通球试验、电线电缆的耐压强度试验、通风管道的漏光检测试验、消防喷淋管网的强度试验、智能化工程元件的单体校验等。

2. 动态考核

动态考核是指已建成的工程实体，其动设备受动力驱动而运转、管路内介质按设计要求而流动、线缆通电电气装置动作的一种功能性的考核，目的是鉴别其功能是否符合设计预期的要求。动态考核又分为单机试运转、系统联合试运转、无负荷试运转、负荷试运转等。模拟生产或使用的试运转称为试运行。

1）单机试运转，是指单个动设备的试运转，不与管路或其他装置联动，甚至可以临时的拆开，仅试验设备自身的性能是否符合规定要求。如水泵、风机的单体运转，用以考核其振动、部件的温升，又如冷水机组、锅炉试运转时不向外输出任何物料，都属于单机试运转。

2）系统联合试运转，是指动设备与管路或其他装置联动一起进行考核，运转时系统内有物料流动，用以考核每个系统是否能符合设计规定的功能要求。如配电柜的每条馈电线路是否能通过自动开关经电缆将电源供给的电能顺利地送至用电点，又如给排水泵能否经管路将地下水池的清水泵送至屋顶的高位水箱等。这样试运转的特征是按每个系统进行。

3）无负荷试运转，所谓负荷是指房屋建筑安装工程的工程实体的出力，如水泵及其输送管路的流量，电线电缆的电流、通风风口的风量等，这些量化了的指标都在工程设计时给以确定的。无负荷试运转是指试运转时的工程实体基本无出力或出力很小，只是考核其联动状态是否正常，控制是否可靠正确，能否可以持续运行。

4）负荷试运转，是指工程实体在设计确定的出力情况下进行试运转，这是最终检验设备材料制造、安装施工和工程设计的质量及性能是否满足用户需要的关键试运转。有些工程负荷试运转要在建筑物投入使用后才能真实反映试运转的实质效果，如影剧院演出大厅的通风与空调工程只有在足够的观众出席情况下，才能得出负荷试运转的真实效果。

第二节　各专业施工试验检测

一、设备安装关键材料的试验

1）房屋建筑设备安装工程在施工准备阶段中施工用材料、设备进场验收的主要方法是检查合格证和强制认证证明书等技术文件并进行外观检查。外观检查除了要验证设备材料的完整性和完好性，还需对外形尺寸进行必要的可行的检测。

2）如对进场设备材料的制造质量存疑惑，参与验收的各方对产品质量有异议（主要是指化学成分、机械强度、安全性能等方面），则要送有资质的试验室进行检测，判定其质量是否符合要求。

二、建筑给排水工程的试压、通球、灌水、冲洗清扫和消毒试验

1. 给水工程试压

（1）试压标准

1）室内给水管道的水压试验必须符合设计要求，但设计未注明时，各种材质的给水管道系统试验压力均为工作压力的1.5倍，但不得小于0.6 MPa。

①金属及复合管道给水管道系统在试验压力下观测10 min，压力降不应大于0.02 MPa，然后降到工作压力进行检查，不渗、不漏为合格。

②塑料管给水系统应在试验压力下稳压1 h，压力降不得超过0.05 MPa，然后在工作压力

的 1.15 倍状态下稳压 2 h，压力降不得超过 0.03 MPa，同时检查各连接处，不渗、不漏为合格。

2）室外给水管网必须进行水压试验，试验压力为工作压力的 1.5 倍，但不得小于 0.6 MPa。

①管材为钢管、铸铁管时，试验压力下 10 min 内压力降不应大于 0.05 MPa，然后降至工作压力进行检查，压力应保持不变，不渗、不漏为合格。

②管材为塑料管时，试验压力下；稳压 1 h 压力降不应大于 0.05 MPa，然后降至工作压力进行检查，压力应保持不变，不渗、不漏为合格。

（2）注意事项

①试压用设备（试压泵）应处于完好状态，包括电动泵的保护接地装置要可靠，观测用的压力表通常用 2 块，并鉴定合格，且在有效期内。

②室内管网试压泵设在首层和室外管道入口处。

③在管网的顶部要设放气阀门，管网试压冲水时应通过放气阀排净管网内空气，冲水完毕关闭放气阀门。

④室外给水管道试压一般长度不得超过 1 000 m，试压时管道上已覆土不小于 0.5 m（管道接口处除外），试压时管道两端及弯头等后背顶撑处严禁站人，以保安全。

⑤室外铸铁给水管试压要在管内冲水 24 h 后进行。

⑥试验实验缓慢升压，注意管网有无变形情况。

⑦试压结束，要把管网内水泄净，尤其在冬季试压要采取有效的防冻措施。

2. 给水管道的冲洗

1）管道系统的冲洗应在管道试压合格后，调试、运行前进行。

2）管道冲洗进水口及排水口应选择适当位置，并能保证将管道系统内的杂物冲洗干净为宜。泄放排水管的截面积不宜小于被冲洗管道截面积的 60%，管子应接至排水井或排水沟内。

3）冲洗时，以系统内可能达到的最大压力和流量进行，流速不得低于 1.5 m/s，直到出口处的水色和透明度与入口处目测一致为合格。

3. 给水管道的消毒

1）生活给水系统在交付使用前必须进行消毒，以含 20～30 mg/L 游离氯的清洁水浸泡管道系统 24 h，放空后再用清洁水冲洗，并经水质管理部门化验合格，水质应符合《生活饮用水卫生标准》（GB 5749—2006）。

2）在以瓶装液氯制备消毒液时，要注意防止氯气外泄，污染环境，危害作业人员的健康。

3）消毒液的排放要先处理，后排放，防止发生水环境的污染事件。

4. 排水管道的灌水试验

1）室内隐蔽或埋地的排水管道隐蔽前必须做灌水试验，灌水高度不宜小于底层卫生器具的上边缘或底层地面高度。

2）室内灌水试验：满水 15 min 水面下降后，在灌满观察 5 min，液面不降，管道接口无渗漏为合格。

3）安装在室内的雨水管道安装后应做灌水试验，灌水高度必须到每根立管上部的雨水斗，灌水试验满水后持续 1 h，不渗、不漏为合格。

4）室外排水管道埋土前必须做灌水试验，按室外排水检查井分段试验，试验水头应以试验段上游管顶加 1 m，时间不小于 30 min，逐段观察，管接口无渗漏为合格。

5. 室内排水管道通球试验

1）排水的主立管和水平干管均应做通球试验，通球率必须达到 100%。

2）通球的球径不小于排水管道管径的 2/3，建议采用木制或塑料制成。

6. 室内排水管道的通球试验

室内排水系统安装完成后，应按施工方案进行通水试验，排水应畅通无堵塞现象，同时也对排水系统做一次清扫。

三、建筑电气工程的通电试运行

建筑电气工程通电试运行包括变配所及其馈电线路的通电试运行、照明工程的通电试运行和电动机等通电试运行。

1. 变配电所及其馈电线路的通电试运行

1）试运行前高低压电气设备及馈电线路必须通过电气交接试验，且合格，并已出具交接试验合格报告；同时已向当地供电管理部门提出申请，并经其用电安全检查确定为合格后才能进行通电试运行。

2）变压器的试运行：

①变压器受电要经过 5 次空载高压全电压冲击合闸。第一次合闸受电时间应持续 10 min 以上，励磁涌流不应引起保护装置误动作，通电时变压器的声响应正常。第一次合闸与第二次合闸时间的间隔一般为 5 min，以后每次合闸受电时间持续 5 min，受电间隔时间 3 min，冲击试验正常后，变压器空载运行 24 h。

②并列运行的变压器，在并列前应核对相位。

③带负荷试验是考验差极性的有效手段，带上变压器额定容量的 20%的稳定负荷即可进行试验，确定极性正确后，投上差动压板。

④超温保护是干式变压器非电量保护的主保护，因而变压器的温度控制器应单独校验合格，其整定值由使用单位提供。

3）高压低配电柜试运行：

①高压受电供电部门将电源送至高压进线开关上桩头，经验电、核相无误后，由施工单位合进线柜开关。

②检查电压互感器柜（PT）上三相电压是否正常。

③合变压器柜开关，检查变压器是否已受电。

④低压柜出线空载，合低压柜进线开关，检查电压表低压三相电压应正常。

⑤低压联络柜全部受电应正常。

4）低压馈电线路试运行：

①馈电线路受电前应绝缘检测合格。

②馈电线路负荷端运空载。

③馈电线路受电前负荷端应由专人值守，防止送电发生人身安全事故。

④每条馈电线路冲击合闸 3 次，正常后才能投入运行。

2. 照明工程通电试运行

1）照明通电试运行通常以末端照明配电箱为一个试运行单元。

2）公共建筑照明系统通电连续试运行时间为 24 h，住宅照明系统通电连续运行时间为 8 h，单元内所有照明灯具应同时开启，且应每 2 h 按回路记录运行参数，连续试运行时间内应无故障。

3）对有照度测试要求的场所，试运行试验检测照度，并对比是否符合设计要求。

3. 电动机试运行

1）电动机试运行前检测绝缘电阻，不低于 0.5 MΩ。

2）电动机的保护、控制、测量、信号等回路调试完成、动作正常。

3）试运前应手动盘车，电动机转子转动灵活，无碰卡现象。

4）电动机试运行应先做空载试运行，先点启动检查转向，转向符合要求，空载试运行 2 h，无异常则可投入负荷试运行，空载试运行要记录电流、电压、温度、轴承温度等各项参数。

5）电动机负荷试运行，在冷态时，可连续启动 2 次，在热态时只能连续启动 1 次，再次启动必须待电动机冷却至常温下进行。

6）电动机在试运行中应无杂声、无过热现象，振动的振幅、轴承的温度均应在允许范围。

四、通风与空调工程的风量测试和温度湿度、自动控制试验

1. 风管风量的测定（以矩形风管为例）

根据　$Q=3\,600\,FV$（m^3）

式中，Q——风管风量，m^3/h；

F——风管测定断面面积，m^2；

V——测定断面的平均速度，m/s。

测定风速使用的仪表主要有：毕托管、微压计、叶轮风速仪和热球式风速仪。

1）进行测定断面的选择，测定断面应选择在气流均匀的直管段上，离开产生涡流的局部部分有一定的距离，以免受局部阻力的影响。即按气流方向，在局部阻力之后大于或等于 4～5 倍管径（或矩形风管大边尺寸），在局部阻力之前大于或等于 1.5～2 倍管径（或矩形风管大边尺寸）的直管段上。当条件受到限制时，距离可适当缩短，但也应使测定断面到前局部构件的距离大于测定断面到后局部构件的距离，同时应适当增加测定断面上测点的数目。

2）确定断面的测点，在测定断面各点的气流速度是不相等的，因此应选择有代表性的测点，在测点断面内，确定测点的位置和数目。

3）矩形断面测点的位置图

如图 9-1 所示，可将测定断面划分为若干个接近正方形的面积相等的小断面，其面积一般不大于 0.05 m^2（即每个小断面的边长 200～250 mm，最好小于 200 mm），测点位于各小断

面的中心。

$$V=(V_1+V_2+\cdots+V_n)/n$$

式中，n 为小断面数。

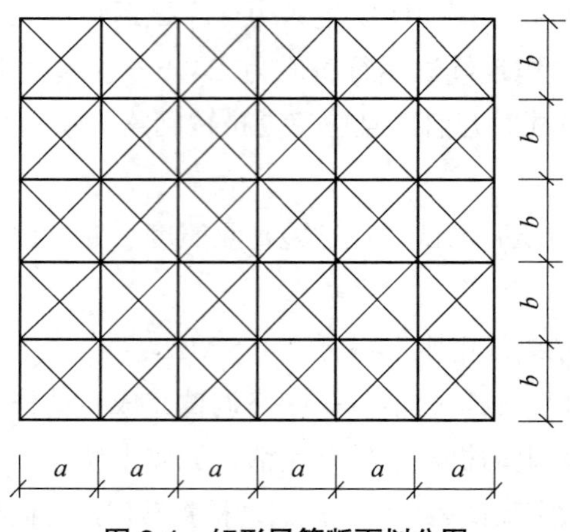

图 9-1　矩形风管断面划分图

2. 系统风量测定和调整平衡应达到的要求

1）新风量与回风量之和应近似等于总的送风量，或各送风量之和。总送风量略大于回风量和排风量之和。

2）风口的风量、新风量、回风量、排风量的实测值与设计风量的允许值不大于 10%。

3）系统风量测定包括风量及风压测定，系统总风压仪测量风机前后的全压差为准；系统总风量以总风的压的风量为准。

在系统风量达到平衡后，进一步调整通风机的风量，使其满足空调系统的要求。

3. 室内速度分布、温度分布、相对湿度和噪声的测定

1）速度的测定：气流速度的测定采用热球式风速仪，测定时，将测头置于各测点测出气流速度的大小。

2）温度的测定：可用温度计主要测出工作区不同标高平面上的温度，绘出平面温差图，进而确定不同平面中区域温差值。

3）室内相对湿度测定：相对湿度测点的布置同速度分布。可用热电阻干球温度计或 DHJl 自记毛发湿度计。

4）室内噪声的测定：用声级计测定，其测定点以房间中心距地面高度 1.2 m 处。

五、自动喷水灭火系统火灾报警试验和消火栓系统水枪喷射试验

1. 自动喷水灭火系统火灾报警试验（以湿式自动喷水灭火系统为例）

1）在每个报警阀组控制的最不利点喷头处和防火分区和楼层的最不利点喷头处设置有试水阀的试水装置，试水阀的口径为 25 mm。所谓的最不利点即从管网距供水最远处。

2）试验时，在试水装置处打开试水阀放水，当温式报警阀进入水口压力大于 0.14 MPa，放水流量大于 1L/s 时，报警阀应及时启动，水力警铃报警，压力开关动作向消控中心发出信

号，有联动控制的应急时启动消防泵。

2. 消火栓系统水枪喷射试验

1）室内消火栓试射试验选取的位置是屋顶层（或水箱间内）的试验消火栓和首层两处消火栓。

2）实验室管理系统达到设计的工作压力或通过水泵结合器消防水泵加压，均应符合工程设计，预期要求。

3）顶层试射的充实水柱一般建筑不小于 7 m；甲、乙类厂房，六层以上民用建筑，四层以上工厂不小于 10 m；高层工业建筑与高架车库不小于 13 m。

4）首层两处消火栓试射以检验充实水柱同时到达本消火栓应达到的最远点的能力。

六、建筑智能化工程各子系统回路的试验

1）建筑智能化工程系统检测的定义：建筑智能化系统安装、调试、自检完成并经过试运行后，采用特定的方法和仪器设备对系统功能和性能进行全面检查和测试，并给出结论。

2）智能建筑分部工程应包括通信网络系统、信息网络系统、建筑设备监控系统、火灾自动报警及消防联动系统、安全防范系统、综合布线系统。智能化系统集成、电源与接地、环境和住宅（小区）智能化等子分部工程；子分部工程又分为若干个分项工程（子系统）。

3）建筑智能工程各子系统检测内容及要求详见《智能建筑工程质量验收规范》（GB 50339—2013）中 19 个子分部工程（子系统工程）相关的条款及规范附录 C 有关规定执行。

第三节　安装工程试验检测的方法

一、电气工程材料的试验和检测方法

电气工程的检验与试验工作是电气工程的重要工作之一，做好检验与试验工作是我们专业技术人员的重要职责。

1. 电气设备

电气设备包括电力变压器、高低压成套配电柜、动力照明配电箱、高压开关、低压大型开关（2 000 A 以上）、电机随设备、蓄电池、应急电源等。

2. 电气材料

电气材料包括母线、电线、电缆、电线导管线槽、桥架、灯具、开关插座、水泥电杆、变压器油、蓄电池用电解液、低压设备等。设备、材料进场后，一般抽检 10%，数量少时应全部检查。

3. 电气工程的主要设备、材料

根据国家质量技术监督局发布的 33 号公告及国家质量技术监督局公布的第一批实施强制性产品认证的电工产品目录，施工现场使用的电线电缆、低压电器、灯具镇流器、消防产

品等电气材料都应具有 3C 认证证书。进口的电气设备、器具和材料的进场验收，应提供商品检验证明和中文的质量合格证明文件及规格、型号、性能检测报告以及中文的安装、使用、维修和试验要求等技术文件。

4. 高低压成套配电柜，蓄电池柜，不间断电源柜，控制柜（屏、台）及动力、照明配电箱（盘）

高低压成套配电柜，蓄电池柜，不间断电源柜，控制柜（屏、台）及动力、照明配电箱（盘）应符合下列规定：

1）必须是机械部、电力部主管部门认可定点厂的产品，其中柜（箱）内的电气器具，如漏电开关、空气开关等应具有 3C 认证。

2）外观检查：有铭牌，柜内元器件无损坏丢失，接线无脱落脱焊，蓄电池柜内电池壳体无碎裂、漏液，充油、充气设备无泄漏，涂层完整，无明显碰撞凹陷。

5. 柴油发电机组

柴油发电机组应符合下列规定：

1）依据装箱单，核对主机、附件、专用工具、备品备件和随带技术文件，查验合格证和出厂试运行记录，发电机及其控制柜也有出厂试验记录。

2）外观检查：有铭牌，机身无缺件，涂层完整。

6. 电动机、电加热器、电动执行机构和低压开关设备等

电动机、电加热器、电动执行机构和低压开关设备等应符合下列规定：

1）查验合格证和随带技术文件，实行生产许可证和安全认证制度的产品，有许可证编号和安全认证标志。

2）外观检查：有铭牌，附件齐全，电气接线端子完好，设备器件无缺损，涂层完整。

7. 照明灯具及附件

照明灯具及附件应符合下列规定：

1）查验合格证，新型气体放电灯具有随带技术文件。

2）外观检查：灯具涂层完整，无损伤，附件齐全。防爆灯具铭牌上有防爆标志和防爆合格证号，普通灯具有安全认证标志。

3）对成套灯具的绝缘电阻、内部接线等性能进行现场抽样检测。灯具的绝缘电阻不小于 2 MΩ，内部接线为铜芯绝缘电线，芯线截面积不小于 0.5 mm^2 橡胶或聚氯乙稀（PVC）绝缘电线的绝缘层厚度不小于 0.6 mm。对游泳池和类似场所灯具（水下灯及防水灯具）的密闭和绝缘性能有异议时，按批抽样送有资质的试验室检测。

8. 插座、接线盒和风扇及其附件

插座、接线盒和风扇及其附件应符合下列规定：

1）查验合格证，防爆产品有防爆标志和防爆合格证书，实行安全认证制度的产品有安全认证标志。

2）外观检查：开关、插座的面板及接线盒盒体完整、无碎裂、零件齐全，风扇无损坏，涂层完整，调速器灯附件适配。

3）对开关、插座的电气和机械性能进行现场抽样检测。检测规定如下：

①不同极性带电部件间的电气间隙和爬电距离比小于 3 mm。

②绝缘电阻值不小于 5MΩ。

③用自攻锁紧螺钉或自切螺钉安装的，螺钉与软塑固定件旋合长度不小于 8 mm，软塑固定件在承受 10 次拧紧退出试验后，无松动或掉渣，螺钉及螺纹无损坏现象。

④金属间相旋合的螺钉螺母，拧紧后完全退出，反复 5 次仍能正常使用。

4）对开关、插座、接线盒及其面板等塑料绝缘材料阻燃性能有异议时，按批抽样送有资质的试验室检测。

9. 电线、电缆

电线、电缆应符合下列规定：

1）按批查验合格证，合格证有生产许可证编号，按《额定电压 450/750 V 及以下聚氯乙稀绝缘电缆　第 1 部分：一般要求》（GB/T 5023.1—2008/IEC 60227—1：2007）的要求。

2）标准生产的产品有安全认证标志。

3）外观检查：包装完好，抽检的电线绝缘层完好无损，厚度均匀。电缆无压扁、扭曲，铠装不松卷。耐热、阻燃的电线、电缆外护层有明显厂家、规格、型号、耐压等级标识。

4）按制造标准，现场抽样检测绝缘层厚度和圆形线芯的直径，线芯直径误差不大于标称直径的 1%。

5）对电线、电缆绝缘性能、导电性能和阻燃性能有异议时，按批抽样送有资质的试验室检测。

10. 导管

导管应符合下列规定：

1）按批查验合格证。

2）外观检查：钢导管无压扁、内壁光滑。非镀锌钢导管无严重锈蚀，按制造标准油漆出厂的油漆完整，镀锌钢导管镀层覆盖完整、表面无锈蚀。绝缘导管及配件不碎裂、表面有阻燃标记和制造厂标。

3）按制造标准的相关规定现场抽样检测导管的管径、壁厚及均匀度，其中 PVC 导管应使用中型及以上产品。对绝缘导管及配件的阻燃性能有异议时，按批抽样送有资质的试验室检测。

11. 型钢和电焊条

型钢和电焊条应符合下列规定：

1）按批查验合格证和材质证明书，有异议时，按批抽样送有资质的试验室检测。

2）外观检查：型钢表面无严重锈蚀，无过度扭曲、弯曲变形，电焊条包装完整，拆包抽检，焊条尾部无锈蚀。

12. 镀锌制品和外线金具

镀锌制品（支架、横担、接地极、避雷用型钢等）和外线金具应符合下列规定：

1）按批查验合格证或镀锌厂出具的镀锌质量证明书。

2）外观检查：镀锌层覆盖完整、表面无锈蚀，金具配件齐全，无砂眼。

3）对镀锌质量有异议时，按批抽样送有资质的试验室检测。

13. 电缆桥架、线槽

电缆桥架、线槽应符合下列规定：

1）查验合格证。

2）外观检查：部件齐全，表面光滑、不变形，钢制桥架涂层完整，无锈蚀，玻璃钢制桥架色泽均匀，无破碎、碎裂，铝合金桥架涂层完整，无扭曲变形、无压扁、表面无划伤。

14. 封闭母线、插接母线

封闭母线、插接母线应符合下列规定：

1）查验合格证和随带安装技术文件。

2）外观检查：防潮密闭良好，各段编号标志清晰，附件齐全，外壳不变形，母线螺栓搭接面平整、镀层覆盖完整、无起皮和麻面，插接母线上的静触头无缺损、表面光滑、镀层完整。

15. 裸母线、裸导线

裸母线、裸导线应符合下列规定：

1）查验合格证。

2）外观检查：包装完好，裸母线平直，表面无明显划痕，测量厚度和宽度符合制造标准，裸导线表面无明显损伤，不松股、扭折和断股（线），测量线径符合制造标准。

二、建筑给水排水及采暖工程检验和检测的方法

1. 室内给水系统

（1）室内给水管道

1）室内给水管道的水压试验必须符合设计要求。当设计未注明时，各种材质的给水管道系统试验压力均为工作压力的 1.5 倍，但不得小于 0.6 MPa。

检验方法：金属及复合管给水管道在试验压力下观测 10 min，压力降不应大于 0.02 MPa，然后降到工作压力进行检查，应不渗、不漏；塑料管给水系统应在试验压力下稳压 1 h，压力降不得超过 0.05 MPa，然后在工作压力的 1.15 倍状态下稳压 2 h，压力降不直超过 0.03 MPa，同时检查各连接处不得渗漏。

2）给水系统交付使用前必须进行通水试验并做好记录。

检查方法：观察和开启阀门、水嘴等放水。

3）室内直埋给水管道（塑料管道和复合管道除外）应做防腐处理。埋地管道防腐层标材质和结构应符合设计要求。

检验方法：观察或局部解剖检查。

4）给水引入管与排水排出管的水平净距不得小于 1 m。室内给水与排水管道平行敷设时，两管间的最小水平净距不得小于 0.5 m；交叉铺设时，垂直净距不得小于 0.15 m。给水管应铺在排水管上面，若给水管必须铺在排水管下面时，给水管应加套管，其长度不得小于排水管管道径的 3 倍。

检验方法：尺量检查。

5）给水水平管道应有 2‰～5‰的坡度坡向泄水装置。

检验方法：水平尺和尺量检查。

6）管道及管件焊接的焊缝表面应无裂纹、未熔合、未焊透、夹渣、弧坑和气孔等缺陷。

检验方法：观察检查。

7）给水道和阀门安装的允许偏差见表 9-1。

表 9-1　给水道和阀门安装的允许偏差

<table>
<tr><th>项次</th><th colspan="3">项目</th><th>允许偏差/mm</th><th>检验方法</th></tr>
<tr><td rowspan="3">1</td><td rowspan="3">水平管道纵横方向弯曲</td><td>钢管</td><td>每米全长 25 m 以上</td><td>1≯25</td><td rowspan="3">用水平尺、直尺、拉线和尺量检查</td></tr>
<tr><td>塑料复合管</td><td>每米全长 25 m 以上</td><td>1.5≯25</td></tr>
<tr><td>铸铁管</td><td>每米全长 25 m 以上</td><td>2≯25</td></tr>
<tr><td rowspan="3">2</td><td rowspan="3">立管垂直度</td><td>钢管</td><td>每米 5 m 以上</td><td>3≯8</td><td rowspan="3">吊线和尺量检查</td></tr>
<tr><td>塑料复合管</td><td>每米 5 m 以上</td><td>2≯8</td></tr>
<tr><td>铸铁管</td><td>每米 5 m 以上</td><td>3≯10</td></tr>
<tr><td>3</td><td colspan="2">成排管段和成排阀门</td><td>在同一平面上间距</td><td>3</td><td>尺量检查</td></tr>
</table>

8）水表应安装在便于检修、不受曝晒、污染和冻结的地方。安装螺翼式水表，表前与阀应有不小于 8 倍水表接口直径的直线管段。表外壳距墙表面净距为 10～30 mm；水表进水口中心标高按设计要求，允许偏差为±10 mm。

检验方法：观察和尺量检查。

（2）室内消火栓

1）室内消火栓系统安装完成后应取屋顶层（或水箱间内）试验消火栓和首层取两处消火栓做试射试验，达到设计要求为合格。

检验方法：实地试射检查。

2）安装消火栓水龙带，水龙带与水枪和快速接头绑扎好后，应根据箱内构造将水龙带挂放在箱内的挂钉、托盘或支架上。

检查方法：观察检查。

（3）给水设备

1）水泵就位前的基础混凝土强度、坐标、标高、尺寸和螺栓孔位置必须符合设计规定。

检验方法：对照图纸用仪器和尺量检查。

2）水泵试运转的轴承温升必须符合设备说明书的规定。

检验方法：温度计实测检查。

3）水箱支架或底座安装，其尺寸及位置应符合设计规定，埋设平整牢固。

检验方法：对照图纸，尺量检查。

4）立式水泵的减振装置不应采用弹簧减振器。

检验方法：观察检查。

5）室内给水设备安装的允许偏差见表 9-2。

表 9-2　室内给水设备安装的允许偏差

<table>
<tr><th>项次</th><th colspan="3">项目</th><th>允许偏差/mm</th><th>检验方法</th></tr>
<tr><td rowspan="3">1</td><td rowspan="2">静置设备</td><td colspan="2">坐标</td><td>15</td><td>经纬仪或拉线、尺量</td></tr>
<tr><td colspan="2">坐标</td><td>5</td><td>用水准仪、拉线和尺量检查</td></tr>
<tr><td colspan="3">垂直度（每米）</td><td>5</td><td>吊线和尺量检查</td></tr>
<tr><td rowspan="4">2</td><td rowspan="4">离心式水泵</td><td colspan="2">立式泵体垂直度（每米）</td><td>0.1</td><td>水平尺和塞尺检查</td></tr>
<tr><td colspan="2">卧式泵体水平度（每米）</td><td>0.1</td><td>水平尺和塞尺检查</td></tr>
<tr><td rowspan="2">联轴器同心度</td><td>轴向倾斜（每米）</td><td>0.8</td><td rowspan="2">在联轴器互相垂直的 4 个位置上用水准仪、百分表或测微螺钉和塞尺检查</td></tr>
<tr><td>径向位移</td><td>0.1</td></tr>
</table>

2. 室内排水系统

排水管道及配件要求：

1）埋在地下或地板下的排水管道的检查口，应设在检查井内。井底表面标高与检查口的法兰相平，井底表面应有 5%坡度，坡向检查口。

检验方法：尺量检查。

2）立管不大于 3 m。楼层高度小于或等于 4 m，立管可安装 1 个固定件。立管底部的弯管处应设支墩或采取固定措施。

检验方法：观察和尺量检查。

3）排水能气管不得与风道或烟道连接：通气管应高出屋面 300 mm，但必须大于最大积雪厚度。在通气管出口 4 m 以内有门、窗时，通气管应高出门、窗顶 600 mm 或引向无门、窗一侧。在经常有人停留的平屋顶上，通气管应高出屋面 2 m，并应根据防雷要求设置防雷装置。屋顶有隔热层从隔热层板面算起。

检验方法：观察和尺量检查。

4）安装未经消毒处理的医院含菌污水管道，不得与其他排水管道直接连接。

检验方法：观察检查。

5）饮食业工艺设备引出的排水管及饮用水水箱的溢流管，不得与污水道直接连接，并应留出不小于 100 mm 的隔断空间。

检验方法：观察和尺量检查。

6）通向室外的排水检查井的排水管，穿过墙壁或基础必须下返时，应采用 45°三通和 45°弯头连接，并应在垂直管段顶部设置清扫口。

检验方法：观察和尺量检查。

7）由室内通向室外排水检查井的排水管，井内引入管应高于排出管或两管顶相平，并不小于 90°的水流转角，如跌落差大于 300 mm 可不受角度限制。

检验方法：观察和尺量检查。

8）用于室内排水的室内管道、水平管道与立管的连接，应采用45°三通或45°四通和90°斜三通或90°斜四通。立管与排出管端部的连接，应采用两个45°弯头或曲率半径不小于4倍管径的90°弯头。

检验方法：观察和尺量检查。

9）排水管道安装的允许偏差见表9-3。

表9-3 排水管道安装的允许偏差

<table>
<tr><th>项次</th><th colspan="4">项　　目</th><th>允许偏差/mm</th><th>检验方法</th></tr>
<tr><td>1</td><td colspan="4">坐　　标</td><td>15</td><td rowspan="2">用水准仪（水平尺）、直尺、拉线和尺量检查</td></tr>
<tr><td>2</td><td colspan="4">标　　高</td><td>±15</td></tr>
<tr><td rowspan="10">3</td><td rowspan="10">横管纵横方向弯曲</td><td rowspan="2">铸铁管</td><td colspan="2">每1 m</td><td>≯1</td><td rowspan="10"></td></tr>
<tr><td colspan="2">全长（25 m以上）</td><td>≯25</td></tr>
<tr><td rowspan="4">钢管</td><td rowspan="2">每1 m</td><td>管径小于或等于100 mm</td><td>1</td></tr>
<tr><td>管径大于100 mm</td><td>1.5</td></tr>
<tr><td rowspan="2">全长（25 m以上）</td><td>管径小于或等于100 mm</td><td>≯25</td></tr>
<tr><td>管径大于100 mm</td><td>≯308</td></tr>
<tr><td rowspan="2">塑料管</td><td colspan="2">每1 m</td><td>1.5</td></tr>
<tr><td colspan="2">全长（25 m以上）</td><td>≯38</td></tr>
<tr><td rowspan="2">钢筋混凝土管、混凝土管</td><td colspan="2">每1 m</td><td>3</td></tr>
<tr><td colspan="2">全长（25 m以上）</td><td>≯75</td></tr>
<tr><td rowspan="6">4</td><td rowspan="6">立管垂直度</td><td rowspan="2">铸铁管</td><td colspan="2">每1 m</td><td>3</td><td rowspan="6">吊线和尺量检查</td></tr>
<tr><td colspan="2">全长（25 m以上）</td><td>≯15</td></tr>
<tr><td rowspan="2">钢管</td><td colspan="2">每1 m</td><td>3</td></tr>
<tr><td colspan="2">全长（25 m以上）</td><td>≯10</td></tr>
<tr><td rowspan="2">塑料管</td><td colspan="2">每1 m</td><td>3</td></tr>
<tr><td colspan="2">全长（25 m以上）</td><td>≯15</td></tr>
</table>

3. 室内热水供应系统

（1）热水供应系统

1）热水供应系统安装完毕，管道保温之间前应进行水压试验。检验方法：钢管或复合管道系统试验压力下10 min内压力降不大于0.02 MPa，然后降至工作压力检查，压力应不降，且不渗、不漏；塑料管道系统在试验压力下稳压1 h压力降不得超过0.05 MPa，然后在工作压力1.5倍状态下稳压2 h，压力降不得超过0.03 MPa，连接处不得渗漏。

2）管道安装坡度应符合设计规定。

检验方法：水平尺、拉线尺量检查。

3）辅助设备

①在安装太阳能集热器玻璃前，应对集热排管和上、下集管做水压试验，试验压力为工作压力的 1.5 倍。

检验方法：试验压力下 10 min 内压力不降，不渗、不漏。

②热交换器应以工作压力的 1.5 倍做水压试验。蒸汽部分应不低于蒸汽供汽压力加 0.3 MPa；热水部分应不低于 0.4 MPa。

检验方法：试验压力下 10 min 内压力不降，不渗、不漏。

③水泵就位前的基础混凝土强度、坐标、标高、尺寸和螺栓孔位置必须符合设计要求。

检验方法：对照图纸用仪器和尺量检查。

④水泵试运转的轴承温升。

检验方法：温度计实测检查。

⑤敞口水箱的满水试验和密闭水。

检验方法：满水试验静置 24 h，观察不渗、不漏；水压试验在试验压力 10 min 力不降，不渗、不漏。

4. 卫生器具

卫生器具交工前应做满水和通水试验。

检验方法：满水后各连接件不渗、不漏；通水试验给、排水畅通。

5. 室内采暖系统

（1）系统试压合格后，应对系统进行冲洗并清扫过滤器及除污器。

检验方法：现场观察，直至排出水不含泥沙、铁屑杂质，且水色不浑浊为合格。

（2）系统冲洗完毕应充水、加热，进行试运行和调试。

检验方法：观察、测量室温应满足设计要求。

6. 供热锅炉及辅助设备

（1）为保证非承压锅炉的安全运行，对非承压锅炉本体及管道也应进行水压试验，防止渗漏。其试验标准按工作压力小于 0.6 MPa 时，试验压力不小于 1.5P+0.2 MPa 的标准执行，因为其工作压力为 0，所以应为 0.2 MPa，详见表 9-4。

表 9-4　水压试验压力规定

项次	设备名称	工作压力 P/MPa	试验压力/MPa
1	锅炉本体	P＜0.59	1.5P 但不小于 0.2
		0.59≤P≤1.18	P+0.3
		P＞1.18	1.25P
2	可分式省煤器	P	1.25P+0.5
3	非承压锅炉	大气压力	0.2

注：1. 工作压力 P，对蒸汽锅炉指锅筒工作压力；对热水锅炉指额定出水压力；

2. 铸铁锅炉水压试验同热水锅炉；

3. 非承压锅炉水压试验压力为 0.2 MPa，试验期间压力应保持不变。

检验方法：

①在试验压力下 10 min 内压力降不超过 0.02 MPa；然后降至工作压力进行检查，压力不降，不渗、不漏。

②观察检查，不得有残余变形，受压元件金属和焊缝上不得有水珠和水雾。

（2）锅炉的高低水位报警器和超温、超压报警器及联锁保护装置必须按设计要求安装齐全和有效。

检验方法：启动、联动试验并做好试验记录。

（3）锅炉在烘炉、煮炉合格后，应进行 48h 的带负荷连续试运行，同时应进行安全阀的热状态定压检验和调整。

检验方法：检查烘炉、煮炉及试运行全过程。

（4）热交换器应以最大工作压力的 1.5 倍做水压试验，蒸汽部分应不低于蒸汽供汽压力加 0.3 MPa；热水部分应不低于 0.4 MPa。

检验方法：在试验压力下，保持 10 min 压力不降。

三、通风与空调工程检验和检测的方法

1. 通风机安装工程

（1）本规定适用于风压低于 3 kPa（约等于 300 mmH_2O）范围内的中、低压离心式或轴流式通风机安装工程；

1）内机叶轮严禁与壳体碰擦。

检验方法：盘动叶轮检查。

2）地脚螺栓必须拧紧，并有防松装置；垫铁放置位置必须正确、接触紧密，每组不超过 3 块。

检验方法：小锤轻击、扳手拧试和观察检查。

3）试运转时叶轮旋转方向必须正确。经不少于 2 h 的运转后，滑动轴承温升不超过 35℃，最高温度不超过 70℃，滚动轴承温升不超过 40℃，最高温度不超过 30℃。

检验方法：检查试运转记录或试车检查。

（2）允许偏差项目

通风机安装的允许偏差和检验方法应符合表 9-5 的规定。

检查数量：逐台检查。

表 9-5　通风机安装的允许偏差和检验方法

项次	项目		允许偏差/mm	检验方法
1	中心线的平面位移		10	经纬仪或拉线和尺量检查
2	标高		±10	水准仪或水平仪、直尺、拉线和尺量检查
3	皮带轮轮宽中心平面位移		1	在主、从动皮带轮端面拉线和尺量检查
4	传动轴水平度		0.2/1 000	在轴或皮带轮 0°和 180°的两个位置上，用水平仪检查
5	联轴器同心度	径向位移	0.05	在联轴器互相垂直的 4 个位置上，用百分表检查
		轴向倾斜	0.2/1 000	

2. 制冷管道安装工程

（1）保证项目

1）管子、管件、支架与阀门的型号、规格、材质及工作压力必须符合设计要求和施工规范规定。

检验方法：观察检查和检查合格证或试验记录。

2）管子、管件及阀门内壁必须清洁及干燥。阀门必须按施工规定进行清洗。

检验方法：观察检查和检查合格证或安装记录。

3）管道系统的工艺流向、管道坡度、标高、位置必须符合设计要求。

检查数量：按系统管段（件）数各抽查 10%，但均不少于 3 件。

检验方法：观察和尺量检查。

4）接压缩机的吸、排气管道必须单独设立支架。管道与设备连接时严禁强制对口。

检验方法：观察检查。

5）焊缝与热影响区严禁有裂纹，焊缝两面无夹渣、气孔等缺陷。氨系统管道焊口检查还必须符合《工业金属管道工程施工规范》（GB 50235—2010）的规定。

检验方法：放大镜观察检查，氨系统检查射线探伤报告。

6）管道系统的吹污，气密性试验、真空度试验必须按施工规范进行。

检验方法：检查吹污试样或记录。

（2）允许偏差项目

管道安装及焊缝的允许偏差和检验方法应符合表 9-6 的规定。

检查数量：按系统内水平、垂直管道的管段各抽查 10%，但不少于 2 段。成排阀门全数检查。

表 9-6 管道安装及焊缝的允许偏差和检验方法

<table>
<tr><th>项次</th><th colspan="4">项目</th><th>允许偏差</th><th>检查方法</th></tr>
<tr><td rowspan="4">1</td><td rowspan="4">坐标</td><td rowspan="2" colspan="2">室外</td><td>架空</td><td>15</td><td rowspan="4">按系统检查管道的起点、终点、分支点和变向点及各点间直管。用经纬仪、水准仪、液体连通器、水平仪、拉线和尺量检查</td></tr>
<tr><td>地沟</td><td>20</td></tr>
<tr><td rowspan="2" colspan="2">室内</td><td>架空</td><td>5</td></tr>
<tr><td>地沟</td><td>10</td></tr>
<tr><td rowspan="4">2</td><td rowspan="4">标高</td><td rowspan="2" colspan="2">室外</td><td>架空</td><td>±15</td><td rowspan="4">用液体连通器、水平仪、直尺、吊垂、拉线和尺量检查</td></tr>
<tr><td>地沟</td><td>±20</td></tr>
<tr><td rowspan="2" colspan="2">室内</td><td>架空</td><td>±5</td></tr>
<tr><td>地沟</td><td>±10</td></tr>
<tr><td rowspan="3">3</td><td rowspan="3">水平管道</td><td rowspan="2">纵横、向弯曲</td><td>DN100 以内</td><td rowspan="2">每 10 m</td><td>5</td><td rowspan="3">用液体连通器、水平仪、直尺、吊锤、拉线和尺量检查</td></tr>
<tr><td>DN100 以上</td><td>10</td></tr>
<tr><td colspan="3">横向弯曲全长 25 mm 以上</td><td>20</td></tr>
</table>

续表

项次	项目		允许偏差	检查方法
4	立管垂直度	每 1 m	2	用尺和样板尺检查
		全长 5 m 以上	8	
5	成排管段及成提阀门在同一平面上		3	
6	焊口平直度	≤10 mm	5	焊接检验尺检查
7	焊缝加强层	高度	+1	焊接检验尺检查
		宽度	+10	
8	咬肉	深度	<0.5	用尺和焊接检验尺检查
		连续长度	25	
		总长度（两侧）小于焊接缝总长	L/10	

3. 制冷管道保温工程

（1）空气调节系统中制冷管道的保温工程

检查数量：按系统内水平、垂直管段，5 段以内各抽查 1 段，5 段以上抽查 2 段。

（2）保证项目

1）保温材料的材质、规格及防火性能必须设计和防火要求。

检验方法：观察检查和检查材料合格证可做燃烧试验。

2）隔热层施工时，阀门、法兰及其他可拆卸部件的两侧必须留出空隙，再以相同的隔热材料填补整齐。

检验方法：观察检查。

3）保温层的端部和收头处必须做封闭处理。

检验方法：观察检查。

（3）允许偏差项目

保温层平整度、隔热层厚度的允许偏差和检验方法应符合表 9-7 的规定。

表 9-7　保温层平整度、隔热层厚度的允许偏差和检验方法

项次	项目		允许偏差	检验方法
1	保温层表面平整度	卷材或板材	5	用 1 m 直尺和楔形塞尺检查
		散材或软质材料	10	
2	隔热层厚度		+0.10 −0.05	用钢针刺入隔热层和尺量检查

四、自动喷水灭火系统和火灾报警的试验和检测方法

1. 火灾自动报警系统检查

（1）外观检查

1）检查系统的主电源、备用电源、自动切换装置等安装位置及施工质量。火灾自动报警

系统主电源应有明显标志，主电源的保护开关不应采用漏电保护开关，控制器的主电源引入线，应直接与消防电源连接，严禁使用电源插头。

2）检查系统接地和系统布线。检查系统是否实施工作接地、保护接地，检查系统工作接地形式、接地电阻、系统布管材质、布线选型、管线的敷设方式及其防火保护是否符合设计和施工质量要求。

3）检查火灾探测器的类别、型号、适用场所、安装高度、保护半径、保护面积和安装间距，手动火灾报警按钮、火灾警报装置和消防专用电话的设置位置、数量，扩音机的容量，以及扬声器的设置位置、功率、数量是否符合设计和施工质量要求。

4）检查火灾报警控制器、消防联动控制设备（包括灭火系统控制装置，电动防火门、防火卷帘控制装置，通风空调、防烟排烟及电动防火阀等消防控制装置，火灾应急广播及警报装置、消防通信、消防电源、电梯的控制装置，切断非消防电源的控制装置，可燃气体关断阀的电动控制装置等）的安装位置、型号、数量、类别、功能及安装质量。火灾报警控制器和联动控制设备的各种旋钮、按键、开关、插座、插件等外形和结构应完好、文字符号和标识应清晰。

5）检查消防控制室的位置、安全出口、应急照明以及通风管道、电气线路和管路的设置等是否符合设计要求。

（2）火灾探测器功能检查

1）线型光束感烟火灾探测器：将减光值为 10.0 dB 的滤光片置于线型光束感烟火灾探测器的光路中并尽可能靠近接收器，能在 30 s 内发出火灾报警信号为合格。

2）手动火灾报警按钮：按下手动火灾报警按钮的启动零件，应输出火灾报警信号，红色报警确认灯应点亮，并保持至被复位。

3）可燃气体探测器：可燃气体探测器在被监视区域内的可燃气体浓度达到报警设定值时，应能发出报警信号。

（3）故障报警功能检查

1）复位火灾报警控制器，使其处于正常监视状态后，拆下一只探测器或手动火灾报警按钮，同时用秒表开始计时。观察火灾报警控制器在 100 s 内是否发出。

2）火警优先报警功能检查。在故障状况下，给感烟探测器炊烟，应发出火灾报警信号，观察火警指示灯是否点亮、能否指示火警部位，以及记录火警时间等情况。

3）消音、复位功能检查。在故障报警和火警报警状态下，按下“消音”键，故障或火警声信号应能手动消除，再有故障或火警信号输入时，应能再启动；故障或火警光信号应保持至故障排除或火警信号减除后，到按下“复位”键，火灾报警控制器恢复正常监视状态为止。

（4）主备电源自动转换功能检查

1）切断火灾报警控制器主电源，备用电源应自动投入。

2）然后恢复主电源，备用电源应自动切断，观察电源切换时指示灯变化情况，主电源、备电源的工作状态应有指示。主电源、备电源的自动转换装置应进行 3 次转换试验，每次试验均应正常。控制器的主电源应有明显的永久性标志，并应直接与消防电源连接，严禁使用电源插头。控制器与其外接备用电源之间应直接连接。

（5）火灾报警控制器的功能检查

1）自检功能检查。按下自检功能键，观察控制器面板上所有指示灯（器）、显示器点亮情况以及音响器件的声响情况。当系统出现故障时，应发出与火灾报警信号有明显区别的声、光故障信号，声故障信号应能手动消除并有消声指示，当有新故障报警信号时，声故障信号应能再次启动，光故障信号在故障排除之前应能保持；故障期间，非故障回路的正常工作不受影响。被隔离的部件、设备应有隔离状态光指示，并能查寻或显示被隔离部件、设备的部位。执行自检功能时，火灾报警控制器、联动控制设备应断其外接设备，时钟亦不应停止计时。

2）火灾报警功能检查。操作手动火灾报警按钮的启动零件使其动作，同时用秒表开始计时，观察火灾报警控制器在 10 s 内是否发出声、光火灾报警信号。如发出火灾报警信号，观察火警指示灯是否点亮、能否指示火警部位，以及记录火警时间等情况。故障声、光信号以及指示故障部位情况。

2. 自动喷水灭火系统检查的要点及方法

（1）消防水池（箱）

每年应对水源的供水能力进行一次测定。每两年应对消防储水设备进行检查，修补缺损和重新油漆。维护管理人员每天应对水源控制阀进行外观检查，并应保证系统处于无故障状态。消防水池、消防水箱及消防气压给水设备应每月检查一次，并应检查其消防水位及消防气压给水设备的气体压力。同时，应采取措施保证消防用水不作他用，并应每月对该措施进行检查，发现故障及时处理。

消防水池、消防水箱、消防气压给水设备内的水应根据当地环境、气候条件不定期更换。更换前，负责自动喷水灭火系统的专职或兼职管理人员应向领导报告，办理相应的书面手续。寒冷季节，消防储水设备的任何部位均不得结冰。每天应检查设置储水设备的房间，保持室温不低于 5℃。

消防水箱、消防气压给水设备所配置的玻璃水位计，由于受外力易于破碎，造成消防储水流失或形成水害。因此，在观察过水位后，应将水位计两端的角阀关闭。钢板消防水箱和消防气压给水设备的玻璃水位计，两端的角阀在不进行水位观察时应关闭。

（2）消防水泵

供给消防用水的关键设备，必须定期进行试运转，保证发生火灾时启动灵活、不卡壳，电源或内燃机驱动正常，自动启动或电源切换及时无故障。消防水泵应每月启动运转一次，内燃机驱动的消防水泵应每周启动运转一次。当消防水泵为自动控制启动时，应每月模拟自动控制的条件启动运转一次。

消防水泵接合器。消防水泵接合器的接口及附件应每月检查一次，并应保证接口完好、无渗漏、闷盖齐全。

3. 喷头

自动喷水灭火系统工作的最后一关，它的好坏直接关系到火灾时控火和灭火的效果，但由于平时喷头不便拆下检查，所以对喷头的日常维护更具难度。一般喷头的维护有以下要求：

1）每月应对喷头进行一次外观检查，发现有不正常的喷头应及时更换；当喷头上有异物时，应及时清除。更换或安装喷头均应使用专用扳手。特别是建筑物进入二次装修以后，装饰的油漆涂料很可能被涂抹在喷头的玻璃泡上，所以在检查时一旦发现喷头的感温元件被其他物品遮盖，一定要设法清除。如不能清除，应及时更换喷头，保证喷头的感温效果。同时二次装修会引起建筑内部分隔的变化，会造成喷头的移位，在喷头更换或重新安装时一定要使用专用扳手，防止造成喷头与配水（支）管的连接不当或损坏喷头，而影响整个系统的工作。

2）各种不同规格的喷头均应有一定数量的备用品，其数量不应小于安装总数的 1%，且每种备用喷头不应少于 10 个，以备替换需要。储存这些备件应注意防潮、防尘、防腐蚀，并保存在 38℃以下。一种系统类型配置一个喷头扳手。喷头不能喷油漆、涂涂料，应保证与出厂时外观一样。干式系统的特殊要求：干式系统的维修或更换喷头，不能影响超过 20 个喷头。每次系统使用以后，所有与系统连接的管道在再次投入使用前，应清洁、排水、彻底干燥。

4. 管道、阀门及附件

管道、阀门和自动喷水灭火系统的一些特有附件能否正常工作，也是保证系统正常工作的重要措施。各种阀门和主要部件的检查。我国规范规定：带有电磁阀的报警阀应每月检查并做启动试验，动作失常时应及时更换。每个季度应对报警阀旁的放水试验阀进行一次供水试验，验证系统的供水能力。系统上所有控制阀门，均应采用铅封或锁链固定在开启或规定的状态。预作用、雨淋等系统平时不具备试验条件的，最长检查周期不应超过 3 年。阀门井中，进水管上的控制阀门应每个季度检查一次，核实其处于全开启状态。每两个月应利用末端试水装置对水流指示器进行试验。每年应检查吊架和防晃支架，发现不符合原有安装条件的，应更换或重新固定。在湿式系统管道上的压力表应每月检查，以保证它们在良好的条件下保持正常的供水压力。在干式、预作用、雨淋系统中，压力表应每周检查。空气监控部分的压力表可每月检查。在每年冰冻天气来临前，建筑内的湿式管道应检查门窗、天窗、通风机或其他可开启、可关闭的部件，百叶窗、不用的阁楼、楼梯间等部位要保证温度在 4℃以上。系统压力表应 5 年更换，或在 5 年后与新的表作精确度对比。误差超过 3%的应重新校核或更换。报警设施一般包括电铃、叶轮式水力警铃和压力开关，其可听或可观的功能应每季度检查。系统的报警设备每季度检查应保证不存在损害。湿式系统水力报警试验时，应使消防泵处于工作状态，还应打开旁通管。管道在安装 5 年后每 3 年检查一次。每次检查后都要测试流量和水力警铃工作。检修阀门前应做好排水准备，确认阀门是处于开启或关闭状态。阀门检查后应开启到正常工作位置并回掉 1/4 周以消除应力。每次更换、检修后都应检查阀门。预作用、雨淋等系统平时不具备试验条件的，最长检查周期不应超过 3 年。

五、建筑智能化工程的试验和检测方法

1. 通信网络系统检测

1）通信系统工程实施按规定的安装、移交和验收工作流程进行。

2）通信系统检测由系统检查测试、初验测试和试运行验收测试 3 个阶段组成。

通信系统的测试可包括以下内容：

①系统检查测试：硬件通电测试；系统功能测试。

②初验测试：可靠性；接通率；基本功能（如通信系统的业务呼叫与接续、计费、信令、系统负荷能力、传输指标、维护管理、故障诊断、环境条件适应能力等）。

③试运行验收测试：联网运行（接入用户和电路）；故障率。

3）通信系统试运行验收测试应从初验测试合格后开始，试运行周期可按合同规定执行，但不应少于 3 个月。

4）通信系统检测应按国家现行标准和规范、工程设计文件和产品技术要求进行，其测试方法，操作程序及步骤应根据国家现行标准的有关规定，经建设单位与生产厂商共同协商确定。

2. 信息网络系统

（1）计算机网络系统检测

1）计算机网络系统的检测应包括连通性检测、路由检测、容错功能检测、网络管理功能检测。

2）连通性检测方法可采用相关测试命令进行测试，或根据设计要求使用网络测试仪测试网络的连通性。

（2）应用软件检测

智能建筑的应用软件应包括智能建筑办公自动化软件、物业管理软件和智能化系统集成等应用软件系统。应用软件的检测应从其涵盖的基本功能、界面操作的标准性、系统可扩展性和管理功能等方面进行检测，并根据设计要求检测其行业应用功能。满足设计要求时为合格，否则为不合格。不合格的应用软件修改后必须通过回归测试。

（3）网络安全系统检测

网络安全系统宜从物理层安全、网络层安全、系统层安全、应用层安全 4 个方面进行检测，以保证信息的保密性、真实性、完整性、可控性和可用性等信息安全性能符合设计要求。

3. 建筑设备监控系统

1）建筑设备监控系统的检测应以系统功能和性能检测为主，同时对现场安装质量、设备性能及工程实施过程中的质量记录进行抽查或复核。

2）建筑设备监控系统的检测应在系统试运行连续投运时间不少于 1 个月后进行。

3）建筑设备监控系统检测应依据工程合同技术文件、施工图设计文件、设计变更审核文件、设备及产品的技术文件进行。

4）建筑设备监控系统检测时应提供以下工程实施及质量控制记录：

①设备材料进场检验记录。

②隐蔽工程和过程检查验收记录。

③工程安装质量检查及观感质量验收记录。

④设备及系统自检测记录。

⑤系统试运行记录。

4. 安全防范系统

1）安全防范系统的系统检测应由国家或行业授权的检测机构进行检测，并出具检测报告，检测内容、合格判据应执行国家公共安全行业的相关标准。

2）安全防范系统检测应依据工程合同技术文件、施工图设计文件、工程设计变更说明和洽商记录、产品的技术文件进行。

3）安全防范系统进行系统检测时应提供：

①设备材料进场检验记录。

②隐蔽工程和过程检查验收记录。

③工程安装质量和观感质量验收记录。

④设备及系统自检测记录。

⑤系统试运行记录。

5. 防雷及接地系统检测

1）智能化系统的防雷及接地系统应引接依《建筑电气工程施工质量验收规范》（GB 50303—2015）验收合格的建筑物共用接地装置。采用建筑物金属体作为接地装置时，接地电阻不应大于 1Ω。

2）《建筑电气工程施工质量验收规范》（GB 50303—2015）中规定，接地电阻应按设备要求的最小值确定。

3）智能化系统的防过流、过压元件的接地装置、防电磁干扰屏蔽的接地装置、防静电接地装置的检测，其设置应符合设计要求，连接可靠。

6. 住宅（小区）智能化系统检测

1）住宅（小区）智能化的系统检测应在工程安装调试完成、经过不少于 1 个月的系统试运行，具备正常投运条件后进行。

2）住宅（小区）智能化的系统检测应以系统功能检测为主，结合设备安装质量检查、设备功能和性能检测及相关内容进行。

3）住宅（小区）智能化的系统检测应依据工程合同技术文件、施工图设计文件、设计变更审核文件、设备及相关产品技术文件进行。

4）住宅（小区）智能化进行系统检测时，应提供以下工程实施及质量控制记录。

7. 监控与管理系统检测

1）表具数据自动抄收及远传系统的检测应符合下列要求：

①水、电、气、热（冷）能等表具应采用现场计量、数据远传，选用的表具应符合国家产品标准，表具应具有产品合格证书和计量检定证书。

②水、电、气、热（冷）能等表具远程传输的各种数据，通过系统可进行查询、统计、打印、费用计算等。

③电源断电时，系统不应出现误读数并有数据保存措施，数据保存至少 4 个月以上；电源恢复后，保存数据不应丢失。

④系统应具有时钟、故障报警、防破坏报警功能。

2）建筑设备监控系统除参照规范有关规定外，还应具备饮用水蓄水池过滤设备、消毒设备的故障报警的功能。

第四节　安装工程试验检测的评定标准

一、建筑电气安装工程质量检验评定标准

执行该标准时，还应遵守《建筑工程施工质量验收统一标准》（GB 50300—2013）的规定。该标准适用于电压为 10 kV 及以下新建的一般工业与民用建筑电气安装工程质量的检验和评定。

1. 电气照明器具及其配电箱（盘）安装工程

（1）保证项目

1）大（重）型灯具及吊扇等安装用的吊钩、预埋件必须埋设牢固。吊扇吊杆及其销钉的防松、防振装置齐全、可靠。

2）检查数量：大（重）型灯具全数检查，吊扇抽查 10%，但不少于 5 台。

检验方法：观察检查和检查隐蔽工程记录。

3）器具的接地（接零）保护措施和其他安全要求必须符合施工规范规定。

检查数量：抽查 10 处。

检验方法：观察检查和检查安装记录。

（2）基本项目

1）器具安装应符合以下规定：

合格：

①器具及其支架牢固端正，位置正确，有木台的安装在木台中心。

②暗插座、暗开关的盖板紧贴墙面，四周无缝隙；工厂罩弯管灯、防爆弯管灯的吊攀齐全，固定可靠。电铃、光字号牌等讯响显示装置部件完整，动作正确，信响显示清晰；灯具及其控制开关工作正常。

优良：在合格基础上，器具表面清洁，灯具内外干净明亮，吊杆垂直，双链平行。

检查数量：抽查器具总数的 10%。

检验方法：观察检查。

2）配电箱（盘、板）安装应符合以下规定：

合格：位置正确，部件齐全，箱体开孔合适，切口整齐；暗式配电箱箱盖紧贴墙面；零线经汇流排（零线端子）连接，无绞接现象；箱体（盘、板）油漆完整。

优良：在合格基础上，箱体内外清洁，箱盖开闭灵活，箱内结线整齐，回路编号齐全、正确；管子与箱体连接有专用锁紧螺母。

检查数量：抽查 5 台。

检验方法：观察检查。

3）导线与器具连接应符合以下规定：

合格：

①连接牢固紧密，不伤芯线。压板连接时压紧不松动；螺栓连接时，在同一端子上导线不超过两根，防松垫圈等配件齐全。

②开关切断相线，螺口灯头相线接在中心触点的端子上；同样用途的三相插座接线，相序排列一致；单相插座的接线面对插座，右极接相线、左极接零线；单相三孔、三相四孔插座的接地（接零）线接在正上方；插座的接地（接零）线单独敷设，不与工作零线混同。

优良：在合格基础上，导线进入器具的绝缘保护良好，在器具、盒（箱）内的余量适当。吊链灯的引下线整齐美观。

检查数量：按不同类别器具各抽查 10 处。

检验方法：观察、通电检查。

4）照明器具及配电箱（盘）的接地（接零）支线敷设的检验和评定应按该标准的规定进行。

（3）允许偏差项目

照明器具、配电箱（盘、板）安装允许偏差和检验方法应符合表 9-8 的规定。

检查数量：配电箱（盘、板）抽查 5 台，器具抽查总数的 10%，但不少于 10 套（件）。

表 9-8 照明器具、配电箱（盘、板）安装允许偏差和检验方法

<table>
<tr><th>项次</th><th colspan="3">项目</th><th>允许偏差/mm</th><th>检验方法</th></tr>
<tr><td rowspan="2">1</td><td rowspan="2">箱、盘、板、垂直度</td><td colspan="2">箱（盘、板）体高 50 cm 以下</td><td>1.5</td><td rowspan="2">吊线、尺量检查</td></tr>
<tr><td colspan="2">箱（盘、板）体高 50 cm 及其以上</td><td>3</td></tr>
<tr><td>2</td><td rowspan="4">照明器具</td><td colspan="2">成排灯具中心线</td><td>5</td><td>拉线、尺量检查</td></tr>
<tr><td rowspan="2">3</td><td rowspan="3">明开关插座的底板和暗开关插座的面板</td><td>并列安装高差</td><td>0.5</td><td rowspan="2">尺量检查</td></tr>
<tr><td>同一场所高差</td><td>5</td></tr>
<tr><td>4</td><td>面板垂直度</td><td>0.5</td><td>吊线、尺量检查</td></tr>
</table>

2. 避雷针（网）及接地装置安装工程

（1）保证项目

1）接地装置的接地电阻值必须符合设计要求。

检查数量：全数检查。

检验方法：实测或检查接地电阻测试记录。

2）接至电气设备、器具和可拆卸的其他非带电金属部件接地（接零）的分支线，必须直接与接地干线相连，严禁串联连接。

检查数量：抽查设备、器具总数的 10%。

检验方法：观察检查和检查安装记录。

（2）基本项目

1）避雷针（网）及其支持件安装应符合以下规定：

合格：位置正确，固定牢靠，防腐良好；针体垂直，避雷网规格尺寸和弯曲半径正确；避雷针及支持件的制作质量符合设计要求。设有标志灯的避雷针，灯具完整，显示清晰。

优良：在合格基础上，避雷网支持件间距均匀；避雷针针体垂直度偏差不大于顶端针杆的直径。

检查数量：全数检查。

检验方法：观察检查和实测或检查安装记录。

2）接地（接零）线的敷设应符合以下规定：

合格：

①平直、牢固，固定点间距均匀，跨越建筑物变形缝有补偿装置，穿墙有保护管，油漆防腐完整。

②焊接连接的焊缝平整、饱满，无明显气孔、咬肉等缺陷；螺栓连接紧密、牢固，有防松措施。

③防雷接地引下线的保护管固定牢靠，断线卡设置便于检测，接触面镀锌或镀锡完整，螺栓等紧固件齐全。

优良：在合格基础上，防腐均匀，无污染建筑物。

检查数量：全数检查。

检验方法：观察检查。

3）接地体安装应符合以下规定：

合格：位置正确，连接牢固，接地体埋设深度距地面不小于 0.6 m。

优良：在合格基础上，隐蔽工程记录齐全、准确。

检查数量：全数检查。

检验方法：检查隐蔽工程记录。

（3）允许偏差项目

1）接地（接零）线焊接搭接长度规定和检验方法应符合表 9-9 的规定。检查数量按不同搭接类别各抽查 5 处。

2）接地（接零）线焊接搭接长度规定和检验方法见表 9-10。

表 9-9　接地（接零）线焊接搭接长度规定和检验方法

项次	项目		规定数值	检验方法
1	搭接长度	扁钢	≥$2b$	尺量检查
		圆钢	≥$6d$	
		圆钢和扁钢	≥$6d$	
2	扁钢搭接焊的棱边数		3	观察检查

注：b 为扁钢宽度；d 为圆钢直径。

表 9-10　检验工具表

序号	名称	型号规格	备注
1	经纬仪		

续表

序号	名称	型号规格	备注
2	水准仪		
3	兆欧表	500 V，2 500 V	
4	万用表		
5	相序表		
6	接地电阻测试仪		
7	试电笔		
8	放大镜		
9	望远镜		
10	水平尺	（铁）L=400 mm	

二、建筑给排水及暖通工程的试验和检测评定标准

1. 室内给水系统

（1）冷、热水管道同时安装应符合的规定

1）上、下平行安装时热水管就在冷水管上方。

2）垂直平行安装时热水管应在冷水管左侧。

（2）管道及管件焊接的焊缝表面质量应符合的要求

1）焊缝外形尺寸应符合图纸和工艺文件的规定，焊缝高度不得低于母材表面，焊缝与母材应圆滑过渡。

2）焊缝及热影响区表面应无裂纹、未熔合、未焊透、夹渣、弧坑和气孔等缺陷。

（3）箱式消火栓的安装应符合的规定

1）栓口应朝外，并不应安装在门轴侧。

2）栓口中心距地面为 1.1 m，允许偏差±20 mm。

3）阀门中心距箱侧面料 140 mm，距箱后内表面为 100 mm，允许偏差±5 mm。

4）消火栓箱体安装的垂直度允许偏差为 3 mm。

2. 室内排水系统

1）在生活污水管道上设置的检查口或清扫口，当设计无要求时应符合的规定：

①在立管上应每隔一层设置一个检查口，但在最底层和有卫生器具的最高层必须设置。如为两层建筑时，可仅在底层设置立管检查口；如有乙字弯管时，则在该层乙字弯管的上部设置检查口。检查口中心高度距操作地面一般为 1 m，允许偏差±20 mm；检查口的朝向应便于检修。暗装立管，在检查口处应安装检修门。

②在连接 2 个及 2 个以上大便器或 3 个及 3 个以上卫生器具的污水横管上应设置清扫口。当污水管在楼板下悬吊敷设时，可将清扫口设在上一层楼地面上，污水管起点的清扫口与管道相垂直的墙面距离不得小于 200 mm；若污水管起点设置堵头代替清扫口时，与墙面距离不得小于 400 mm。

③在转角小于 135°的污水横管上，应设置检查口或清扫口。

④污水横管的直线管段，应按设计要求的距离设置检查口或清扫口。

2）排水能气管不得与风道或烟道连接，且应符合的规定：

①通气管应高出屋面 300 mm，但必须大于最大积雪厚度。

②在通气管出口 4 m 以内有门、窗时，通气管应高出门、窗顶 600 mm 或引向无门、窗一侧。

③在经常有人停留的平屋顶上，通气管应高出屋面 2 m，并应根据防雷要求设置防雷装置。

④屋顶有隔热层从隔热层板面算起。

3. 室内热水供热系统

1）工作压力不大于 0.1 MPa，热水温度不超过 75℃的室内热水供应管道安装工程的质量检验与验收。

2）热水供应系统的管道应采用塑料管、复合管、镀锌钢管和铜管。

3）热水供应系统安装完毕，管道保温前应进行水压试验。试验压力应符合设计要求。当设计未注明时，热水供应系统水压试验压力应为系统顶点的工作压力加 0.1 MPa，同时在系统顶点的试验压力不小于 0.3 MPa。

4）热水供应管道应尽量利用自然弯补偿热伸缩，直线段过长则应设置补偿器。补偿器型式、规格、位置应符合设计要求，并按有关规定进行预拉伸。

5）热水供应系统竣工后必须进行冲洗。

4. 卫生器具

1）排水横管连接的各卫生器具的受水口和立管均应采取妥善可靠的固定措施；管道与楼板的接合部位应采取牢固可靠的防渗、防漏措施。

2）边境卫生器具的排水管道接口应紧密不漏，其固定支架、管卡支撑位置应正确、牢固，与管道的接触应平整。

5. 室内采暖系统

1）管道安装坡度，当设计未注明时，应符合下列规定：

①气、水同向流动的热水采暖管道和汽、水不同向流动的蒸汽管道及凝结水管道，坡度应为 3‰，不得小于 2‰。

②气、水逆向流动的热水采暖管道和汽、水逆向流动的蒸汽管道，坡度不应小于 5‰。

③散热器支管的坡度应为 1%，坡向应利于排气和泄水。

2）组对散热器的垫片应符合下列规定：

①组对散热器垫片应使用成品，组对后垫片外露不应大于 1 mm。

②散热器垫片材质当设计无要求时，应采用耐热橡胶。

三、电梯安装工程质量检验评定标准

1. 总则

1）该标准适用于额定载重量 5 000 kg 及以下，额定速度 3 m/s 及以下各类国产曳引驱动电梯安装工程。执行该标准时，还应遵守《建筑工程施工质量验收统一标准》（GB 50300—2013）的规定。

2）电梯安装分项工程质量检验评定应全数检查，并在分项评定的基础上评定单台电梯质量。其质量等级应符合以下规定：

①合格：所含分项工程全部合格；质量保证资料基本符合要求。

②优良：所含分项工程全部合格，其中有 50%及以上为优良，在优良项中必须含“安全保护装置”和“试运转”两个分项；质量保证资料符合要求。

3）电梯安装分部工程质量等级应符合的规定：

①合格：所含电梯单台质量全部合格；质量保证资料基本符合要求。

②优良：所含电梯单台质量全部合格，其中单台和分项均有 50%及以上为优良。且各台的“安全保护装置”和“试运转”分项必须优良。质量保证资料符合要求。

2. 电梯安装工程（保证项目）

（1）曳引装置组装

1）曳引机承重梁安装必须符合设计要求和施工规范规定。

检验方法：观察检查或检查安装记录。

2）当对重将缓冲器完全压缩时，轿厢上方的空程严禁小于下式所规定的数值。

$$h=0.6+0.035V^2$$

式中，h——空程最小高度，m；

V——电梯额定速度，m/s。

小型杂物电梯的轿厢和对重的空程严禁小于 0.3 m。

检验方法：尺量检查。

3）轿厢空载时，曳引轮的垂直度偏差必须小于或等于 0.5 mm；导向轮端面对曳引轮端面的平行度偏差严禁大于 1 mm。

检验方法：吊线、尺量检查。

4）限速器绳轮、钢带轮、导向轮安装必须牢固，转动灵活，其垂直度偏差严禁大于 0.5 mm。

检验方法：观察和吊线、尺量检查。

5）钢丝绳应擦拭干净，严禁有死弯、松股及断丝现象。

检验方法：观察检查。

（2）导轨组装

1）导轨安装牢固，相对内表面间距离的偏差和两导轨的相互偏差必须符合表 9-11 的规定。

表 9-11　轨距偏差和导轨的相互偏差

<table>
<tr><th>项次</th><th colspan="3">项目</th><th>偏差值/mm</th><th>检验方法</th></tr>
<tr><td rowspan="4">1</td><td rowspan="4">二导轨相对内表面间距离（全高）</td><td rowspan="2">甲</td><td>轿厢</td><td rowspan="2">+1
−0</td><td rowspan="4">在两导轨内表面，用导轨检验尺、塞尺每 2～3 m 检查一点</td></tr>
<tr><td>对重</td></tr>
<tr><td>乙</td><td>轿厢</td><td rowspan="2">+2
−0</td></tr>
<tr><td>丙</td><td>对重</td></tr>
<tr><td>2</td><td colspan="3">两导轨的相互偏差（全高）</td><td>1</td><td>检查安装记录或用专用工具检查</td></tr>
</table>

注：电梯额定速度分为 3 类：甲梯：2 m/s、25 m/s、3 m/s（简称高速梯）；乙梯：1.5 m/s、1.75 m/s（简称快速梯）；丙梯：0.25 m/s、0.5 m/s、0.75 m/s、1 m/s（简称低速梯）。

2）当对重（或轿厢）将缓冲器完全压缩时，轿厢（或对重）导轨长度必须有不小于 $0.1+0.035V^2$（以米表示）的进一步制导行程。

检验方法：尺量检查。

（3）轿厢、层门组装

1）轿厢地坎与各层门地坎间距的偏差均严禁超过+2 mm、−1 mm。

检验方法：尺量检查。

2）开门刀与各层门地坎以及各层门开门装置的滚轮与轿厢地坎间的间隙均必须在 5～8 mm 以内。

检验方法：尺量检查。

（4）电气装置安装

1）电梯的供电电源线必须单独敷设。

检验方法：观察检查。

2）电气设备和配线的绝缘电阻值必须大于 0.5 MΩ。

检验方法：实测检查或检查安装记录。

3）保护接地（接零）系统必须良好，电线管、电线槽及箱、盒连接处的跨接地线必须紧密牢固，无遗漏。

检验方法：观察检查和检查安装记录。

4）电梯的随行电缆必须绑扎牢固，排列整齐，无扭曲，其敷设长度必须保证轿厢在极限位置时不受力，不拖地。

检验方法：观察检查。

（5）安全保护装置

1）各种安全保护开关的固定必须可靠，且不得采用焊接。

检验方法：观察检查。

2）与机械配合的各种安全开关，在下列情况时必须可靠动作，并使电梯立即停止运行：

①选层器钢带（钢绳、链条）松弛或张紧轮下落大于 50 mm 时。

②限速器配重轮下落大于 50 mm 时。

③限速器钢绳夹住，轿厢上安全钳拉杆动作时。

④电梯超速达到限速器动作速度的 95%时。

⑤电梯载重量超过额定载重量的 10%时。

⑥任一层门、轿门未关闭或锁紧（按下应急按钮时除外）。

⑦轿厢安全窗未正常关闭时。

检验方法：实际操作和模拟检查。

3）急停、检修、程序转换等按钮和开关的动作必须灵活可靠。

检验方法：实际操作检查。

4）极限、限位、缓速装置的安装位置正确，功能必须可靠。

检验方法：观察和实际运行检查。

5）轿厢自动门的安全触板必须灵活可靠。

检验方法：在轿门关闭过程中，用手轻推触板检查。

6）井道内的对重装置、轿厢地坎及门滑道的端部与井壁的安全距离严禁小于20 mm。曳引绳、随行电缆、补偿链（绳）及其他运动部件在运行中严禁与任何部件碰撞或摩擦。

检验方法：观察和尺量检查。

（6）试运转

1）运行试验必须达到的要求：

①电梯启动、运行和停止，轿厢内无较大的震动和冲击，制动器可靠。

②运行控制功能达到设计要求：指令、召唤、定向、程序转换、开车、截车、停车、平层等准确无误，声光信号显示清晰、正确。

③减速器油的温升不超过60℃，且最高温度不超过85℃。

检验方法：实际操作检查。

2）超载试验必须达到的要求：

①电梯能安全启动、运行和停止。

②曳引机工作正常。

检验方法：实际操作检查或检查试验记录。

3）安全钳试验：轿厢空载，以检修速度下降，使安全钳动作，电梯必须能可靠地停止。动作后应能正常恢复。

检验方法：实际操作检查（手动限速器夹住钢绳）。

四、通风与空调工程质量检验评定标准

1. 通风机安装工程

本节适用于风压低于3 kPa范围内的中、低压离心式或轴流式通风机的安装工程。

（1）保证项目

①风机叶轮严禁与壳体碰擦。

检验方法：盘动叶轮检查。

②散装风机进风斗与叶轮的间隙必须均匀并符合技术要求。

检验方法：尺量和观察检查。

③地脚螺栓必须拧紧，并有防松装置；垫铁放置位置必须正确、接触紧密，每组不超过3块。

检验方法：小锤轻击、扳手拧拭和观察检查。

④试运转时叶轮旋转方向必须正确。经不少于2 h的运转后，滑动轴承温升不超过35℃，最高温度不超过70℃；滚动轴承温升不超过40℃，最高温度不超过80℃。

检验方法：检查试运转记录或试车检查。

（2）允许偏差项目

通风机安装的允许偏差和检验方法应符合规范规定。

检查数量：逐台检查。

2. 制冷管道安装工程

本节适用于制冷系统中工作压力低于 2 MPa、温度在−20～150℃范围内、输送介质为制冷剂与润滑油的管道安装工程。

（1）保证项目

①管子、管件、支架与阀门的型号、规格、材质及工作压力必须符合设计要求和施工规范规定。

检验方法：观察检查和检查合格证或试验记录。

②管子、管件及阀门内壁必须清洁及干燥。阀门必须按施工规范规定进行清洗。

检验方法：观察检查和检查清洗记录或安装记录。

③管道系统的工艺流向、管道坡度、标高、位置必须符合设计要求。

检查数量：按系统管段（件）数各抽查 10%，但均不少于 3 段（件）。

检验方法：观察和尺量检查。

④接压缩机的吸、排气管道必须单独设立支架。管道与设备连接时严禁强制对口。

检验方法：观察检查。

⑤焊缝与热影响区严禁有裂纹，焊缝表面无夹渣、气孔等缺陷。氨系统管道焊口检查还必须符合《工业金属管道工程施工规范》（GB 50235—2010）的规定。

检验方法：放大镜观察检查，氨系统检查射线探伤报告。

⑥管道系统的吹污、气密性试验、真空度试验必须按施工规范规定进行。

检验方法：检查吹污试样或记录。

（2）基本项目

①管道穿过墙或楼板时应符合的规定：

合格：设金属套管，并固定牢靠、长度适宜，套管内无管道焊缝、法兰及螺纹接头；套管与管道四周间隙，用隔热不燃材料填塞。

优良：在合格的基础上，穿墙套管与墙面齐平；穿楼板套管下边与楼板齐平，上边高出楼板 20 mm；套管与管道四周间隙均匀，并用隔热不燃材料填塞紧密。

检查数量：逐个检查。

检验方法：观察和尺量检查。

②支架、吊架、托架安装应符合的规定：

合格：型式、位置、间距符合设计要求；与管道间的衬垫符合施工规范规定，埋设平整、牢固，砂浆饱满。

优良：型式、位置、间距符合设计要求，与管道间的衬垫符合施工规范规定，与管道接触紧密；吊杆垂直，埋设平整、牢固，固定处与墙面齐平，砂浆饱满，不突出墙面。

检查数量：按系统支架数各抽查 10%，但均不少于 3 件。

检验方法：观察和尺量检查。

③阀门安装应符合的规定：

合格：位置、方向正确，连接牢固紧密，操作方便。

优良：位置、方向正确，连接牢固紧密、操作灵活方便，排列整齐美观。

检查数量：逐个检查。

检验方法：观察和操作检查。

（3）允许偏差项目

管道安装及焊缝的允许偏差和检验方法应符合表 9-12 的规定。检查数量按系统内水平、垂直管道的管段各抽查 10%，但不少于 2 段。成排阀门全数检查。

表 9-12 管道安装及焊缝的允许偏差和检验方法

<table>
<tr><th>项次</th><th colspan="3">项目</th><th colspan="2">允许偏差/mm</th><th>检查方法</th></tr>
<tr><td rowspan="4">1</td><td rowspan="4">坐标</td><td rowspan="2">室外</td><td>架空</td><td colspan="2">15</td><td rowspan="8">按系统检查管道的起点、终点、分支点和弯向点及各点间直管。用经纬仪、水准仪、液体连通器、水平仪、拉线和尺量检查</td></tr>
<tr><td>地沟</td><td colspan="2">20</td></tr>
<tr><td rowspan="2">室内</td><td>架空</td><td colspan="2">5</td></tr>
<tr><td>地沟</td><td colspan="2">10</td></tr>
<tr><td rowspan="4">2</td><td rowspan="4">标高</td><td rowspan="2">室外</td><td>架空</td><td colspan="2">±15</td></tr>
<tr><td>地沟</td><td colspan="2">±20</td></tr>
<tr><td rowspan="2">室内</td><td>架空</td><td colspan="2">±5</td></tr>
<tr><td>地沟</td><td colspan="2">±10</td></tr>
<tr><td rowspan="3">3</td><td rowspan="3">水平管道</td><td rowspan="2">纵、横向弯曲</td><td>DN100 以内</td><td rowspan="2">每 10 m</td><td>5</td><td rowspan="2">用液体连通器、水平仪、直尺、吊垂、拉线和尺量检查</td></tr>
<tr><td>DN100 以上</td><td>10</td></tr>
<tr><td colspan="3">横向弯曲全长 25 m 以上</td><td>20</td><td></td></tr>
<tr><td rowspan="2">4</td><td rowspan="2">立管垂直度</td><td colspan="3">每 1 m</td><td>2</td><td rowspan="3"></td></tr>
<tr><td colspan="3">全长 5 m 以上</td><td>8</td></tr>
<tr><td>5</td><td colspan="4">成排管段及成排阀门在同一平面上</td><td>3</td></tr>
<tr><td>6</td><td colspan="2">焊口平直度</td><td colspan="2">$\delta\leqslant 10$ mm</td><td>$\delta/5$</td><td>用尺和样板尺检查</td></tr>
<tr><td rowspan="2">7</td><td colspan="2" rowspan="2">焊缝加强层</td><td colspan="2">高　度</td><td>+1
0</td><td rowspan="2">焊接检验尺检查</td></tr>
<tr><td colspan="2">宽　度</td><td>+1
0</td></tr>
<tr><td rowspan="3">8</td><td colspan="2" rowspan="3">咬肉</td><td colspan="2">深　度</td><td><0.5</td><td rowspan="3">用尺和焊接检验尺检查</td></tr>
<tr><td colspan="2">连续长度</td><td>25</td></tr>
<tr><td colspan="2">总长度（两侧）小于焊缝总长</td><td>$L/10$</td></tr>
</table>

注：*DN* 为公称直径；δ 为管壁厚；L 为焊缝总长。

五、自动喷水灭火系统火灾报警的试验和检测标准

1. 系统调试

1）水源测试应符合的要求：

①按设计要求核实消防水箱、消防水池的容积，消防水箱设置高度应符合设计要求；消

防储水应有不作他用的技术措施。

检查数量：全数检查。

检查方法：对照图纸观察和尺量检查。

②按设计要求核实消防水泵接合器的数量和供水能力，并通过移动式消防水泵做供水试验进行验证。

检查数量：全数检查。

检查方法：观察检查和进行通水试验。

2）消防水泵调试应符合的要求：

①以自动或手动方式启动消防水泵时，消防水泵应在 30 s 内投入正常运行。

检查数量：全数检查。

检查方法：用秒表检查。

②以备用电源切换方式或备用泵切换启动消防水泵时，消防水泵应在 30 s 内投入正常运行。

检查数量：全数检查。

检查方法：用秒表检查。

3）稳压泵应按设计要求进行调试。当达到设计启动条件时，稳压泵应立即启动；当达到系统设计压力时，稳压泵应自动停止运行；当消防主泵启动时，稳压泵应停止运行。

检查数量：全数检查。

检查方法：观察检查。

4）报警阀调试应符合的要求：

①湿式报警阀调试时，在试水装置处放水，当湿式报警阀进口水压大于 0.14 MPa、放水流量大于 1 L/s 时，报警阀应及时启动；带延迟器的水力警铃应在 5～90 s 内发出报警铃声，不带延迟器的水力警铃应在 15 s 内发出报警铃声；压力开关应及时动作，并反馈信号。

检查数量：全数检查。

检查方法：使用压力表、流量计、秒表和观察检查。

②干式报警阀调试时，开启系统试验阀，报警阀的启动时间、启动点压力、水流到试验装置出口所需时间，均应符合设计要求。

检查数量：全数检查。

检查方法：使用压力表、流量计、秒表、声强计和观察检查。

③雨淋阀调试宜利用检测、试验管道进行。自动和手动方式启动的雨淋阀，应在 15 s 之内启动；公称直径大于 200 mm 的雨淋阀调试时，应在 60 s 之内启动。雨淋阀调试时，当报警水压为 0.05 MPa，水力警铃应发出报警铃声。

检查数量：全数检查。

检查方法：使用压力表、流量计、秒表、声强计和观察检查。

5）调试过程中，系统排出的水应通过排水设施全部排走。

检查数量：全数检查。

检查方法：观察检查。

6）联动试验应符合的要求，并按规范的要求进行记录：

①湿式系统的联动试验，启动一只喷头或以 0.94～1.5 L/s 的流量从末端试水装置处放水时，水流指示器、报警阀、压力开关、水力警铃和消防水泵等应及时动作并发出相应的信号。

检查数量：全数检查。

检查方法：打开阀门放水，使用流量计和观察检查。

②预作用系统、雨淋系统、水幕系统的联动试验，可采用专用测试仪表或其他方式，对火灾自动报警系统的各种探测器输入模拟火灾信号，火灾自动报警控制器应发出声光报警信号并启动自动喷水灭火系统；采用传动管启动的雨淋系统、水幕系统联动试验时，启动 1 只喷头，雨淋阀打开，压力开关动作，水泵启动。

检查数量：全数检查。

检查方法：观察检查。干式系统的联动试验，启动 1 只喷头或模拟 1 只喷头的排气量排气，报警阀应及时启动，压力开关、水力警铃动作并发出相应信号。

2. 系统验收

1）系统供水水源的检查验收应符合的要求：

①应检查室外给水管网的进水管管径及供水能力，并应检查消防水箱和消防水池容量，均应符合设计要求。

②当采用天然水源作系统的供水水源时，其水量、水质应符合设计要求，并应检查枯水期最低水位时确保消防用水的技术措施。

检查数量：全数检查。

检查方法：对照设计资料观察检查。

2）消防泵房的验收应符合的要求：

①消防泵房的建筑防火要求应符合相应的建筑设计防火规范的规定。

②消防泵房设置的应急照明、安全出口应符合设计要求。

③备用电源、自动切换装置的设置应符合设计要求。

检查数量：全数检查。

检查方法：对照图纸观察检查。

3）消防水泵验收应符合的要求：

①工作泵、备用泵、吸水管、出水管及出水管上的泄压阀、水锤消除设施、止回阀、信号阀等的规格、型号、数量，应符合设计要求；吸水管、出水管上的控制阀应锁定在常开位置，并有明显标记。

检查数量：全数检查。

检查方法：对照图纸观察检查。

②消防水泵应采用自灌式引水或其他可靠的引水措施。

检查数量：全数检查。

检查方法：观察和尺量检查。

③分别开启系统中的每一个末端试水装置和试水阀，水流指示器、压力开关等信号装置的功能均符合设计要求。

④打开消防水泵出水管上试水阀，当采用主电源启动消防水泵时，消防水泵应启动正常；关掉主电源，主、备电源应能正常切换。

检查数量：全数检查。

检查方法：观察检查。

⑤消防水泵停泵时，水锤消除设施后的压力不应超过水泵出口额定压力的1.3～1.5倍。

检查数量：全数检查。

检查方法：在阀门出口用压力表检查。

⑥对消防气压给水设备，当系统气压下降到设计最低压力时，通过压力变化信号应启动稳压泵。

检查数量：全数检查。

检查方法：使用压力表，观察检查。

⑦消防水泵启动控制应置于自动启动挡。

检查数量：全数检查。

检查方法：观察检查。

4）报警阀组的验收应符合的要求：

①报警阀组的各组件应符合产品标准要求。

检查数量：全数检查。

检查方法：观察检查。

②打开系统流量压力检测装置放水阀，测试的流量、压力应符合设计要求。

检查数量：全数检查。

检查方法：使用流量计、压力表观察检查。

③水力警铃的设置位置应正确。测试时，水力警铃喷嘴处压力不应小于0.05 MPa，且距水力警铃3 m远处警铃声声强不应小于70 dB。

检查数量：全数检查。

检查方法：打开阀门放水，使用压力表、声级计和尺量检查。

④打开手动试水阀或电磁阀时，雨淋阀组动作应可靠。

⑤控制阀均应锁定在常开位置。

检查数量：全数检查。

检查方法：观察检查。

⑥与空气压缩机或火灾自动报警系统的联动控制，应符合设计要求。

5）管网验收应符合的要求：

①管道的材质、管径、接头、连接方式及采取的防腐、防冻措施，应符合规范及设计要求。

②管网排水坡度及辅助排水设施，应符合规范规定。

检查方法：水平尺和尺量检查。

③系统中的末端试水装置、试水阀、排气阀应符合设计要求。

④管网不同部位安装的报警阀组、闸阀、止回阀、电磁阀、信号阀、水流指示器、减压孔板、节流管、减压阀、柔性接头、排水管、排气阀、泄压阀等，均应符合设计要求。

检查数量：报警阀组、压力开关、止回阀、减压阀、泄压阀、电磁阀全数检查，合格率应为100%；闸阀、信号阀、水流指示器、减压孔板、节流管、柔性接头、排气阀等抽查设计数量30%，数量均不少于5个，合格率应为100%。

检查方法：对照图纸观察检查。

⑤干式喷水灭火系统管网容积不大于 2 900 L 时，系统允许的最大充水时间不应大于3 min；如干式喷水灭火系统管道充水时间不大于1 min，系统管网容积允许大于2 900 L。预作用喷水灭火系统的管道充水时间不应大于1 min。

检查数量：全数检查。

检查方法：通水试验，用秒表检查。

⑥报警阀后的管道上不应安装其他用途的支管或水龙头。

检查数量：全数检查。

检查方法：观察检查。

⑦配水支管、配水管、配水干管设置的支架、吊架和防晃支架，应符合规范规定。

检查数量：抽查20%，且不得少于5处。

检查方法：尺量检查。

6）喷头验收应符合的要求：

①喷头设置场所、规格、型号、公称动作温度、响应时间指数应符合设计要求。

检查数量：抽查设计喷头数量10%，总数不少于40个，合格率应为100%。

检查方法：对照图纸尺量检查。

②喷头安装间距，喷头与楼板、墙、梁等障碍物的距离应符合设计要求。

检查数量：抽查设计喷头数量5%，总数不少于20个，距离偏差±15 mm，合格率不小于95%时为合格。

检验方法：对照图纸尺量检查。

③有腐蚀性气体的环境和有冰冻危险场所安装的喷头，应采取防护措施。

检查数量：全数检查。

检查方法：观察检查。

④有碰撞危险场所安装的喷头应加设防护罩。

检查数量：全数检查。

检查方法：观察检查。

⑤各种不同规格的喷头均应有一定数量的备用品，其数量不应小于安装总数的1%，且每种备用喷头不应少于10个。

7）系统流量、压力的验收，应通过系统流量压力检测装置进行放水试验，系统流量、压力应符合设计要求。

检查数量：全数检查。

检查方法：观察检查。

8）系统应进行系统模拟灭火功能试验，且应符合下列要求：

①报警阀动作，水力警铃应鸣响。

检查数量：全数检查。

检查方法：观察检查。

②水流指示器动作，应有反馈信号显示。

检查数量：全数检查。

检查方法：观察检查。

③压力开关动作，应启动消防水泵及与其联动的相关设备，并应有反馈信号显示。

检查数量：全数检查。

检查方法：观察检查。

④电磁阀打开，雨淋阀应开启，并应有反馈信号显示。

检查数量：全数检查。

检查方法：观察检查。

⑤消防水泵启动后，应有反馈信号显示。

检查数量：全数检查。

检查方法：观察检查。

⑥加速器动作后，应有反馈信号显示。

检查数量：全数检查。

检查方法：观察检查。

⑦其他消防联动控制设备启动后，应有反馈信号显示。

检查数量：全数检查。

检查方法：观察检查。

9）系统工程质量验收判定条件：

①系统工程质量缺陷应按规范要求划分为：严重缺陷项 A，重缺陷项 B，轻缺陷项 C。

②系统验收合格判定应为：$A=0$、$B\leqslant2$，且 $B+C\leqslant6$ 为合格，否则为不合格。

检查数量：全数检查。

检查方法：观察检查。

第十章　安装工程施工工艺

第一节　建筑给水、排水工程施工工艺

一、材料设备管理

建筑给水、排水工程所使用的主要材料、成品、半成品、配件、器具和设备必须具有中文质量合格证明文件，规格、型号及性能检测报告应符合国家技术标准或设计要求。进场时，应做检查验收，并经监理工程师核查确认。

所有材料进场时，应对品种、规格、外观等进行验收。包装应完好，表面无划痕及外力冲击破损。

主要器具和设备必须有完整的安装使用说明书。在运输、保管和施工过程中，应采取有效措施，防止损坏或腐蚀。阀门安装前，应做强度和严密性试验。试验应在每批（同牌号、同型号、同规格）数量中抽查 10%，且不少于一个。对于安装在主干管上起切断作用的闭路阀门，应逐个做强度和严密性试验。阀门的强度和严密性试验应符合以下规定：阀门的强度试验压力为公称压力的 1.5 倍；严密性试验压力为公称压力的 1.1 倍；试验压力在试验持续时间内应保持不变，且壳体填料及阀瓣密封面无渗漏。阀门试压的试验持续时间应不少于表 10-1 的规定。

表 10-1　阀门试验持续时间

公称直径/mm	最短试验持续时间/s		
	严密性试验		强度试验
	金属密封	非金属密封	
≤50	15	15	15
65～200	30	15	60
250～450	60	30	180

二、施工过程质量控制

建筑给水、排水工程与相关各专业之间，应进行交接质量检验，并形成记录。隐蔽工程应在隐蔽前经验收各方检验合格后才能隐蔽，并形成记录。地下室或地下构筑物外墙有管道

穿过的，应采取防水措施。对有严格防水要求的建筑物，必须采用柔性防水套管。管道穿过结构伸缩缝、抗震缝及沉降缝敷设时，应根据情况采取下列保护措施：

在墙体两侧采取柔性连接；在管道或保温层外皮上、下部留有不小于 150 mm 的净空；在穿墙处做成方形补偿器，水平安装。

在同一房间内，同类型的采暖设备、卫生器具及管道配件，除有特殊要求外，应安装在同一高度上。明装管道成排安装时，直线部分应互相平行。曲线部分：当管道水平或垂直并行时，应与直线部分保持等距；管道水平上下并行时，弯管部分的曲率半径应一致。

1. 管道支架、吊架、托架安装的相关规定

1）位置正确，埋设应平整牢固。

2）固定支架与管道接触应紧密，固定应牢靠。

3）滑动支架应灵活，滑托与滑槽两侧间应留有 3～5 mm 的间隙，纵向移动量应符合设计要求。

4）无热伸长管道的吊架、吊杆应垂直安装。

5）有热伸长管道的吊架、吊杆应向热膨胀的反方向偏移。

6）固定在建筑结构上的管道支、吊架不得影响结构的安全。

2. 给水及热水供应系统的金属管道立管管卡安装的相关规定

1）楼层高度小于或等于 5 m，每层必须安装 1 个。

2）楼层高度大于 5 m，每层不得少于 2 个。

3）管卡安装高度，距地面应为 1.5～1.8 m，2 个以上管卡应匀称安装，同一房间管卡应安装在同一高度上。

4）管道及管道支墩（座），严禁铺设在冻土和未经处理的松土上。

5）管道穿过墙壁和楼板，应设置金属或塑料套管。

6）穿过楼板的套管，其顶部应高出装饰地面 20 mm。

7）安装在卫生间及厨房内的套管，其顶部应高出装饰地面 50 mm，底部应与楼板底面相平。

8）安装在墙壁内的套管其两端与饰面相平。

9）穿过楼板的套管与管道之间缝隙应用阻燃密实材料和防水油膏填实，端面光滑。

10）穿墙套管与管道之间缝隙宜用阻燃密实材料填实，且端面应光滑。管道的接口不得设在套管内。

3. 弯制钢管和弯曲半径的相关规定

1）热弯：应不小于管道外径的 3.5 倍。

2）冷弯：应不小于管道外径的 4 倍。

3）焊接弯头：应不小于管道外径的 1.5 倍。

4）冲压弯头：应不小于管道外径。

5）熔接连接管道的结合面应有一均匀的熔接圈，不得出现局部熔瘤或熔接圈凸凹不匀的现象。

6）采用橡胶圈接口的管道，允许沿曲线敷设，每个接口的最大偏转角不得超过 2°。

7）法兰连接时衬垫不得凸入管内，其外边缘接近螺栓孔为宜。不得安放双垫或偏垫；连接法兰的螺栓直径和长度应符合标准，拧紧后，突出螺母的长度不应大于螺杆直径的 1/2；螺纹连接管道安装后的管螺纹根部应有 2～3 扣的外露螺纹，多余的麻丝应清理干净并做防腐处理；承插口采用水泥捻口时，油麻必须清洁、填塞密实，水泥应捻入并密实饱满，其接口面凹入承口边缘的深度不得大于 2 mm。

8）卡箍（套）式连接两管口端应平整、无缝隙，沟槽应均匀，卡紧螺栓后，管道应平直，卡箍（套）安装方向应一致。

9）各种承压管道系统和设备应做水压试验，非承压管道系统和设备应做灌水试验。

三、给水和热水管道安装施工工艺

1. 材料要求

1）给水铸铁管及管件的规格应符合设计压力要求，管壁薄厚均匀，内外光滑整洁，不得有砂眼、裂纹、毛刺和疙瘩；承插口的内外径及管件应造型规矩，管内外表面的防腐涂层应整洁均匀，附着牢固。管材及管件均应有出厂合格证。

2）镀锌碳素钢管及管件的规格种类应符合设计要求，管壁内外镀锌均匀，无锈蚀、无飞刺。管件无偏扣、乱扣，丝扣不全或角度不准等现象。管材及管件均应有出厂合格证。

3）PP-R、PB、PE、PVC、铝塑复合管及内衬为塑料层的其他复合管材及管件，用于生活饮用水系统时，其产品必须经卫生检验部门检验合格，具备检验报告和认证文件，具备生产厂家质检合格证明，并应有明显标志，标明生产厂家名称、规格，其包装上应标有生产批号、数量、生产日期和检验代号，产品外观检验应符合下列规定：

1）管材、管件应颜色一致，无色泽不均匀及分解变色线；管材及外壁均应光滑、平整，无气泡、裂口、裂纹、脱皮、分层和严重的冷斑及明显的痕纹、凹陷等缺陷。

2）管材轴向不得有异向弯曲，其直线度偏差应小于 1%，管材端口必须平整，并垂直于轴线。

3）管件应完整，无缺损、变形、合模缝，浇口应严整无开裂。

4）管材、管件的物理、力学性能、管材尺寸、外径、壁厚公差、黏接管件与管材公差应符合相关规范标准要求。

5）热水供应系统的管道采用非金属材料时，其材料应是能够承受高温的塑料管或复合管。

6）热水系统管道、管材、管件、配件应选用配套产品，材料、材质要求同给水系统材料要求。

7）阀门的规格型号应符合设计要求，丝扣连接。阀门采用铜制产品，水嘴及给水配件应采用节水型产品，阀门外体铸造应规矩、光洁、无裂缝、砂眼、凹凸等缺陷，必须开关灵活，关闭严密，填料密封完好无渗漏，外观手轮完整，无损伤，出厂检验合格证齐全、有效。

8）计量水表应符合设计要求，并经自来水公司和技术监督局的认可，水表质量合格，其表面铸造应规则、光洁、无砂眼、裂纹，表盖玻璃无损伤，铅封完好，有出厂质量合格证明。

2. 主要机具

1）加工机械：套丝机、砂轮锯、台钻、电锤、角磨机、热熔机、气焊工具、煨弯器、电动或手动试压泵、手电钻、电焊机等。

2）手用工具：套丝板、管钳、压力钳、手锯、手锤、活扳手、链钳、手压泵、捻凿、大锤、断管器、割胀管器、管剪刀、规整圆器、工作台等。

3）其他：水准仪、水平尺、线坠、钢卷尺、小线、压力表、卡尺、压力表等。

3. 作业条件

1）施工图纸经过批准并已进行图纸会审。

2）施工组织设计或施工方案通过批准，经过必要的技术培训，技术交底、安全交底已进行完毕。

3）配合土建施工进度做好各项预留孔洞、管槽的复核工作。

4）材料、设备确认合格，准备齐全送到现场。

5）地下管道铺设前必须要求房心土回填夯实或挖到管底标高，沿管线铺设位置清理干净，管道穿墙处已留管洞或安装套管，其洞口尺寸和套管规格符合要求，坐标、标高正确。

6）塑料给水管、暗装管道可在土建结构施工完成后进行。

7）明装管道应在土建装修完后进行安装，管道安装前应先设置管卡，其位置应准确，埋设应平整、牢固，卡件与管材接触严密，但不得损伤管材表面。

8）采用金属卡子时，卡件与管道间应用塑料带或橡胶物隔垫，不得使用硬物隔垫。

4. 操作工艺

（1）工艺流程

安装前准备→进场材料检验→预制加工→干管安装→立管安装→支管安装→管道试压→管道防腐和保温→系统冲洗、消毒→系统通水。

（2）安装准备

认真熟悉图纸，了解设计意图，根据施工方案决定的施工方法和技术交底的具体措施做好准备工作；参看有关专业设备图和装修建筑图，核对各种管道的坐标、标高是否有交叉，管道排列所用空间是否合理；预制加工按设计图纸画出管道分路、管径、预留管口、阀门位置等施工草图，在实际安装的结构位置做上标记，按标记分段量出实际安装的准确尺寸，记录在施工草图上，然后按草图测得的尺寸预制加工。

（3）干管安装

给水铸铁管的连接有石棉水泥接口、膨胀水泥接口、青铅接口等几种方式。

石棉水泥接口是给水承插铸铁管最常用的连接方法。它以石棉绒、水泥为原料，按水∶石棉∶水泥=1∶3∶7（重量比）拌和好，接口时，应将已拧好的麻股塞入接口，然后将拌和的石棉水泥分层填入接口，并分层用专用工具打实，按要求其接口面凹入承口边缘的深度不得大于 2 mm。打完口后，应做好灰口的湿养护。

连接给水铸铁管各种形式的管件如图 10-1 所示。

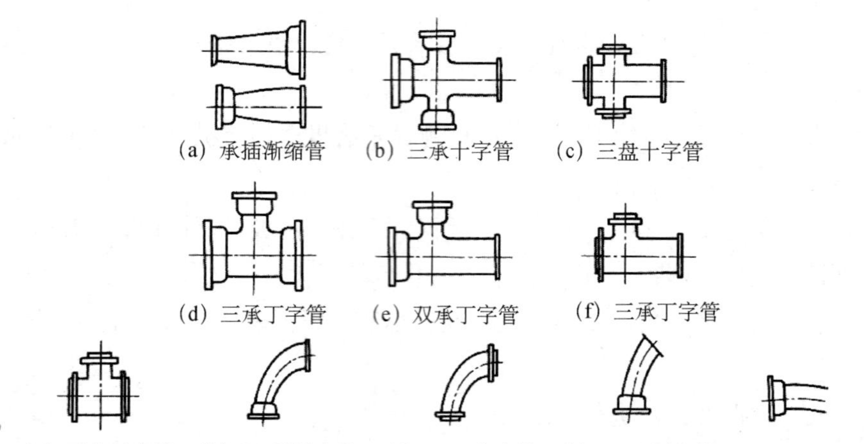

图 10-1　给水铸铁管件

在干管安装前清扫管膛，将承口内侧插口外侧端头的沥青除掉，承口朝来水方向顺序排列，连接的对口间隙应不小于 3 mm。找平找直后，将管道固定。管道拐弯和始端处应支撑顶牢，防止捻口时轴向移动，所有管口随时封堵好。

用水泥捻口时，用不低于 32.5 号的水泥加水拌匀（水灰比为 1∶9），用捻凿将灰填入承口，随填随捣，填满后，用手锤打实，直至将承口打满，灰口表面有光泽。承口捻完后，应进行养护，用湿土覆盖或用麻绳等物缠住接口，定时浇水养护，一般养护 7 d。冬季应采取防冻措施。

采用青铅接口的给水铸铁管在安装前注意承插口内及油麻严禁有水，在承口油麻打实后，用定型卡箍或包有胶泥的麻绳紧贴承口，除预设的排气孔外，其他缝隙用胶泥抹严，用化铝锅加热铅锭至 500℃左右（液面呈紫红颜色），水平管灌铅口位于上方，将熔铅缓慢灌入承口内，使空气排出。对于大管径管道灌铅速度可适当加快，冬季施工时，还要有加温措施，防止熔铅中途凝固。每个铅口应一次灌满，凝固后，立即拆除卡箍或泥模，用捻凿将铅口打实（铅接口也可采用捻铅条的方式）。

给水铸铁管与镀锌钢管连接时，应采用图 10-2 的几种方法安装。

给水镀锌钢管安装：常用的连接方式有螺纹连接、焊接、法兰连接几种连接方式。法兰连接一般用于连接闸门、止回阀、水泵、水表等处以及需要经常拆卸、检修的管段上。法兰也称法兰盘，法兰盘有铸铁与钢制 2 种。法兰连接就是在固定于两个管口上的一对法兰盘中间加入垫片，然后用螺栓将其紧密地接合起来。垫片的种类有橡胶、石棉橡胶和金属垫片。给水管连接常用橡胶垫片。法兰连接的优点是拆卸方便，多用于管子与阀门、水泵等处的连接以及需经常拆卸检修的管道上。

安装时，一般从总进入口开始操作，总进口端头加好临时丝堵以备试压用，设计要求沥青防腐或加强防腐时，应在预制后、安装前做好防腐。把预制完的管道运到安装部位按编号依次排开。安装前清扫管膛，丝扣连接管道抹上铅油缠好麻，用管钳按编号依次上紧，丝扣外露 2～3 扣，安装完毕后，找直找正，复核甩口的位置、方向及变径无误，清除麻头，及时

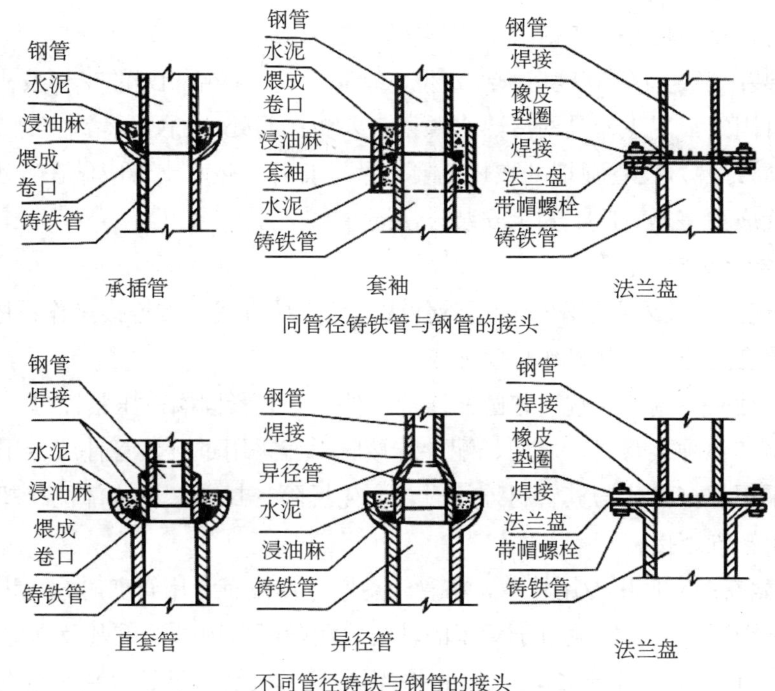

同管径铸铁管与钢管的接头

不同管径铸铁与钢管的接头

图 10-2 给水铸铁管与镀锌钢管连接方法

做好外露部分及被破坏的镀锌层的防腐工作，所有管口要加好临时丝堵。

热水管道的穿墙处均按设计要求加好套管及固定支架，安装伸缩器按规定做好预拉伸，待管道固定卡件安装完毕后，除去预拉伸的支撑物，调整好坡度，翻身处高点要有放气装置，低点要有泄水装置。镀锌后按编号进行二次安装，然后进行第二次水压试验。

（4）立管安装

1）立管明装：每层从上至下统一吊线安装卡件，将预制好的立管按编号分层排开，顺序安装，对好调直时的印记，丝扣外露 2～3 扣，清除麻头，校核预留甩口的高度、方向是否正确。外露丝扣和镀锌层破损处刷好防锈漆。支管甩口均加好临时丝堵。立管截门安装朝向应便于操作和修理。安装完毕后，用线坠吊直找正，配合土建堵好楼板洞。

2）立管暗装：竖井内立管安装的卡件宜在管井口设置型钢，上下统一吊线安装卡件。安装在墙内的立管应在结构施工中预留管槽，立管安装后，吊直找正，用卡件固定。支管的甩口应露明并加好临时丝堵。

3）热水立管：按设计要求加好套管。立管与导管连接要采用 2 个弯头。立管直线长度大于 15 m 时要采用 3 个弯头。立管如有伸缩器，其安装方法同干管安装。具体做法同明管立装要求。

（5）支管安装

1）支管明装：将预制好的支管从立管甩口依次逐段进行安装，有截门的，应将截门盖卸下再安装，根据管道长度适当加好临时固定卡，核定不同卫生器具的冷热水预留口高度、位置是否正确，找平找正后栽支管卡件，去掉临时固定卡，上好临时丝堵。支管如装有水表，则先装上连接管，试压后在交工前拆下连接管，安装水表。

2）支管暗装：确定支管高度后画线定位，剔除管槽，将预制好的支管敷在槽内，找平找正定位后用勾钉固定。卫生器具的冷热水预留口要做在明处，加好丝堵。

3）热水支管：热水支管穿墙处按规范要求做好套管。热水支管应做在冷水支管的上方，支管预留口位置应为左热右冷，其余安装方法同冷水支管。

5. 铝塑复合管安装工艺

1）管道的连接：应采用铝塑管专用管件或法兰连接方式，按连接操作程序和方法进行。严禁在塑料管上套丝连接。其操作程序如下：

测量尺寸→截断、调直→端口整圆→连接管件→安装紧固圈→压紧锁母。

当铝塑管与其他种类管材、阀门、配件连接时，应采用过渡性管件或专用转换管件，当过渡性管件需采用焊接方式与其管材连接时，应先拆除密封圈，焊接部位冷却后，装好密封圈后，才能与铝塑管连接。

2）管子的截断：应使用专用管剪，将管子剪断，在没有专用管剪时，允许使用割刀或细齿钢锯，将管子锯断，断口应垂直于管子的轴线，清除断口内外的毛刺及锯屑。

3）管子的调直：规格小于 26～32 mm 的铝塑管材成品为盘卷包装，按施工需要截取管段应采用手工调直，使管材中心轴线成一直线。

4）管道的弯曲：除必须使用直角弯头的转向外，管道一般的转向和安装角度变化时应采用。将铝塑管直接弯曲到需要角度的方法满足安装时管道改变走向的需要。管道直接弯曲的半径不得小于 5 倍的管外径，并一次成型，不宜重复弯曲。当管径为 26～32 mm 以下时，可借用弯管弹簧、手工煨弯，当管径为 32～40 mm 以上时，应采用专用煨弯器加工。

暗敷设于地板内的管道，不应有管件接头，暗装于墙体内的管道，除分水管件外（三通、四通）不宜采用其他管件接驳管道。

5）管道的固定：沿墙面或楼地面敷设的管道，必须采用管卡或插座固定，并用钢钉或膨胀螺栓固定在依托墙体或楼板上；吊装的管道或有保温的管道应按设计要求采用吊架或托架固定管道。

铝塑复合管管道穿越管洞时，如无防水要求，可用 1∶2 水泥砂浆填实管洞固定套管。如有防水要求时用膨胀水泥配制 1∶2 砂浆，填实固定套管后，管道与套管间缝隙用阻燃的密实材料填实。

6. PP-R、PE、PVC、PB 塑料给水管安装工艺

管材以软体盘管出厂的各型塑料给水管安装时，截断、调直工序同铝塑复合管。以硬体直管出厂的管材截取后不需调直。

PVC 给水管道连接有承口及胶粘两种连接方式，承口采用橡胶圈密封。PP-R 及 PE 等材质塑料给水管采用热熔接等方式连接，其操作程序如下：

1）粘胶接口：测量定位→截取→管端、管件清理→管端处管件内口刷胶→承插件黏接→调整定型。

2）胶圈接口：测量定位→截取→管端、管件清理→管件内安装密封胶圈→涂润滑剂→插入承口到位。

3）热熔接口：测量定位→截取→管端管件清理→标绘热熔深度→热熔机加热→连接→调整定型。

塑料给水管材与金属管材、管件、设备连接时，应采用带金属嵌件的过渡管件与专用转换管件，在塑料热熔接后，丝扣连接金属管材、管件。严禁在塑料管上套丝连接。

热熔机热熔接时，应先通电加热达到工作温度，指示灯亮后，方可开始热熔操作。管材截取后，必须清除毛边毛刺，管材、管件连接面必须清洁、干燥、无油。熔接弯头或三通等有安装方向的管件时，应按图纸要求注意其方向，提前在管件和管材上做好标识，保证安装角度正确，加热后，应无旋转地把管段插入到所标识深度，调正、调直时，不应使管材和管件旋转，保持管材与轴线垂直，使其处于同一轴线上。

采用法兰连接时，应先将法兰盘套在管道上，按以上热熔要求，热熔连接塑料法兰过渡件，校正、调直两对应的连接件，使连接的两片法兰垂直于管材中心线，表面相互平行。法兰衬垫宜采用耐热无毒橡胶圈。采用镀锌螺栓，对称紧固螺栓，安装方向应一致，紧固后，螺栓露出螺母的长度应是螺栓直径的1/2左右，且应平齐。在法兰连接部位应设置支架、吊架固定。

4）管道的固定：管道安装时，必须按不同管径和要求设置管卡与支、托、吊卡架。其位置正确、合理，安装平整、牢固。管卡与管道接触应紧密。但不得损伤管材表面。采用金属卡架时，管卡与管材间应采用塑料或橡胶等软质材料隔垫。管道末端，各用水点处均应设置卡架固定。

7. 铜管安装

1）铜管件连接：按不同连接方式分为机械连接用管件和钎焊连接用管件。

2）铜管安装工艺流程：审核图纸绘制加工图→确定补偿装置、支吊架形式位置→确定保温方式→加工下料→管道预制→支架固定→管道安装→试压通水→保温→系统调试。

3）操作要点：将铜管外表面、焊件管件内外表面的氧化膜及油污、杂物清理干净。在管外表面、管件内表面均匀涂刷钎剂后，将铜管插入管件中至底端，并适当旋转，以保持均匀的间隙，清除多余钎剂。用气焊火焰对接头处均匀加热直到加热至钎焊温度，用钎料接触被加热的接头处，用管接头处高温溶解钎料，至钎料迅速熔化时，可边加热边添加钎料至焊缝填满。停止加温后，使接头在静止状态冷却结晶，完成焊接后，将接头处残渣清理干净。

按设计图纸要求并结合施工现场实际情况，确定管线做法，绘制加工草图，实测管线长度、转向、管径、坐标位置、标高、标注于加工草图。

当铜管用于热水系统中时，应设置必要的有效补偿位置。管道安装中直管段长度大于10 m时，应设补偿装置。伸缩量应根据介质的温度、系统的布置方式等不同的条件进行计算。补偿装置按设计要求可选择套筒式、波纹管式或用铜管加工成“ㄇ”或“Ω”形等，方形、圆形补偿器，解决管道膨胀量的补偿。

根据管道走向、长度、管件及补偿装置的位置，设置相应的固定支架及一般普通支、吊架，卡架型号应与管材配套，确保卡架安装平整、牢固，固定支架、坐标位置必须准确、合理，确保补偿装置效果。

铜管温度传导性能好，用于冷、热水系统时，必须按设计要求做好绝冷、绝热保温，防止管道热损失或结露。

4）管道预制加工：按加工图尺寸、采用的连接方式，计算管段长度（包括插入管件长度和管件所占长度）进行铜管切割下料时，应防止操作不当，造成管子变形，管子的切口端面应与管子轴线垂直，切口处的毛刺等应清理干净。

管道施工时，应尽可能预制成适当长度的管段后再进行安装。有条件用铜管煨制弯头时，应按管道走向预先煨制成所需弯曲半径的弯头。在不影响现场安装的前提下，尽可能将铜管、三通、弯头、异径管等管件预制成所需的完整管段后，就位组装。采用铜管加工补偿器时，应先预制补偿器成形后接入管路。采用定型成品时，宜将补偿器先与相邻管道连接预制成管段再安装。卡架按图纸管线走向预制安装。

5）管道的安装：将预制好管段，采用连接管件，通过选定的安装方式，将管段按设计要求连接成完整管路，并固定在支、吊、卡架上，成为完整的管道体系。铜管道安装后，应符合设计要求及施工规范标准要求，并保证管道横平竖直。

四、排水管道安装施工工艺

室内排水系统的任务就是把室内的生活污水、工业废水和屋面雨水等及时畅通地排至室外排水管网；同时，防止室外排水管道中的有害气体、臭气等进入室内，并为室外污水的处理和综合利用提供便利条件。

室内排水系统一般由卫生器具、排水管道系统、通气管系统、清通系统、抽升系统及污水局部处理构筑物等组成，其基本组成如图 10-3 所示。

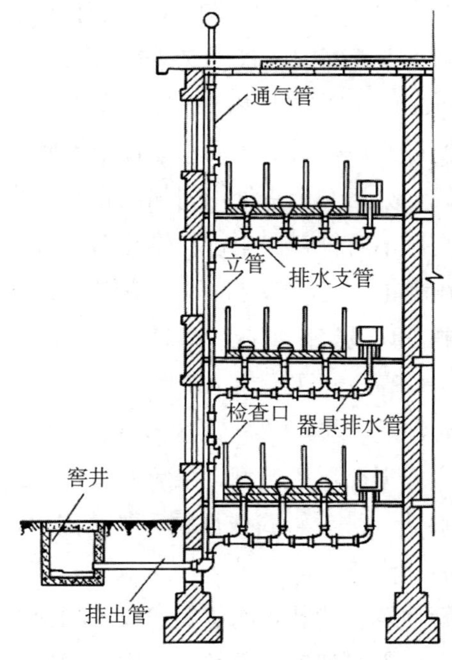

图 10-3 室内排水系统基本组成

1. 材料要求

（1）室内排水用管材

室内排水用管材主要有硬聚氯乙烯塑料排水管、排水铸铁管、陶土管、混凝土管、钢筋混凝土管、石棉水泥管等。生活污水管道一般采用硬聚氯乙烯塑料排水管或排水铸铁管。埋地生活污水管也可采用带釉陶土管。由于排水铸铁管不能承受高压和酸碱性液体的浸蚀，对于高度大于 30 m 的生活污水排水立管的下段和排出管、微酸性生产废水管道，常用给水铸铁管代替排水铸铁管。工程应用管材应以设计图纸为准。

（2）硬聚氯乙烯塑料排水管（UPVC 管）

1）塑料管适用温度：在一般民用与工业建筑室内连续排水水温不大于 40℃；瞬时排水温度不大于 80℃。

2）轻型塑料管使用压力小于或等于 0.6 MPa，重型管使用压力小于或等于 1 MPa。

3）塑料排水管按外径计主要有 40 mm、50 mm、75 mm、110 mm 及 160 mm 5 种规格。塑料管件主要有：45°弯头、90°弯头、90°顺水三通、45°斜三通、瓶型三通、正四通、45°斜四通、直角四通、异径管和管箍 10 种类型。

寒冷地区使用的管材和管件，其性能应满足当地的气象条件。

（3）排水铸铁管

排水铸铁管因管壁较薄，不能承受较大压力，常用于生活污水和雨水管道。排水铸铁管管径一般为 50～200 mm，采用承插连接。承插口直管有单承口和双承口两种，主要接口有普通水泥接口、石棉水泥接口、氯化钙石膏水泥接口、膨胀水泥接口和铅接口等，最常用的是普通水泥接口。

（4）混凝土管

排水混凝土管有承插式和套管式两种。

（5）接口材料（根据管材不同，分别选用）

水泥、石棉、膨胀水泥、石膏、氯化钙、油麻、耐酸水泥、青铅、塑料胶结剂、胶圈、塑料焊条、碳钢焊条等。

（6）防腐材料

沥青、汽油、沥青漆、防锈漆、银粉漆、铅油、清油、防水套管、阻火圈、牛毛毡、岩棉毡、玻璃布、塑料布等。

（7）其他材料

型钢、圆钢、卡架、螺栓、胀杆、氧气、乙炔气、石笔、砂布、破布等。

2. 机具设备

1）机具：电焊机、手（电）动葫芦、钻床、塑料焊枪、套丝机、射钉枪、手电钻、冲击钻、砂轮机、台钻、电锤等。

2）工具：细齿锯、割管器、板锉、扳手、铁钎子、钢锯、手锤、管钳、捻口凿、剁子、錾子、铁刷、小车、经纬仪、水准仪、毛刷、干布、刮刀、水平尺、卡尺、钢卷尺、小线、线坠等。

3. 作业条件

1）埋设管道的管沟应底面平整，无突出的坚硬物，基底处理应根据设计要求，一般可做50～100 mm砂垫层，垫层宽度不小于管径的2.5倍，坡度与管道的坡度相同，沟底夯实。

2）暗装管道（包括设备层、竖井、吊顶内的管道）首先应根据设计图纸核对各种管道的管径、标高、位置的排列有无交叉。预留孔洞、预埋件已配合完成。土建模板已拆除，操作场地清理干净，安装高度超过3.5 m时，应搭好脚手架。

3）楼层内排水管道穿越结构部位的孔洞已预留完毕。室内标高线、隔墙中心线（边线）均已由土建放线，墙面粉刷已完成，能连续施工。安装场地无障碍物。

4）冬期施工，环境温度一般不低于5℃；当环境温度低于5℃时，应采取防寒防冻措施。

4. 操作工艺

（1）工艺流程

安装准备→预制加工→干管安装→立管安装→支管安装→配件安装→支架安装→通球试验→灌水试验→管道保温。

（2）安装准备

认真熟悉图纸，配合土建施工进度，做好预留预埋工作。按设计图纸画出管路及管件的位置、管径、变径、预留洞、坡度、卡架位置等施工草图。

（3）预制加工

根据图纸要求并结合实际情况，测量尺寸，绘制加工草图。根据实测小样图和结合各连接管件的尺寸量好管道长度，采用细凿锯、砂轮机进行配管和断管。断口要平齐，用铣刀或刮刀除掉断口内外飞刺，外棱铣出15°～30°，完成后应将残屑清除干净。支管及管件较多的部位应先行预制加工，码放整齐，注意成品保护。

（4）干管安装

非金属排水管一般采用承插粘接连接方式。

承插粘接方法：将配好的管材与配件按规定试插，使承口插入的深度符合要求，不得过紧或过松，同时还要测定管端插入承口的深度，并在其表面划出标记，使管端插入承口的深度符合表10-2的规定。

表10-2　生活污水塑料管承口深度　　单位：mm

公称外径	承口深度	插入深度
50	25	19
75	40	30
110	50	38
160	60	45

试插合格后，用干布将承插口需粘接部位的水分、灰尘全部擦拭干净。如有油污，需用丙酮除掉。用毛刷涂抹黏接剂，先涂抹承口后涂抹插口，随即用力垂直插入，插入粘接时，

将插口转动 90°，以利黏接剂分布均匀，30 s～1 min 即可粘接牢固。粘牢后，立即将挤出的黏接剂擦拭干净。多口粘接时，应注意预留口方向。

（5）立管安装

先按设计坐标标高要求校核预留孔洞，洞口尺寸可比管材外径大 50～100 mm，不可损伤受力钢筋。安装前清理场地，根据需要支搭操作平台。清理已预留的伸缩节，将锁母拧下，取出橡胶圈，清理杂物。立管插入应先计算插入长度做好标记，然后涂上肥皂液，套上锁母及橡胶圈，将管端插入标记处锁紧锁母。

安装时，先将立管上端伸入上一层洞口内，垂直用力插入至标记为止。合适后，用 U 形抱卡坚固，找正找直，三通口中心符合要求，有防水要求的，须安装止水环，保证止水环在板洞中的位置，止水环可用成品或自制，即可堵洞，临时封堵各个管口。排水立管管中净墙面距离为 100～120 mm，立管距灶边净距不得小于 400 mm，与供暖管道的净距不得小于 200 mm，且不得因热辐射使管外壁温度高于 40℃。

（6）支管安装

按设计坐标标高要求校核预留孔洞，孔洞的修整尺寸应大于管径 40～50 mm。清理场地，按需要支搭操作平台。将预制好的支管按编号运至现场。清除各粘接部位及管道内的污物和水分。将支管水平初步吊起，涂抹黏接剂，用力推入预留管口。连接卫生器具的短管一般伸出净地面 10 mm，地漏甩口低于净地面 5 mm。根据管段长度调整好坡度。合适后，固定卡架，封闭各预留管口和堵洞。

（7）配件安装

干管清扫口和检查口设置在连接 2 个及上大便器或 3 个及上卫生器具的污水横管上应设置清扫装置。当污水管在楼板下悬吊敷设时，如果清扫口设在上一层楼地面上，应使用钢制清扫口，污水管起点的清扫口与管道相垂直的墙面距离不得小于 20 mm；若污水管起点设置堵头代替清扫口时，与墙面距离不得小于 400 mm。设置在吊顶内的横管，在其检查口或清扫口位置应设检修门。安装在地面上的清扫口顶面必须与净地面相平。

（8）支架安装

立管穿越楼板处可按固定支座设计；管道井内的立管固定支座，应支承在每层楼板处或井内设置的刚性平台和综合支架上。层高小于等于 4 m 时，立管每层可设一个滑动支座；层高大于等于 4 m 时，滑动支座间距不宜大于 2 m。横管上设置伸缩节时，每个伸缩节应按要求设置固定支座。横管穿越承重墙处可按固定支架设计。固定支座的支架应用型钢制作并锚固在墙或柱上；悬吊在楼板、梁或屋架下的横管的固定支座的吊架应用型钢制作并锚固在承重结构上。

5. 通球试验

卫生洁具安装后，排水系统管道的立管、主干管应进行通球试验。

立管通球试验应由屋顶透气口处投入不小于管径 2/3 的试验球，应在室外第一个检查井内临时设网截取试验球，用水冲动试验球至室外第一个检查井，取出试验球为合格。干管通球试验要求：从干管起始端投入塑料小球，并向干管内通水，在户外的第一个检查井处观察，发现小球流出为合格。

6. 灌水试验

排水管道安装完成后，应按施工规范要求进行闭水试验。暗装的干管、立管、支管必须进行闭水试验。闭水试验应分层分段进行。试验标准，以一层结构高度采用密闭管口，满水至地面高度，满水 15 min 水面下降后，再灌满观察 5 min，液面不下降，检查全部满水管段管件、接口无渗漏为合格。

7. 质量标准

室内排水管道安装的允许偏差应符合表 10-3 的相关规定。

表 10-3　室内排水和雨水管道安装的允许偏差和检验方法

<table>
<tr><th>项次</th><th colspan="4">项目</th><th>允许偏差/mm</th><th>检验方法</th></tr>
<tr><td>1</td><td colspan="4">坐标</td><td>15</td><td rowspan="12">用水准仪（水平尺）、直尺、接线和尺检查</td></tr>
<tr><td>2</td><td colspan="4">标高</td><td>±15</td></tr>
<tr><td rowspan="10">3</td><td rowspan="10">横管纵横方向弯曲</td><td rowspan="2">铸铁管</td><td colspan="2">每 1 m</td><td>≤1</td></tr>
<tr><td colspan="2">全长（25 m 以上）</td><td>≤25</td></tr>
<tr><td rowspan="4">钢管</td><td rowspan="2">每 1 m</td><td>管径小于或等于 100 mm</td><td>1</td></tr>
<tr><td>管径大于 100 mm</td><td>1.5</td></tr>
<tr><td rowspan="2">全长（25 mm 以上）</td><td>管径小于或等于 100 mm</td><td>≤25</td></tr>
<tr><td>管径大于 100 mm</td><td>≤38</td></tr>
<tr><td rowspan="2">塑料管</td><td colspan="2">每 1 m</td><td>1.5</td></tr>
<tr><td colspan="2">全长（25 m 以上）</td><td>≤38</td></tr>
<tr><td rowspan="2">钢筋混凝土、混凝土管</td><td colspan="2">每 1 m</td><td>3</td></tr>
<tr><td colspan="2">全长（25 m 以上）</td><td>≤75</td></tr>
<tr><td rowspan="6">4</td><td rowspan="6">立管垂直度</td><td rowspan="2">铸铁管</td><td colspan="2">每 1 m</td><td>3</td><td rowspan="4"></td></tr>
<tr><td colspan="2">全长（5 m 以上）</td><td>≤15</td></tr>
<tr><td rowspan="2">钢管</td><td colspan="2">每 1 m</td><td>3</td></tr>
<tr><td colspan="2">全长（5 m 以上）</td><td>≤10</td></tr>
<tr><td rowspan="2">塑料管</td><td colspan="2">每 1 m</td><td>3</td><td rowspan="2"></td></tr>
<tr><td colspan="2">全长（5 m 以上）</td><td>≤15</td></tr>
</table>

8. 成品保护

1）管材和管件在运输、装卸、储存和搬动过程中，应排列整齐，要轻拿、轻放，不得乱堆放、不得暴晒。

2）管道安装时，应及时清理溢出的黏接剂，保护外观整洁。

3）在塑料管承插口的粘接过程中，不得用手锤敲打。

4）管道安装完成后，应加强保护，防止管道污染损坏。

5）将所有管口临时封闭严密，防止异物进入。

6）严禁利用塑料管道作为脚手架的支点或安全带的拉点、吊顶的吊点。

7）不允许明火拱烤塑料管，以防管道变形。预制的管段应码放在垫好的木方上，不得在露天暴晒，防止弯曲、变形。

8）在回填房心土时，对已铺好的管道上部用细土覆盖，逐层夯实，不得在管道上用蛙式夯土机夯土。

9）油漆粉刷前，应将管道用纸包裹，防止管道受污染。

五、卫生器具安装施工工艺

该标准适用于建筑工程中卫生器具的安装，包括室内污水盆、洗涤盆、洗脸（手）盆、盥洗槽、浴室、淋浴器、大便器、水便器、小便槽、大便冲洗槽、妇女卫生盆、化验盆、排水栓、地漏等的安装。工程施工应以设计图纸和有关施工质量验收规范为依据。

1. 材料要求

1）卫生器具的型号、规格必须符合设计要求，并有出厂产品合格证和说明书。

2）卫生器具外观应美观，表面光滑、色调一致，无划痕、损伤。

3）卫生器具的水箱应采用节能环保型。

4）镀锌管、镀锌燕尾螺栓、螺母、橡胶板、阀门、水嘴、丝扣返水弯、排水口、铜丝、油灰、铅皮、焊锡、铅油、麻丝、白棉绳、密封胶、油漆、型钢、白水泥和石白膏等均应符合规定要求。

2. 主要机具

1）机具：冲击钻、手电钻、套丝机、磨光机、砂轮锯、电气焊、射钉枪等。

2）工具：管钳、手锯、螺丝刀、剪子、扳手、手锤、手铲、錾子、克丝钳、方锉、圆锉、螺丝刀、烙铁、水平尺、盒尺、线坠等。

3. 作业条件

1）所有与卫生器具连接的管道水压、灌水试验已完毕，并已办好隐检、预检手续。

2）室内抹灰已经施工完，水准线已引进房间，地面相对标高线已弹出高层建筑中标准层样板间已经施工完毕，并经有关人员检查、认可和签字。

3）浴盆的稳装应待土建做完防水层及保护层后配合土建施工进行。

4. 施工操作工艺

（1）工艺流程

放线定位→支架安装→器具安装→器具试验。

（2）操作要点

1）放线定位：卫生器具的安装高度应按设计要求施工。根据土建 500 mm 标高线、建筑施工图及器具安装高度确定器具安装位置。

2）支架制作：支架采用型钢，螺栓孔不得使用电气焊开孔、扩孔或切割。坐便器固定螺栓不小于 M6，冲水箱固定螺栓不小于 M10。家具盆使用扁钢支架时，不小于 40 mm×3 mm，螺栓不小于 M8。支架制作应牢固、美观，孔眼及边缘应平整光滑，与器具接触面吻合。支架制作完成后进行防腐处理。

3）支架安装：卫生器具的固定方法，随其所固定的墙体材质的不同而异，一般均采用预埋螺栓或膨胀螺栓安装固定。

①钢筋混凝土墙：找好安装位置后，用墨线弹出准确坐标，打孔后，直接使用膨胀螺栓固定支架。

②砖墙：用 20 的冲击钻在已经弹出的坐标点上打出相应深度的孔，将洞内杂物清理干净，放入燕尾螺栓，用水泥砂浆填牢固。

③轻钢龙骨墙：找好位置后，应增加加固措施。

④轻质隔板墙：固定支架时，应打透墙体，在墙的另一侧增加薄钢板固定，薄钢板必须嵌入墙面内，外表与土建装饰面抹平。支架安装过程中，应注意和土建防水工序的配合，如对其防水造成破坏，应事先协商处理。

4）器具安装：将胶皮碗套在蹲便器进水口上，套正、套实后紧固。找出排水管口的中心线，并画在墙上。用水平尺（或线坠）找好竖线。将下水管承口内抹上油灰，蹲便器位置下铺垫白灰膏（白灰膏厚度以蹲便器标高符合要求为准），然后将蹲便器排水口插入排水管承口内稳好。用水平尺放在蹲便器上沿，纵横双向找平、找正，使蹲便器进水口对准墙上中心线。蹲便器两侧用砖砌好抹光，将蹲便器排水口与排水管承口接触处的油灰压实、抹光。然后将蹲便器排水口临时封堵。

蹲便器稳装之后，确定水箱出水口中心位置，向上测量出规定高度（箱底距台阶面 1.8 m）。根据高水箱固定孔与给水孔的距离确定固定螺栓高度，在墙上做好标识，安装支架及高水箱。稳装多联蹲便器时，应先找出标准地面标高，向上测量好蹲便器需要的高度，用小线找平，找好墙面距离，然后按上述方法逐个进行稳装。多联高低水箱应按上述做法先挂两端的水箱，然后挂线找平找直，再稳装中间水箱。

①坐式大便器安装：清理坐便器预留排水口，取下临时管堵，检查管内有无杂物。将坐便器出水口对准预留口放平找正，在坐便器两侧固定螺栓眼孔处做好标识。要标识处剔 $\phi20\times60$ 的孔洞，栽入螺栓，将坐便器试稳，使固定螺栓与坐便器吻合，移开坐便器。将坐便器排水口及排水管口周围抹上油灰后将坐便器对准螺栓放平、找正，进行安装。对准坐便器尾部中心，在墙上画好垂直线，在距地面 800 mm 高度画水平线。根据水箱背面固定孔眼的距离，在水平线上做好标识，栽入螺栓。将背水箱挂在螺栓上放平、找正，进行安装。

②小便器安装：根据排水口位置画一条垂线，由地面向上量出规定的高长画一水平线，根据小便器尺寸在横线上做好标识，再画出上、下孔眼的位置。在孔眼位置栽入支架，托起小便器挂在螺栓上。把胶垫、垫圈套入螺栓，将螺母拧至松紧适度。将小便器与墙面的缝隙嵌入白水泥膏补齐、抹光。如图 10-4 所示。

③小便槽安装：小便槽是用瓷砖沿墙砌筑的沟槽。小便槽的长度无明确规定，按设计而定，一般不超过 3.5 m，最长不超过 6 m。小便槽的起点深度应在 100 mm 以上，槽底宽 150 mm，槽顶宽 300 mm，台阶宽 300 mm，高 200 mm 左右，台阶向小便槽有 1‰～2‰的坡度。小便槽的污水口可设在槽的中间，也可设于靠近污水立管的一端，但不管是中间还是在某一端，从起点至污水口，均应有 1‰的坡度坡向污水口，污水口应设置罩式排水栓。如图 10-5 所示。

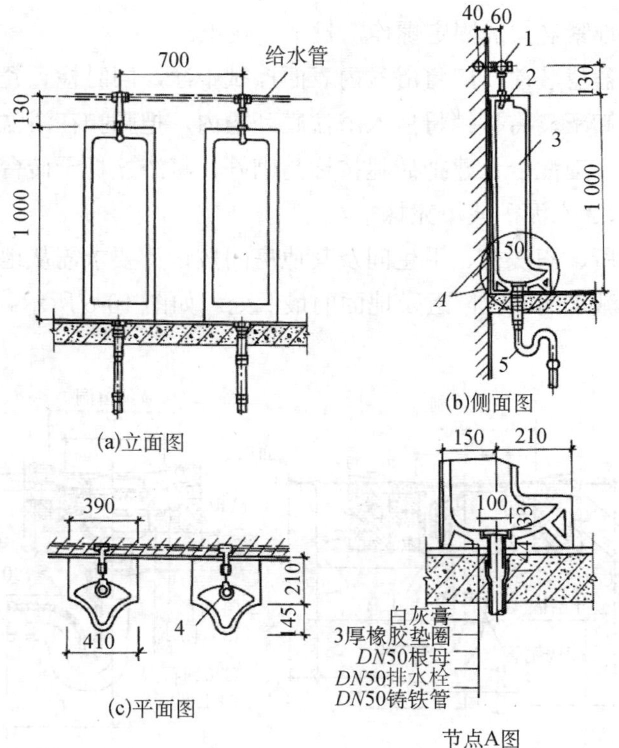

图 10-4　立式小便器安装

1-延时自闭冲洗阀；2-喷水鸭嘴；3-立式小便器；4-排水栓；5-存水弯

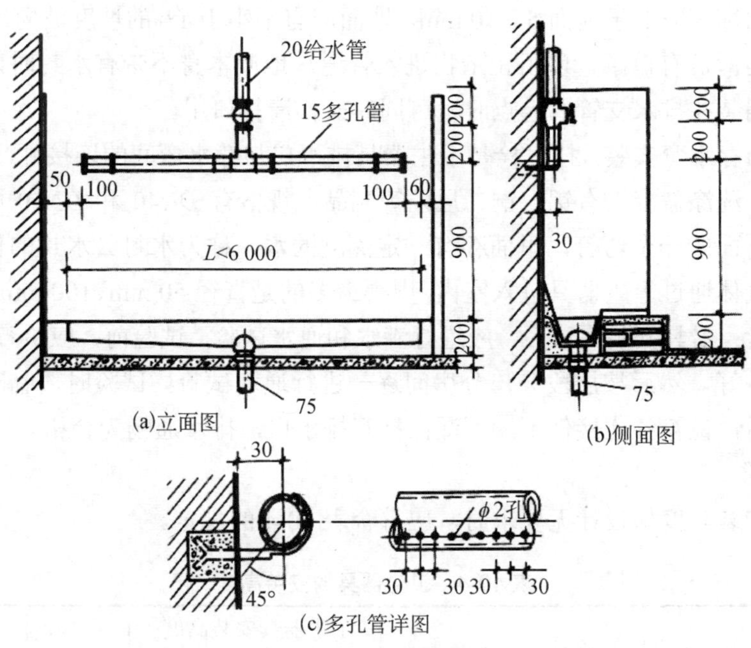

图 10-5　小便槽安装

④洗脸盆安装：按照排水管中心在墙上画出竖线，由地面向上量出规定的高度，画出水平线，根据盆宽在水平线上做好标识，栽入支架。将脸盆置于支架上找平、找正后，将架钩

钩在盆下固定孔内，拧紧盆架的固定螺栓，找平、找正。

⑤浴盆安装：浴盆稳装前，应将浴盆内表面擦拭干净，同时检查瓷面是否完好。带腿的浴盆先将腿部的螺栓卸下，将拔销母插入浴盆底卧槽内，把腿扣在浴盆上，带好螺母拧紧找平。浴盆如砌砖腿时，应配合土建把砖腿按标高砌好。将浴盆稳于砖台上，找平、找正。浴盆与砖腿缝隙处用 1∶3 水泥砂浆填充抹平。

⑥地漏安装：厕所、盥洗室、卫生间及其他房间按设计要求需从地面排水时，应设置地漏。地漏应设置在易溅水的器具附近及地面的最低处。如图 10-6 所示。

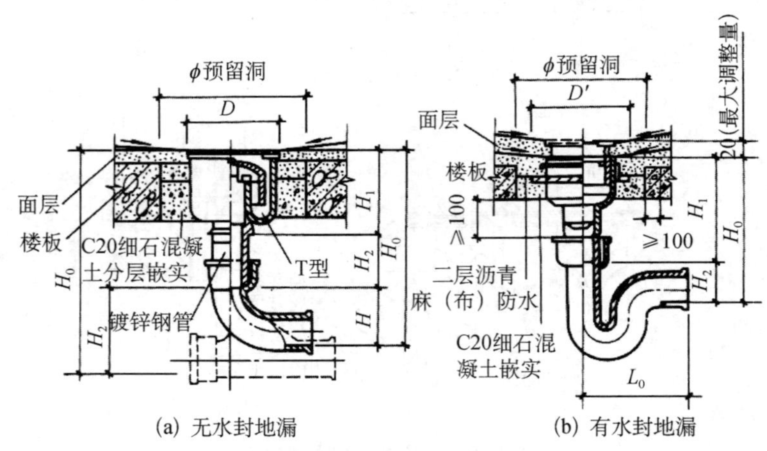

(a) 无水封地漏　　(b) 有水封地漏

图 10-6　地漏安装

地漏的顶面标高应低于地面 5～10 mm，地面应有不小于 1%的坡度坡向地漏。图 10-6 为地漏安装图，地漏盖有篦子，以阻止杂物进入管道。地漏本身不带有水封时，排水支管应设置水封。当地漏装在排水支管的起点时，可同时兼作清扫口用。

⑦排水栓与存水弯安装：排水栓是卫生器具排水口与存水弯间的连接件，多装于洗脸盆、浴盆、污水盆、洗涤盆上。有铝、铜、尼龙等制品，规格有 *DN*40 和 *DN*50 两种。存水弯是装于卫生器具下面的一个弯管，里面存有一定深度的水，称为水封。水封的作用是阻止排水管网中的有害气体通过卫生器具进入室内，用得最多的是直径 50 mm、100 mm 的铸铁存水弯。

⑧器具试验：器具安装完成后，应进行满水和通水试验，试验前，应检查地漏是否畅通，分户阀门是否关好，然后按层段分户分房间逐一进行通水试验。试验时，临时封堵排水口，将器具灌满水后，检查各连接件不渗不漏；打开排水口，排水通畅为合格。

5. 质量标准

卫生器具安装高度如设计无要求时，应符合表 10-4 的规定。

表 10-4　卫生器具的安装高度

项次	卫生器具名称		卫生器具安装高度/mm		备注
			居住和公共建筑	幼儿园	
1	污水盆（池）	架空式落地式	800 500	800 500	

续表

<table>
<tr><th rowspan="2">项次</th><th colspan="3" rowspan="2">卫生器具名称</th><th colspan="2">卫生器具安装高度/mm</th><th rowspan="2">备注</th></tr>
<tr><th>居住和公共建筑</th><th>幼儿园</th></tr>
<tr><td>2</td><td colspan="3">洗涤盆（池）</td><td>800</td><td>800</td><td rowspan="4">自地面至器具上边缘</td></tr>
<tr><td>3</td><td colspan="3">洗脸盆、洗手盆（有塞、无塞）</td><td>800</td><td>500</td></tr>
<tr><td>4</td><td colspan="3">盥洗槽</td><td>800</td><td>500</td></tr>
<tr><td>5</td><td colspan="3">浴盆</td><td colspan="2">≤520</td></tr>
<tr><td>6</td><td>蹲式大便器</td><td colspan="2">高水箱、低水箱</td><td>1 800
900</td><td>1 800
900</td><td>自台阶面至高水箱底自台阶面至高水箱底</td></tr>
<tr><td rowspan="2">7</td><td rowspan="2">坐式大便器</td><td colspan="2">高水箱</td><td>1 800</td><td>1 800</td><td rowspan="2">自台阶面至高水箱底自台阶面至高水箱底</td></tr>
<tr><td>低水箱</td><td>外露排水管式、虹吸喷射式</td><td>510
470</td><td>370</td></tr>
<tr><td>8</td><td>小便器</td><td colspan="2">挂式</td><td>600</td><td>450</td><td>自地面至下边缘</td></tr>
<tr><td>9</td><td colspan="3">小便槽</td><td>200</td><td>150</td><td>自地面至台阶面</td></tr>
<tr><td>10</td><td colspan="3">大便槽冲洗水箱</td><td>≥2 000</td><td>—</td><td>自台阶面至水箱底</td></tr>
<tr><td>11</td><td colspan="3">妇女卫生盆</td><td>360</td><td>—</td><td>自地面至器具上边缘</td></tr>
<tr><td>12</td><td colspan="3">化验盆</td><td>800</td><td>—</td><td>自地面至器具上边缘</td></tr>
</table>

6. 成品保护

1）器具在搬运和安装时，要防止磕碰，装完的洁具要加以保护，防止器具损坏。

2）在釉面砖、水磨石墙面剔孔洞时，宜用手电钻或先用小錾子轻剔釉面，待剔至砖底层处方可用力，但不得过猛，以免将面层剔碎或震成空鼓。

3）卫生器具安装前，要将上、下水接口临时堵好。

4）卫生器具稳装后，器具排水口应临时堵好，镀铬零件用纸包好，以免堵塞或损坏。若需动用气焊时，对已做完装饰的房间墙面、地面应用铁皮等物遮挡。

5）工程竣工前，须将卫生器具表面擦洗干净，并要及时关闭相关房间。寒冷地区冬期室内未通暖时，各种器具通水完毕后，必须将水放净，存水弯处用压缩空气吹净，以免将器具和存水弯冻裂。

第二节　消防管道设备安装

一、室内消防管道及设备安装施工工艺

室内消防管道及设备安装施工工艺适用于民用和一般工业建筑的室内消火栓系统和消防自动喷洒系统的管道及设备安装。工程施工应以设计图纸和有关施工质量验收规范为依据。

1. 材料要求

1）消火栓系统管材应根据设计要求选用，一般采用碳素钢管或无缝钢管，管材不得有弯曲、锈蚀重皮及凹凸不平等现象。

2）消防喷洒管材应根据设计要求选用，一般采用镀锌碳素钢管及管件，管壁内外镀锌均匀、无锈蚀，管件无飞制、无偏扣、丝扣不全、角度不准等现象。

3）消防喷洒系统的报警阀、作用阀、控制阀延迟器、水流指示器、水泵结合器等主要组件的规格型号应符合设计要求。

4）配件齐全，铸造规矩，表面光滑，无裂纹，启动灵活，有产品出厂合格证。

5）喷洒头的规格、类型、动作温度应符合设计要求，外形规矩，丝扣完整，感温包无破碎和松动，易熔无脱落和松动，有产品出厂合格证。

6）消火栓箱体的规格类型应符合设计要求，箱体表面平整、光洁。金属箱体无锈蚀、划伤，箱门开启灵活。箱体方正，箱内配件齐全，栓阀外形规矩、无裂纹，启闭灵活，关闭严密，密封填料完好，有产品出厂合格证及消防部门的认证。

2. 主要机具

1）机具：套丝机、滚槽机、开孔机、砂轮机、台钻、电锤、手砂轮、手电钻、电焊机、电动试压泵等。

2）工具：套丝板、管钳、台钳、压力钳、链钳、手锤、钢锯、扳手、倒链、电气焊等。

3. 作业条件

1）主体结构已经验收，现场已经清理干净。

2）管道安装所需要的基准线应测定并标明。如吊顶标高、地面标高、内墙位置线等。

3）设备基础经检验符合设计与厂家设备资料要求。安装管道所需要的操作架等应由专业人员搭设完毕。

4）检查管道预埋件，预留孔洞的位置、尺寸数量符合设计要求。

5）喷洒头安装按建筑装修图确定位置，吊顶龙骨安装完按吊顶材料厚度确定喷洒头的标高。

6）封吊顶时，按喷头预留口位置在顶板上开孔。

7）水泵等设备安装的室内地面已完工，水泵及其他设备的混凝土基础强度应达到75%以上，尺寸、位置和标高符合设计要求。

8）水池及水箱具备管道安装条件。

9）现场的水、电、气源及场地设施满足施工要求。

10）已编制施工方案并进行技术交底和安全技术交底。

11）根据工程进度要求及时绘制加工图，提出加工计划。

4. 操作工艺

（1）工艺流程

安装准备→干管安装→立管安装→喷洒分层干支管、消火栓及支管安装→系统辅助设备及管道附件安装→管道试压→管道冲洗→喷洒头支管安装（系统综合试压及冲洗）→节流装置安装→报警阀配件、消火栓配件、喷洒头安装→系统通水调试。

（2）安装准备

认真熟悉图纸，根据施工方案、技术、质量、安全、交底的具体措施选用材料、测量尺寸、绘制草图、预制加工。核对有关专业图纸，查看各种管道的坐标、标高是否有交叉或排列位置不当，及时与设计人员研究解决，办理洽商手续。检查预埋件和预留孔是否准确。检查管材、阀门、设备及组件等是否符合设计要求和质量标准。要合理安排施工顺序，避免工种交叉作业干扰影响施工。

（3）干管安装

喷洒管道要求使用内外壁热镀锌钢管。系统管道的连接，应采用沟槽式连接件（卡箍），或丝扣、法兰连接。干管直径在 100 mm 以上应分段采用法兰或沟槽式连接件（卡箍）连接。水平管道上法兰间的管道长度不宜大于 20 mm，立管上法兰间的距离不应穿过 3 个及以上楼层，净空高度大于 8 m 的场所内立管应有法兰。喷洒干管用沟槽式连接或法兰连接每根配管长度不宜超过 6 m，直管段可把几根连接在一起使用倒链安装，但不宜过长，也可调直后，按编号顺序依次吊装，吊装时，应先吊起管道一端，待稳定后再吊起另一端。沟槽式连接使用滚槽机进行管道加工时，加工尺寸应符合沟槽管件连接的设计要求。

管道连接紧固法兰时，检查法兰端面是否干净，法兰垫采用 3～5 mm 的橡胶垫片。采用沟槽式连接时，检查卡箍环绕并压定垫圈，卡箍内缘嵌入管道端部的环形沟槽中。螺栓的规格应符合规定，紧固螺栓应先紧固最不利点，然后依次对称紧固。

报警阀安装应设在明显于操作的位置，距地面高度宜为 1 m，两侧与墙的距离不小于 0.5 m，正面与墙的距离不小于 1.2 m，报警阀处地面应有排水措施，环境温度不应低于 5℃，报警阀组装时，应按产品说明书和设计要求，控制阀应有启闭指示装置，并使阀门工作处于常开状态。

（4）消防喷洒和消火栓立管安装

立管暗装在竖井内时，在管井内预埋铁件上安装卡件固定立管底部的支吊架要牢固，防止立管下坠。立管明装时，每层楼板要预留孔洞，立管可随结构穿入，以减少立管接口。立管穿过楼板时，应加设套管，套管高出楼面或地面 20 mm，套管与管道的间隙应采用不燃烧材料的防水油膏填塞密实。

（5）消防喷洒分层干管安装

管道的分支预留口在吊顶前先预制好，丝接的用三通定位预留口，调直后吊装，所有预留口均加好临时堵。管道安装与通风管的位置要协调好。喷洒管道不同管径连接不得采用补心，应采用异径（管件）。向上喷的喷洒头有条件的，可与分支管顺序安装好，其他管道安装完后，不易操作的位置也应先安装好向上的喷洒头。喷洒分支水流指示器后不得连接其他用水设施，每路分支均应设置测压装置。管道穿过建筑物的变形缝时，应设置柔性短管。穿过墙体应加设套管，套管长度不得小于墙体厚度，套管于管道的间隙应采用不燃烧材料填塞密实。

（6）消火栓及支管安装

消火栓通常安装在消防箱内，箱体应符合设计要求，有时也装在消防箱外边。消火栓安装高度为栓口中心距地面 1.1 m，允许偏差 20 mm；栓口出水方向朝外，与设置消防箱的墙面相互垂直或成 45°。

消火栓在箱内时，消火栓中心距消防箱侧面为 140 mm，距箱后内表面为 100 mm，允许偏差 5 mm。

1）在一般建筑物内，消火栓及消防给水管道均采用明装。室内消防给水立管从下到上一种规格不变，安装时，只需注意消火栓箱及其附件的安装位置以及与管道之间的相互关系。消防立管的底部距地面 500 mm 处应设置球形阀，阀门经常处于全开启状态，阀门上应有明显的启动标志。

2）消火栓应安装在建筑物内明显处以及取用方便的地方。在多层建筑物内，消火栓布置在耐火的楼梯间内；在公共建筑物内，消火栓布置在每层的楼梯处、走廊或大厅的出入口处；生产厂房内的消火栓，则布置在人员经常出入的地方。

3）消火栓一般安装在砖墙上，分明装、暗装及半明 3 种形式。如图 10-7 所示，若采用暗装或半明时，需在土建砌砖墙时，预留好消火栓箱洞，当消火箱就位安装时，应根据高度和位置尺寸找正找平，使箱边沿与抹灰墙保持水平，再用水泥砂浆塞满箱四周空间，将箱稳

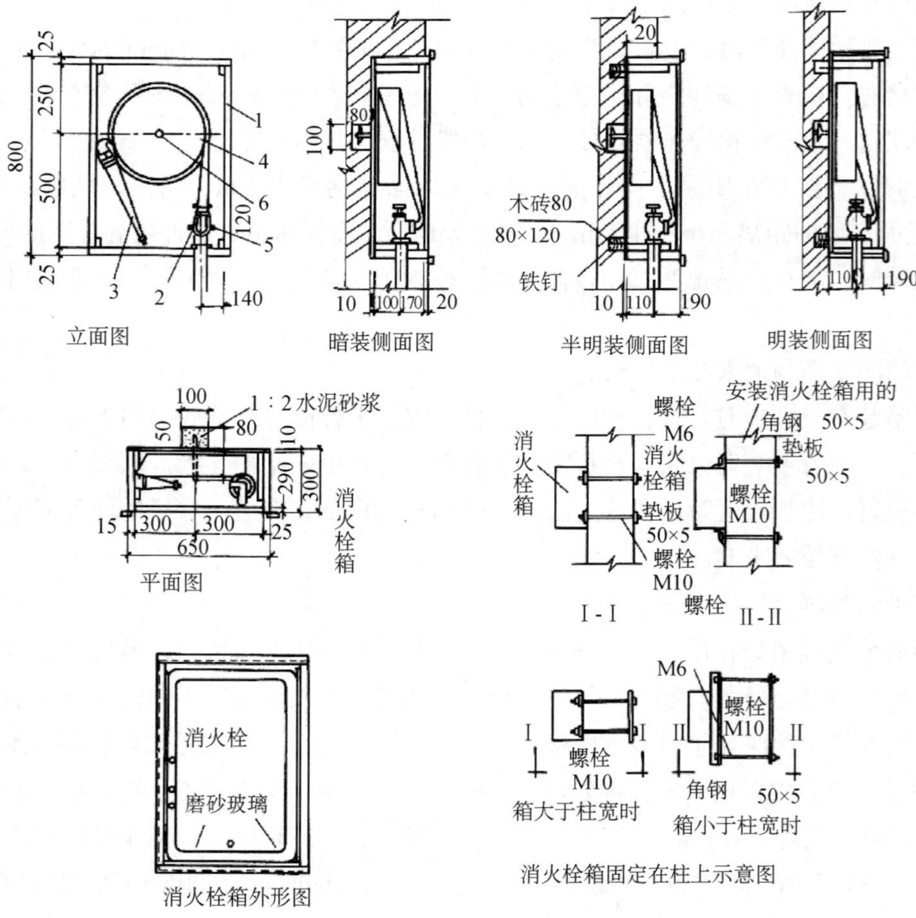

图 10-7　室内单开门锚式消火栓安装

1–消火栓箱；2–消火栓；3–水枪；4–水龙带；5–水龙带接扣；6–挂钉

固。若采用明装，需事先在砖墙上栽好螺丝，然后按螺丝的位置在箱背面钻孔，将箱子就位，再加垫带螺帽拧紧固定。

4）水龙带与消火栓及水枪接头连接时，采用 16 号铜线缠 2～3 道，每道不少于 2 圈，绑扎好后，将水龙带及水枪挂在箱内支架上。安装室内消火栓时，必须取出箱内的水龙带、水枪等全部配件。箱体安装好后再复原。进水管的公称直径不小于 50 mm，消火栓应安装平整牢固，各零件应齐全可靠。

5）消火栓支管要以栓阀的坐标、标高定位甩口，核定后，再稳定消火栓箱，箱体找正稳固后再把栓阀安装好，栓阀侧装在箱内时，应在箱门开启的一侧，箱门开启灵活。

（7）水流指示器安装

一般安装在每层的水平分支干管或某区域的分支干管上，应水平立装，倾斜度不宜过大，保证叶片活动灵敏，水流指示器前后应保持有 5 倍安装管径长度的直管段，安装时注意水流方向与指示器的箭头一致。

（8）消防水泵安装

水泵的规格型号应符合设计要求。水泵配管安装应在水泵定位找平正稳固后进行安装，水泵设备不得承受管道的重量，安装顺序为逆止阀，阀门依次与水泵紧牢。与水泵相接配管的一片法兰线与阀门紧牢，用线坠试直找正，量出配管尺寸，配管先焊在法兰上，再把法兰松开，取下焊接，冷却后再与阀门连接好，最后再焊与配管相接的另一个法兰。配管法兰应与水泵、阀门的法兰相符，阀门安装手轮方向应便于操作，标高一致，配管排列整齐。

（9）高位水箱安装

应在结构封顶及塔吊拆除前就位，并应做满水试验，消防用水与其他共用水箱时应确保消防用水不被挪作他用，留有 10 min 的消防总用水量。与生活水合用时，应使水经常处于流动状态，防止水质变坏。消防出水管应加单向阀（防止消防加压时，水进入水箱）。所有水箱管口均应预制加工，如果现场开口焊接应按设计图在水箱上焊加强板。水泵结合器安装时，规格型号应根据设计选定，其安装位置应有明显标志，阀门位置应便于操作，结合器附近不得有障碍物，安全阀应按系统工作压力定压，防止消防加压过高破坏室内管网及部件，结合器应装有泄水阀。

（10）消防管道试压

可分层分段进行，上水时最高点要有排气装置，高低点各装一块压力表，上满水后检查管网有无渗漏，在升压时，如出现渗漏时，应做好标记，卸压后处理，必要时也可以泄水处理。冬季试压环境温度不得低于 5℃，试压合格后，及时办理验收手续。

1）试验要求：消火栓系统干、立、支管道的水压试验要求执行给水系统金属管道的要求。消火栓系统试验要求试验压力为 1.4 MPa，稳压时间 2 h 管道及各连接点应无泄漏。

2）消防喷洒系统试验要求：当系统设计工作压力等于或小于 1.0 MPa 时，水压试验压力为设计工作压力的 1.5 倍，并不应低于 1.4 MPa。当系统设计工作压力大于 1.0 MPa 时，水压试验压力的设计工作压力加 0.4 MPa，当系统试验达到试验压力后，稳压 30 min，目测管网应无泄漏和变形，且压力降不应大于 0.05 MPa。

（11）管道冲洗

消防管道在试压完毕后，可连续做冲洗工作，冲洗前先将系统中的流量减压孔板过滤装置拆除，冲洗水质合格后装好，冲洗出的水要有排放去向，不得损坏其他成品。喷洒管道在管道试压、管道冲洗后，要进行管道严密性试验。试验压力为设计工作压力，稳压 24 h，应无泄漏。

吊顶层喷洒头立节支管，不能与分支干管同时顺序完成。要与吊顶装修同步进行，吊顶龙骨装完，根据吊顶材料厚度定出喷洒头预留口标高，并保证喷洒头坐标准确，喷头与吊顶接触严密、牢固，支管装完，预留口用丝堵拧紧，准备系统试压。喷洒系统试压，应在封吊顶前进行，为了不影响吊顶装修进度分层分段试压，试压完后冲洗管道，合格后可封闭吊顶，吊顶材料在管箍甩口处开一个 30 mm 的孔，把预留口露出，吊顶装修完后，把丝堵卸下，安装喷洒头。

（12）节流装置

在高层消防系统中，低层的喷洒头和消火栓流量过大，应根据设计要求选用减压孔扳、节流管或减压阀等装置均衡。报警阀配件安装，应在交工前进行，延迟器安装在闭式喷头自动喷头系统上，是防止误报警的设施。可按说明书及组装图安装，应装在报警阀与水务警铃之间的信号管道上，水力警铃安装在报警阀附近，与报警阀连接的管道应采用镀锌钢管。消火栓配件安装：应在交工前进行，消防火龙带每根长度不大于 25 m，应折好放在挂架上或双头外卷卷实、盘紧放在箱内，消防水枪要竖放在箱体内侧，自救式水枪和软盘应放在挂卡上或在箱底部。消防水龙带与水枪，快速接头的连接用卡箍时，在里侧加一道铅丝。设有电控按钮时，应注意与电气专业配合施工。

（13）喷洒头安装

喷洒头的规格、类型、动作温度应符合设计要求。喷洒头安装的保护面积、喷头间距及距梁、墙、柱的距离应符合规范要求。喷洒头的两翼方向应成排统一安装，护口盘要贴紧吊顶，走廊单排的喷头两翼应横向安装。安装喷洒头应使用特制专用扳手，填料宜采用聚四氟乙烯带，防止损坏和污染吊顶。水幕喷洒头安装应注意朝向被保护对象，在同一配水支管上应安装相同口径的水幕喷头。

（14）喷洒管道的支架安装

支、吊架的安装位置以不妨碍喷头喷洒效果为原则，管道支架、吊架与喷头之间的距离不宜小于 300 mm，与末端喷头之间的距离不宜大于 750 mm。直管段上相邻两喷头之间的吊架不得少于 1 个，喷头之间距离小于 1.8 m 时，可隔段设置吊架，但吊架的间距不大于 3.6 m。为防止喷头喷水时，管道产生大幅度晃动，当管子的公称直径≥50 mm 时，每段配水干管或配水管设置防晃支架不得少于 1 个。当管道改变方向时，应增设防晃支架。竖直安装的配水干管应在其始端和终端设防。

防晃支架或采用管卡固定，其安装位置距地面或楼面的距离宜为 1.5～1.8 m。防晃固定支架应能承受管道零件，阀门及管内水的总重量和 50%水平方向振动力而不损坏或产生永久变形。立管要设两个方向的防晃固定支架。

设置雨淋和水幕喷水灭火系统采用自动控制时，应设有手动开启装置，一般在无采暖设施或环境温度高于 70℃的区域，应采用干式自动喷水灭火系统。干式自动灭火系统未装喷洒头前，应做好试压冲洗工作。有条件的，应用空压机吹扫管道。消防系统通水调试应达到消防部门测试规定条件。消防水泵应接通电源并已试运转，测试记录最不利点的喷洒头和消火栓的压力和流量应能满足设计要求。

5. 质量标准

箱式消火栓的安装应符合下列规定：

1）栓口应朝外，并不应安装在门轴侧。

2）栓口中心距地面为 1.1 m，允许偏差±20 mm。

3）阀门中心距箱侧面为 140 mm，距箱后内表面为 100 mm，允许偏差为±5 mm。

4）消火栓箱体安装的垂直度允许偏差为 3 mm。检验方法：观察和尺量检查。

6. 成品保护

1）消防系统施工完毕后，各部位的设备部件要有保护措施，防止碰坏跑水，损坏装修成品。

2）报警阀配件、消火栓内附件、各部件的仪表等均应加强管理，防止丢失和损坏。

3）消防管道安装与土建及其他管道发生矛盾时，不得私自改动，要经过办理设计变更，洽商解决。

4）喷洒头安装时，不得污染和损坏吊顶装饰面。

5）安装好的管道不得用作支撑或放脚手板，不得踏压，其支、托、卡架不得作为其他用途。

6）管道安装完毕后，应将所有管口临时封闭严实。

7）搬运材料、机具及施工时，要有具体保护措施，不得将已做好的墙壁面弄脏、砸坏。

8）水压试验时，应注意保护已安装的设备及装修材料，防止因漏水而损坏。

7. 安全与环保措施

打洞时，要戴好防护眼镜，防止伤眼，并注意锤头脱落、钎子飞刺。使用高凳时，先检查有无缺损，同时必须系好防滑绳，禁止 2 人在同一高凳上操作，不准垫高使用。现场垃圾的清理，应采用容器吊运，不得随意抛洒。冲洗及试验用水不得随意排放，应排放到指定地点。

二、室内外管道及设备防腐工程施工工艺

1. 材料要求

1）防锈漆、面漆、沥青等应有出厂合格证。其质量应符合设计和有关规范要求。

2）稀释剂：汽油、煤油、醇酸稀料、松香水、酒精等。

3）其他材料：高岭土、七级石棉、石灰石粉或滑石粉、玻璃丝布、矿棉纸、油毡、牛皮纸、塑料布等。

2. 主要机具

1）机具：喷枪、空压机、金刚砂轮、除锈机等。

2）工具：刮刀、锉刀、钢丝刷、砂布、砂纸、刷子、棉丝、沥青锅等。

3. 作业条件

1）有码放管材、设备、容器及进行防腐操作的场地。

2）施工环境温度在 5℃以上，且通风良好，无煤烟、灰尘及水汽等。

3）气温在 5℃以下施工时，要采取冬期施工措施。

4. 操作工艺

（1）工艺流程

管道、设备及容器清理、除锈→管道、设备及容器防腐刷油。

（2）管道、设备及容器清理、除锈

1）人工除锈，用刮刀、锉刀将管道、设备及容器表面的氧化皮、铸砂除掉，再用钢丝刷将管道、设备及容器表面的浮锈除去，然后用砂纸磨光，最后用棉丝将其擦净。

2）机械除锈，先用刮刀、锉刀将管道表面的氧化皮、铸砂去掉。然后一人在除锈机前，一人在除锈机后，将管道放在除锈机内反复除锈，直至露出金属本色为止。在刷油前，用棉丝再擦一遍，将其表面的浮灰等去掉。

（3）管道、设备及容器防腐刷油

管道、设备及容器阀门，一般应按设计要求进行防腐刷油。当设计无要求时，可按下列规定进行：明装管道、设备及容器必须先刷一道防锈漆，待交工前再刷两道面漆。如有保温和防结露要求，应刷两道防锈漆。暗装管道、设备及容器刷两道防锈漆，第二道防锈漆必须待第一道漆干透后再刷，且防锈漆稠度要适宜。

防腐涂漆的方法有两种：

1）手工涂刷，手工涂刷应分层涂刷，每层应往复进行，纵横交错，并保持涂层均匀，不得漏涂或流坠。

2）机械喷涂：喷涂时，喷射的漆流应和喷漆面垂直，喷漆面为平面时，喷嘴与喷漆面应相距 250～350 mm，喷漆面如为圆弧面，喷嘴与喷漆面的距离应为 400 mm 左右。喷涂时，喷嘴的移动应均匀，速度宜保持在 10～18 m/min，喷漆使用的压缩空气压力为 0.2～0.4 MPa。埋地管道的防腐，埋地管道的防腐层主要由冷底子油、石油沥青玛琋脂、防水卷材及牛皮纸等组成。冷底子油的成分见表 10-5。

表 10-5　冷底子油的成分

使用条件	沥青∶汽油（重量比）	沥青∶汽油（体积比）
气温在 5℃以上	1∶（2.25～2.5）	1∶3
气温在 5℃以下	1∶2	1∶2.5

调制冷底子油的沥青，应用牌号为 30 号甲的建筑石油沥青。熬制前，将沥青打成 1.5 kg 以下的小块，放入干净的沥青锅中，逐步升温和搅拌，并使温度保持在 180～200℃范围内（最高不超过 220℃），一般应在这种温度下熬制 1.5～2.5 h，直到不产生汽泡，即表示脱水完毕。按配合比将冷却至 100～120℃的脱水沥青缓缓倒入计量好的无铅汽油中，并不断搅拌至完全均匀混合为止。在清理管道表面后 24 h 内刷冷底子油，涂层应均匀，厚度为 0.1～0.15 mm。

沥青玛琋脂的配合比沥青∶高岭土=3∶1。沥青应采 30 号甲建筑石油沥青或 30 甲建筑石油沥青与 10 号建筑石油沥青的混合物。将温度在 180～200℃的脱水沥青逐渐加入干燥并预热到 120～140℃的高岭土中，不断搅拌，使其混合均匀。然后测定沥青玛琋脂的软化点、延伸度、针入度等 3 项技术指示。涂沫沥青玛琋脂时，其温度应保持在 160～180℃，施工气温高于 30℃时，温度可降低到 150℃。热沥青玛琋脂应涂在干燥清洁的冷底子油层上，涂层要均匀。最内层沥青玛琋脂如用人工或半机械化涂沫时，应分成 2 层，每层各厚 1.5～2 mm。

防水卷材一般采用矿棉纸油毡或浸有冷底子油的玻璃网布，呈螺旋形缠包在热沥青玛琋脂层上，每圈之间允许有不大 5 mm 的搭边，前、后两卷材的搭接长度为 80～100 mm，并用热沥青玛琋脂将接头黏合。

缠包牛皮纸时，每圈之间应有 15～20 mm 搭边，前、后两卷的搭接长度不得小于 100 mm，接头用热沥青玛琋脂或冷底子油黏合。牛皮纸也可用聚氯乙烯塑料布或没有冷底子油的玻璃网布带代替。

制作特强防腐层时，两道防水卷材的缠绕方向宜相反。已做了防腐层的管子在吊运时，应采用软吊带或不损坏防腐层的绳索，以免损坏防腐层。管子下沟前，要清理管沟，使沟底平整，无石块、砖瓦或其他杂物。上层如很硬时，应先在沟底铺垫 100 mm 松软细土，管子下沟后，不许用撬杠移管，更不得直接推管下沟。

防腐层上的一切缺陷，不合格处以及检查和下沟时弄坏的部位，都应管沟回填前修补好，回填时，宜先用人工回填一层细土，埋过管顶，然后再用人工或机械回填。

（4）季节性施工

雨、雪天气时，不得露天施工，做好防腐的管道及设备应做好覆盖保护。冬期施工时，冷底子油中沥青与汽油的配比为 1∶2（重量比）或 1∶2.5（体积比）。

5. 质量标准

1）埋地管道的防腐层材质和结构符合设计要求和施工规范规定。

2）卷材与管道以及各层卷材间粘贴牢固，表面平整，无皱折、空鼓、滑移和封口不严等缺陷。

3）管道、箱类和金属支架油漆种类和涂刷遍数符合设计要求，附着良好，无脱皮、起泡和漏涂，漆膜厚度均匀，色泽一致，无流坠及污染现象。

6. 成品保护

1）已做好防腐层的管道及设备之间要隔开，不得粘连，以免破坏防腐层。

2）刷好的面漆要防止交叉污染。刷油前先清理好周围环境，防止尘土飞扬，保持清洁，如遇大风、雨、雾、雪不得露天作业。

3）涂漆的管道、设备及容器、漆层在干燥过程中应防止冻结、撞击、震动和温度剧烈变化。

4）冬期施工时，要测定沥青的脆化温度，当温度接近或低于沥青的脆化温度时，管道不宜进行吊装、运输和敷设。

5）吊运已涂刷防腐层的管道和设备时，应采用软吊带或不损坏防腐层的绳索。

6）直埋管回填前，应将施工中损坏的防腐层修补好，回填时，宜先用人工回填一层细土，埋过管顶达 300～500 mm 后再用机械回填。

三、管道及设备保温施工工艺

1. 管道保温结构组成和材料要求

（1）管道保温结构组成

管道保温结构由保温层和保护层两部分组成。

1）保温层

常用的保温方法有预制式、缠包式、涂抹式、浇灌式、填充式、喷涂式。

①预制式保温：将保温材料制成板状、弧形块、管壳等形状的制品，用捆扎或粘接方法安装在设备或管道上形成保温层。适用此法的保温材料主要有泡沫混凝土、石棉、矿渣棉、岩棉、玻璃棉、膨胀珍珠岩和硬质泡沫塑料等。预制式保温结构如图 10-8 所示。

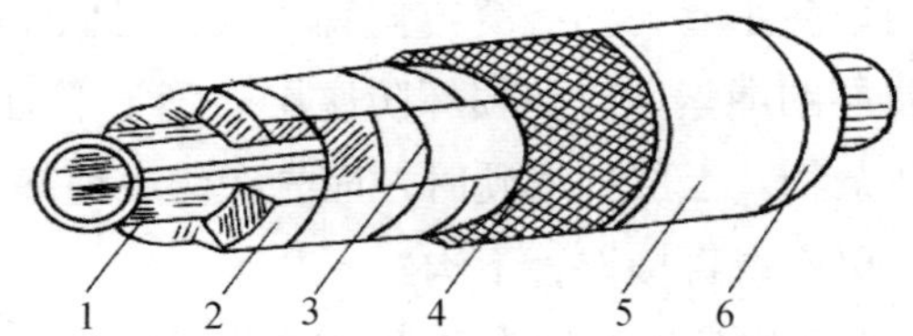

图 10-8　弧形预制保温瓦保温结构

1–管道；2–保温层；3–镀锌铁丝；4–镀锌铁丝网；5–保护层；6–油漆

②缠包式保温：将绳状或片状的保温材料缠绕捆扎在管道或设备上形成保温层。如石棉绳、石棉布、纤维类保温毡都采用此施工方法，用纤维类（如岩棉、矿渣棉、玻璃棉）保温毡进行管道保温，在管道工程上应用较多。图 10-9 为其保温结构示意图。

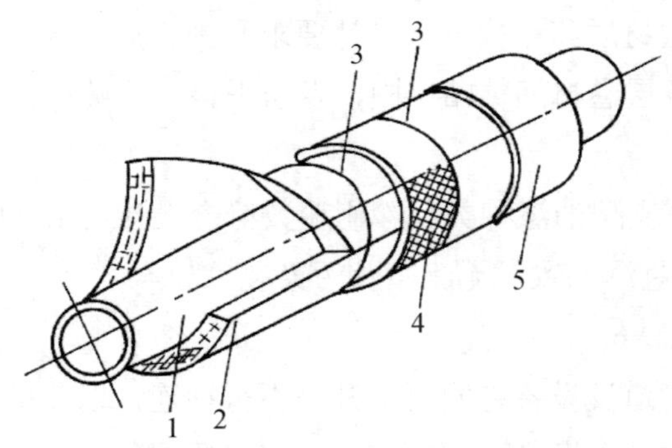

图 10-9　缠包式保温结构示意

1–管道；2–保温毡或布；3–镀锌铁皮；4–镀锌铁丝网；5–保护层

③涂抹式保温：涂抹式保温是将保温材料用水调成胶泥，分层涂抹于管子上。这种方式多用于石棉硅藻土、石棉粉的保温。先涂底层厚 5 mm 左右，干燥后再涂下一层，每层厚为 10～15 mm，直至达到设计要求厚度为止。涂抹时，应尽量做到厚薄均匀，对于垂直管段，可在管子上每隔 2～4 m 焊接一支撑环，以防保温材料坠落。要求保温层必须干透后，才能作

保护层。涂抹式保温宜在环境温度不低于 5℃时施工，如温度过低，应采取防冻措施。

④灌注式保温：浇灌式保温是在不通行地沟和直埋敷设时常采用。浇灌材料多为泡沫混凝土。硬质泡沫塑料现已使用，把配好的原料注入钢制的模具内，在管外直接发泡成型。如在套管或模具中灌注聚氨酯硬质泡沫塑料，发泡固化后形成管道保温层。灌注式保温的保温层为一连续整体，有利于保温和对管道的保护。

⑤填充式保温：将松散的或纤维状保温材料，填充于管道、设备外围特制的壳体或金属网中或直接填充于安装好管道的管沟或沟槽内形成保温。填充于管道、设备外围的散状保温材料主要有矿渣棉、玻璃棉及超细玻璃棉等。在管沟或直埋管道沟槽内填充保温材料，必须采用憎水性保温材料，如憎水性沥青珍珠岩等，以避免水渗入。

⑥喷涂式保温：利用喷涂设备，将保温材料喷射到管道、设备表面上形成保温层。无机保温材料（膨胀珍珠岩、膨胀蛭石、颗粒状石棉等）和泡沫塑料等有机保温材料均可用喷涂法施工，其特点是施工效率高，保温层整体性好。

2）保护层

根据保护层所用材料和施工方法不同，可分为以下 3 类：涂抹式保护层、金属保护层和毡、布类保护层。

①涂抹式保护层：涂抹式就是将塑性泥团状的材料涂抹在保温层上。常用的材料有石棉水泥砂浆和沥青胶泥等，需要分层涂抹。

②金属保护层：金属保护层一般采用镀锌钢板或不镀锌的黑薄钢板，也可采用薄铝板、铝合金板等材料；宜在架空敷设上应用。

③毡、布类保护层：毡、布类保护层材料，目前多采用玻璃布沥青油毡、铝箔或玻璃钢等。玻璃布长期遭受日光暴晒容易断裂，宜在室内或管沟管道上应用。

（2）管道保温结构材料要求

1）保温材料的性能、规格应符合设计要求，并应有产品质量合格证和材质检验报告。一般常用的材料有以下几种：

①预制瓦块：有泡沫混凝土、珍珠岩、蛭石、石棉瓦块等。

②管壳制品：有岩棉、矿渣棉、玻璃棉、硬聚氨酯泡沫塑料、聚苯乙烯泡沫塑料管壳等。

③卷材：有聚苯乙烯泡沫塑料、岩棉等。

④其他材料：有铅丝网、石棉灰，或用以上预制板块砌筑或粘接等。

2）保护层材料常用的有以下几种：

①涂抹式保护层：沥青、石棉绒、水泥、煤油、石棉灰（或硅藻土粉）、粉煤灰（或麻刀）、镀锌铁丝网等。

②金属保护层：镀锌钢板、普通钢板、铝板、不锈钢板、自攻螺丝等。

③布毡类保护层：玻璃丝布、Π 形铁钉、油漆或防火涂料、沥青、镀锌铁丝等。

2. 主要机具

1）机具：砂轮锯、电焊机。

2）工具：钢筋、布剪、手锤、剁子、弯钩、铁锹、灰桶、平抹子、圆弧抹子。

3）其他：钢卷尺、钢针、靠尺、楔形塞尺等。

3. 作业条件

1）管道及设备的保温应在防腐及水压试验合格后方可进行，如需先做保温层，应将管道的接口及焊缝外留出，待水压试验合格后再将接口处保温。

2）建筑物的吊顶及管井内需要做保温的管道，必须在防腐试压合格、保温完成隐检合格后，土建才能最后封闭，严禁颠倒工序施工。

3）保温前，必须将地沟管井内的杂物清理干净，施工过程中遗留的杂物，应随时清理，确保地沟畅通。

4. 操作工艺

（1）工艺流程

1）预制瓦块保温：散瓦→断镀锌钢丝→和灰→抹填充料→合瓦→钢丝绑扎→填缝→抹保护壳。

2）缠包式保温：裁料→缠裹保温材料→包扎保护层。

3）涂抹保温：胶泥配制→涂抹→干燥→保护层。

4）设备及箱罐铅丝网石棉灰保温：焊钩钉→刷油→绑扎钢丝网→抹石棉灰→抹保护层。

（2）预制式保温施工

管径≤80 mm 时，采用半圆形管壳；管径＞100 mm 时，则采用扇形瓦或梯形瓦。各种预制瓦块运至施工地点，在沿管线散瓦时，必须确保瓦块的规格尺寸与管道的管径相配套。

安装保温瓦块时，应将瓦块内侧抹 5～10 mm 的石棉灰泥作为填充料。瓦块的纵缝搭接应错开，横缝应朝上下。预制瓦块根据直径大小选用 18～20 号镀锌钢丝进行绑扎、固定，绑扎接头不宜过长，并将接头插入瓦块内。

预制瓦块绑扎完后，应用石棉灰泥将缝隙外填充，勾缝抹平。外抹石棉水泥保护层（其配比为石棉灰：水泥=3：7）按设计规定厚度抹平压光，设计无规定时，其厚度为 10～15 mm。立管保温时，其层高小于或等于 5 m，每层应设一个支撑托盘，层高大于 5 m，每层应不少于 2 个，支撑托盘应焊在管壁上，其位置应在立管卡子上部 200 mm 处，托盘直径不大于保温层的厚度。

保温管道的支架处应留膨胀伸缩缝，并用石棉绳或玻璃棉填塞。用预制瓦块做管道保温层，在直线管段上，每隔 5～7 m 应留一条间隙为 5 mm 的膨胀缝，在弯管处管径小于或等于 300 mm 时，应留一条间隙为 20～30 mm 膨胀缝，膨胀缝用石棉绳或玻璃棉填塞。用管壳制品作保温层，其操作方法一般由 2 人配合，一个人将管壳缝剖开对包在管上，两手用力挤住，另外一个人缠裹保护壳，缠裹时用力要均匀，压茬要平整，粗细要一致。若采用不封边的玻璃丝布作保护壳，要将毛边摺叠，不得外露。

（3）缠包式保温施工

先将矿渣棉毡或玻璃棉毡按管道外圆周长加搭接长度剪成条块待用。把按管道规格剪成的条块缠包在管道上。缠包时，将棉毡压紧，如 1 层棉毡厚度达不到保温厚度时，可用 2 层或 3 层棉毡。缠包时，应使棉毡的横向接缝结合紧密，如有缝隙，应用矿渣棉或玻璃棉填塞；

其纵向接缝应放在管道顶部，搭接宽度为 50～300 mm（按保温层外径确定）。当保温层外径小于 ϕ500 时，棉毡外面用 ϕ1～1.4 的镀锌铁丝包扎，间隔为 150～200 mm；当外径大于等于 ϕ500 时，除用镀锌铁丝捆扎外，还应以 30 mm×30 mm 的镀锌铁丝网包扎。使用石棉绳（带）时，可将石棉绳（带）直接缠绕在管道上。根据保温层厚度及石棉绳直径可缠 1 层或 2 层，2 层之间应错开，缝内填石棉泥。

（4）涂抹式保温施工

将石棉硅藻土或碳酸镁石棉粉用水调成胶泥待用。再用六级石棉和水调成稠浆并涂抹在管道表面上，一次涂抹厚度为 5 mm。等该涂抹底层干燥后，再将待用胶泥往上涂抹。涂抹应分层进行，每层厚度为 10～15 mm。前一层干燥后，再涂抹后一层，达到保温厚度为止。管道转弯处保温层应有伸缩缝，中间填石棉绳。

施工直立管道的保温层时，应先在管道上焊接支撑环，然后再涂抹保温胶泥。

支撑环的间距为 2～4 m。当管径大于等于 150 mm 时，支撑环为 2～4 块宽度等于保温层厚度的扁钢所组成；当管径小于 150 mm 时，可直接在管道上捆扎几道铁丝作为支撑环。进行涂抹式保温层施工时，其环境温度应在 5℃以上。

（5）浇灌式保温施工

聚氨酯硬质泡沫塑料由聚醚和多元异氰酸酯加催化剂、发泡剂、稳定剂等原料按比例调配而成。发泡前，先进行试配、试喷或试灌，掌握其性能和特点后再大面积进行保温作业。浇灌前，应先在管的外壁涂刷一遍氰凝。施工时，可根据管道的外径及保温层厚度，首先预制保护壳。一般选择高密度聚乙烯（HDPE）硬质塑料作保护壳，其拉伸强度≥2.0 MPa，线膨胀系数为 1.2×10^{-2}mm/（m·℃）。也可选择氯磺化烯玻璃钢作保护壳，所用的玻璃布为中碱无捻粗纱玻璃纤维布，其经纬密度为 6 cm×6 cm 或 8 cm×8 cm（纱根数），厚度为 0.3～0.5 mm，可用长纤维玻璃布进行缠绕支撑，其抗拉强度达 2.94 MPa。

现场发泡预制操作时，把保护壳或钢制模具套在管道上，将混合均匀的液体直接灌进安装好的模具内，经过发泡膨胀后而充满整个空间，保证有足够的发泡时间。

当采用保护壳的预制发泡保温管道时，安装后应处理好接头。外套管塑料壳与原管道塑料外壳的搭接长度每端不小于 30 mm，安装前需做好标记，保持两端搭接均匀。外套管接头发泡操作时，先在外套管的两端上部各钻一孔，其中一孔用作浇灌，另一孔用作排气。浇灌时，接头套管内应保持干燥，发泡环境温度保持在 15～35℃。

聚氨酯发泡应充满整个接头里的环形空间，发泡完毕，即用与外壳相同的材料注塑堵死两个孔洞。接头内环形空间的发泡容量一般可计算控制在 60～70 kg/m^3 内，使接头发泡衔接部分严密无空隙。

（6）填充式保温施工

保温材料为散料，对于可拆配件的保温，可采用这种方法。施工时，在管壁固定好圆钢制成的支撑环，环的厚度和保温层厚度相同，然后用铁皮、铝皮或铁丝网包在支承环的外面，再填充保温材料。填充法也可采用多孔材料预制成的硬质弧形块作为支撑结构，其间距约为 900 mm。平织铁丝网按管道保温外周尺寸裁剪下料，并经卷圆机加工成圆形，才可包覆在支撑圆周上进行矿渣棉填充。

填充保温结构宜采用金属保护壳。按设计要求进行阀门、附件保温。阀门、附件应采用涂抹法保温。保温层的两侧应留出 70～80 mm 的间隙，并在保温层端部抹 60°～70°的斜坡，以利于更换检修。

（7）喷涂式保温施工

干式喷涂适合于无机材料（膨胀珍珠岩、膨胀蛭石、硅酸铝纤维、石棉和颗粒状矿渣棉等）和有机材料（各种聚氨酯泡沫塑料、聚异氰脲酸酯泡沫塑料等）。

喷涂前，先在管段的外壁装好一副装配式的保温层胎具，用喷枪将混合均匀的发泡液直接喷涂在绝热防腐层的表面上。为避免涂液在绝热面上流淌，严格计算好发泡时间，使其发泡速度加快。

（8）保护层施工方法

1）油毡玻璃丝布保护层。将 350 号石油沥青油毡剪成宽度为保温层外圆周长加 50～60 mm、长度为油毡宽度的长条待用。将待用长条以纵横搭接长度约 50 mm 的方式包在保温层上，横向接缝用沥青封口，纵向接缝布置在管道侧面，且缝口朝下。

油毡外面用 ϕ1～1.6 的镀锌铁丝捆扎，并应每隔 250～300 mm 捆扎一道，不得采取连续缠绕；当绝热层外径大于 ϕ600 时，则用 50 mm×50 mm 的镀锌铁丝网捆扎在绝热层外面。用玻璃丝布以螺旋形缠绕于油毡外面。

油毡玻璃丝布保护层表面应缠绕紧密，不得有松动、脱落、翻边、皮褶和鼓包等缺陷，且应按设计要求涂刷沥青或油漆。

2）石棉水泥保护层。当设计无要求时，可按 72%～77%的 32.5 级以上的普通硅酸盐水泥，20%～25%的 4 级石棉、3%的防水粉（重量比），用水搅拌成胶泥。当涂抹保温层外径小于等于 ϕ200 时，可直接往上抹胶泥，形成石棉水泥保护层；当保温层外径大于 ϕ200 时，先在保温层上用 30 mm×30 mm 镀锌铁丝网包扎，外面用 ϕ1.8 的镀锌铁丝捆扎，然后再抹胶泥。

当设计无明确规定时，保护层的厚度可按保温层外径大小来决定，即当保温层外径小于 350 mm 时，为 10 mm，当外径大于 350 mm 时，为 15 mm。石棉水泥保护层表面应平整、圆滑，无明显裂纹，端部棱角应整齐，并按设计要求涂刷面漆。

3）金属保护层：将厚度 0.3～0.5 mm 的镀锌铁皮或厚度为 0.5～1 mm 的铝皮以管道保温层外周长作为宽度剪切下料，再用压边机压边，用滚圆机滚圆成圆筒状。将金属圆筒套在保温层上，且不留空隙，使纵缝搭接口朝下，纵向搭接长度不小 30 mm，环向接口应按管道坡向搭接，每段金属圆筒的环向搭接长度为 30 mm。金属圆筒紧贴保温层后，进行紧固，间距为 200～250 mm。

（9）阀门、附件保温

按设计要求进行阀门、附件保温。阀门、附件应采用涂抹法保温。保温层的两侧应留出 70～80 mm 的间隙，并在保温层端部抹 60°～70°的斜坡，以利于更换检修。

（10）设备及箱罐保温

一般表面比较大，目前采用较多的有砌筑泡沫混凝土块，或珍珠岩块，外抹麻刀、白灰、水泥保护壳。采用铅丝网石棉灰保温做法，是在设备的表面外部焊一些钩钉固定保温层，钩钉的间距一般为 200～250 mm，钩钉直径一般为 6～10 mm，钩钉高度与保温层厚度相同，将裁好的钢丝网用钢丝与钩钉固定，再往上抹石棉灰泥，第一次抹得不宜太厚，防止黏接不住下垂脱落，待第一遍有一定强度后，再继续分层抹，直至达到设计要求的厚度。完成后达到强度，再抹保护壳，要求抹光压平。

（11）管道标识

按设计要求对管道表面或防腐层、保温层表面涂不同颜色的涂料、色环、箭头，以区别管道内流动介质的种类和流动方向。若无设计要求，应按表 10-6 中相应要求执行。

表 10-6 管道标识

管道名称	色	
	底色	色环
过热蒸汽管	红	黄
饱和蒸汽管	红	—
凝结水管	绿	红
热水供水管	绿	黄
热水回水管	绿	褐

公称直径小于 150 mm 的管道，色环宽度为 30 mm，间距为 1.5～2 m；公称直径为 150～300 mm 的管道，色环宽度为 50 mm，间距为 2～2.5 m；公称直径大于 300 mm 的管道，色环的宽度和间距可适当加大。用箭头表明介质流动方向。箭头一般涂成白色，在浅底的情况下，也可将箭头涂成红色或其他颜色，以鲜明为准则。

5. 质量标准

管道及设备保温层的厚度和平整度的允许偏差应符合表 10-7 的规定。

表 10-7 管道及设备保温层允许偏差及检验方法

项目名称		允许偏差/mm	检验方法
保温厚度		$+0.1\delta$	用钢针刺入保温层和尺量检查
		-0.05δ	
表面平整度	卷材或板材	5	用 2 m 靠尺和楔形塞尺检查
	涂抹或其他	10	

注：δ 为保温层厚度。

6. 成品保护

1）管道及设备的保温，必须在地沟及管井内已进行清理，不再有下道工序损坏保温层的前提下，方可进行保温。

2）一般管道保温应在水压试验合格，防腐已完后方可施工，不能颠倒工序。

3）保温材料进入现场不得雨淋或存放在潮湿场所。

4）保温后留下的碎料，应由负责施工的班组自行清理。

5）明装管道的保温，土建若喷浆在后，应有防止污染保温层的措施。

6）如有特殊情况需拆下保温层进行管道处理或其他工种在施工中损坏保温层时，应及时按原要求进行修复。

第三节　建筑通风空调安装工程施工工艺

一、通风与空调工程施工质量验收统一规定

1. 基本规定

1）通风与空调工程施工质量的验收除应符合《通风与空调工程施工质量验收规范》（GB 50243—2016）的规定外，还应按照被批准的设计图纸、合同约定的内容和相关技术标准的规定进行。施工图纸修改必须有设计单位的设计变更通知书或技术核定签证。

2）承担通风与空调工程项目的施工部门，应具有相应工程施工承包的资质等级及相应质量管理体系。施工企业承担通风与空调工程施工图纸深化设计及施工时，还必须具有相应的设计资质及其质量管理体系，并应取得原设计单位的书面同意或签字认可。

3）通风与空调工程所使用的主要原材料、成品、半成品和设备的进场，必须对其进行验收。验收应经监理工程师认可，并应形成相应的质量记录。当通风与空调工程作为建筑工程的分部工程施工时，其子分部与分项工程的划分应按表 10-8 的规定执行。当通风与空调工程作为单位工程独立验收时，子分部上升为分部，分项工程的划分同上。

表 10-8　通风与空调分部工程的子分部划分

<table>
<tr><th>子分部工程</th><th colspan="2">分项工程</th></tr>
<tr><td>送、排风系统</td><td rowspan="5">风管与配件制作部件制作
风管系统安装风管与设备防腐风机安装系统调试</td><td>通风设备安装，消声设备制作与安装</td></tr>
<tr><td>防、排烟系统</td><td>排烟风口、常闭正压风口与设备安装</td></tr>
<tr><td>除尘系统</td><td>除尘器与排污设备安装</td></tr>
<tr><td>空调系统</td><td>空调设备安装，消声设备制作与安装，风管与设备绝热</td></tr>
<tr><td>净化空调系统</td><td>空调设备安装，消声设备制作与安装，风管与设备绝热，高效过滤器安装，净化设备安装</td></tr>
<tr><td>制冷系统</td><td colspan="2">制冷机组安装，制冷剂管道及配件安装，制冷附属设备安装，管道及设备的防腐与绝热，系统调试</td></tr>
<tr><td>空调水系统</td><td colspan="2">冷热水管道系统安装，冷却水管道系统安装，冷凝水管道系统安装，阀门及部件安装，冷却塔安装，水泵及附属设备安装，管道与设备的防腐与绝热，系统调试</td></tr>
</table>

2. 分项工程检验批验收合格质量应符合的规定

1）具有施工单位相应分项合格质量的验收记录。

2）竣工验收要求：通风与空调工程的竣工验收，是在工程施工质量得到有效监控的前提

下，施工单位通过整个分部工程的无生产负荷系统联合试运转与调试和观感质量的检查，按标准要求将质量合格的分部工程移交建设单位的验收过程。

3）通风与空调工程的竣工验收，应由建设单位负责，组织施工、设计、监理等单位共同进行，合格后即应办理竣工验收手续。

4）通风与空调工程竣工验收时，应检查竣工验收的资料，一般包括下列文件及记录：

①图纸会审记录、设计变更通知书和竣工图。

②主要材料、设备、成品、半成品和仪表的出厂合格证明及进场检（试）验报告。

③隐蔽工程检查验收记录，工程设备、风管系统、管道系统安装及检验记录，管道试验记录，设备单机试运转记录，系统无生产负荷联合试运转与调试记录，分部（子分部）工程质量验收记录，观感质量综合检查记录，安全和功能检验资料的核查记录。

二、风管制作施工工艺

本施工工艺适用于建筑工程通风与空调工程中，使用的金属、非金属风管与复合材料风管或风道的加工、制作。工程施工应以设计图纸和有关施工质量验收规范为依据。

1. 材料要求

1）金属风管的材料品种、规格、性能与厚度等应符合设计和现行国家产品标准的规定。防火风管的本体、框架与固定材料、密封垫料必须为不燃材料，其耐火等级应符合设计的规定。复合材料风管的共面材料必须为不燃材料，内部的绝热材料应为不燃或难燃 B1 级且对人体无害的材料。

2）金属风管制作所使用的主要材料、设备、成品或半成品应有出厂合格证明书或质量鉴定文件。普通钢板表面应平整、光滑、厚度均匀，并有紧密的氧化铁薄膜，不得有裂纹、结疤等缺陷。镀锌钢板（带）应符合《连续热镀锌薄钢板及钢带》（GB/T 2518—2008）的要求，其性能宜选用机械咬口类。采用 100 号以上的镀锌层，其三点试验平均值（双面）应不小于 100 g/m^2。

3）不锈钢板和铝板应符合《不锈钢冷扎钢板和钢带》（GB/T 3280—2015）及《一般工业用铝及铝合金板、带材　第 1 部分：一般要求》（GB/T 3880.1—2012）的要求，其表面不得有划痕、刮伤、斑痕和凹穴等缺陷。型钢材料应符合《热轧型钢》（GB/T 706—2016）及《热轧钢棒尺寸、外形、重量及允许偏差》（GB/T 702—2017）的要求。辅助材料：铆钉、密封胶带等应符合相关产品技术标准及消防要求。

2. 主要机具、设备

（1）机械：剪板机、冲剪机、薄钢板法兰成型机、切角机、咬口机、压筋机、折方机、合缝机、振动式曲线剪板机、型钢切割机、卷圆机、圆弯头咬口机、角（扁）钢卷圆机、冲孔机、插条法兰机、螺旋卷管机、台钻、电气焊设备、空气压缩机等。

（2）工具：手用电动剪、手电钻、油漆喷枪、液压铆钉钳、拉铆枪、划针、冲子、铁锤、木锤及钢卷尺、钢直尺、角尺、量角器、划规等。

3. 作业条件

（1）风管预制，应有独立的工作场地，场地应平整、清洁，加工平台应找平。

（2）双面铝箔绝热板风管等其他复合材料风管的场地应干燥，应有足够的成品堆放场地。

（3）作业地点应有安放施工机具和材料堆放场地，设施和电源应有可靠的安全防护装置。

（4）作业场地道路应畅通。必须设置能满足消防要求的各种器械及设施。

（5）加工设备布置在建筑物内时，应考虑建筑物楼板、梁的承载能力，必要时，应采取相应措施。

（6）大样图、系统图经审查符合要求，并进行了技术及安全交底。

（7）对于洁净系统的风管制作，应有干净封闭库房储存成品或半成品。

（8）加工场地应预留现场材料、成品及半成品的运输通道，加工场地的选择不得阻碍消防通道。

（9）对建筑、结构和电气、暖卫及管路走向、坐标、标高与通风管道之间跨越交叉等出现的问题已有解决方案。

（10）技术人员已向施工人员进行技术交底，对风管的制作尺寸，采用的技术标准、接口及法兰连接方法已经明确。并做好“施工技术交底记录”。编制了集中加工或现场加工的施工方案，并且施工条件已经按方案准备就绪。

4. 施工工艺

（1）金属风管制作工艺流程

1）工艺流程

①咬口连接工艺流程：

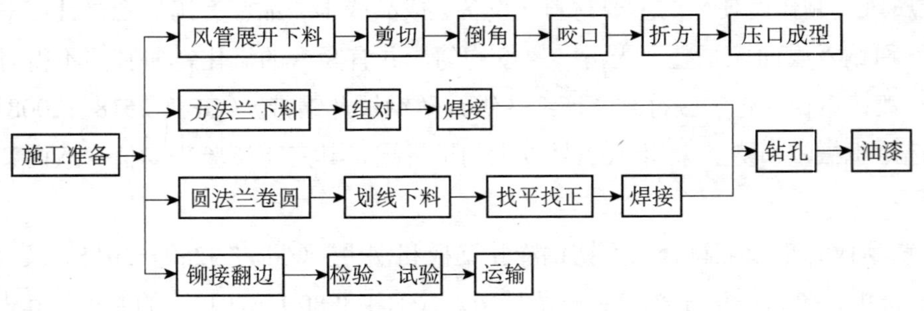

②焊接连接工艺流程：

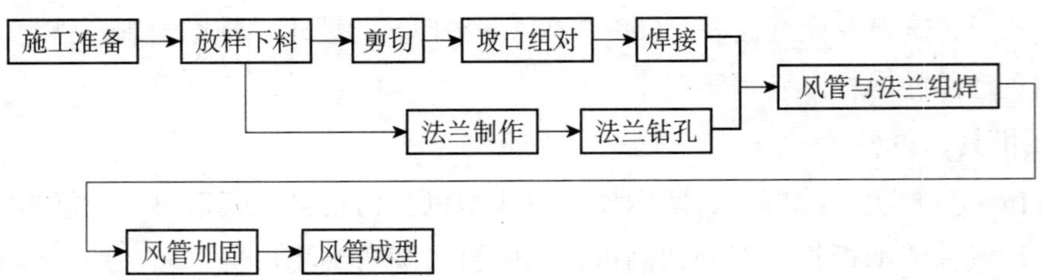

2）金属风管制作

①风管尺寸的核定。根据设计要求、图纸会审纪要，结合现场实测数据绘制风管施工如图 10-10 所示，并标明系统风量，风压测定孔的位置。绘制实测草图步骤如下：

a. 先根据图纸设计和实测结果确定风管的标高。

b. 确定干管及支管中心线离墙或柱子的距离。

c. 为了风管法兰螺栓便于操作，所以风管边离墙要有 150 mm 的距离。

d. 按设计规定和安装的位置确定三通、四通的高度及夹角。

e. 确定弯头角度及弯头的曲率半径。按照支管之间的距离和风管配件的尺寸，算出直风管的长度。

f. 按图纸确定的空气分布器、排气罩等离地坪的高度和干管的标高，扣除三通和弯头的位置和尺寸，标出支管的长度。

g. 按照通风机标高及风帽的标高，标出排气竖管的长度。

h. 按照施工规范和现场情况，确定支架安装的数量、位置、结构形式和安装所需要的加工件。

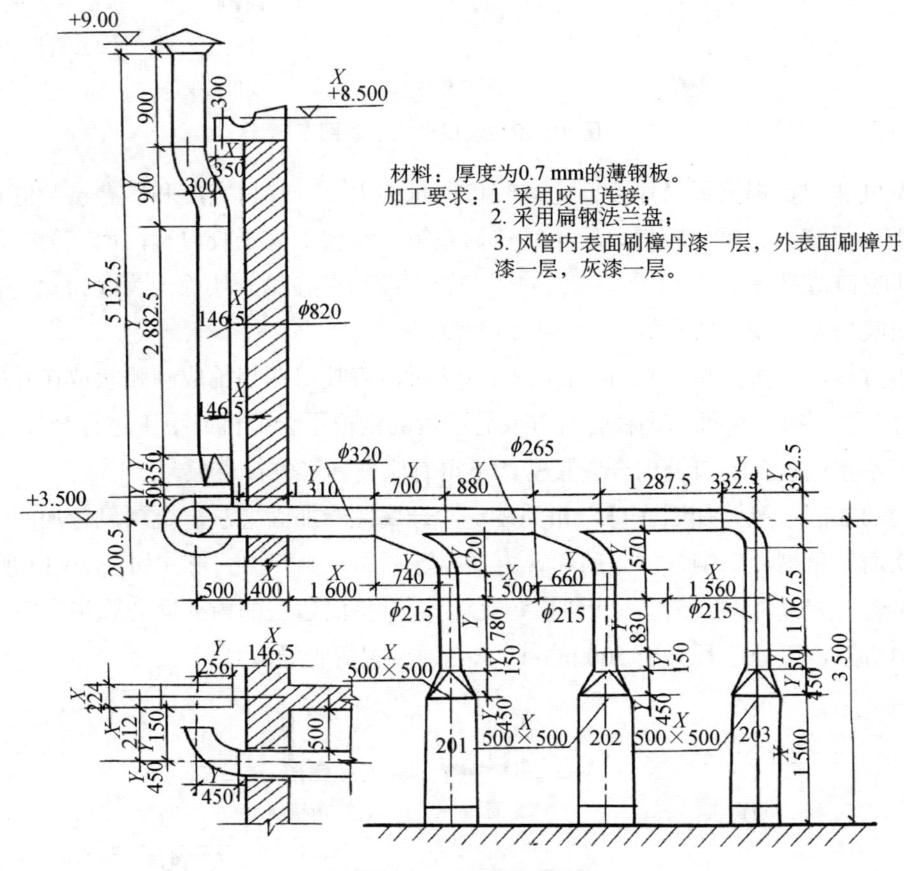

图 10-10　风管施工图

（注：图中加符号 X 的数字，为实测所得的尺寸，加符号 Y 的数字，是经计算、分析确定的尺寸。没有符号的数字，为施工图给定的尺寸。）

②风管展开。依照风管施工图（如图 10-10 所示）把风管的表面形状按实际的大小铺在板料上，板材剪切前，必须进行下料复核，复核无误后，按划线形状进行剪切。板材下料后在压口之前，必须用倒角机或剪刀进行倒角。倒角形状如图 10-11 所示。

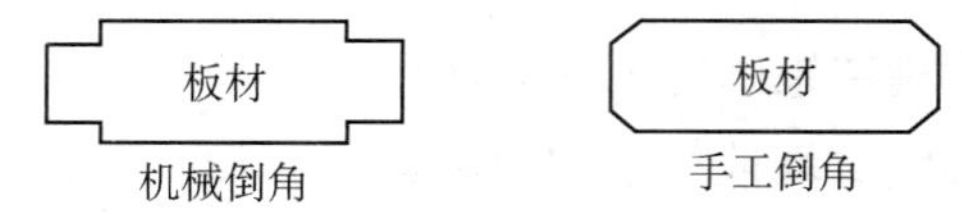

图 10-11　倒角形状示意图

板材的拼接和圆形风管的闭合咬口可采用单咬口；矩形风管或配件的四角组合可采用转角咬口、联合角咬口、按扣式咬角；圆形弯管的组合可采用立咬口。咬口形式示意如图 10-12 所示。

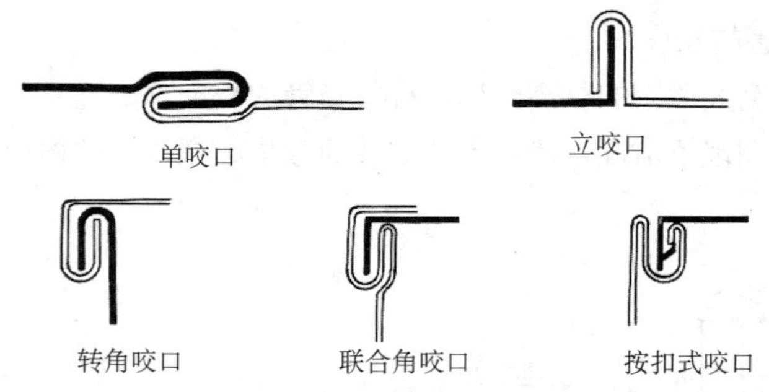

图 10-12　咬口形式示意图

咬口宽度和留量根据板材厚度而定。咬口留量的大小、咬口宽度和重叠层数同使用机械有关。对于单平咬口、单立咬口、转角咬口，在第一块板上等于咬口宽，而在第二块板上是 2 倍宽，即咬口留量等于 3 倍咬口宽；对于联合角咬口，在第一块板上为咬口宽，在第二块板上是 3 倍咬口宽，咬口留量等于 4 倍咬口宽度。

画好折方线，在折方机上折方。制作圆风管时，将咬口两端拍成圆弧状放在卷圆机上卷圆，操作时，手不得直接推送钢板。折方或卷圆后的钢板用合缝机或手工进行合缝。操作时，用力均匀，不宜过重。咬口缝结合应紧密，不得有胀裂和半咬口现象。

③风管的加固：风管加固应符合相关规定。金属风管加固方法，金属风管加固一般可采用楞筋、立筋、角钢、扁钢、加固筋和管内支撑等形式。风管加固形式如图 10-13 所示。

矩形风管弯管制作，一般应采用曲率半径为一个平面边长的内外同心弧形弯管。若采用其他形式的弯管，平面边长大于 500 mm 时，必须设置弯管导流片。

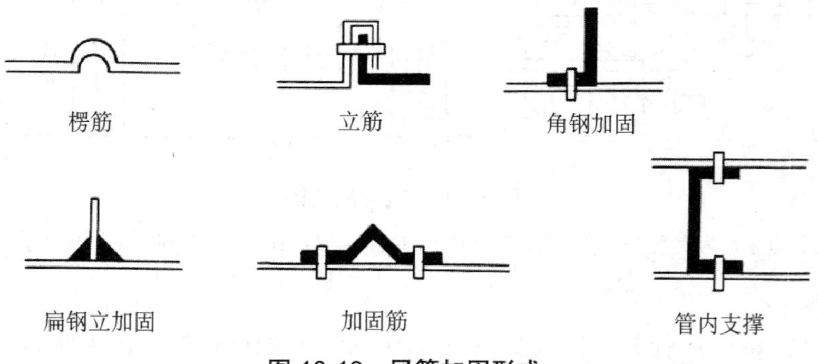

图 10-13　风管加固形式

④法兰加工：法兰用料选择应满足设计和规范要求。矩形风管法兰由四根角钢或扁钢组

焊而成，画线下料时，应注意使焊成后的法兰内径不能小于风管外径。用切割机切断角钢或扁钢，下料调直后，用台钻加工。中、低压系统风管法兰的铆钉孔及螺栓孔孔距不应大于150 mm；高压系统风管法兰的铆钉孔及螺栓孔孔距不应大于 100 mm。净化空调系统，当洁净度的等级为 1～5 级时，不应大于 65 mm；为 6～9 级时，铆钉的孔距不应大于 100 mm。矩形法兰的四角部位必须设有螺孔。钻孔后的型钢放在焊接平台上进行焊接，焊接时，用模具卡紧。

加工圆形法兰时，先将整根角钢或扁钢在型钢卷圆机上卷成螺旋形状。将卷好后的型钢划线割开，逐个放在平台上找平找正，调整后进行焊接、钻孔。孔位应沿圆周均布，使各法兰可互换使用。

⑤风管与法兰连接：风管与法兰铆接前先进行技术质量复核。将法兰套在风管上，管端留出 6～9 mm 的翻边量，管中心线与法兰平面应垂直，然后使用铆钉钳将风管与法兰铆固，并留出四周翻边。

用钢铆钉，铆钉平头朝内，圆头在外。风管法兰内侧的铆钉处应涂密封胶，涂胶前，应清除铆钉处表面油污。风管翻边应平整并紧贴法兰，应剪去风管咬口部位多余的咬口层，并保留一层余量；翻边四角不得撕裂，翻拐角边时，应拍打为圆弧形；涂胶时，应适量、均匀，不得有堆积现象。

⑥风管无法兰连接：无法兰连接风管的接口应采用机械加工，尺寸应正确，形状应规则，接口处应严密。无法兰矩形风管接口处的四角应有固定措施。金属风管无法兰连接可分为圆形风管和矩形风管两大类，其形式有十几种，但按结构原理可分为承插、插条、咬合、铁皮法兰和混合式连接 5 种。风管无法兰连接与法兰连接一样，应满足严密、牢固的要求。不得发生自行脱落、胀裂等缺陷。

⑦直接承插连接：制作风管时，使风管的一端比另一端的尺寸略大，然后插入连接，插入深度 30 mm，用拉铆钉或自攻螺钉固定两节风管连接位置，在接口缝内或外沿涂抹密封胶，完成风管段的连接。这种连接形式结构最为简单，用料也最省，但接头刚度较差，所以仅用在断面较小的圆形风管上（低压风管，直径＜700 mm）。

⑧芯管承插连接：利用芯管作为中间连接件，芯管两端分别插入两根风管实现连接，插入深度≥20 mm，然后用拉铆钉或自攻螺钉将风管和芯管连接段固定，并用密封胶将接缝封堵严密。这种连接方式一般都用在圆形风管和椭圆形风管上。

⑨C 形插条连接：利用 C 形插条插入端头翻边 180°的两风管连接部位，将风管扣咬达到连接的目的，其中插条插入风管两对边和风管接口相等，另两对边各长 50 mm 左右，使这两长边每头翻压 90°，盖压在另一插条端头上，完成矩形风管的 4 个角定位，并用密封胶将接缝处堵严。这种连接方式多用于矩形风管。

⑩S 形插条连接：如用中间连接件 S 形插条，将要连接的两根风管的管端分别插入插条的两面槽内，四角处理方法同 C 形插条。因 S 形插条风管是轴向插入槽内，故必须采取预防风管与插条轴向分离措施，一般可采用拉铆钉、自攻螺钉固定，或两对边分别采用 C 形、S 形插条混用的方法。S 形插条均用于矩形风管连接。（注：采用 S 形、C 形插条连接时，风管

最长边尺寸不得大于 630 mm。立咬口小于等于 1 000 mm）

⑪直角形插条连接：利用 C 形插条从中间外弯 90°作连接件插入矩形风管主管平面与支管管端的连接。主管平面开洞，洞边四周翻边 180°，翻边后净留孔尺寸刚好等于所连接支管断面尺寸，支管管端翻边 180°，将需连接口对合后，四边分别插入已折 90°的 C 形插条，四角处理同 C 形插条。

⑫立咬口连接：利用风管两头 4 个面分别折成一个 90°和两个 90°，形成两个折边或一公一母。连接时，将一公端插顶到母端，然后将母端外折边翻压到公端翻边背后，压紧后再用铆钉每间隔 200 mm 左右铆上一颗。为了堵严并固定四角，在合口时四角各加上一个 90°贴角。全部咬合完后，在咬口接缝处涂抹密封胶。一般都用于矩形风管连接。

⑬包边立咬口连接：利用风管管头四边均翻一个垂直立边，然后利用一个公用包边将连接管头的两翻边合在一起并用铆钉完成紧固。风管连接四角和立咬口连接一样，需做贴角以保证风管四角刚度和密封。全部连接后，接缝处涂抹密封胶。

⑭立联合角插条连接：利用一立咬平插条，将矩形风管连接两个头，分别采用立咬口和平插的方式连在一起。不管是平插和立咬口连接处，均需用铆钉紧死。风管四角立咬口处加 90°贴角，在平插处靠一对插条两头长出另两个风管面 20 mm 左右压倒在齐平风管面的插条上，这种连接方式主要是改变平插条接头刚度较低的缺陷。咬口后的连接接缝处均需涂抹密封胶。

⑮铁皮法兰 C 形平插条连接：这种连接方式是在矩形风管连接管端，利用 C 形插条连接时，在风管端部多翻出一个立面，相当于连接法兰，以增大风管连接处的刚度。在接头连接时，四角须加工成对贴角，以便插条延伸出角及加固风管四角定准。插条最终仍需在四角一头压另一头上去，并在接缝处涂抹密百胶。

⑯金属风管的焊接连接：当普通钢板的厚度大于 1.2 mm、不锈钢板的厚度大于 1.0 mm、铝板厚度大于 1.5 mm 时，可采用焊接连接。碳钢板风管宜采用直流焊机焊接或气焊焊接。焊接前，必须清除焊接端口处的污物、油迹、锈蚀；采用点焊或连续焊缝时，还需清除氧化物。对口应保持最小的缝隙，手工点焊定位处的焊瘤应及时清除。采用机械焊接方法时，电网电压的波动不能超过±10%。焊接后，应将焊缝及其附近区域的电极熔渣及残留的焊丝清除。风管焊缝形式：对接焊缝适用于板材拼接或横向缝及纵向闭合缝。搭接焊缝适用于矩形或管件的纵向闭合缝或矩形弯头、三通的转向缝，圆形、矩形风管封头闭合缝。

a. 不锈钢板风管的焊接，可用非熔化极氩弧焊；当板材的厚度大于 1.2 mm 时，可采用直流电焊机反极法进行焊接，但不得采用氧乙炔气焊焊接。焊条或焊丝材质应与母材相同，机械强度不应低于母材。焊接前，应将焊缝区域的油脂、污物清除干净，以防止出现气孔、砂眼。清洗可用汽油、丙酮等进行。用电弧焊焊接不锈钢时，应在焊缝的两侧表面涂上白垩粉，防止飞溅金属黏附在板材的表面，损伤板材。焊接后，应注意清除焊缝处的熔渣，并用不锈钢丝刷或铜丝刷出金属光泽，再用酸洗膏进行酸洗钝化，最后用热水清洗干净。风管应避免在风管焊缝及其边缘处开孔。

b. 铝板风管焊接：铝板风管的焊接宜采用氧乙炔气焊或氩弧焊，焊缝应牢固，不得有虚焊、穿孔等缺陷。在焊接前，必须对铝制风管焊口处和焊丝上的氧化物及污物进行清理，并应在清除氧化膜后的 2～3 h 内焊接结束，防止处理后的表面再度氧化。在对口的过程中，要使焊口达到最小间隙，以避免焊穿。对于易焊穿的薄板，焊接须在铜垫板上进行。当采用点焊或连续焊工艺焊接铝制风管时，必须首先进行试验，形成成熟的焊接工艺后方可正式施焊。焊接后，应用热水清洗焊缝表面的焊渣、焊药等杂物。

c. 制作不锈钢及铝板风管的特殊要求：风管制作场地应铺设木板，工作之前，必须把工作场地上的铁屑、杂物打扫干净。不锈钢板在放样画线时，不得用锋利的金属划针在板材表面画辅助线和冲眼，以免造成划痕。制作较复杂的管件时，应先做好样板，经复核无误后，再在不锈钢板表面套裁下料。不锈钢风管采用手工咬口制作时，应使用木方尺（木槌）、铜锤或不锈钢锤，不得使用碳素钢锤。由于不锈钢经过加工后，其强度增加，韧性降低，材料发生硬化，因此手工拍制咬口时，注意不要拍反，尽量减少加工次数，以免使材料硬度增加，造成加工困难。

剪切不锈钢板时，为了使切断的边缘保持光洁，应仔细调整好上、下刀刃的间隙，刀刃间隙一般为板材厚度的 0.04 倍。在不锈钢板上钻孔时，应采用高速钢钻头，钻孔的切削速度约为普通钢的一半，最多不要超过 20 m/s。不锈钢热煨法兰时，应采用专用的加热设备加热，其温度应控制在 1 100～1 200℃。煨弯温度不得低于 820℃。煨好后的法兰必须重新加热到 1 100～1 200℃，再在冷水中迅速冷却。铝制风管和配件板材应注意保护表面，制作时，应用铅笔或记号笔画线，避免表面刻伤。铝制圆形法兰冷煨前，应将冷煨机辊轮擦拭干净，角铝采用贴牛皮纸保护。铝材上不得存有黄锈及其他污物。风管制作完成后，进行强度和严密性试验，对其工艺性能进行检测或验证。风管的强度应能满足在 1.5 倍工作压力下接缝处无开裂；用漏光法检测系统风管严密程度；采用一定强度的安全光源沿着被检测接口部位与接缝做缓慢移动，在另一侧进行观察，做好记录，对发现的条缝形漏光应做密封处理；当采用漏光法检测系统的严密性时，低压系统风管以每 10 m 接缝，漏光点不大于 2 处，且每 100 m 接缝平均不大于 16 处为合格；中压系统风管每 10 m 接缝的漏光点不大于 1 处，且每 100 m 接缝平均不大于 8 处为合格；系统漏风量测试可以整体或分段进行。测试时，被测系统的所有开口均应封闭，不应漏风。当漏风量超过设计和验收规范要求时，可用听、摸、观察、水或烟检漏，查出漏风部位，做好标记；修补完后，重新测试，直至合格。

（2）非金属风管制作工艺流程

1）硬聚氯乙烯风管工艺流程：画线切割→板材坡口→加热成型→法兰制作→风管组配、加固→检验→存放。

2）玻璃钢风管工艺流程：支模（同时制浆）→成型→检验→固化→打孔→检验→存放。

3）玻纤风管工艺流程：材料准备→管板展开→开槽→封边→检验→存放。

4）复合夹芯板风管工艺流程：材料准备→放样→切割→黏接→封带→检验→存放。

5）硬聚氯乙烯板风管制作：

板材放样画线前，应留出收缩裕量。每批板材加工前，均应进行试验，确定焊缝收缩率。放样画线时，应根据设计图纸尺寸和板材规格以及加热烘箱、加热机具等的具体情况，合理安排放样图形及焊接部位，应尽量减少切割和焊接工作量。

展开画线时，应使用红铅笔或不伤板材表面的软体笔进行，严禁用锋利金属针或锯条进行画线，不应使板材表面形成伤痕或折裂。严禁在圆形风管的管底设置纵焊缝。矩形风管底宽度小于板材宽度不应设置纵焊缝，管底宽度大于板材宽度，只能设置一条纵缝，并应尽量避免纵焊缝存在，焊缝应牢固、平整、光滑。

用龙门剪床下料时，宜在常温下进行剪切，并应调整刀片间隙，板材在冬天气温较低或板材杂质与再生材料掺合过重时，应将板材加热到30℃左右后才能进行剪切，防止材料碎裂。锯割时，应将板材紧贴在锯床表面上，均匀地沿割线移动，锯割的速度应控制在3 m/min的范围内，防止材料过热，发生烧焦和粘住现象。切割时，宜用压缩空气进行冷却。

板材厚度大于3 mm时，应开V形坡口；板材厚度5 mm时，应开双面V形坡口。坡口角度为50°～60°，留钝边1.5 mm，坡口间隙0.5～1 mm。坡口的角度和尺寸应均匀一致。

采用坡口机或砂轮机进行坡口时，应将坡口机或砂轮机底板和挡板调整到需要角度，先对样板进行坡口后，检查角度是否合乎要求，确认准确无误后，再进行大批量坡口加工。矩形风管加热成型时，不得用四周角焊成型，应四边加热折方成型。加热表面温度应控制在130～150℃，加热折方部位不得有焦黄、发白裂口。成型后，不得有明显扭曲和翘角。

6）矩形法兰制作：在硬聚氯乙烯板上按规格划好样板，尺寸应准确，对角线长度应一致，四角的外边应整齐。焊接成型时，应用钢块等重物适当压住，防止塑料焊接变形。

7）圆形法兰制作：应将聚氯乙烯按直径要求计算板条长度并放足热胀冷缩余料长度，用剪床或圆盘锯裁切成条形状。圆形法兰宜采用两次热成形，第一次将加热成柔软状态的聚氯乙烯板煨成圈带，接头焊牢后，第二次再加热成柔软状态板体在胎具上压平校型。ϕ150以下法兰不宜热煨，可用车床加工。

焊缝应填满，首根底焊条宜用ϕ2，表面多根焊条焊接应排列整齐，焊缝不得有焦黄断裂现象。焊缝强度不得低于母材强度的60%，焊条材质与板材相同。圆形风管一般不进行现场制作，购买成品风管即可。

8）玻璃钢风管制作：风管制作，应在环境温度不低于15℃的条件下进行。模具尺寸必须准确，结构坚固，制作风管时不变形，模具表面必须光洁。制作浆料宜采用拌合机拌和，人工拌和时，必须保证拌和均匀，不得夹杂生料，浆料必须边拌边用，有结浆的浆料不得使用。敷设玻璃纤维布时，搭接宽度不应小于50 mm，接缝应错开。敷设时，每层必须铺平、拉紧，保证风管各部位厚度均匀，法兰处的玻璃纤维布应与风管连成一体。

风管养护时，不得有日光直接照射或雨淋，固化成型达到一定强度后方可脱模。脱模后，应除去风管表面的毛刺和尘渣。风管法兰钻眼应先画线、定位，再用电钻钻眼。钻眼后，除去表面的毛刺和尘渣。风管存放地点应通风，不得日光直接照射、雨淋及潮湿。

9）玻璃纤维风管制作：制作风管的板材实际展开长度应包括风管内尺寸和余量，展开长度超过3 m的风管可用两片法或多片法制作。为减少板材的损耗，应根据需要选择展开方法。板材开槽可使用机器开槽或手工开槽，手工开槽时，应根据槽的形状正确使用刀具，开槽应平直、无缺损。

风管封边采用的密封材料应符合相应的产品标准。使用密封胶带和胶黏剂前，使用“外八字”形装订针固定所有的接头，装订针的间距为 50 mm。使用热敏胶带时，烫斗的表面温度要达到 287～343℃，热量和压力要能使胶带表面 ABI 圆点变黑色；使用压敏胶带前，必须清洁风管表面需粘接的部位并保持干燥；使用玻璃纤维织物和胶黏剂时，注意在胶黏剂干透前不要触碰胶黏剂，也不要压紧玻璃纤维织物和胶黏剂。

风管加固根据材料生产厂家提供的产品技术说明进行确定，并由厂家提供专用的加固材料。风管存放宜架空存放，并要考虑防风措施。

10）复合夹芯板风管：风管的板材下料展开可采用 U 形、L 形或单板、条板法，为减少板材的损耗，根据需要选择展开方法。整板或部分连接可使用胶黏后凝固的方式连接，不破坏表层以便后续工序的进行。拼接时，先用专用工具切割，在两切割面涂胶黏剂，沿长度方向正确压合后，再在两面贴上铝箔胶带，供后续工序使用。

板材粘接前，所有需粘接的表面必须除尘去污，切割的坡口涂满胶黏剂，并覆盖所有切口表面。风管在粘接成型后，风管所有接缝必须用铝箔带封闭并黏接完好。风管加固根据材料生产厂家提供的产品技术说明进行确定，并由厂家提供专用的加固材料。

（3）净化空调系统风管制作

1）风管制作的场所应相对封闭，场地宜铺设不易产生灰尘的软性材料。风管加工前，应采用清洗液去除板材表面油污及积尘。清洗液应采用对板材表面无损害、干燥后不产生粉尘且对人体无危害的中性清洁剂。风管应减少纵向接缝，且不得有横向接缝。矩形风管底边的纵向接缝应符合表 10-9 的规定。

表 10-9　净化系统矩形风管底边允许纵向接缝数量

风管边长/mm	$b<900$	$900<b\leqslant 1\,800$	$1\,800<b\leqslant 2\,600$
允许纵向接缝数量	0	1	2

2）风管的咬口缝、铆接缝以及法兰翻边四角等缝隙处，应按设计要求及洁净等级，采取涂密封胶或其他密封措施堵严。密封材料宜采用异丁基橡胶、氯丁橡胶、变性硅胶等为基材的材料。风管板材连接缝的密封面宜设在风管的正压侧。

3）彩色涂层钢板风管的内壁应光滑，加工时，应避免损坏涂层，被损坏的部位应涂环氧树酯。净化空调系统风管法兰的铆钉间距应小于 100 mm，空气洁净等级为 1～5 级的风管法兰铆钉间距应小于 65 mm。风管连接螺栓、螺母、垫圈和铆钉应采用镀锌或其他防腐措施。不得使用抽芯铆钉。风管不得采用 S 形插条、C 形直角插条及立联合角插条的连接方式。空气洁净等级为 1～5 级的洁净系统风管不得采用按扣式咬口。风管内不得设置加固框或加固筋。

风管制作完毕，应用清洗液进行清洗，清洗后，经白绸布擦拭检查达到要求后，应及时封口。

（4）风管配件制作

矩形风管的弯管、三通、异径管及来回弯管等配件所用材料厚度、连接方法及制作要求应符合风管制作的相应规定。

矩形弯管如图 10-14 所示，分内外同心弧型、内弧外直角型、内斜线外直角型及内外直角型。

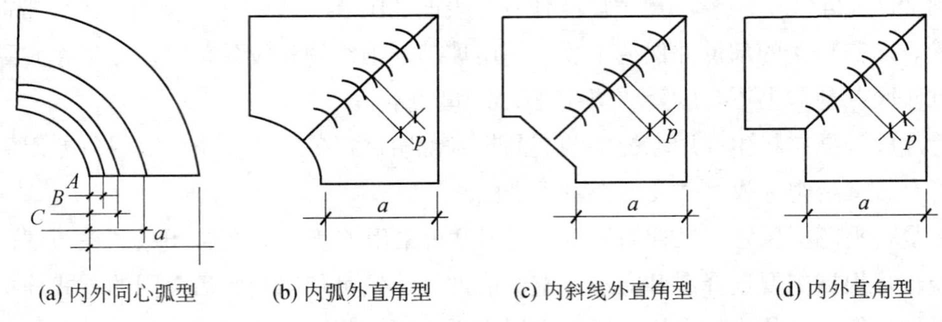

(a) 内外同心弧型　(b) 内弧外直角型　(c) 内斜线外直角型　(d) 内外直角型

图 10-14　矩形弯管示意

矩形弯管的制作应符合下列要求：

矩形弯管宜采用内外同心弧型。弯管曲率半径宜为一个平面边长，圆弧应均匀。矩形内外弧型弯管平面边长大于 500 mm，且内弧半径 r 与弯管平面边长 a 之比小于或等于 0.25 时，应设置导流片。导流片弧度应与弯管角度相等，迎风边缘应光滑，片数及设置位置应按表 10-10 及图 10-14 的规定。

表 10-10　内外弧形矩形弯管导流片设置

弯管平面边长 a/mm	导流片数	导流片位置		
		A	B	C
500＜a≤1 000	1	a/3	—	—
1 000＜a≤1 500	2	a/4	a/2	—
a＞1 500	3	a/8	a/3	a/2

矩形内弧外直角型弯管以及边长大于 500 mm 的内弧外直角型、内斜线外直角形弯管应按图 10-15 选用单弧形或双弧形等圆弧导流片。单弧形、双弧形导流片圆弧半径与片距宜按表 10-11 的规定。

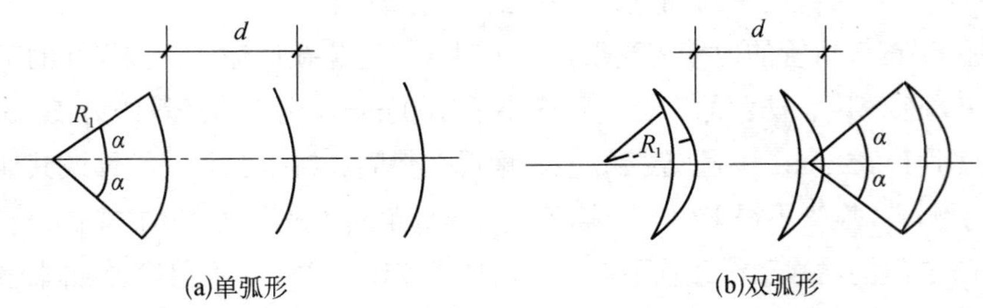

(a)单弧形　(b)双弧形

图 10-15　单弧形或双弧形导流片形式

非金属矩形弯管的导流片，宜采用与风管材质性能相同或相一致的材料。

采用机械方法压制的非金属矩形弯管弯弧面，其内弧半径小于 150 mm 的轧压间距宜为 20～35 mm；内弧半径为 150～300 mm 的轧压间距宜在 35～50 mm，内弧半径大于 300 mm

的轧压间距宜在 50～70 mm。轧压深度不宜大于 5 mm。

表 10-11 单弧形或双弧形导流片的圆弧半径及间距

单圆弧导流片		双圆弧导流片	
R_1=50 P=38	R_1=115 P=83	R_1=50 R_2=25 P=54	R_1=1 155 R_2=51 P=83
（镀锌板厚度宜为 0.8 mm）		（镀锌板厚度宜为 0.6 mm）	

组合圆形弯管可采用立咬口，弯管曲率半径（以中心线计）和最小分节数应符合表 10-12 的规定。弯管的弯曲角度允许偏差应不大于 3°。

表 10-12 圆形弯管曲率半径和最少节数

弯管直径 D/mm	曲率半径 R/mm	弯管角度和最少节数							
		90°		60°		45°		30°	
		中节	端节	中节	端节	中节	端节	中节	端节
80＜D≤220	≥1.5D	2	2	1	2	1	2	—	2
220＜D≤450	D～1.5D	3	2	2	2	1	2	—	2
450＜D≤800	D～1.5D	4	2	2	2	1	2	1	2
800＜D≤1 400	D	5	2	3	2	2	2	1	2
1 400＜D≤2 000	D	8	2	5	2	2	2	2	2

变径管单面变径的夹角 θ 宜小于 30°，双面变径的夹角宜为 60°，如图 10-16 所示。

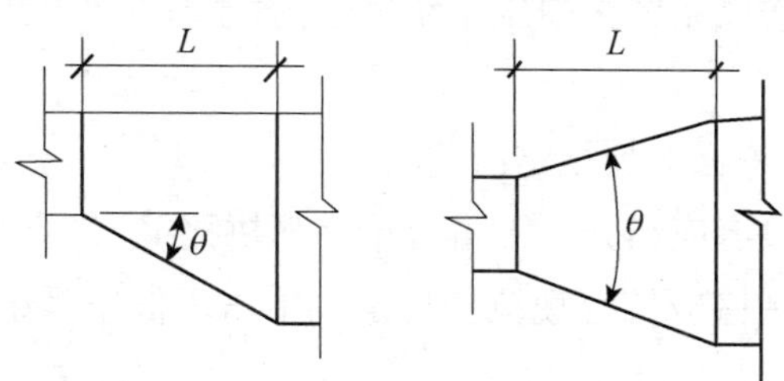

图 10-16 单面变径与双面变径夹角

圆形三通、四通、支管与总管夹角宜为 15°～60°，制作偏差应＜3°。插接式三通管段长度宜为 2 倍支管直径加 100 mm、支管长度不应小于 200 mm，止口长度宜为 50 mm。三通连接宜采用焊接或咬接形式，如图 10-17 所示。

5. 质量标准

1）对风管制作质量的验收，应按其材料、系统类别和使用场所的不同分别进行，主要包括风管的材质、规格、强度、严密性与成品外观质量等项内容。

2）风管制作质量的验收，按设计图纸与规范的规定执行。工程中所选用的外购风管，还必须提供相应的产品合格证明文件或进行强度和严密性的验证，符合要求的方可使用。

3）通风管道规格的验收，风管以外径或外边长为准，风道以内径或内边长为准。

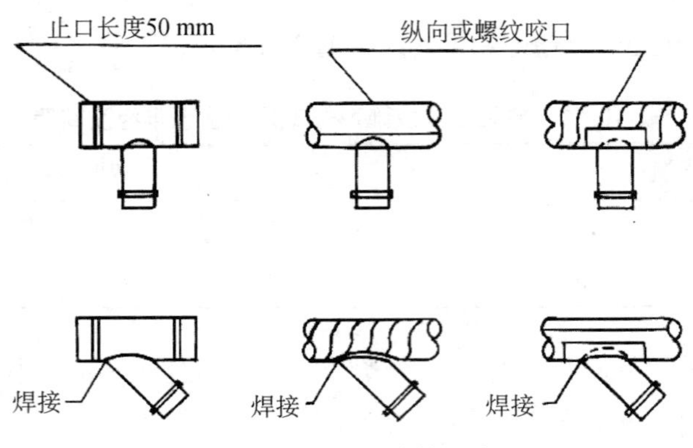

图 10-17　三通连接形式

4）防火风管的本体、框架与固定材料、密封垫料必须为不燃材料，其耐火等级应符合设计的规定。

5）复合材料风管的覆面材料必须为不燃材料，内部的绝热材料应为不燃或难燃 B1 级，且对人体无害的材料。

6）风管必须通过工艺性的检测或验证，其强度和严密性要求应符合设计或下列规定：

①风管的强度应能满足在 1.5 倍工作压力下接缝处无开裂；矩形风管的允许漏风量应符合相关规定。

②低压、中压圆形金属风管、复合材料风管以及采用非法兰形式的非金属风管的允许漏风量，应为矩形风管规定值的 50%。砖、混凝土风道的允许漏风量不应大于矩形低压系统风管规定值的 1.5 倍。

③排烟、除尘、低温送风系统按中压系统风管的规定，1～5 级净化空调系统按高压系统风管的规定。

7）金属风管的连接应符合下列规定：

①风管板材拼接的咬口缝应错开，不得有十字形拼接缝。

②金属风管法兰材料规格应符合规范的规定。中压、低压系统风管法兰的螺栓及铆钉孔的孔距不得大于 150 mm。

③高压系统风管不得大于 100 mm。矩形风管法兰的四角部位应设有螺孔。

④当采用加固方法提高了风管法兰部位的强度时，其法兰材料规格相应的使用条件可适当放宽。

⑤无法兰连接风管的薄钢板法兰高度应参照金属法兰风管的规定执行。

8）金属风管的加固应符合下列规定：

①圆形风管（不包括螺旋风管）直径大于等于 800 mm，且其管段长度大于 1 250 mm 或总表面积大于 4 m^2，均应采取加固措施；矩形风管边长大于 630 mm、保温风管边长大于 800 mm，管段长度大于 1 250 mm 或低压风管单边平面积大于 1.2 m^2，中、高压风管大于 1.0 m^2，均应采取加固措施。

②非规则椭圆风管的加固，应参照矩形风管执行。检查数量：按加工批抽查 5%，不得少

于 5 件。

9）非金属风管的加固，还应符合下列规定：

①硬聚氯乙烯风管的直径或边长大于 500 mm 时，其风管与法兰的连接处应设加强板，且间距不得大于 450 mm。

②有机及无机玻璃钢风管的加固，应为本体材料或防腐性能相同的材料，并与风管成一整体。

③矩形风管弯管的制作，一般应采用曲率半径为一个平面边长的内外同心弧形弯管。

④当采用其他形式的弯管且平面边长大于 500 mm 时，必须设置弯管导流片。

10）净化空调系统风管还应符合下列规定：

①矩形风管边长小于或等于 900 mm 时，底面板不应有拼接缝。

②大于 900 mm 时，不应有横向拼接缝。

③风管所用的螺栓、螺母、垫圈和铆钉均应采用与管材性能相匹配、不会产生电化学腐蚀的材料，或采取镀锌或其他防腐措施，并不得采用抽芯铆钉。

④不应在风管内设加固框及加固筋，风管无法兰连接不得使用 S 形插条、直角形插条及立联合角形插条等形式。

⑤空气洁净度等级为 1～5 级的净化空调系统风管不得采用按扣式咬口。风管的清洗不得用对人体和材质有危害的清洁剂。镀锌钢板风管不得有镀锌层严重损坏的现象，如表层大面积白花、锌层粉化等。

⑥现场应保持清洁，存放时应避免积尘和受潮。风管的咬口缝、折边和铆接等处有损坏时，应做防腐处理。

⑦风管法兰铆钉孔的间距，当系统洁净度的等级为 1～5 级时，不应大于 65 mm；为 6～9 级时，不应大于 100 mm。静压箱本体、箱内固定高效过滤器的框架及固定件应做镀锌、镀镍等防腐处理。制作完成的风管应进行第二次清洗，经检查达到清洁要求后应及时封口。

6. 成品保护

1）成品、半成品加工成型后，应存放在宽敞、避雨、避雪的仓库或棚中。

2）置于干燥的隔潮的木头垫上、架上，按系统、规格和编号堆放整齐，避免相互碰撞造成表面损伤，要保持所有产品表面的光滑、洁净。

3）不锈钢板风管、铝板风管与配件的表面，不得有划伤、刻痕等缺陷。

4）硬聚氯乙烯风管的热稳定性较差。对这种风管的加工、存放、安装等要严格控制温度的影响。

由于硬聚氯乙烯风管的剪切强度和抗裂性都比金属材料差，所以风管堆放不宜重叠，并且要求场地宽敞、平整、无积水。必要时，还应用垫料垫平。风管上面不允许堆积其他物品，更不能被其他物体冲撞。严禁随意踩踏塑料风管。

5）成品、半成品运输、装卸时，应轻拿轻放。风管较多或高出车身的部分要绑扎牢固，避免来回碰撞，损坏风管及配件。吊运、安装风管及配件时，要先按编号找准、排好，然后再进行吊运、安装，减少返工，并要注意安全，不要掉下来损坏风管及配件或伤人。板料凸出平整时，严防在板料上留下锤痕，切不可乱打。

三、通风与空调工程风管系统施工工艺

1. 非金属风管与配件的技术要求

1）非金属风管与复合风管板材的技术参数应符合规范要求，复合风管的放样与下料应在平整、洁净的工作台上进行，以免破坏覆面层。

2）非金属风管与复合风管在使用胶黏剂或密封胶带前，应将分管粘接处清洁干净。

3）聚氨酯铝箔与酚醛铝箔复合风管一般采用插接连接或法兰与风管连接。插接连接件的长度不应影响其正常安装，并应保证其在风管两个垂直方向安装时接触紧密。边长大于 320 mm 的矩形风管安装插接连接件时，应在风管四角粘贴厚度不小于 0.75 mm 的镀锌直角垫片，直角垫片宽度应与风管板材厚度相等，边长不应小于 55 mm。低压系统风管边长大于 2 000 mm、中压或高压系统风管边长大于 1 500 mm 时，风管法兰应采用铝合金等金属材料。风管宜采用直径不小于 8 mm 的镀锌螺杆做内支撑加固，加固点数和间距应符合规范要求。

4）玻璃纤维复合矩形风管宜采用直径不小于 6 mm 的镀锌螺杆做内支撑加固，风管长边尺寸大于或等于 1 000 mm 或系统设计工作压力大于 500 Pa 时，应增设金属槽形框外加固，并应与内支撑固定牢固，负压风管加固时，金属槽形框应在风管内侧。

5）玻镁复合风管组合粘接成型时，风管端口应制作成错位接口形式，先将风管底板放于组装垫块上，然后在风管左右侧板阶梯处涂胶黏剂，插在地板边沿，对口纵向粘接应与底板错位 100 mm，最后将顶板盖上，同样应与左右侧板错位 100 mm。

6）硬聚氯乙烯风管采用加热成型时，可采用电加热、蒸汽加热或热空气加热等方法，板材放样下料应考虑收缩余量，风管直管段连续长度大于 20 m 时，应按设计要求设置伸缩节或软接头。

2. 通风空调系统的部件

1）通风空调系统的部件包括风阀、消声装置、风口、风罩、风帽和过滤器等，一般由厂家提供，产品进场前应进行进厂检验，质量检查应符合相关标准要求，产品制作材料应符合设计及相关产品标准要求，并做好相关记录。

2）防火阀、排烟阀或排烟口的制作应符合《建筑通风和排烟系统用防火阀门》（GB 15930—2007）的有关规定，并应具有相应的产品合格证明文件。

3）风管阀门应用油漆在阀门外壳标明开关方向，保温阀门在保温层外表面标明，风管、管道的阀门安装在吊顶内时应在吊顶上预留操作检修孔，风管、管道的阀门手柄，手轮应设在操作方便且不影响通道的位置上。

4）风口不应直接安装在主风管上，风口与主风管间应通过短管连接，风管与风口的连接宜采用法兰连接，也可采用槽形或工形插接连接，吊顶风口可直接固定在装饰龙骨上，当有特殊要求或风口较重时，应设置独立的支、吊架。

3. 风管安装的技术要求

1）风管安装前应对安装的位置、标高、坐标及走向进行技术确认，风管的组对、连接长

度应根据施工现场和吊装装置确定，风管安装就位的程序要正确。一般为先上层后下层，先主管后支管，先立管后水平管，风管交叉的地方，支管避让主管，风管安装应采取防止变形的措施。

2）风管穿过需要密闭的防火、防爆的楼板或墙体时，应设置壁厚不小于 1.6 mm 的钢制预埋管或防护套管，风管与防护套管之间应采用不燃且对人体无害的柔性材料封堵。

3）风管穿越防火墙、楼板、竖井壁所装的防火阀，防火阀内边缘与墙壁、楼板、竖井壁的距离≤200 mm。风管上的防火阀、排烟防火阀两侧各 2.0 m 范围内的风管，应采用耐火风管或风管外壁应采取防火保护措施，且耐火极限不应低于该防火分隔体的耐火极限。

4）风管穿越建筑物变形缝时，应设置 200～300 mm 的柔性短管，穿越变形缝墙体时，应设置钢制套管，风管与套管之间应采用柔性防水材料填充密实，穿越建筑物变形缝墙体的风管两端外侧的柔性短管距变形缝墙体的距离宜为 150～200 mm，凡用于空调送风的软管均要求配带离心玻璃棉外保温。软接应牢固、严密，在软接处禁止变径。

5）风管连接的密封材料应根据输送介质的温度进行选用，输送温度低于 70℃的空气时，可采用橡胶板、闭孔海绵橡胶板、密封胶带或其他闭孔弹性材料；输送温度高于 70℃的空气时，应采用耐高温材料，如油烟系统中通常用耐油、耐高温和密封性优良的垫料（9501 密封胶条）压紧密封处理，风管铆接处采用 9501 密封胶处理。

6）防排烟系统采用不燃材料，输送含腐蚀性介质的气体，应采用耐酸橡胶板或软聚乙烯板，法兰垫料厚度宜为 3～5 mm。

7）风管穿出屋面处应设防雨装置，风管与屋面交接处应有防渗水措施，与室外大气接触的进风入口、排风出口以及风机进、出风口自由端应装防鸟网或防雨百叶。

4. 风管安装还应符合下列规定

1）风管采用法兰连接时，螺母应在同一侧；法兰垫片不应凸入风管内壁，也不应凸出法兰外。

2）风管与风道连接时，应采取风道预埋法兰或安装连接件的形式接口，结合缝应填耐火密封填料，风道接口应牢固；尤其是连接人防风道的风管，通常是在人防墙体内预埋壁厚 3 mm 的钢板短管，且预埋短管与墙内钢筋焊牢，在土建施工时一次预埋到位。

3）风管内严禁穿越和敷设各种管线。

4）固定室外立管的拉索，严禁与避雷针或避雷网相连。

5）输送含有易燃、易爆气体或安装在易燃、易爆环境中的风管系统必须设置可靠的防静电接地装置，通过生活区或其他辅助生产房间时，不应设置接口，并应具有严密不漏风措施。

6）输送产生凝结水或含蒸汽的潮湿空气风管，其底部不应设置拼接缝，并应在风管最低处设排液装置。例如，商铺的油烟管一般在水平主管接竖井处及高低翻弯处低点设置集油排放口。

5. 风管与设备的连接

通风机进出口与风管的连接好坏会严重影响系统的压力损失和风量大小，尤其是风机吸入口与风管的连接更为重要，因此必须给予足够重视，应在风管的连接上避免偏流和涡流的产生。

1）吸入口可用直径相同的直风管连接，如果需要变径，宜采用较长的渐扩管或渐缩管。

2）吸入口若采用直角弯管接入，弯管内应设置导流片。

3）若无法避免产生偏心气流，则尽量合理使用倒流片，减少影响。

4）风机压出侧可以采用直风管连接，不能采用突然扩大的接管，应采用单面或两面偏的渐扩式变径管。

5）当风机出口气流呈 90°转弯时，弯管的弯曲方向应与风机叶轮的旋转方向相一致，内设导流片；风机出口处如接丁字三通管向两边送风或接 90°弯管时，在加长三通立管或网管长度的同时，应在分流处或转弯处设导流片。

6）风管与设备连接处应设置长度为 150～300 mm 的柔性短管，柔性短管松紧适度，不扭曲，并不宜作为找平找正的异径连接管，但仅用于防排烟的系统风管与设备之间无须设置软连接。

6. 风管支、吊架的制作与安装

1）风管的支、吊架应满足风管的承重要求和抗震要求。

2）风管支、吊架应固定在可靠的建筑结构式，且不影响结构的安全，因此不能将支、吊架焊接在承重结构及屋架的钢筋上。空调风管的支、吊架有绝热的要求，绝热衬垫厚度不应小于管道绝热层厚度，宽度应大于支、吊架支承面宽度，衬垫与绝热材料之间应密实，无空隙，风管的支、吊、托架宜设在保温层外部，不得损坏保温层。

3）支、吊架的型钢材料应按风管、部件、设备的规格和重量选用，最大允许安装间距应复合设计和规范的要求。

4）风口、风阀、检查门及自动控制机构处不宜设置支、吊架，边长（直径）大于 1 250 mm 的弯头、三通等应设置独立的支、吊架；长度超过 20 m 的水平悬吊风管，应设置至少 1 个放晃支架；风口、风阀、检查门及自动控制机构处不宜设置支、吊架；边长或直径大于等于 630 mm 的防火阀、消声器、消声弯头、静压箱和三通等应设置独立的支、吊架；设置于风管上的防火阀、超过 10 kg 的风阀、多叶排烟口应单独设支、吊架；不锈钢板、铝板风管与碳素钢支、吊架的接触处，应采取电化学腐蚀措施。与运转设备相连接处的风管、水管均应设置独立的支、吊架，并保证其管道的重量不应加载于设备上，如与之相连接的设备中有运转部件者，其连接处应有柔性连接，管道的吊架应是减振支、吊架。

5）防排烟风道、事故通风风道及相关设备应采用抗震支、吊架，重力大于 1.8 kN 的空调机组、风机采用吊装时采用抗震支、吊架。抗震支、吊架可以独立设置，也可以通过在普通支、吊架上进行加固安装，抗震支、吊架的设置应符合《建筑机电工程抗震设计规范》（GB 50981—2014）。

随着全国全面推广装配式建筑，装配式管道吊架也逐渐增多，在进行综合排布安装时，吊架的组合方式应根据组合管道的数量、承载负荷进行综合选配，并应单独绘制施工图，经原设计单位签字确认后，再进行安装。

7. 防腐绝热要求

普通薄钢板在制作风管前，宜预涂防锈漆一遍，支、吊架的防腐处理应与风管相一致，明装部分最后一遍色漆，宜在安装完毕后进行。镀锌钢板的镀锌层在施工中若出现破损处，需刷防锈漆两道。

风管、部件绝热工程应在风管系统严密性试验合格之后进行。镀锌钢板风管绝热施工前应进行表面去油、清洁处理。风管绝热材料应按长边加 2 个绝热层厚度，短边为净尺寸的方法下料，绝热材料应尽量减少拼接缝，风管底部不应有纵向拼缝，小块绝热材料可铺覆在风管上平面。绝热层与风管，部件及设备应紧密贴合，无裂缝，空隙，且纵横向的接缝应错开，绝热层材料厚度大于 80 mm 时，应采用分层施工，同层的拼接缝应错开，层间的拼缝应相压，搭接间距不应小于 130 mm。带有防潮层的绝热材料拼接缝处，宜用宽度不小于 50 mm 的黏胶带粘贴，软接风管宜采用软性的绝热材料，绝热层应留有变形余量。风管和管道的绝热层、绝热防潮层和保护层，应采用不燃或难燃材料。

8. 风管系统严密性试验

风管系统严密性试验应按不同压力等级和不同材质分别进行，并符合下列规定：

1）低压系统风管的严密性试验，宜采用漏光法检测。漏光加测不合格时，应对漏光点进行密封处理，并应做漏风量测试。风管漏光检查应沿着被检测风管接口、接缝处做垂直或水平缓慢移动，检查人员在另一侧观察漏光情况。

2）中压系统风管的严密性试验，应在漏光检测合格后，对系统漏风量进行测试。风管分段连接完成或系统主干管已安装完毕，系统分段、面积测试已完成，试验管段分支管口及端口已密封后进行漏风量检测。

3）高压系统风管的严密性试验应为漏风量测试。

4）N1—N5 级洁净空调系统风管的严密性试验应按高压系统风管的规定执行；N6—N9 级洁净空调系统风管的严密性试验应按中压系统风管的规定执行。

四、净化空调系统施工工艺

净化空调系统的施工质量直接影响交工时洁净度应达到的级别和交工后系统的运行费用。

净化空调系统的风管、附件的制作与安装，应符合高压风管系统（空气洁净度 N1—N5 级洁净室）和中压风管系统（空气洁净度 N6—N9 级的洁净室）的相关要求。

1）洁净空调系统风管材质的选用应符合设计要求，宜选用优质镀锌钢板、不锈钢板、铝合金板、复合钢板等，当生产工艺或环境条件要求采用非金属风管时，应采用表面光滑、平整、不产尘、不易霉变的风管。

2）制作场地应整洁、无尘，加工区域内应铺设表面无腐蚀、不产尘、不积灰的柔性材料。矩形风管边长≤900 mm 时，底面板不得采用拼接，＞900 mm 的矩形管，不得采用横向拼接，洁净度等级 N1—N5 级的风管，不得采用按扣式咬口，铆接时不应采用抽芯铆钉。用于洁净空调系统的软接风管，应不易产尘，不透气，内壁光滑，洁净空调系统的风管不应采用内加固措施或加固筋，风管内部的加固点或法兰铆接点周围应采用密封胶进行密封。

3）洁净空调系统风管制作前，应采用柔软织物擦拭板材，除去板面的污物和油脂。

4）安装场地所用机具应保持清洁，安装人员应穿戴清洁工作服、手套和工作鞋等，经清洗干净包装密封的风管、静压箱及其部件，在安装前不应拆封，安装时，拆开封膜后立即连接，若中途停顿，应重新封好。

5）风管与洁净室吊顶、隔墙等围护结构的接缝处应严密，制作完成后应及时采用中性清洁剂进行清理，并采用丝光布擦拭干净风管内部，采用塑料膜密封风管端口。

6）现场组装的组合式空气处理机组安装完毕后应进行漏风量检测，空气洁净度等级 N1—N5 级洁净室所用机组的漏风率不得超过 0.6%，N6—N9 级不得超过 1.0%。

7）高效空气过滤器应在洁净室建筑装饰装修和配管工程施工已完成并验收合格，洁净室已进行全面清洁、擦净，净化空调系统进行擦净和连续运转 12 h 以上才能安装。

五、施工注意事项

1）洁净风管的严密性，洁净系统薄钢板风管的咬口形式如设计无特殊要求时，一般采用咬口缝隙较小的单咬口、转角咬口及联合咬口较好。

2）按扣式咬口漏风量较大，尽量避免采用。在风管制作过程中，为了风管的折边咬口方便，尤其是联合咬口，容易在近风管端部或三通分支处局部不咬口，造成漏风量大。因此，洁净系统的风管制作，应认真操作，对风管的咬口缝必须达到连续、紧密、宽度均匀，无孔洞、半咬口及胀裂等现象。

3）风管的咬口缝、铆钉孔及翻边的 4 个角，必须用密封胶进行密封。风管翻边的 4 个角，如孔洞较大用密封胶难以封闭，必须用锡焊焊牢。密封胶应采用对金属不腐蚀、流动性好、固化快、富于弹性及遇到潮湿不易脱落的产品。在涂抹密封胶时，为保证密封胶与金属薄板粘接的牢固，涂抹前，必须将密封处的油污擦干净。

第四节　建筑电气工程施工工艺

一、电气工程施工基本规定

建筑电气工程施工现场管理，应符合下列规定：

1）安装电工、电气调试人员及有关的特殊操作工种等，应按有关要求持证上岗。安装和调试用的计量器具应检定合格，使用时在有效期内。

2）建筑电气工程施工质量验收应在施工单位自检的基础上，按照检验批、分项工程、分部（子分部）工程进行。

3）除设计要求外，承力建筑钢结构构件上，不得采用熔焊连接固定电气线路、设备和器具的支架、螺栓等部件；且严禁热加工开孔。

4）额定电压交流 1 kV 及以下、直流 1.5 kV 及以下的应为低压电器设备、器具和材料；额定电压大于交流 1 kV、直流 1.5 kV 的应为高压电器设备、器具和材料。

5）电气设备上的计量仪表和与电气保护有关的仪表均应检定合格，当投入试运行时，应在有效期内。

6）建筑电气动力工程的空载试运行和建筑电气照明工程的负荷试运行，应按相关标准及国家现行规范规定执行。

7）建筑电气动力工程的负荷试运行，依据电气设备及相关建筑设备的种类、特性，编制试运行方案或作业指导书，并应经施工单位审查批准、监理单位确认后执行。

8）动力和照明工程的漏电保护装置均应做模拟动作实验。

9）建筑电气工程中的隐蔽工程，在隐蔽前必须经监理人员或建设单位验收及认可签证。

10）建筑电气工程的施工除符合相关标准的规定外，还应按照被批准的施工图纸、合同约定的内容及相关技术标准的规定进行施工。施工图纸修改必须有设计单位的变更通知书或技术核准签证。

11）接地（PE）或接零（PEN）支线必须单独与接地（PE）或接零干线相连接，不得串联连接。高压的电气设备和布线系统及继电保护系统的交接试验，必须符合国家现行标准的要求。

12）低压的电气设备和布线系统的交接试验，应符合现行国家标准和规范的规定。

13）送至建筑智能化工程变送器的电量信号精度等级应符合设计要求，状态信号应正确；接收建筑智能化工程的指令应使建筑电气工程的自动开关动作符合指令要求，且手动、自动切换功能正常。

14）建筑电气工程中的电气设备安装施工对土建工程的要求：与电气设备有关的建筑物、构筑物的土建工程质量，应符合国家现行的有关土建施工及验收规范的规定。

电气设备安装前土建工程应具备以下条件：

①屋顶楼板应施工完毕，不得渗漏；变电所、电控室等房屋内部粉刷装饰应完毕。

②对电器安装有妨碍的模板、脚手架等应拆除，场地清理干净；室内地面基础应施工完毕，并应在墙上标出抹面标高。

③预埋件应埋设牢固，预埋件及预留孔的尺寸应符合设计和有关规范的规定。

④设备基础和构架应达到允许设备安装的强度；焊接构件应符合有关现行国家规范及设计的要求，基础槽钢应牢固可靠。

⑤电气室、电控室的室内湿度应达到设计要求或产品技术文件的有关规定。

15）电气设备安装完毕，投入运行前，建筑工程应符合以下规定：

①门窗安装完毕。

②运行后无法进行的和影响安全运行的工作应施工完毕。

③施工中造成的建筑物损坏部分应修补完整，电气设备基础的二次灌浆及抹面应完成。

16）承担建筑电气工程施工的单位应具备相应的资质，施工现场应具有必要的施工技术标准、健全的质量管理体系和工程质量检验制度。

17）施工单位应编制施工组织设计并应经过审查批准，应按有关的施工工艺标准或经审定的施工技术方案施工，实现施工全过程质量控制。

18）建筑电气工程所用的主要设备、材料、成品和半成品的进场，必须对其进行验收。验收应经监理工程师认可，并形成相应的质量记录。确认设备、材料、成品和半成品的品种、规格和质量符合设计要求和国家现行标准的规定后，方可在施工中应用。当设计无要求时应符合国家现行标准的规定。对于国家明令淘汰的材料严禁使用。

19）对于有异议的设备、器具和材料，应送至有相应资质的试验室进行抽样检测。试验室应出具检测报告，确认符合国家现行的有关标准、规范规定后，才能在施工中应用。

20）进场的电气设备、器具和材料必须是依法定程序批准进入市场的。验收时除符合国家现行的有关标准、规范规定外，并应提供安装、使用、维修和试验要求等技术文件。经批准的免检产品或经行业协会认定的名牌产品，在进场验收时可不做抽样检测。

21）进口电气设备、器具和材料进场验收，除符合国家现行的有关标准、规范规定外，尚应提供商检证明和中文的质量合格证明文件、规格、型号、性能检测报告以及中文的安装、使用、维修和试验要求等技术文件，并应符合合同的有关规定。

22）经批准的免检产品或认定的名牌产品，当进场验收时，可不做抽样检测。

23）型钢和电焊条应符合下列规定：

①按批查验合格证和材质证明书；有异议时，按批抽样送有资质的试验室检测。

②外观检查：型钢表面无严重锈蚀，无过度扭曲、弯折变形；电焊条包装完整，拆包抽检，焊条尾部无锈斑。

24）镀锌制品（支架、横担、接地极、避雷用型钢等）和外线金具应符合下列规定：

①按批查验合格证或镀锌厂出具的镀锌质量证明书。

②外观检查：镀锌层覆盖完整、表面无锈斑，金具配件齐全，无砂眼。

③对镀锌质量有异议时，按批抽样送有资质的试验室检测。

二、电缆桥架安装和电缆敷设

1. 一般规定

1）裸母线、封闭母线、插接式母线的型号、规格、电压等级等必须符合设计要求。有产品合格证、材质证明及安装技术文件。

2）封闭母线、插接母线应符合下列规定：查验合格证和随带安装技术文件；外观检查：防潮密封良好，各段编号标志清晰，附件齐全，外壳不变形，母线螺栓搭接面平整、镀层覆盖完整、无起皮和麻面；插接母线上的静触头无缺损、表面光滑、镀层完整。

3）裸母线、裸导线应符合下列规定：查验合格证；外观检查：包装完好，裸母线平直，表面无明显划痕，测量厚度和宽度符合制造标准；裸导线表面无明显损伤，不松股、扭折和断股（线），测量线径符合制造标准。

4）裸母线、封闭母线、插接式母线安装应按以下程序进行：变压器、高低压成套配电柜、穿墙套管及绝缘端子等安装就位，经检查合格，才能安装变压器和高低压成套配电柜的母线；封闭、插接式母线安装，在结构封顶、室内底层地面施工完成或已确定地面标高、场地清理、层间距离复核后，才能确定支架设置位置；与封闭、插接式母线安装位置有关的管道、空调及建筑装修工程施工基本结束，确认扫尾施工不会影响已安装的母线，才能安装母线；封闭、插接式母线每段母线组对接续前，绝缘电阻测试合格，绝缘电阻值大于 20 MΩ，才能安装组对；母线支架和封闭、插接式母线的外壳接地（PE）或接零（PEN）连接完成，母线绝缘电阻测试和交流工频耐压试验合格，才能通电。

封闭、插接母线组装和固定位置应正确，外壳与底座间、外壳各连接部位和母线的连接螺栓应按产品技术文件要求选择正确，连接紧固。

2. 施工准备

1）技术准备：按照已批准的施工组织设计（施工方案）进行技术交底。按施工图测量放线、坐标和标高、走向，经复核符合设计要求。电缆敷设前，应现场复核桥架路向、弯曲半径是否符合规范要求。

2）材料准备：电缆桥架及其配件、电缆、金属型材、防锈涂料、油性涂料、标志牌等。

3）施工机具：

①主要安装机具：电锤、电钻、开孔机、活扳手、铅笔、粉线袋、卷尺、高凳等。

②主要检测机具：经纬仪、水平仪、兆欧表、万用表、绝缘电阻测试仪等。

3. 作业条件

1）配合土建的结构施工，预留孔洞、预埋铁和预埋吊杆、吊架、保护管等全部完成。顶棚和墙面的喷浆、油漆及壁纸全部完成后，方可进行桥架敷设。电缆耐压和电阻测试应符合相关技术标准的规定。线路上的障碍物已清除干净。电缆线路敷设所需的配件、附件匹配齐全。

2）材料质量控制：

①各种规格电缆桥架的直线段、弯通、桥架附件及支架、吊架等有产品合格证。

②桥架内外应光滑平整，无棱刺，不应有扭曲、翘边等变形现象。

③桥架的外观检查：桥架产品包装箱内应有装箱清单、产品合格证及出厂检验报告。

④表面防腐层材料应符合国家现行有关标准的规定。

⑤桥架螺栓孔径，在螺杆直径不大于 M16 时，可比螺杆直径大 2 mm。同一组内相邻两孔间距±0.7 mm；同一组内任意两孔间距±1 mm；相邻两组的端孔间距±1.2 mm。各种金属型钢不应有明显锈蚀，管内无毛刺。所有紧固螺栓均应采用镀锌件。膨胀螺栓应根据允许拉力和剪力进行选择。

4. 电缆桥架安装施工工艺

（1）电缆桥架安装工艺流程

弹线定位→预埋铁或膨胀螺栓→支、吊架安装→桥架安装→保护地线安装。

（2）施工要点

1）弹线定位：根据图纸确定始端到终端，找好水平或垂直线，用粉线袋沿墙壁、顶棚和模板等处，在线路的中心线进行弹线。按设计图的要求，分匀挡距并用笔标出具体位置。

2）预埋铁或膨胀螺栓，预埋铁的自制加工尺寸不应小于 120 mm×60 mm×6 mm；其锚固圆钢的直径不应小于 8 mm。紧密配合土建结构的施工，将预埋铁的平面放在钢筋网片下面，紧贴模板，可以采用绑扎或焊接的方法将锚固圆钢固定在钢筋网上。模板拆除后，预埋铁的平面应明露或吃进深度一般在 2～3 cm，再将成品支架或角钢制成的支架、吊架焊在上面固定。根据支架承受的荷重，选择相应的膨胀螺栓及钻头；埋好螺栓后，可用螺母配上相应的垫圈将支架或吊架直接固定在金属膨胀螺栓上。

3）支架、吊架安装：支架与吊架所用钢材应平直，无显著扭曲。下料后长短偏差应在 5 mm 范围内，切口处应无卷边、毛刺。

钢支架与吊架应焊接牢固，无显著变形，焊缝均匀平整，焊缝长度应符合要求，不得出现裂纹、咬边、气孔、凹陷、漏焊等缺陷。

4）支架与吊架应安装牢固，保证横平竖直，在有坡度的建筑物上安装支架与吊架应与建筑物有相同坡度。支架与吊架的规格一般不应小于扁钢 30 mm×3 mm；角钢 25 mm×25 mm×3 mm。严禁用电气焊切割钢结构或轻钢龙骨任何部位。万能吊具应采用定型产品，并应有各自独立的吊装卡具或支撑系统。固定支点间距一般不应大于 1.5～2 m。在进出接线盒、箱、柜、转角、转弯和变形缝两端及丁字接头的三端 500 mm 以内应设固定支持点。严禁用木砖固定支架与吊架。

5）桥架安装：电缆桥架水平敷设时，支撑跨距一般为 1.5～3 m，电缆桥架垂直敷设时，固定点间距不宜大于 2 m。桥架弯通弯曲半径不大于 300 mm 时，应在距弯曲段与直线段结合处 300～600 mm 的直线段侧设置一个支、吊架。当弯曲半径大于 300 mm 时，还应在弯通中部增设一个支架、吊架。

电缆桥架在电缆沟和电缆隧道内安装：电缆桥架在电缆沟和电缆隧道内安装，应使用托臂固定在异形钢单立柱上，支持电缆桥架。电缆隧道内异型钢立柱与 120 mm×120 mm×240 mm 预制混凝土砌块内与埋件焊接固定，焊角高度为 3 mm，电缆沟内异型钢立柱可以用固定板安装，也可以用膨胀螺栓固定。

由桥架引出的配管应使用钢管，当桥架需要开孔时，应用开孔机开孔，开孔处应切口整齐，管孔径吻合，严禁用气、电焊割孔。钢管与桥架连接时，应使用管接头固定。桥架的支架、吊架沿桥架走向左右的偏差不应大于 10 mm。当直线段钢制桥架超过 30 m，铝合金或玻璃钢电缆桥架超过 15 m，应有伸缩缝，其连接宜采用伸缩连接板（伸缩板）。

电缆桥架在穿过防火墙及防火楼板时，应采取防火隔离措施，防止火灾沿线路延燃。防火隔离段施工中，应配合土建施工预留洞口，在洞口处预埋好护边角钢。施工时根据电缆敷设的根数和层数用 L50 mm×50 mm×5 mm 角钢制作固定框，同时将固定框焊在护边角钢上。

6）保护地线安装：当允许利用桥架系统构成接地干线回路时，应符合下列要求：桥架端部之间连接电阻值不应过大。接地孔应清除绝缘涂层；在伸缩缝或软连接处需采用编织铜线连接。沿桥架全长另敷设接地干线时，每段（包括非直线段）托盘、梯架应至少有一点与接地干线可靠连接。

5. 电缆敷设施工工艺

（1）工艺流程

电缆绝缘测试和耐压试验→桥架内电缆敷设→挂标志牌。

（2）施工要点

1）电缆绝缘测试和耐压试验：敷设之前进行绝缘测试和耐压试验。绝缘测试。用 1 kV

摇表测线间及对地的绝缘电阻应不低于 10 MΩ。电缆应做耐压和泄漏试验。纸绝缘电缆应检查芯线是否受潮。首先，将芯线绝缘纸剥下一块，用火点着，如发出“叭叭”声音，即电缆已受潮。受检油浸纸绝缘电缆应立即用焊料（铅锡合金）把电缆头封好。其他电缆用橡皮布密封后再用黑包布包好，橡塑护套电缆应有防晒措施。

施放电缆机具安装。采用机械施放时，将动力机械按施放要求就位，并安装好钢丝。

电缆搬运及支架架设，应符合以下要求：

短距离搬运，常规采用滚轮电缆轴的方法。运行应按电缆轴上箭头指示方向运作。以防作业错误造成电缆松弛。电缆支架的架设地点应选择土质密实的原土层的地坪上和便于施工的位置，一般应在电缆起止点附近为宜。架设后，应检查电缆轴的转动方向，电缆引出端应位于电缆轴的上方。

2）桥架内电缆敷设：敷设方法可用人力或机械牵引。电缆沿桥架敷设时，应单层敷设，排列整齐，不得有交叉，拐弯处应以最大截面电缆允许弯曲半径为准。不同等级电压的电缆应分层敷设，高压电缆应敷设在上层。电缆穿过楼板时，应装套管，敷设完后应将套管用防火材料封堵严密。

3）挂标志牌：标志牌规格应一致，并有防腐功能，挂装应牢固。标志牌上应注明电缆编号、规格、型号及电压等级。沿桥架敷设电缆在其两端、拐弯处、交叉处应挂标志牌，直线段应适当增设标志牌。

6. 成品保护

室内沿桥架敷设电缆时，宜在管道及空调工程基本施工完毕后进行，防止其他专业施工时损伤污染。不允许将穿过墙壁的桥架与墙上的孔洞一起抹死。电缆两端头处的门窗装好，并加锁，防止电缆丢失或损毁。桥架盖板应齐全，不得遗漏，并防止损坏和污染线槽。使用高凳时，注意不要碰坏建筑物的墙面及门窗等。

7. 质量标准

1）金属电缆桥架及其支架和引入或引出的金属电缆导管必须接地（PE）或接零（PEN）可靠，且必须符合下列规定：

①金属电缆桥架及其支架全长应不少于 2 处与接地（PE）或接零（PEN）干线相连接；

②非镀锌电缆桥架间连接板的两端跨接铜芯接地线，接地线最小允许截面积不小于 4 mm^2；

③镀锌电缆桥架间连接板的两端不跨接接地线，但连接板两端不少于 2 个有防松螺帽或防松垫圈的连接固定螺栓。

2）电缆桥架安装应符合下列规定：

①直线段钢制电缆桥架长度超过 30 m、铝合金或玻璃钢制电缆桥架长度超过 15 m 设有伸缩节；电缆桥架跨越建筑物变形缝处设置补偿装置。

②电缆桥架转弯处的弯曲半径，不小于桥架内电缆最小允许弯曲半径。当设计无要求时，电缆桥架水平安装的支架间距为 1.5～3 m；垂直安装的支架间距不大于 2 m。

③桥架与支架间螺栓、桥架连接板螺栓固定紧固无遗漏，螺母位于桥架外侧。

④当铝合金桥架与钢支架固定时，有相互绝缘的防电化腐蚀措施。

⑤敷设在竖井内和穿越不同防火区的桥架，按设计要求位置，有防火隔堵措施。支架与预埋件焊接固定时，焊缝饱满；膨胀螺栓固定时，选用螺栓适配，连接紧固，防松零件齐全。

3）桥架内电缆敷设应符合下列规定：

①大于 45°倾斜敷设的电缆每隔 2 m 处设固定点。

②电缆出入电缆沟、竖井、建筑物、柜（盘）、台处以及管子管口处等做密封处理。

③电缆敷设排列整齐，水平敷设的电缆，首尾两端、转弯两侧及每隔 5～10 m 处设固定点。

④敷设于垂直桥架内的电缆固定点距，不大于 1.5 m，全塑型及控制电缆不大于 1.0 m。

三、电线导管、电缆导管和线槽敷设

1. 一般规定

1）电线导管、电缆导管和线槽的规格及型号必须符合设计要求和国家现行的技术标准规定。敷设电线管路应取最小距离，并减少弯曲，预埋建筑结构内的管子外保护层不应小于 15 mm。地下暗配线管路，不得穿过设备基础，如必须穿过基础时应加设保护套管保护。

2）导管应符合下列规定：

①按批查验合格证；外观检查钢导管无压扁、内壁光滑。

②非镀锌钢导管无严重锈蚀，按制造标准油漆出厂的油漆完整。

③镀锌钢导管镀层覆盖完整，表面无锈斑；绝缘导管及配件不碎裂、表面有阻燃标记和制造厂标。

④按制造标准现场抽样检测导管的管径、壁厚及均匀度。

⑤对绝缘导管及配件的阻燃性能有异议时，按批抽样送有资质的试验室检测。

3）电线导管、电缆导管和线槽敷设应按下列程序进行：

①除埋入混凝土中的非镀锌钢导管外壁不做防腐处理，其他场所的非镀锌钢导管内外壁均做防腐处理，经检查确认，才能配管；室外直埋导管的路径、沟槽深度、宽度及垫层处理经检查确认，才能埋设导管。

②现浇混凝土板内配管在底层钢筋绑扎完成，上层钢筋未绑扎前敷设，且检查确认，才能绑扎上层钢筋或浇捣混凝土。

③现浇混凝土墙体内的钢筋网片绑扎完成，门、窗等位置已放线，经检查确认，才能在墙体内配管。

④被隐蔽的接线盒和导管在隐蔽前检查合格，才能隐蔽。

⑤在梁、板、柱等部位明配管的导管套管、埋件、支架等检查合格，才能配管。

⑥吊顶上的灯位及电器器具位置先放样，且与土建及各专业施工单位商定，才能在吊顶内配管。

⑦顶棚和墙面的喷浆、油漆或壁纸等基本完成，才能敷设线槽、槽板。

4）暗线管的弯曲处不得有折皱、凹穴和裂缝，弯扁程度应不大于管外径的 10%，弯曲半径应符合以下要求：

①明配线管的弯曲半径，常规不应小于管外径的 6 倍。如只有一个弯时，可不小于管外径的 4 倍。

②暗配线管弯曲半径，常规不应小于管外径的 6 倍。埋入地下或混凝土结构内，其弯曲半径不应小于管外径的 10 倍。电线管路敷设超过以下长度时，应在适当位置上加设接线盒。配线管路长度每超过 80 m，无弯曲。配线管路长度每超过 20 m，有 1 个弯曲。配线管路长度每超过 15 m，有 2 个弯曲。配线管路长度每超过 8 m，有 3 个弯曲。线槽的接口应平整，接缝处应紧密平直。槽盖装上后应平整，无翘角，出线口的位置准确。

2. 施工准备

1）技术准备：进行图纸会审，审核系统路径是否正确，有无和其他专业矛盾和相碰之处。施工前应编制施工组织设计（施工方案），并报相应管理部门进行审批。进行设计交底和技术交底。结合建筑施工图，按电气管线布置图弹出水平线和墙厚度线。采用 PVC 管敷设时，测量弹出水平面和分支布线控制线与线盒的定位点，并进行技术复核。

2）材料准备：各种类型导管及配件、金属线槽及附件、金属型钢、接线盒（箱）、电焊条、防锈涂料、油性涂料等。

3. 施工机具

1）主要安装机具：压力案子、煨管器、液压煨管器、液压开孔器、套丝机、扣压器、砂轮锯、无齿锯、钢锯、刀锯、扁锉、半圆锉、圆锉、木锉、平锉、鱼尾钳、活扳子、弯管弹簧、剪管器、手电钻、电焊机、气焊工具、射钉枪、可挠金属电线管专用切割刀、专用扳子、手锤、錾子、电锤、热风机、电炉子、开孔器、台钻、高凳、粉线袋等。

2）主要检测机具：皮尺、水平尺、角尺、卷尺、尺杆、磁力线坠、摇表等。

4. 作业条件

1）按施工图进行测放线定位，坐标和标高、走向、确定接线盒的位置，经复核符合设计要求。根据图纸，确定电器安装位置、确定配线的固定点，埋设好支持件。

2）布管的部位障碍物已清除干净。现浇混凝土结构内配管，应在底部钢筋组装固定之后，根据施工图尺寸位置进行布线管固定牢固。

3）装配预制板就位后，配合土建作业将管弯曲连接部位按要求做好。预制空心板就位的同时应及时配管。

4）砌体施工过程应及时准确地将布线配管随墙预埋好。

5）现浇混凝土墙配管，应在钢筋网片绑扎完毕，按施工图进行配管。

5. 材料质量控制

1）塑料阻燃管其含氧指数必须满足消防规范的规定，并应有产品质量合格证。

2）钢管壁厚均匀，无劈裂、砂眼、棱刺和凹扁现象，并应有产品质量合格证。

3）用于丝扣连接的管箍应用通丝管扣，丝扣清晰不乱扣，镀锌件其镀锌层完整无劈裂，而端头光滑无毛刺，并应有产品合格证。

4）钢管的长度的偏差是否在允许范围内，即全长允许偏差在 20 mm。钢管的弯曲度是否在允许范围内，每米不大于 3 mm。钢管的壁厚是否均匀一致，不应有折扁、裂缝、砂眼、塌陷等现象。内外表面应光滑，不应有折叠、裂缝、分层、搭焊、缺焊、毛刺等现象。切口应垂直、无毛刺，切口斜度不应大于 2°。焊缝应整齐，无缺陷。镀锌层应完好无损，锌层厚度均匀一致，不得有剥落、气泡等现象。

5）管箍：大小应符合国家规范要求，丝扣清晰、均匀，不乱扣，镀锌层均匀，无剥落、无劈裂，两端光滑无毛刺。

6）锁紧螺母：尺寸符合国家标准要求，外层完好无损，丝扣清晰、均匀、不乱扣、镀锌层均匀。

7）盒、箱：铁制盒、箱的大小尺寸以及壁厚应符合设计及规范要求，无变形，敲落孔完整无损，面板的安装孔应齐全，丝扣清晰，面板、盖板应与盒、箱配套，外形完整无损且颜色均一，无锈蚀等现象。如为铸铁盒，则大小应符合设计及规范要求，壁厚均匀一致，表面光滑，镀锌层均匀，完整无损，且丝扣清晰、均匀，无乱扣现象。

金属线槽及附件，必须采用定型的标准制品。其型号、规格应符合设计要求。线槽内外应光滑平整，无棱刺，不应有扭曲、翘边等变形现象。

6. 施工工艺

（1）暗配管施工工艺

1）工艺流程：管子切断→套丝→煨弯→随土建施工进行分层分段配管→管线补偿→跨接地线的焊接→管线防腐。

2）施工要点：

①管子切断：配管前根据图纸要求的实际尺寸将管线切断，大批量的管线切割时，可以采用型钢切割机，利用纤维增强砂轮片切割，操作时用力要均匀、平稳，不能过猛，以免砂轮崩裂。小批量的钢管一般采用钢锯进行切断，将需切断的管子放在台虎钳的钳口内卡牢，注意切口位置与钳口距离应适宜，不能过长或过短，操作应准确。在锯管时锯条要与管子保持垂直，推锯时稍用力，但不能过猛，以免别断锯条，回锯时，稍抬锯条，尽量减少锯条的磨损，当管子快要断时，要减慢速度，使管子平稳锯断。

切断管子也可采用割管器，但使用割管器切断的管子，管口易产生内缩，缩小后的管口要用绞刀或锉刀刮（锉）光。

②套丝：一般采用套丝扳来进行。套丝时，先将管子固定在台虎钳或龙门压架上，钳紧。根据管子的外径选择好相应的板牙，将绞扳轻轻套在管端，调整绞扳的 3 个支承脚，使其紧贴管子，这样套丝时不会出现斜丝，调整好绞扳后，手握绞扳，平稳向里推，带上 2～3 扣后，再站到侧面按顺时针方向转动套丝扳，开始时速度应放慢，套丝时应注意用力均匀，以免发生偏丝、啃丝的现象，丝扣即将套成时，轻轻松开扳机，开机通扳。管径小于 *DN*20 的管子应分两扳套成，管径大于等于 *DN*25 的管子应分三扳套成。进入盒（箱）的管子其套丝长度不宜小于管外径的 1.5 倍，管路间连接时，套丝长度一般为管箍长度的 1/2 加 2～4 扣，需要退丝连接的丝扣长度为管箍的长度加 2～4 扣。

③煨管：管径在 *DN*25 及其以上的管子应使用液压煨管器，根据管线需煨成的弧度选择相应的模具，将管子放入模具内，使管子的起弯点对准煨管器的起弯点，然后拧紧夹具，煨

出所需的弯度。煨弯时使管外径与弯管模具紧贴，以免出现凹瘪现象。

管径小于 *DN*25 的管子，可用手扳煨管器煨弯。手扳煨管器的大小应根据管径的大小选择相适配的。在煨管过程中，用力不能太猛，各点的用力尽量均匀一致，且移动煨管器的距离不能太大。焊接钢管也可采用热煨法。煨管前将管子一端堵严，灌入事先已炒干的砂子，并随灌随敲打管壁，直到灌满时，然后将另一端堵严。煨管时将管子放在火上加热，烧红后煨出所需的角度，随煨随浇冷却液，热煨法应掌握好火候。管弯处无折皱、凹穴和裂缝等现象。管路的弯扁度应不大于管外径的 10%，弯曲角度不宜小于 90°，弯曲处不可有折皱、凹穴和裂缝等现象。暗配管时弯曲半径不应小于管外径的 6 倍，埋设于地下或混凝土楼板时，不应小于管外径的 10 倍。煨管时管子焊缝一般应放在管子弯曲方向的正、侧面交角的 45°线上。

④管与盒的连接：在配管施工中，管与盒、箱的连接一般情况采用螺母连接。采用螺母连接的管子必须已套好丝，将套好丝的管端拧上锁紧螺母，插入与管外径相匹配的接线盒的敲落孔内，管线要与盒壁垂直，再在盒内的管端拧上锁紧螺母固定。应避免在左侧管线已带上锁紧螺母，而右侧管线未拧锁紧螺母。带上锁母的管端在盒内露出锁紧螺母的螺纹应为 2～4 扣，不能过长或过短，如采用金属护口，在盒内可不用锁紧螺母，但入箱的管端必须加锁紧螺母。多根管线同时入箱时应注意其入箱部分的管端长度应一致，管口应平齐。

⑤管与管的连接：

a. 丝接：丝接的两根管应分别拧进管箍长度的 1/2，并在管箍内吻合好，连接好的管子外露丝扣应为 2～3 扣，不应过长，需退丝连接的管线，其外露丝扣可相应增多，但也应在 5～6 扣。丝扣连接的管线应顺直，丝扣连接紧密，不能脱扣。

b. 套管焊接：套管焊接的方法只可用于≥*DN*25 管径的暗配厚壁管。套管的内径应与连接管的外径相吻合，其配合间隙以 1～2 mm 为宜。不得过大或过小，套管的长度应为连接管外径的 1.5～3 倍，连接时应把连接管的对口处放在套管的中心处，连接管的管口应光滑、平齐，两根管对口相吻合。套管的管口应平齐并焊接牢固，不得有缝隙。

⑥现浇混凝土结构中管路敷设：墙、柱内管路敷设：墙体内的配管应在两层钢筋网中沿最近的路径敷设，并沿钢筋内侧进行绑扎固定，绑扎间距不应大于 1 m，柱内管线应与柱主筋绑扎牢固。当线管穿过柱时，应适当加筋，以减少暗配管对结构的影响。柱内管路需与墙连接时，伸出柱外的短管不要过长，以免碰断。墙柱内的管线并行时，应注意其管间距不可小于 25 mm，管间距过小，会造成混凝土填充不饱满，从而影响土建的施工质量。管线穿外墙时应加套管保护，并做防水。

⑦楼板内管路的敷设：现浇混凝土楼板内的管路敷设应在模板支好后，根据图纸要求及土建放线进行画线定位，确定好管、盒的位置，待土建底筋绑好，而顶筋未铺时敷设盒、管，并加以固定。土建顶筋绑好后，应再检查管线的固定情况，并对盒进行封堵。在施工中需注意，敷设于现浇混凝土楼板中的管子，其管径应不大于楼板混凝土厚度的 1/2。由于楼板内的管线较多，所以施工时，应根据实际情况分层、分段进行。先敷设好与已预埋于墙体等部位的管子，再连接与盒相连接的管线，最后连接中间的管线，并应先敷设带弯的管子再连接直管。并行的管子间距不应小于 25 mm，使管子周围能够充满混凝土，避免出现空洞。在敷设

管线时，应注意避开土建所预留的洞。当管线需从盒顶进入时应注意管子煨不应过大，不能高出楼板顶筋，保护层厚度不小于 50 mm。

⑧梁内的管线敷设：管路的敷设应尽量避开梁。如不可避免时，注意以下要求：管线竖向穿梁时，应选择梁内受剪力、应力较小的部位穿过，当管线较多时需并挑敷设，且管间的间距同样不应小于 25 mm，并应与土建协商适当加筋。管线横向穿时，也应选择从梁受剪力、应力较小的部位穿过，管线横向穿梁时，管线距底箱上侧的距离不小于 50 mm，且管接头尽量避免放于梁内。灯头盒需设置在梁内时，其管线顺梁敷设时，应沿梁的中部敷设，并可靠固定，管线可煨成 90º 的弯从灯头盒顶部的敲落孔进入，也可煨成鸭脖弯从灯头盒的侧面敲落孔进入。

⑨垫层内管线敷设：需敷设于楼板混凝土垫层内的管线应注意其保护层的厚度不应小于 15 mm。所以其跨接地线应焊接在其侧面。当楼板上为炉渣垫层时，需沿管线铺设水泥砂浆进行防腐，管线应固定牢固后再打垫层。

⑩地面内管线敷设：管线在地面内敷设，应根据图纸要求及土建测出的标高，确定管线的路径，进行配管。在配管时应注意尽量减少管线的接头，采用丝接时，要缠麻抹铅油后拧紧接头，以防水气的侵蚀。如果管线敷设于土壤中，应先把土壤夯实，然后沿管路方向垫不小于 50 mm 厚的小石块，管线敷好后，在管线周围浇灌素混凝土。将管线保护起来，其保护层厚度不应小于 50 mm。如果管线较多时，可在夯实的土壤上，沿管路敷设路线铺设混凝土打底，然后再敷设管路，再在管路周围用混凝土保护。保护层厚度同样不小于 50 mm。

地面内的管线使用金属地面出线盒时，盒口应与地面平齐，引出管与地面垂直。敷设的管线需露出地面时，其管口距地面的高度不应小于 200 mm。多根线管进入配电箱时，管线排列应整齐。如进入落地式配电箱，其管口应高于基础面不小于 50 mm。线管与设备相连时，尽量将线管直接敷设至设备内，如果条件不允许直接进入设备，则在干燥环境下，可加软管引入设备，但管口应包紧密。如在室外或较潮湿的环境下，可在管口处加防水弯头。线管进设备时，不应穿过设备基础，如穿过设备基础则应加套管保护，套管的内径应不小于线管外径的 2 倍。管线敷设时应尽量避开采暖沟、电信管沟等各种管沟。如躲避不开时，应按实际情况与设计要求进行敷设。

⑪空心砖墙内的管线敷设：施工时应与土建配合，在土建砌筑墙体前，根据现场放出的线，确定盒、箱的位置，并根据预留管位置确定管线路径，进行预制加工。准备工作做好后，将管线与盒、箱连接，并与预留管进行连接，管路连接好，可以开始砌墙，在砌墙时应调整盒、箱口与墙面的位置，使其符合设计及规范要求。管线经过部位的空心砖应改为普通砖立砌，或在管线周围浇一条混凝土带将管子保护起来，当多根管进箱时，应注意管口平齐、入箱长度小于 5 mm，且应用圆钢将管线固定好。空心砖墙内管线敷设应与土建配合好，避免在已砌好的墙体上进行剔凿。

⑫加气混凝土砌块墙内管线敷设：施工时除配电箱应根据设计图纸要求进行定位预埋外，其余管线的敷设应在墙体砌好后，根据土建放的线确定好盒（箱）的位置及管线所走的路径，然后进行剔凿，但应注意剔的洞、槽不得过大。剔槽的宽度应不大于管外径加 15 mm，槽深

不小于管外径加 15 mm，管外侧的保护层厚度出不应小于 15 mm，接好盒（箱）管路后用不小于 M10 的水泥砂浆进行填充，抹面保护。

在配管时应与土建施工配合，尽量避免剔凿，如果发生需剔凿墙面，敷设线管，需剔槽的深度、宽度应合适不可过大、过小，管线敷设好后，应在槽内用管卡进行固定，再抹水泥砂浆，管卡数量应依据管径大小及管线长度而定，不需太多，以固定牢固为标准。

水平敷设管路加接线盒要求及垂直敷设管路加接线盒要求见表 10-13 及表 10-14。

表 10-13　水平敷设管线加接线盒要求

	管线长度/m
无弯曲	＜30
1	＜20
2	＜15
3	＜8

表 10-14　垂直敷设管路加接线盒要求

管内导线截面/mm	管线长度/m
＜50	＜30
＜70 且＜95	＜20
＞120 且＜240	＜18

⑬接地：管路应做整体接地连接，穿过建筑物变形缝时，应有接地补偿装置。如采用跨接方法连接，跨接地线两端焊接面不得小于该跨接线截面的 6 倍。焊缝均匀牢固，焊接处要清除药皮，刷防腐漆。跨接地线的规格见表 10-15。

⑭卡接：镀锌钢管应用专用接地线卡连接，不得采用熔焊连接地线。

表 10-15　跨接地线的规格　　单位：mm

管径（*DN*）	圆钢	扁钢
15～25	ϕ5	—
32～38	ϕ6	—
50～63	ϕ10	25×3
≥70	ϕ8×2	（25×3）×2

⑮管路防腐：暗配于混凝土中的管经可不做防腐。在各种砖墙内敷设的管路，应在跨接地线的焊接部位，丝接管线的外露丝部位及焊接钢管的焊接部位，刷防腐漆。焦渣层内的管路应在管线周围打 50 mm 的混凝土保护层进行保护。直埋入土壤中的钢管也需用混凝土保护，如不采用混凝土保护时，可刷墙漆进行保护。埋入有腐蚀性或潮湿土壤中的管线，如为镀锌管丝接，应在丝头处抹铅油缠麻，然后拧紧丝头。如为非镀锌管件，应涮沥青油后缠麻，然后再刷一道沥青油。

配管与其他管道间的距离：电气配管在敷设中还应注意与其他管道之间的安全距离，详见表 10-16。

表 10-16　电气线路与管道间最小距离　单位：mm

<table>
<tr><th>管道名称</th><th colspan="2">配线方式</th><th>穿管配线</th><th>绝缘导线明配线</th><th>裸导线配线</th></tr>
<tr><td rowspan="3">蒸汽管</td><td rowspan="2">平行</td><td>管道上</td><td>1 000</td><td>1 000</td><td>1 500</td></tr>
<tr><td>管道下</td><td>500</td><td>500</td><td>1 500</td></tr>
<tr><td colspan="2">交叉</td><td>300</td><td>300</td><td>300</td></tr>
<tr><td rowspan="3">暖气管、热水管</td><td rowspan="2">平行</td><td>管道上</td><td>300</td><td>300</td><td>1 500</td></tr>
<tr><td>管道下</td><td>200</td><td>200</td><td>1 500</td></tr>
<tr><td colspan="2">交叉</td><td>100</td><td>100</td><td>100</td></tr>
<tr><td rowspan="2">通风、给排水及压缩空气管</td><td colspan="2">平行</td><td>100</td><td>200</td><td>100</td></tr>
<tr><td colspan="2">交叉</td><td>50</td><td>100</td><td>50</td></tr>
</table>

注：①对蒸汽管道，当在管外包隔热层后，上下平行距离可减至 200 mm。
②暖气管、热水管应设隔热层。
③对裸导线，应在裸导线处加装保护网。

配管与煤气管道间的关系应为当配管与煤气管在同一平面内，间距应不小于 50 mm，在不同平面内间距不小于 20 mm，配电盘、箱与煤气管的间距要大于 300 mm，电气开关、接头距煤气管要大于 150 mm。

⑯管路补偿：管路在通过建筑物的变形缝时，应加装管路补偿装置。管路补偿装置是在变形缝的两侧对称预埋一个接线盒，用一根短管将两接线盒相邻面连接起来，短管的一端与一个盒子固定牢固，另一端伸入另一个盒内，且此盒上的相应位置的孔要开长孔，长孔的长度不小于管径的 2 倍。如果该补偿装置在同一轴线墙体上，则可有拐角箱作为补偿装置，如不在同一轴线上则可用直筒式接线箱进行补偿。

（2）明配管施工工艺

1）工艺流程：预制管弯支架吊架→测定盒箱及固定点位→盒、箱固定→管路敷设管进盒箱管路连接→变形缝处理→地线焊接→防腐处理。

2）施工要点：根据设计图加工支架、吊架、抱箍等铁件以及各种盒、箱、弯管。敷设工艺与暗配管敷设工艺相同处见相关部分。易爆等场所敷管，应按设计和有关防爆规程施工。

①管弯、支架、吊架预制加工：明配管弯曲半径一般不小于管外径 6 倍。如有一个弯时，可不小于管外径的 4 倍。加工方法可采用冷煨法和热煨法，支架、吊架应按设计图要求进行加工。支架、吊架的规格设计无规定时，应不小于以下规定：扁钢支架 30 mm×3 mm；角钢支架 25 mm×25 mm×3 mm；埋注支架应有燕尾，埋注深度应不小于 120 mm。

②测定盒、箱及固定点位置：根据设计首先测出盒、箱与出线口等的准确位置。测量时最好使用自制尺杆。根据测定的盒、箱位置，把管路的垂直、水平走向弹出线来，按照安装标准规定的固定点间距的尺寸要求，计算确定支架、吊架的具体位置。固定点的距离应均匀，

管卡与终端、转弯中点、电气器具或接线盒边缘的距离为 150～500 mm。

③固定方法：有胀管法、木砖法、预埋铁件焊接法、稳注法、剔注法、抱箍法。

④盒、箱固定：由地面引出管路至自制明箱时，可直接焊在角钢支架上，采用定型盘、箱，需在盘、箱下侧 100～150 mm 处加稳固支架，将管固定在支架上。盒、箱安装应牢固平整，开孔整齐并与管径相吻合。要求一管一孔不得开长孔。铁制盒、箱严禁用电气焊开孔。

⑤管路敷设与连接：

管路敷设：管路在 2 m 以内时，水平或垂直敷设明配管允许偏差值为 3 mm，全长不应超过管子内径的 1/2。检查管路是否畅通，内侧有无毛刺，镀锌层或防锈漆是否完整无损，管子不顺直者应调直。敷管时，先将管卡一端的螺丝拧紧一半，然后将管敷设在管卡内，逐个拧牢。使用铁支架时，可将钢管固定在支架上，不许将钢管焊接在其他管道上。

管路连接：管路连接应采用丝扣连接，或采用扣压式管连接。

⑥管路与设备连接：应将钢管敷设到设备内，如不能直接进入时，应符合下列要求：

a. 在干燥房屋内，可在钢管出口处加保护软管引入设备，管口应包扎严密。在室外或潮湿房间内，可在管口处装设防水弯头引出的导线应套绝缘保护软管，经弯成防水弧度后再引入设备。管口距地面高度一般不宜低于 200 mm。

b. 埋入土层内的钢管，应刷沥青包缠玻璃丝布后，再刷沥青油。或应采用水泥砂浆全面保护。吊顶内、护墙板内管路敷设，其操作工艺及要求：材质、固定参照明配管施工工艺；连接、弯度、走向等可参照暗配管施工工艺要求施工，接线盒可使用暗盒。

c. 会审时要与通风暖卫等专业协调并绘制大样图经审核无误后，在顶板或地面进行弹线定位。如吊顶是有格块线条的，灯位必须按格块分匀，护墙板内配管应按设计要求，测定盒、箱位置，弹线定位。灯位测定后，用不少于 2 个螺丝把灯头盒固定牢。如有防火要求，可用防火布或其他防火措施处理灯头盒。无用的敲落孔不应敲掉，已脱落的要补好。

d. 管路应敷设在主龙骨的上边，管入盒、箱必须煨灯叉弯，并应里外带锁紧螺母。采用内护口，管进盒、箱以内锁紧螺母平为准。固定管路时，如为木龙骨可在管的两侧钉钉，用铅丝绑扎后再把钉钉牢。如为轻钢龙骨、可采用配套管卡和螺丝固定，或用拉铆钉固定。直径 25 mm 以上和成排管路应单独设支架。

e. 管路敷设应牢固畅顺，禁止做拦腰管或拌脚管。遇有长丝接管时，必须在管箍后面加锁紧螺母。管路固定点的间距不得大于 1.5 m，受力灯头盒应用吊杆固定，在管进盒处及弯曲部位两端 15～30 cm 处加固定卡固定。吊顶内灯头盒至灯位可采用阻燃型普利卡金属软管过渡，长度不宜超过 1 m。其两端应使用专用接头。吊顶内各种盒、箱的安装，盒箱口的方向应朝向检查口以利于维修检查。

（3）套接紧定式镀锌钢管（JDG）施工工艺

JDG 管的敷设除管路连接的施工工艺与明配管不同外，其余均相同。管与管的连接采用直管接头进行连接，安装时先把钢管插入管接头，使与管接头插紧定位，然后再持续拧紧紧定螺钉，直至拧断脖颈，使钢管与管接头成一体，无须再做跨接地线。注意不同规格的钢管应选用不同规格与之相配套的管接头。管与盒的连接采用螺纹接头。螺纹接头为双面镀锌保护。螺纹接头与接线盒连接的一端，带有一个爪形锁母和一个六角形锁母。安装时爪形螺母扣在接线盒内侧露出的螺纹接头的丝扣上，六角形螺母在接线盒外侧，用紧定扳手使爪形螺母和六角形螺母加紧接线盒壁。

（4）可挠金属电线管和扣压式薄壁钢管敷设施工工艺

1）扣压式薄壁钢管暗管敷设工艺流程：弯管、箱、盒预制→测位→剔槽孔→爪型螺纹管接头与箱、盒紧固→箱、盒定向稳装→管路敷设→管路连接→压接接地→管路固定。

2）扣压式薄壁钢管明管敷设工艺流程：弯管、箱盒预制→测位→爪型螺纹管接头与箱、盒紧固→箱、盒定向稳装→管路敷设→管路连接→压接接地→管路固定。

3）扣压式薄壁钢管吊顶内管路敷设工艺流程：弯管、箱、盒预制→测位→爪型螺纹管接头与箱、盒紧固→箱盒支架固定→管路敷设→管路连接→压接接地→管路固定。

4）可挠金属管暗管敷设工艺流程：备管件、箱盒预制→测位→箱盒固定→管路敷设→断管、安装附件→管与管连接或管与箱盒连接→卡接地线→管路固定。

5）可挠金属管明管敷设工艺流程：备管件、箱盒预制→测位→箱盒固定→支架固定→断管、安装附件→管与管连接或管与箱盒连接→卡接地线→管路固定。

6）施工要点：

①弯管、箱、盒、支架预制：根据施工图加工好各种弯管、箱、盒、支架。电线弯管可采用冷煨法及定型弯管。冷煨法：一般管径为 25 mm 及其以下时，用手扳煨管器。先将管子插入煨管器，逐步煨出所需弯度。管径为 32 mm 及其以上时，使用液压煨管器，即先将管子放入模具，煨出所需弯度。

②扣压式薄壁钢管暗管敷设：箱、盒测位，根据施工图纸确定箱、盒轴线位置，以土建弹处的水平线为基准，挂线找平，标出箱、盒实际位置。成排、成列的箱、盒位置，应挂通线或十字线。暗配的电线管路宜沿最近的路线敷设，并应减少弯曲；埋入墙体或混凝土内的导管与墙体或凝土表面的净距不应小于 15 mm。

③剔槽孔：砖墙或砌体墙需剔槽时，应在槽两边弹线，用快錾子剔。槽宽及槽深均以比管外径大 5 mm 为宜。预制圆孔时，楼板上灯位打孔位置，用手锤由板下往上打；预制实心板上灯位打孔，可先在板上面用电锤打孔，在板下面用手锤扩孔，孔大小稍比灯盒大为宜。

④管子切断：常用钢锯、无齿锯、砂轮锯进行切管，将需要切断的管子长度量准确，放在钳口内卡牢固，断口处平齐不歪斜，管口刮铣光滑、无毛刺，管内铁屑除净。

⑤稳住箱、盒：根据施工管路的要求，加工箱、盒时注意引出管的定向。砖墙、砌体墙及预制楼板的箱、盒，用强度不小于 M10 的水泥砂浆稳住，灰浆应饱满、平整、牢固、坐标正确。预制楼板上的灯头盒应安装好卡铁和轿杆，在楼板下面装设托板后再稳住；现浇混凝土墙及楼板上的箱、盒，应先安装好卡铁或轿杆，将卡铁或轿杆点焊在钢筋上；如为木模板时可用钉子、细铅丝将箱、盒绑扎固定在模板上。进入落地式配电箱、屏的电线管路，排列应整齐，管口应高出配电箱基础面不少于 50 mm。

⑥管路连接：采用直管接头连接，其长度应为管外径的 2～3 倍，管的接口应在直管接头内中心即 1/2 处。根据配管线路的要求采用 90°直角弯管接头时，管的接口应插入直角弯管的

承插口处，并应到位，再使用压接器压接，其扣压点应不少于两点。压接后，在连接口处涂抹铅油，使其整个线路形成完整的统一接地体。

⑦管路两个接线点之间的距离在下列长度范围内，应加装接线盒。接线盒的位置应便于穿线和检修：管路无弯时，不超过 30 m；管路有一个转弯时，不超过 20 m；管路有两个转弯时，不超过 15 m；管路有 3 个转弯时，不超过 8 m。

管入箱、盒应采用爪型螺纹管接头。使用专用扳子锁紧，爪型根母护口要良好使金属箱、盒达到导电接地的要求。箱、盒开孔应整齐，应与管径相吻合，要求一管一孔，不得开长孔。铁制箱、盒严禁用电气焊开孔。两根以上管入箱、盒，要长短一致，间距均匀，排列整齐。

管路固定，钢筋混凝土墙及楼板内的管路，每隔 1 m 左右用铅丝绑扎在钢筋上。砖墙或砌体墙剔槽敷设的管路，每隔 1 m 左右用铅丝、铁定固定。预制圆孔板上的管路，可利用板孔用铅丝绑扎固定。

⑧扣压式薄壁钢管明管敷设：根据设计图加工支架、吊架、抱箍等铁件，以及各种箱、盒、弯管。明管敷设工艺与暗管敷设工艺相同处请见相关部分。弯管（包括定型弯管）、支架、吊架预制加工：明配管弯曲半径一般不小于管外径的 6 倍；当两个接线盒之间只有一个弯曲时，其弯曲半径不宜小于管外径的 4 倍。加工方法可采用冷煨法和定型弯管。支架、吊架应按设计图纸要求进行加工。支架、吊架的规格设计无规定时，应不小于以下规定：扁钢支架 30 mm×3 mm；角钢支架 25 mm×25 mm×3 mm。埋注支架应有燕尾，埋注深度应不小于 120 mm。

⑨测定箱、盒及固定点位置：根据设计首先测出箱、盒与出线口等的准确位置。测量时最好使用自制尺杆。根据测定的箱、盒位置，把管路的垂直、水平走向弹出线来，按照安装标准规定的固定点间距的尺寸要求，计算确定支架、吊架的具体位置。固定点的距离应均匀，管卡与终端、转弯中点、电气器具或接线盒边缘的距离为 150～300 mm。中间管卡最大距离见表 10-17。

表 10-17　薄壁钢管中间管卡最大距离

钢管直径/mm	15～20	25～32	40～50
最大距离/mm	1 000	1 500	2 000

⑩固定方法：胀管法、木砖法、预埋铁件焊接法、稳注法、剔注法、抱箍法。

⑪箱、盒固定：采用定型箱、盒，需在箱、盒下侧 100～150 mm 处加稳固支架，将管固定在支架上。箱、盒安装应牢固平整，开孔整齐，并与管径相吻合。要求一管一孔，不得开长孔。铁制箱盒严禁电气焊开孔。

吊顶内及护墙板内管路敷设，其操作工艺及要求：材质及固定参照明配管工艺；连接、弯度、走向及压接接地等可参照暗配管工艺要求施工。

会审图纸要结合土建结构图、建筑图与通风暖卫、消防综合布线图及各专业配合协调，特别是在各专业管道施工交汇处，如卫生间、通道等关键部位，应及时绘制翻样图。经审核无误后，在顶板或地面进行弹线定位。如吊顶是有方格块线条的灯位，必须按格块分匀。管路应敷设在主龙骨的上边，管入箱、盒必须煨灯叉弯，并以爪型螺纹管接头，用专用扳子锁好，在用扣压器在连接处扣压不少于 2 点，以达到电气接地良好可靠。管路敷设应牢固通顺，禁止用拦腰管或拌脚管。管路固定点的间距不得大于 1 500 mm。受力灯头盒应用吊杆固定，在管入盒处及弯曲部位两端 150～300 mm 处加固定卡子固定。吊顶内灯头盒至灯位可采用金属可挠导管过度，长度不宜超过 1 m。金属可挠导管应使用专用接头。吊顶各种箱、盒的安装，箱、盒口的方向应朝向检查口。

⑫可挠金属电线管管路敷设的基本要求：应根据设计图纸要求，确定管路走向、进行管路敷设。并应减少弯曲，达到走向合理，检修维护方便。应根据所敷设的部位，环境条件，正确选用可挠金属电线管的规格型号及附件。

⑬可挠金属电线管暗管敷设：箱、盒测位，根据施工图纸确定箱、盒轴线位置，以土建弹出的水平线、轴线为基准，挂线找平找位，线坠找正，标出箱、盒实际位置。成排、成列的箱、盒位置，应挂通线或十字线。暗敷在现浇混凝土结构中的管路，管路应敷设在两层钢筋中间。垂直方向的管路宜沿同侧竖向钢筋敷设，水平方向的管路宜沿同侧横向钢筋敷设。砖混结构随墙暗敷设时，向上引管应及时堵好管口，并用临时支杆将管沿敷设方向挑起。预制楼板上暗敷设时，应先找灯位注盒后配管。管路敷设后立即用强度不低于 C10 的水泥砂浆灌注保护。剔槽敷设时，应在槽两边先弹线，用快錾子剔，槽宽及槽深均以比管径大 5 mm 为宜。加气混凝土墙宜用电动刀具开槽。剔槽敷设时，严禁剔横槽。

吊顶内暗敷时，管路可敷设在主龙骨上。单独吊挂的管路，其吊点不宜超出 1 000 mm。盒、箱两侧的管路固定点，不宜大于 300 mm。护墙板（石膏板轻隔墙）内暗敷时，应随土建立龙骨同时进行。其管路固定，应用可挠金属电线管配套的卡子进行固定。进入箱盒的管路，应排列整齐，采用 BG 型或 UBG 型接线箱连接器与箱体锁紧，并安装好 BP 型绝缘护口。当进入落地式配电箱、屏的可挠金属电线管，除应高出配电箱基础面不少于 50 mm，还宜做排管的固定支架。

⑭管路固定：敷设在钢筋混凝土中的管路，应与钢筋绑扎牢固，管子绑扎点间距不宜大于 500 mm，绑扎点距盒、箱不应大于 300 mm。绑扎线可采用细铁丝。砖墙或砌体墙剔槽敷设的管路每隔不大于 1 000 mm 距离，用细铅丝、铁钉固定。吊顶内及护墙板内管路，每隔不大于 1 000 mm 的距离，采用专用卡子固定。在与接线箱、盒连接处，固定点距离不应大于 300 mm。预制板（圆孔板）上的管路，可利用板孔用钉子、铅丝固定后再用砂浆保护。

⑮管路连接：可挠金属电线管与可挠金属电线管连接以及与钢制电线管、厚铁管、各类箱盒的连接时，均应采用其配套的专用附件，详见表 10-18。

⑯可挠金属电线管与箱盒连接时除采用专用配套附件，还应做到：箱盒开孔排列整齐，孔径与管径相吻合，做到一管一孔不得开长孔，铁制箱盒严禁用电气焊开孔。可挠金属电线管与可挠金属电线管连接可采用 KS 系列连接器。由于管子、连接器自身有螺纹，可用手将管子直接拧入拧紧。

当采用 VKV 系列无螺纹连接器与钢管连接时，必须用扳手或钳子将连接器的顶丝拧紧，以防浇灌混凝土时松脱。

表 10-18　可挠金属电线管附件种类及用途

种类	型号	用途
接线箱连接器	BG	可挠金属电线管与接线箱等连接
组合接线箱连接器	UBG	可挠金属电线管与接线箱等组合连接
组合接线箱连接器	KG	可挠金属电线管与钢制电线管连接
无螺纹连接器	VKC	可挠金属电线管与钢制电线管等组合
混合组合连接器	UKG	可挠金属电线管与钢制电线管等组合
直接连接器	KS	可挠金属电线管之间相互连接
绝缘护套	BP	为保护电线绝缘层不受损伤，安装在可挠金属电线管末端
固定夹	SP	固定可挠金属电线管
角型接线箱连接器	AG	可挠金属电线管与接线箱等直角组合连接
防水型接线箱连接器	WBG	外覆 PVC 塑料的可挠金属电线管与接线箱等组合连接
防水型混合连接器	WCG	外覆 PVC 塑料的可挠金属电线管与钢制电线保护管组合连接
防水角型接线箱连接器	WAG	外覆 PVC 塑料的可挠金属电线管与接线箱等直角组合连接
接地夹	DXA	固定接地线

⑰管子切断方法：可挠金属电线管的切断，应采用专用的切割刀进行，也可以用普通钢锯进行切断。用手握住可挠金属电线管或放置在工作台上用手压住，刀刃轴向垂直对准管子纹沟，边压边切即可断管。

⑱切面处理：管子切断后，便可直接与连接器连接。但为便于与附件连接，可用刀背敲掉毛刺，使其断面光滑。内侧用刀柄旋转绞动一圈，更便于过线。

⑲地线连接：可挠金属电线管与管、箱盒等连接处，必须采用可挠金属电线管配套的接地夹子进行连接，其接地跨接线截面不小于 4 mm^2 铜线。可挠金属电线管不得采用熔焊连接地线。可挠金属电线管，盒、箱等均应连接一体可靠接地。

可挠金属电线管不得作为电气接地线。交流 50 V、直流 120 V 及以下配管可不跨接地线。可挠金属电线管暗敷时，其弯曲半径不应小于外径的 6 倍。

⑳明管敷设：根据设计图纸要求，结合土建结构、装修特点，注意通风、暖卫、消防等方面的影响前提下，确定管路走向、箱盒准确安装位置，进行弹线定位。预制管路支架、吊架，根据排管数量和管径钻好管卡固定孔位。箱盒进管孔，预先按连接器外径开好，做到一管一孔，排列整齐。接线盒上无用敲落孔不允许敲掉，配电箱（盘）不允许开长孔和电气焊开孔。先用膨胀螺栓将箱盒稳装好，再计算确定支架、吊架的具体位置在进行支架、吊架安装。应做到固定点间距均匀，转角处对称。支架、吊架与终端、转弯点、电气器具或接线盒、配电箱（盘）边缘的距离为 150～300 mm 为宜。管长不超出 1 000 mm 时，应最少固定两处。中间的支架、吊架的最大距离不应超出表 10-19 规定值。

表 10-19　可挠金属电线管明敷设固定点间距离

敷设条件	固定点间距离/mm
建筑物侧面或下面水平敷设	＜1 000
人可能触及部位	＜1 000
可挠金属电线管互接，与接线箱或器具连接	固定点距连接处＜300

明配时，可挠金属电线管弯曲半径不应小于管径的 3 倍。抱柱、梁弯曲时，可采用专用的 30°弯附件进行配接。上人吊顶内可挠金属电线管敷设应按明管要求进行敷设。吊顶板内接线盒如采用可挠金属电线管引至灯具或设备时，其长度不宜超出 1 000 mm，两端应采用配套的连接器锁固，其管外皮保护接地线应与接线盒处进行连接成与盒内 PE 保护线连接。水平或垂直敷设的明配可挠金属电线管，其允许偏差为 5‰，全长偏差不应大于管内径的 1/2。明敷前应注意不要使可挠金属电线管出现碎弯，否则不宜达到质量标准。沉降缝或伸缩缝应做补偿处理。

（5）硬质阻燃塑料管（PVC）明、暗敷设施工工艺

1）明配管工艺流程：预制支、吊架铁件及管弯→测定盒、箱及管路固定点位置→管路固定→管路敷设→管路入箱盒→变形缝做法。

2）暗配管工艺流程：弹线定位→加工弯管→稳注盒箱→暗敷管路→扫管穿引线。

3）施工要点：

①按照设计图加工好支架、吊架、包箍、铁件及管弯。阻燃塑料管敷设与煨弯对环境温度的要求如下：阻燃塑料管及其配件的敷设，安装和煨弯制作，均应在原材料规定的允许环境温度下进行，其温度不宜低于−15℃。管径在 25 mm 及其以下可以用冷煨法，将弯簧插入（PVC）管内需煨弯处，两手抓住弯簧两端头，膝盖顶在被弯处，用手扳逐步煨出所需弯度，然后抽出弯簧。

热煨法：用电炉子、热风机等加热均匀，烘烤管子煨弯处，待管被加热到可随意弯曲时，立即将管子放在木板上，固定管子一头，逐步煨出所需管弯度，并用湿布抹擦使弯曲部位冷却定型，然后抽出弯簧。不得因为煨弯使管出现烤伤、变色、破裂等现象。支架、吊架及敷设在墙上的管卡固定点及盒、箱边缘的距离为 150～300 mm，管路中间距离见表 10-20。

表 10-20　管路中间固定点间距　　单位：mm

<table>
<tr><th rowspan="4">安装方式</th><th colspan="4">支架</th></tr>
<tr><th colspan="3">间距</th><th rowspan="3">允许偏差</th></tr>
<tr><th colspan="3">管径</th></tr>
<tr><th>15～20</th><th>25～40</th><th>50</th></tr>
<tr><td>垂直</td><td>1 000</td><td>1 500</td><td>2 000</td><td>30</td></tr>
<tr><td>水平</td><td>800</td><td>1 200</td><td>1 500</td><td>30</td></tr>
</table>

②测定盒、箱及管路固定点位置：按照设计图测出盒、箱、出线口等准确位置。测量时，

应使用自制尺杆，弹线定位。根据测定的盒、箱位置，把管路的垂直点水平线弹出，按照要求标出支架，吊架固定点具体尺寸位置。

③管路固定：胀管法，先在墙上打孔，将胀管插入孔内，再用螺丝（栓）固定。剔注法，按测定位置，剔出墙洞用水把洞内浇湿，再将合好的高标号砂浆填入洞内，填满后，将支架、吊架或螺栓插入洞内，校正埋入深度和平直，再将洞口抹平。先固定两端支架、吊架，然后拉直线固定中间的支架、吊架。

④管路敷设：

a. 断管：小管径可使用剪管器，大管径可使用钢锯锯断，断口后将管口锉平齐。敷管时，先将管卡一端的螺丝（栓）拧紧一半，然后将管敷设于管卡内，逐个拧紧。支架、吊架位置正确、间距均匀、管卡应平正牢固；埋入支架应有燕尾，埋入深度不应小于 120 mm；用螺栓穿墙固定时，背后加垫圈和弹簧垫用螺母紧牢固。管水平敷设时，高度应不低于 2 000 mm；垂直敷设时，不低于 150 mm（1 500 mm 以下应加保护管）。管路较长敷设时，超过下列情况时，应加接线盒；管路无弯时，30 m；管路有一个弯时，20 m；管路有两个弯时，15 m；管路有 3 个弯时，8 m；如无法加装接线盒时，应将管直径加大一号。

b. 管路连接：管口应平整光滑；管与管、管与盒（箱）等器件应采用插入法连接，连接处接合面应涂专用胶合剂，接口应牢固密封。管与管之间采用套管连接时，套管长度宜为管外径的 1.5～3 倍；管与管的对口应位于套管中处对平齐。管与器件连接时，插入深度宜为管外径的 1.1～1.8 倍。

c. 管路入盒、箱连接：管路入箱、盒一律采用端接头与内锁母连接，要求平整、牢固。向上立管管口采用端帽护口，防止异物堵塞管路。

变形缝做法：变形缝穿墙过管及保护管，保护管应能承受管外的冲击，保护管的管径宜大于穿线管的管外径二级。

d. 暗管敷设时的弹线定位：根据设计图要求，在砖墙、大模板混凝土墙、滑模板混凝土墙、木模板混凝土墙、组合钢模板混凝土墙等处，确定盒、箱位置进行弹线定位，按弹处的水平线用小线和水平尺测量出盒，箱准确位置并标出尺寸。根据设计图灯位要求，在加气混凝土板、现浇混凝土板进行测量后，标注出灯头盒的准确位置尺寸。各种隔墙剔槽稳埋开关盒弹线。根据设计图要求，在砖墙、泡沫混凝土墙、石膏孔板墙、礁渣砖墙等，需要稳埋开关盒的位置，进行测量确定开关盒准确位置尺寸。

e. 加工弯管：阻燃塑料管敷设与煨弯对环境温度的要求如下，阻燃塑料管及其配件的敷设，安装和煨弯制作，均应在原材料规定的允许环境温度下进行，其温度不易低于−15℃。管径在 25 mm 及其以下可以用冷煨法，如下将弯簧插入（PVC）管内需煨弯处，两手抓住弯簧两端头，膝盖顶在被弯处，用手扳逐步煨出所需弯度，然后抽出弯簧。

热煨法：用电炉子、热风机等加热均匀，烘烤管子煨弯处，待管被加热到可随意弯曲时，立即将管子放在木板上，固定管子一头，逐步煨出所需管弯度，并用湿布抹擦使弯曲部位冷却定型，然后抽出弯簧。不得因煨弯使管出现烤伤、变色、破裂等现象。

⑤埋注盒、箱：盒、箱固定应平整牢固、灰浆饱满，纵横坐标准确，符合设计图和施工

验收规范规定。

⑥砖墙稳埋盒、箱：预留盒、箱孔洞，根据设计图规定的盒、箱预留具体位置，随土建砌体电工配合施工，在约 300 mm 处预留出进入盒、箱的管子长度，将管子甩在盒、箱预留孔外，管端头堵好，最后一管一孔地进入盒、箱稳埋完毕。剔洞稳埋盒、箱，再接短管：按弹处的水平线，对照设计图找出盒、箱的准确位置，然后剔洞，所剔孔洞应比盒、箱稍大一些。洞剔好后，先用水把洞内四壁浇湿，并将洞中杂物清理干净。依照管路的走向敲掉盒子的敲落孔，再用高标号水泥砂浆填入洞内将盒、箱稳端正，待水泥砂浆凝固后，在接短管入盒、箱。

⑦组合钢模板、大模板混凝土墙稳埋盒、箱：在模板上打孔，用螺丝将盒、箱固定在模板上；拆模前及时将固定盒、箱的螺丝拆除。利用穿筋盒，直接固定在钢筋上，并根据墙体厚度焊好支撑钢筋，使盒口或箱口与墙体平面平齐。

⑧滑模板混凝土墙稳埋盒、箱：预留盒、箱孔洞，采取下盒套、箱套，然后待滑模板过后再拆除盒套或箱套，同时稳埋盒或箱体。用螺丝将盒、箱固定在扁铁上，然后将扁铁焊在钢筋上，或直接用穿筋和固定在钢筋上，并根据墙厚度焊好支撑钢筋，使盒口平面与墙体平面平齐。

⑨顶板稳埋灯头盒：加气混凝土板、圆孔板稳埋灯头盒。根据设计图标注出灯位的位置尺寸，先打孔，然后由下向上剔洞，洞口下小上大。将盒子配上相应的固定体放入洞中，并固定好吊板，待配管后用高标号水泥砂浆稳埋牢固。现浇混凝土楼板等，需要安装吊扇、花灯或吊装灯具超过 3 kg 时，应预埋吊钩或螺栓，其吊挂力矩应保证承载要求和安全。隔墙稳埋开关盒、插座盒。如在砖墙泡沫混凝土墙等，剔槽前应在槽两边先弹线，槽的宽度及深度均应比管外径大，开槽宽度与深度以大于 1.5 倍管外径为宜。砖墙可用錾子沿槽内边进行剔槽；泡沫混凝土墙可用刀锯锯成槽的两边后，再剔成槽。剔槽后应先稳埋盒，再接管，管路每隔 1 m 左右用镀锌铁丝固定好管路，最后抹灰并抹平齐。如为石膏圆孔板时，宜将管穿入板孔内并敷至盒或箱处。

⑩暗敷管路：

a. 管路连接：管路连接应使用套箍连接（包括端接头接管）。用小刷子蘸取配套供应的塑料管黏接剂，均匀涂抹在管外壁上，将管子插入套箍；管口应到位。黏接剂性能要求黏接后 1 min 内不移位，黏性保持时间长，并具有防水性。管路垂直或水平敷设时，每隔 1 m 距离应有一个固定点，在弯曲部位应以圆弧中心点为始点距两端 300～500 mm 处各加一个固定点。管进盒、箱，一管一孔，先接端接头然后用内锁母固定在盒、箱上，在管孔上用顶帽型护口堵好管口，最后用纸或泡沫塑料块堵好盒子口（堵盒子口的材料可采用现场现有柔软物件，如水泥纸袋等）。

b. 管路暗敷设：现浇混凝土墙板内管路暗敷设，管路应敷设在两层钢筋中间，管进盒、箱时应煨成等叉弯，管路每隔 1 m 处用镀锌铁丝绑扎牢，弯曲部位按要求固定，往上引管不宜过长，以能煨弯为准，向墙外引管可使用“管帽”预留管口待拆模后取出“管帽”再接管。滑升模板敷设管路时，灯位管可先引至牛腿墙内，滑模过后支好顶板，在敷设管至灯位。现浇混凝土楼板管路暗敷设：根据建筑物内房间四周墙的厚度，弹十字线确定灯头盒的位置，将端接头、内锁母固定在盒子的管孔上，使用顶帽护口堵好管口，并堵好盒口，将固定好盒子，用机螺丝或短钢筋固定在底筋上。然后敷管，管路应敷设在弓筋的下面底筋的上面，管路每隔 1 m 处用镀锌铁丝绑扎牢。引向隔断墙的管子可使用“管帽”预留管口，拆模后取出管帽再接管。灰土层内管路暗敷设：灰土层夯实后进行挖管路槽，接着敷设管路，然后在管路上面用混凝土砂浆埋护，厚度不宜小于 80 mm。

c. 扫管穿带线：对于现浇混凝土结构，如墙、楼板应及时进行扫管，即随拆模随扫管，这样能够及时发现堵管不通现象，便于处理因为在混凝土未终凝时，修补管路。对于砖混结构墙体，在抹灰前进行扫管，有问题时修改管路，便于土建修复。经过扫管后确认管路畅通，及时穿好带线，并将管口、盒口、箱口堵好，加强成品配管保护，防止出现二次堵塞管路现象。

（6）线槽敷设施工工艺

1）工艺流程：预留吊杆吊架→螺栓固定支架与吊架→桥架线槽安装→保护地线安装→弹线定位→金属膨胀螺栓安装→预埋铁→焊接固定支架与吊架→吊架线槽→地面线槽。

2）施工要点：

①预留孔洞：根据设计图标注的轴线部位，将预制加工好的木质或铁质框架，固定在标出的位置上，并进行调直找正，待现浇混凝土凝固模板拆除后，拆下框架，并抹平孔洞口。

②支架与吊架安装要求及预埋吊杆、吊架：支架与吊架距离上层楼板不应小于 150～200 mm；距地面高度不应低于 100～150 mm。轻钢龙骨上敷设线槽应各自有单独卡具吊装或支撑系统，吊杆直径不应小于 8 mm；支撑应固定在主龙骨上，不允许固定在辅助龙骨上。采用直径不小于 8 mm 的圆钢，经过切割、调直、煨弯及焊接等步骤制作成吊杆、吊架。其端部应攻丝以便于调整。在配合土建结构中，应随着钢筋绑扎配筋的同时，将吊杆或吊架锚固在所标出的固定位置。在混凝土浇注时留有专人看护预防吊杆或吊架移位。拆模板时不得碰坏吊杆端部的丝扣。

③金属膨胀螺栓安装：钻孔直径的误差不得超过+0.5～−0.3 mm；深度误差不得超过+3 mm；钻孔后应将孔内残存的碎屑清除净。螺栓固定后，其头部偏斜值不大于 2 mm。首先沿着墙壁或顶板根据设计图进行弹线定位，标出固定点的位置。根据支架或吊架承重的荷重，选择相应的金属膨胀螺栓及钻头，所选钻头长度应大于套管长度。开孔的深度。应先清除干净打好的孔洞内的碎屑，然后在用木锤或垫上木块后，用铁锤将膨胀螺栓敲进洞内，应保证套管与建筑物表面平齐，螺栓端部外露，敲击时不得损伤螺栓的丝扣。埋好螺栓后，可用螺母配上相应的垫圈将支架或吊架直接固定在金属膨胀螺栓上。

④线槽安装：线槽的接口应平整，接缝处应紧密平直。槽盖装上后应平整，无翘角，出线口的位置准确。不允许将穿过墙壁的线槽与墙上的孔洞一起抹死。线槽的所有非导电部分的铁件均应相互连接和跨接，使之成为一连续导体，并做好整体接地。当线槽的底板对地距离低于 2.4 m 时，线槽本身和线盖板均必加装保护地线。2.4 m 以上的线槽盖板可不加保护地线。线槽经过建筑物的变形缝（伸缩缝、沉降缝）时，线槽本身应断开，槽内用内连接板搭接，不需固定。保护地线和槽内导线均应留有补偿余量。敷设在竖井、吊顶、通道、夹层及

设备层等处的线槽应符合有关防火要求。线槽直线段连接应采用连接板，用垫圈、弹簧垫圈、螺母紧固，接茬处应缝隙严密平齐。建筑物的表面如有坡度时，线槽应随其变化坡度。待线槽全部敷设完毕后，应在配线之前进行调整检查。

⑤吊装金属线槽：万能型吊具一般应用在钢结构中，如工字钢、角钢、轻钢龙骨等结构，可预先将吊具、卡具、吊杆、吊装器组装成一整体，在标出的固定点位置处进行吊装，逐件地将吊装卡具压接在钢结构上，将顶丝拧牢。出线口处应利用出线口盒进行连接，末端部位要装上封堵，在盒、箱、柜进出线处采用抱脚连接。

⑥地面线槽安装：地面线槽安装时，应及时配合土建地面工程施工。根据地面的形式不同，先抄平，然后测定固定点位置，将上好卧脚螺栓和压板的线槽水平放置在垫层上，然后进行线槽连接。如线槽与管连接、线槽与分线盒连接、分线盒与管连接、线槽出线口连接、线槽末端处理等，都应安装到位，螺丝紧固牢靠。地面线槽及附件全部上好后，再进行一次系统调整，主要根据地面厚度，仔细调整线槽干线，分支线，分线盒接头，转弯、转角、出口等处，水平高度要求与地面平齐，将各种盒盖盖好或堵严实，以防止水泥砂浆进入，直至配合土建地面施工结束为止。

⑦线槽内保护地线安装：保护地线应根据设计图要求敷设在线槽内一侧，接地处螺丝直径不应小于 6 mm；并且需要加平垫和弹簧垫圈，用螺母压接牢固。金属线槽的宽度在 100 mm 以内（含 100 mm），两段线槽用连接板连接处，每端螺丝固定点不少于 4 个；宽度在 200 mm 以上（含 200 mm）两端线槽用连接板连接的保护地线每端螺丝固定点不少于 6 个。

7. 成品保护

1）敷设管路时，保持墙面、顶棚、地面的清洁完整。修补铁件油漆时，不得污染建筑物。

2）施工用高凳时，不要碰撞墙、角、门、窗；更不要靠墙面立高凳；高凳脚应有包扎物，既防划伤地板，又防滑倒。现浇混凝土楼板上配管时，注意不要踩坏钢筋，土建浇筑混凝土时，应留专人看守，以免振捣时损坏配管及盒、箱移位。遇有管路损坏时，应及时修复。

3）管路敷设完毕后注意成品保护，特别是在现浇混凝土结构施工中，应派电工看护，以防管路移位或受机械损伤。在合模和拆模时，应注意保护管路不要移位、砸扁或踩坏等现象。

4）在混凝土板、加气板上剔洞时，注意不要剔断钢筋，剔洞时应先用钻打孔，再扩孔，不允许用大锤由上面砸孔洞。剔槽不得过大、过深或过宽。预制梁柱和应力楼板均不得随意剔槽打洞。混凝土楼板，墙等均不得私自断筋。

5）明配管路及电气器具时，要保持顶棚、墙面及地面的清洁完整。搬运材料和使用高凳等机具时，不得碰坏门窗、墙面等。电气照明器具安装完后不要再喷浆。吊顶内稳盒配管时，不要踩坏龙骨。严禁踩电线管行走，刷防锈漆不得污染墙面、吊顶或护墙板等。其他专业在施工中，注意不得碰坏电气配管。严禁私自改动电线管及电气设备。

8. 质量标准

（1）金属的导管和线槽必须接地（PE）或接零（PEN）可靠，并应符合相关的规定

1）镀锌的钢导管、可挠性导管和金属线槽不得熔焊跨接地线，以专用接地卡跨接的两卡间连线为铜芯软导线，截面积不小于 4 mm^2。

2）当非镀锌钢导管采用螺纹连接时，连接处的两端焊跨接地线；当镀锌钢导管采用螺纹连接时，连接处的两端用专用接地卡固定跨接地线。

3）金属线槽不作设备的接地导体，当设计无要求时，金属线槽全长不小于 2 处与接（PE）或接零（PEN）干线连接。

4）非镀锌金属线槽间连接板的两端跨接铜芯地线，镀锌线槽间连接板的两端不跨接地线，但连接板两端不小于 2 个有防松螺帽或防松垫圈的连接固定螺栓。

5）室外埋地敷设的电缆导管，埋深不应小于 0.7 m。壁厚小于等于 2 mm 的钢电线导管不应埋设于室外土壤内。

6）室外导管的管口应设置在盒、箱内。在落地式配电箱内的管口、箱底无封板的，管口应高出基础面 50～80 mm。所有管口在穿入电线、电缆后应做密封处理。由箱式变电所或落地式配电箱引向建筑物的导管，建筑物一侧的导管管口应设在建筑物内。

7）暗配的导管，埋设深度与建筑物、构筑物表面的距离不应小于 15 mm；明配的导管应排列整齐，固定点间距均匀，安装牢固；在终端、弯头中点或柜、台、箱、盘等边缘的距离 150～500 mm 范围内设有管卡。

（2）防爆导管敷设应符合的规定

1）导管间及与灯具、开关、线盒等的螺纹连接处紧密牢固，除设计有特殊要求外，连接处不跨接地线，在螺纹上涂以电力复合脂或导电性防锈脂；安装牢固顺直，镀锌层锈蚀或剥落处做防腐处理。

2）绝缘导管敷设应符合下列规定：管口平整光滑；管与管、管与盒（箱）等器件采用插入法连接时，连接处结合面涂专用胶合剂，接口牢固密封；直埋于地下或楼板内的刚性绝缘导管，在穿出地面或楼板易受机械损伤的一段，采取保护措施；当设计无要求时，埋设在墙内或混凝土内的绝缘导管，采用中型以上的导管；沿建筑物、构筑物表面和在支架上敷设的刚性绝缘导管，按设计要求装设温度补偿装置。

3）金属、非金属柔性导管敷设应符合下列规定：刚性导管经柔性导管与电气设备、器具连接，柔性导管的长度在动力工程中不大于 0.8 m，在照明工程中不大于 1.2 m；可挠金属管或其他柔性导管与刚性导管或电气设备、器具间的连接采用专用接头；复合型可挠金属管或其他柔性导管的连接处密封良好，防液覆盖层完整无损；可挠性金属导管和金属柔性导管不能做接地（PE）或接零（PEN）的接续导体。

四、电线、电缆穿管和线槽敷线

1. 一般规定

绝缘导线的规格、型号必须符合设计要求，测试要求导线的绝缘、导线对地、两根导线间绝缘电阻应不小于 0.5 MΩ。电线、电缆穿管及线槽敷线应按以下程序进行：接地（PE）或接零（PEN）及其他焊接施工完成，经检查确认，才能穿入电线或电缆以及线槽内敷线；与导管连接的柜、屏、台、箱、盘安装完成，管内积水及杂物清理干净，经检查确认，才能穿入电线、电缆；电缆穿管前绝缘测试合格，才能穿入导管；电线、电缆交接试验合格，且经对接线去向和相位等检查确认，才能通电。

在管内穿线前，应将管内积水及杂物清除干净，并带好管护口。配线所规定的距离应符合要求。不同材料导线线芯的中间连接和分支连接应使用熔焊、线夹、瓷接头或压接法连接。电线、电缆穿管和线槽敷线施工中的安全技术措施，应符合国家现行技术标准及技术文件的相关规定。

2. 施工准备

1）技术准备：按照已批准的施工组织设计（施工方案）进行技术交底。按施工图测量线路长度、位置、标高，经复核符合设计要求。电线、电缆穿管和线槽敷线前，应现场复核管路及线槽是否安装完毕且通畅无障碍。

2）材料准备：电线、电缆、镀锌铁丝或钢丝、护口、螺旋接线钮、尼龙压接线帽、套管、焊锡、焊剂、橡胶绝缘带等。

3）施工机具：主要安装机具有克丝钳、尖嘴钳，剥线钳、压接钳、电炉、锡锅、锡勺、电烙铁、放线架、一（十）字槽螺钉旋具、电工刀、高凳等。

4）主要检测机具：万用表、兆欧表、卷尺等。

5）现场准备：建筑结构工程必须经过结构验收，符合设计要求和规范的规定，方可进行下道工序；管路或线槽安装完毕；箱、盒安装符合设计要求，并应完好无损无污染；线管内不得有积水及潮气浸入。

3. 材料质量控制

1）电线：导线的规格、型号必须符合设计要求，并有出厂合格证。

常用的BV型绝缘电线的绝缘层厚度应符合表10-21的规定。

表10-21　BV型绝缘电缆的绝缘厚度

序号	1	2	3	4	5	6	7	8	9	10	11	12	13	14	15	16	17
电线芯线标称截面积/mm^2	1.5	2.5	4	6	10	16	25	35	50	70	95	120	150	185	240	300	400
绝缘层厚度规定值/mm	0.7	0.8	0.8	0.8	1.0	1.0	1.2	1.2	1.4	1.4	1.6	1.6	1.8	2.0	2.2	2.4	2.6

镀锌铁丝或钢丝：应顺直无背扣、扭接等现象，并具有相应的机械拉力。

2）护口：应根据管径的大小选择相应规格的护口。

3）螺旋接线钮：应根据导线截面和导线的根数选择相应型号的加强型绝缘钢壳螺旋接线钮。

4）尼龙压接线帽：适用于2.5 mm^{2}以下铜导线的压接，其规格有大号、中号、小号3种，可根据导线截面和根数选择使用。

5）套管：有铜套管、铝套管、铜铝过渡套管3种，选用时应采用与导线材质、规格相应的套管。

接线端子（接线鼻子）：应根据导线的根数和总截面选择相应规格的接线端子。

6）焊锡：由锡、铅和锑等元素组合的低熔点（185～260℃）合金。焊锡制成条状或丝状。

7）焊剂：能清除污物和抑制工件表面氧化物。一般焊接应采用松香液，将天然松香溶解在酒精中制成乳状液体，适用于铜及铜合金焊件。

8）辅助材料：橡胶（或黏塑料）绝缘带、黑胶布、防锈漆、滑石粉、布条等均符合要求并有产品合格证。

4. 施工工艺

（1）工艺流程

选择电线电缆→穿带线扫管→放线及断线→电线、电缆与带线的绑扎→带护口→导线连接→导线焊接→导线包扎→线路检查绝缘摇测。

（2）施工要点

1）导线选择：应根据设计图要求选择导线。进（出）户的导线应使用橡胶绝缘导线，严禁使用塑料绝缘导线。相线、中性线及保护地线的颜色应加以区分，用黄绿色相间的导线做保护地线，淡蓝色导线做中性线。

2）穿带线扫管：穿带线的目的是检查管路是否畅通，管路的走向及盒、箱的位置是否符合设计及施工图的要求。

3）穿带线的方法：带线一般均采用 ϕ1.2～2.0 mm 的铁丝。先将铁丝的一端弯成不封口的圆圈，再利用穿线器将带线穿入管路内，在管路的两端均应留有 10～15 cm 的余量。在管路较长或转弯较多时，可以在敷设管路的同时将带线一并穿好。穿带线受阻时，应用两根铁丝同时搅动，使两根铁丝的端头互相钩绞在一起，然后将带线拉出。阻燃型塑料波纹管的管壁呈波纹状，带线的端头要弯成圆形。

4）清扫管路：将布条的两端牢固地绑扎在带线上，两人来回拉动带线，将管内杂物清净。

5）放线及断线：放线前应根据施工图对导线的规格、型号进行核对。放线时导线应置于放线架或放线车上。断线前剪断导线时，导线的预留长度应按以下 4 种情况考虑：

①接线盒、开关盒、插销盒及灯头盒内导线的预留长度应为 15 cm。

②配电箱内导线的预留长度应为配电箱体周长的 1/2。

③出户导线的预留长度应为 1.5 m。

④公用导线在分支处，可不剪断导线而直接穿过。

6）电线、电缆与带线的绑扎：当导线根数较少时，如 2～3 根导线，可将导线前端的绝缘层削去，然后将线芯直接插入带线的盘圈内并折回压实，绑扎牢固，使绑扎处形成一个平滑的锥形过渡部位。当导线根数较多或导线截面较大时，可将导线前端的绝缘层削去，然后将线芯斜错排列在带线上，用绑线缠绕绑扎牢固，使绑扎接头处形成一个平滑的锥形过渡部位，便于穿线。

7）管内穿线：钢管（电线管）在穿线前，应首先检查各个管口的护口是否齐整，如有遗漏和破损，均应补齐和更换。当管路较长或转弯较多时，要在穿线的同时往管内吹入适量的滑石粉。两人穿线时，应配合协调。

8）穿线时应注意下列问题：同一交流回路的导线必须穿于同一管内。不同回路、不同电压和交流与直流的导线，不得穿入同一管内，但以下几种情况除额定电压为 50 V 以下的回路：同一设备或同一流水作业线设备的电力回路和无特殊防干扰要求的控制回路；同一花灯的几个回路；同类照明的几个回路，但管内的导线总数不应多于 8 根。导线在变形缝处，补偿装置应活动自如。导线应留有一定的余度。敷设于垂直管路中的导线，当超过下列长度时，应在管口处和接线盒中加以固定：截面积为 50 mm^2 及以下的导线为 30 m；截面积为 70～95 mm^2 的导线为 20 m；截面积在 180～240 mm^2 的导线为 18 m。

9）线槽敷线：线槽内配前应消除线槽内的积水和污物。同一线槽内（包括绝缘在内）的导线截面积总和应不超过内部截面积的 40%。线槽底向下配线时，应将分支导线分别用尼龙绑扎带绑扎成束，并固定在线槽底板下，以防导线下坠。不同电压、不同回路、不同频率的导线应加隔板放在同一线槽内。

下列情况时，可直接放在同一线槽内：

①电压在 65V 及以下。

②同一设备或同一流水线的动力和控制回路；照明花灯的所有回路。

③三相四线制的照明回路。

导线较多时，除采用导线外皮颜色区分相序外，也可利用在导线端头和转弯处做标记的方法来区分。在穿过建筑物的变形缝时，导线应留有补偿余量。接线盒内的导线预留长度不应超过 15 cm；盘、箱内的导线预留长度应为其周长的 1/2。从室外引入室内的导线，穿过墙外的一段应采用橡胶绝缘导线，不允许采用塑料绝缘导线。穿墙保护管的外侧应有防水措施。

10）导线连接：配线导管的线芯连接，一般采用焊接、压板压接或套管连接。

11）配线导线与设备、器具的连接，应符合以下要求：导线截面为 10 mm^2 及以下的单股铜（铝）芯线可直接与设备、器具的端子连接。导线截面为 2.5 mm^2 及以下的多股铜芯线的线芯应先拧紧搪锡或压接端子后再与设备、器具的端子连接。多股铝芯线和截面大于 2.5 mm^2 的多股铜芯线的终端，除设备自带插接式端子，应先焊接或压接端子再与设备、器具的端子连接。

导线连接熔焊的焊缝外形尺寸应符合焊接工艺标准的规定，焊接后应清除残余焊药和焊渣。焊缝严禁有凹陷、夹渣、断股、裂缝及根部未焊合等缺陷。锡焊连接的焊缝应饱满、表面光滑。焊剂应无腐蚀性，焊接后应清除焊区的残余焊剂。压板或其他专用夹具，应与导线线芯的规格相匹配，紧固件应拧紧到位，防松装置应齐全。套管连接器和压模等应与导线线芯规格匹配。压接时，压接深度、压口数量和压接长度应符合有关技术标准的相关规定。在配电配线的分支线连接处，干线不应受到支线的横向拉力。

12）剥削绝缘使用工具及方法：剥削绝缘使用工具，由于各种导线截面、绝缘层薄厚程度、分层多少都不同，因此使用剥削的工具也不同。常用的工具有电工刀、克丝钳和剥削钳，可进行削、勒及剥削绝缘层。一般 4 mm^2 以下的导线原则上使用剥削钳，但使用电工刀时，不允许采用刀在导线周围转圈剥削绝缘层的方法。

13）剥削绝缘方法：单层剥法，不允许采用电工刀转圈剥削绝缘层，应使用剥线钳。分段剥法，一般适用于多层绝缘导线剥削，如编织橡皮绝缘导线，用电工刀先削去外层编织层，并留有约 12 mm 的绝缘台，线芯长度随接线方法和要求的机械强度而定。斜削法，用电工刀以 45°倾斜切入绝缘层，当切近线芯时就应停止用力，接着应使刀面的倾斜角度改为 15°左右，沿着线芯表面向前头端部推出，然后把残存的绝缘层剥离线芯，用刀口插入背部以 45°削断。

14）单芯铜导线的直线连接：

①绞接法：适用于 4 mm^2 及以下的单芯线连接。将两线互相交叉，用双手同时把两芯线互绞 2 圈后，将 2 个绞芯在另一个芯线上缠绕 5 圈，剪掉余头。

②缠绕卷法：有加辅助线和不加辅助线两种，适用于 6 mm^2 及以上的单芯线的直线连接。将两线相互并合，加辅助线后用绑线在并合部位中间向两端缠绕（即公卷），其长度为导线直径 10 倍，然后将两线芯端头折回，在此向外单独缠绕 5 圈，与辅助线捻绞 2 圈，将余线剪掉。

15）单芯铜线的分支连接：

①绞接法：适用于 4 mm^2 以下的单芯线。用分支线路的导线往干线上交叉，先打好一个圈结以防止脱落，然后再密绕 5 圈。分线缠绕完后，剪去余线。

②缠卷法：适用于 6 mm^2 及以上的单芯线的连接。将分支线折成 90°紧靠干线，其公卷的长度为导线直径的 10 倍，单卷缠绕 5 圈后剪断余下线头。

③十字分支连接做法：将 2 个分支线路的导线往干线上交叉，然后在密绕 10 圈。分线缠绕完后，剪去余线。

16）多芯铜线直接连接：多芯铜导线的连接共有 3 种方法，即单卷法、缠卷法和复卷法。先用细砂布将线芯表面的氧化膜清去，将两线芯导线的结合处的中心线剪掉 2/3，将外侧线芯做伞状张开，相互交错叉成一体，并将已张开的线端合成一体。

①单卷法：取任意一侧两根相邻的线芯，在接合处中央交叉，用其中的一根线芯作为绑线，在导线上缠绕 5～7 圈后，在用另一根线芯与绑线相绞后把原来的绑线压住上面继续按上述方法缠绕，其长度为导线直径的 10 倍，最后缠卷的线端与一条线捻绞 2 圈后剪断。另一侧的导线依次进行。注意应把线芯相绞处排列在一条直线上。

②缠卷法：与单芯铜线直线缠绕连接法相同。

③复卷法：适用于多芯软导线的连接。把合拢的导线一端用短绑线做临时绑扎、以防止松散，将另一端线芯全部紧密缠绕 3 圈，多余线端依次阶梯形剪掉。另一侧也按此办法处理。

17）多芯铜导线分支连接：

①缠卷法：将分支线折成 90°紧靠干线。在绑线端部适当处弯成半圆形，将绑线短端弯成与半圆形成 90°，并与连接线靠紧，用较长的一端缠绕，其长度应为导线结合处直径 5 倍，再将绑线两端捻绞 2 圈，剪掉余线。

②单卷法：将分支线破开（或劈开两半），根部折成 90°紧靠干线，用分支线其中的一根在干线上缠圈，缠绕 3～5 圈后剪断，再用另一根线芯继续缠绕 3～5 圈后剪断，按此方法直至连接到两边导线直径的 5 倍时为止，应保证各剪断处在同一直线上。

③复卷法：将分支线端破开劈成两半后与干线连接处中央相交叉，将分支线向干线两侧分别紧密缠绕后，余线按阶梯形剪断，长度为导线直径的 10 倍。

18）铜导线在接线盒内的连接：

①单芯线并接头：导线绝缘台并齐合拢。在距绝缘台约 12 mm 处用其中一根线芯在其连接端缠绕 5～7 圈后剪断，把余头并齐折回压在缠绕线上。

②不同直径导线接头：如果是独根（导线截面小于 2.5 mm^2）或多芯软线时，则应先进行涮锡处理。再将细线在粗线上距离绝缘台 15 mm 处交叉，并将线端部向粗导线（独根）端缠绕 5～7 圈，将粗导线端折回压在细线上。

③尼龙压接线帽：适用于 2.5 mm^2 以下铜导线的压接，其规格有大号、中号、小号 3 种。可根据导线的截面和根数选择使用。其方法是将导线的绝缘层削掉后，线芯预留 15 mm 的长度，插入接线帽内，如填不实，可以再用 1～2 根同材质同线径的导线插入接线帽内，然后用压接钳压实即可。

④套管压接：套管压接法是运用机械冷态压接的简单原理，用相应的模具在一定压力下将套在导线两端的连接套管压在两端导线上，使导线与连接管间形成金属互相渗透，两者成为一体构成导电通路。要保证冷压接头的可靠性，主要取决于影响质量的 3 个要点：连接管形状、尺寸和材料；压模的形状、尺寸；导线表面氧化膜处理。具体做法如下：先把绝缘层剥掉，清除导线氧化膜并涂以中性凡士林油膏（使导线表面与空气隔绝，防止氧化）。当采用圆形套管时，将要连接的铝芯线分别在铝套管的两端插入，各插到套管一半处；当采用椭圆形套管时，应使两线对插后，线头分别露出套管两端 4 mm；然后用压接钳和压膜接，压接模数和深度应与套管尺寸相对应。

⑤接线端子压接：多股导线（铜或铝）可采用与导线同材质且规格相应的接线端子。削去导线的绝缘层，不要碰伤线芯，将线芯紧紧地绞在一起，清除套管、接线端子孔内的氧化膜，将线芯插入，用压接钳压紧。导线外露部分应小于 1～2 mm。

19）导线与水平式接线柱连接：

①单芯线连接：用一字或十字机螺丝压接时，导线要顺着螺钉旋进方向紧绕一圈后再紧固。不允许反圈压接，盘圈开口不宜大于 2 mm。

②多股铜芯线用螺丝压接时，先将软线芯做成单眼圈状，涮锡后，将其压平再用螺丝加垫紧牢固。

注意：以上两种方法压接后外露线芯的长度不宜超过 1～2 mm。

③导线与针孔式接线桩连接（压接）：把要连接的导线的线芯插入接线桩头针孔内，导线裸露出针孔 1～2 mm，针孔大于导线直径 1 倍时需要折回头插入压接。

④导线焊接

a. 铝导线的焊接：焊接前将铝导线线芯散开顺直合拢，用绑线把连接处做临时缠绑。导线绝缘层处用浸过水的石棉绳包好，以防烧坏。铝导线焊接所用的焊剂有两种：一种是含锌 58.5%、铅 40%、铜 5%的焊剂；另一种是含锌 80%、铜 1.5%、铅 20%的焊剂。焊剂成分均按重量配比。

b. 铜导线的焊接：根据导线的线径及敷设场所不同，焊接的方法有如下几种：

电烙铁加焊：适用于线径较小的导线的连接及用其他工具焊接困难的场所。导线连接处加焊剂，用电烙铁进行锡焊。

喷灯加热（或用电炉加热）：将焊锡放在锡勺（或锡锅）内，然后用喷灯（或电炉）加热，焊锡熔化后即可进行焊接。加热时要掌握好温度；温度过高涮锡不饱满；温度过低涮锡不均匀。因此要根据焊锡的成分、质量及外界环境温度等诸多因素，随时掌握好适宜的温度进行焊接。焊接完后必须用布将焊接处的焊剂及其他污物擦净。

⑤导线包扎：先用橡胶（或黏塑料）绝缘带从导线接头处始端的完好绝缘层开始，缠绕1～2个绝缘带幅宽度，再以半幅宽度重叠进行缠绕。在包扎过程中应尽可能地收紧绝缘带。最后在绝缘层上缠绕1～2圈后，再进行回缠。采用橡胶绝缘带包扎时，应将其拉长2倍后再进行缠绕。然后再用黑胶布包扎，包扎时要衔接好，以半幅宽度边压边进行缠绕，同时在包扎过程中收紧胶布，导线接头处两端应用黑胶布封严密。包扎后应呈枣核形。

20）线路检查及绝缘摇测：

①线路检查：接、焊、包全部完成后，应进行自检和互检；检查导线接、焊、包是否符合设计要求及有关施工验收规范及质量验评标准的规定。不符合规定时应立即纠正，检查无误后再进行绝缘摇测。

②绝缘摇测：照明线路的绝缘摇测一般选用500 V、量程为0～500 MΩ的兆欧表。一般照明绝缘线路绝缘摇测有以下两种情况：

a. 电气器具未安装前进行线路绝缘摇测时，首先将灯头盒内导线分开，开关盒内导线连通。摇测应将干线和支线分开，一人摇测，一人应及时读数并记录。摇动速度应保持在120 r/min左右，读数应采用1 min后的读数为宜。

b. 电气器具全部安装完在送电前进行摇测时，应先将线路上的开关、刀闸、仪表、设备等用电开关全部置于断开位置，摇测方法同上所述，确认绝缘摇测无误后在进行送电试运行。

5. 成品保护

1）穿线时不得污染设备和建筑物品，应保持周围环境。

2）使用高凳及其他工具时，应注意不得碰坏其他设备和门窗、墙面、地面等。

3）在接、焊、包全部完成后，应将导线的接头盘入盒、箱内，并用纸封堵严实，以防止污染。同时应防止盒、箱内进水。

4）穿线时不得遗漏带护线套管或护口。

6. 质量标准

1）三相或单相的交流单芯电缆，不得单独穿于钢导管内。

2）不同回路、不同电压等级和交流与直流的电线，不应穿于同一导管内；同一交流回路的电线应穿于同一金属导管内，且管内电线不得有接头。

3）爆炸危险环境照明线路的电线和电缆额定电压不得低于750 V，且电线必须穿于钢导管内。电线、电缆穿管前，应清除管内杂物和积水。管口应有保护措施，不进入接线盒（箱）的垂直管口穿入电线、电缆后，管口应密封。

检验方法：观察检查。

4）当采用多相供电时，同一建筑物、构筑物的电线绝缘层颜色选择应一致，即保护地线（PE

线）应是黄绿相间色，零线用淡蓝色；相线用：A 相——黄色、B 相——绿色、C 相——红色。

5）线槽敷线应符合以下规定：电线在线槽内有一定余量，不得有接头。电线按回路编号分段绑扎，绑扎点间距不应大于 2 m；同一回路的相线和零线，敷设于同一金属线槽内；同一电源的不同回路无抗干扰要求的线路可敷设于同一线槽内；敷设于同一线槽内有抗干扰要求的线路用隔板隔离，或采用屏蔽电线且屏蔽护套一端接地。

五、灯具安装

1. 一般规定

1）建筑电气普通灯具安装工程的施工，必须按国家现行的施工质量验收规范和已批准的设计与施工组织设计进行施工。施工过程中不得自行修改设计方案，如因需要修改设计时，应经原设计单位的同意，方可进行。

2）为保证电气照明装置施工质量，确保安全运行和使用功能，必须严格控制照明器具接线相位的准确性。

3）照明灯具安装应按以下程序进行：

①安装灯具的预埋螺栓、吊杆和吊顶上嵌入式灯具安装专用骨架等完成，按设计要求做承载试验合格，才能安装灯具。

②影响灯具安装的模板、脚手架拆除，顶棚和墙面喷浆、油漆或壁纸等及地面清理工作基本完成，才能安装灯具。

③导线绝缘测试合格，才能灯具接线。

④高空安装的灯具，地面通断电试验合格，才能安装。

4）照明灯具使用的导线，应能确保灯具承受一定的机械力和可靠接地，其工作电压等级不应低于交流 250 V，最小线芯截面，应符合设计和规范的有关规定。

5）灯具检查：

①根据灯具的安装场所检查灯具是否符合要求，易燃和易爆场所应采用防爆式灯具。

②有腐蚀性气体及特别潮湿的场所应采用封闭式灯具，灯具的各部件应做好防腐处理。

③潮湿的厂房内和户外的灯具应采用有泄水孔的封闭式灯具。

④多尘的场所应根据粉尘的浓度及性质，采用封闭式或密闭式灯具。

⑤灼热多尘场所（如出钢、出铁、扎钢等场所）应采用投光灯。

⑥可能受机械损伤的厂房内，应采用有保护网的灯具。

⑦震动场所（如有锻锤、空压机等），灯具应有防震措施（如采用吊链软性连接）。

⑧除开敞式外，其他各类等灯具的灯泡容量在 100W 以上者均应采用瓷灯口。

6）灯内配线检查：灯内配线应符合设计要求及有关规定；穿入灯箱的导线在分支连接处不得承受额外应力和磨损，多股软线的端头需盘圈、涮锡；灯箱内的导线不应过于靠近热光源，并应采取隔热措施；使用螺灯口时，相线必须压在灯芯柱上。

2. 施工准备

1）技术准备：灯具施工前，应复核其安装地点及安装方式（有无吊顶、有无其他专业相互交叉矛盾）是否符合设计要求，并现场确定灯具安装实际高度。

2）材料准备：灯具、灯座、木台、绝缘导线等。

3）主要机具：安装机具：一字形和十字形螺丝刀、冲击电钻、组合木梯、圆头锤、电工刀、钢锯、扳手、钢丝钳、剥线钳、压接钳、电笔、手电钻、台钻、摇表、线锤、锡锅。

4）检测机具：万用表、兆欧表。

5）作业条件：与土建工程作业工序应密切配合，做好预埋件预埋工作。以保证电气照明装置安装工程的质量。电气照明装置施工前，土建工程应全部结束，对电气施工无任何妨碍。安装前，应先检查预埋件及预留孔洞的位置、几何尺寸，是否符合设计要求，并应将盒内杂物清理干净。预埋件固定应牢固、端正、合理和整齐。盒子口修好，木台、木板防火涂料已涂刷完。

3. 材料质量控制

查验合格证，新型气体放电灯具有随带技术文件。型号、规格及外观质量应符合设计要求和国家标准的规定。

外观检查：灯具涂层完整，无损伤，附件齐全。防爆灯具铭牌上有防爆标志和防爆合格证号，普通灯具有安全认证标志。电气照明装置的接线应牢固，灯内配线电压不应低于交流电压 500 V，并且严禁外露，电气接触应良好；需接地或接零的灯具、开关、插座等非带电金属部分，应有明显标志的专用接地螺钉。塑料台应有足够的强度，受力后无弯翘变形现象；对成套灯具的绝缘电阻、内部接线等性能进行现场抽样检测。灯具的绝缘电阻值不小于 2 MΩ，内部接线为铜芯绝缘电线，芯线截面积不小于 0.5 mm^2，橡胶或聚氯乙烯（PVC）绝缘电线的绝缘层厚度不小于 0.6 mm。对游泳池和类似场所灯具（水下灯及防水灯具）的密闭和绝缘性能有异议时，按批抽样送有资质的试验室检测。

4. 施工工艺

（1）工艺流程

灯具固定→组装灯具→灯具接线→灯具接地。

（2）施工要点

1）灯具的固定：当在砖混中安装电气照明装置时，应采用预埋吊钩、螺栓、螺钉、膨胀螺栓、尼龙塞或塑料塞固定；严禁使用木楔。当设计无规定时，上述固定件的承载能力应与电气照明装置的重量相匹配。软线吊灯，灯具重量在 0.5 kg 及以下时，采用软电线自身悬吊安装；当软线吊灯灯具重量大于 0.5 kg 时，灯具安装固定采用吊链，且软电线均匀编叉在吊链内，使电线不受拉力，编叉间距应根据吊链长度控制在 50～80 mm 范围内。当吊灯灯具重量大于 3 kg 时，应采用预埋吊钩或螺栓固定。灯具固定应牢固可靠，禁止使用木楔。每个灯具固定用的螺钉或螺栓不应少于 2 个；当绝缘台直径为 75 mm 及以下时，可采用 1 个螺钉或螺栓固定。采用钢管做灯具的吊杆时，钢管内径不应小于 10 mm；钢管壁厚度不应小于 1.5 mm。花灯吊钩圆钢直径不应小于灯具挂销直径，且不应小于 6 mm；大型花灯的固定及悬吊装置，应按灯具重量的 2 倍做过载试验。固定灯具带电部件的绝缘材料以及提供防触电保护的绝缘材料，应耐燃烧和防明火。嵌入顶棚内的装饰灯具应固定在专设的框架上，导线不应贴近灯具外壳，且在灯盒内应留有余量，灯具的边框应紧贴在顶棚面上。

2）灯具组装：

①组合式吸顶花灯的组装：首先将灯具的托板放平，如果托板为多块拼装而成，就要将所有的边框对齐，并用螺丝固定，将其连成一体，然后按照说明书及示意图把各个灯口装好。确定出线的位置，将端子板（瓷接头）用机螺丝固定在托板上。根据已固定好的端子板（瓷接头）至各灯口的距离掐线，把掐好的导线剥出线芯，盘好圈后，进行涮锡。然后压入各个灯口，理顺各灯头的相线和零线，用线卡子分别固定，并且按供电要求分别压入端子板，组装好后试验电路是否合格。

②吊灯花灯组装：首先将导线从各个灯口穿到灯具本身的接线盒里。一端盘圈，涮锡后压入各个灯口。理顺各个灯头的相线和零线，另一端涮锡后根据相序分别连接，包扎并甩出电源引入线，最后将电源引入线从吊杆中穿出，组装好后检验电路是否合格。

③灯具的接线：穿入灯具的导线在分支连接处不得承受额外压力和磨损，多股软线的端头应挂锡、盘圈，并按顺时针方向弯钩，用灯具端子螺丝拧固在灯具的接线端子上。螺口灯头接线时，相线应接在中心触点的端子上，零线应接在螺纹的端子上。荧光灯的接线应正确，电容器应并联在镇流器前侧的电路配线中，不应串联在电路内。灯具内导线应绝缘良好，严禁有漏电现象，灯具配线不得外露，并保证灯具能承受一定的机械力和可靠地安全运行。

灯具线不许有接头，在引入处不应受机械力。灯具线在灯头、灯线盒等处应将软线端作保险扣，防止接线端子不能受力。

④塑料（木）台的安装：将接灯线从塑料（木）台的出线孔中穿出，将塑料（木）台紧贴住建筑物表面，塑料（木）台的安装孔对准灯头盒螺孔，用机螺丝将塑料（木）台固定牢固。把从塑料（木）台甩出的导线留出适当维修长度，削出线芯，然后推入灯头盒内，线芯应高出塑料（木）台的台面，用软线在接灯线芯上缠绕5～7圈后，将灯线芯折回压紧。用黏塑料带和黑胶布分层包扎紧密，将包扎好的接头调顺，扣于法兰盘内，法兰盘吊盒、平灯口应与塑料（木）台的中心找正，用长度小于20 mm的木螺丝固定。

⑤日光灯安装：吸顶日光灯安装，根据设计图确定出日光灯的位置，将日光灯贴紧建筑物表面，日光灯的灯箱应完全遮盖住灯头盒，对着灯头盒的位置打好进线孔，将电源线甩入灯箱，在进线孔处应套上塑料管以保护导线。找好灯头盒螺孔的位置，在灯箱的底板上用电钻打好孔，用机螺丝拧牢固，在灯箱的另一端应使用胀管螺栓进行固定。如果日光灯是安装在吊顶上的，应该用自攻螺丝将灯箱固定在龙骨上。灯箱固定好后，将电源线压入灯箱内的端子板（瓷接头）上。把灯具的反光板固定在灯箱上，并将灯箱调整顺直，最后把日光灯管装好。

⑥吊链日光灯安装：根据灯具的安装高度，将全部吊链编好后，把吊链挂在灯箱挂钩上，并且在建筑物顶棚上安装好塑料圆台，将导线依顺序编叉在吊链内，并引入灯箱，在灯箱的进线处应套上软塑料管以保护导线压入灯箱的端子板（磁接头）内。将灯具导线和灯头盒中甩出的电源线连接，并用黏塑料带和黑胶布分层包扎紧密。理顺接头扣于法兰盘内，法兰盘吊盒的中心应与塑料（木）台的中心对正，用木螺丝将其拧牢固。将灯具的反光板用机螺丝

固定在灯箱上，调整好灯脚，最后将灯管装好。

⑦各型花灯安装：各型组合式吸顶花灯安装，根据预埋的螺栓和灯头盒位置，在灯具的托板上用电钻开好安装孔和出线孔，安装时将托板托起，将电源线和从灯具甩出的导线连接并包扎严密。应尽可能地把导线塞入灯头盒内，然后把托板的安装孔对准预埋螺栓，使托板四周和顶棚贴紧，用螺母将其拧紧，调整好各个灯口，悬挂好灯具的各种装饰物，并上好灯管和灯泡。

⑧吊式花灯安装：将灯具托起，并把预埋好的吊杆插入灯具内，把吊挂销钉插入后将其尾部掰成燕尾状，并且将其压平。导线接好头，包扎严实。理顺后向上推起灯具上部的扣碗，将接头扣于其内，且将扣碗紧贴顶棚，拧紧固定螺丝。调整好各个灯口上好灯泡，最后配上灯罩。

⑨光带的安装：根据灯具的外形尺寸确定其支架的支撑点，再根据灯具的具体重量经过认真核算，选用型材制作支架，做好后，根据灯具的安装位置，用预埋件或用胀管螺栓把支架固定牢固。轻型光带的支架可以直接固定在主龙骨上；大型光带必须先下好预埋件，将光带的支架用螺丝固定在预埋件上，固定好支架，将光带的灯箱用机螺丝固定在支架上，再将电源线引入灯箱与灯具的导线连接并包扎紧密。调整各个灯口和灯脚，装上灯泡和灯管，上好灯罩，最后调整灯具的边框应与顶棚面的装修直线平行。如果灯具对称安装，其纵向中心轴线应在同一直线上，偏斜不应大于 5 mm。

⑩壁灯的安装：先根据灯具的外形选择合适的木台（板）或灯具底托把灯具摆放在上面，四周留出的余量要对称，然后用电钻在木板上开出线孔和安装孔，在灯具的底板上也开好安装孔。将灯具的灯头线从木台（板）的出线孔甩出，在墙壁上的灯头盒内接头，并包扎严密，将接头塞入盒内。把木台或木板对正灯头盒、贴紧墙面，可用机螺丝将木台直接固定在盒子耳朵上，采用木板时应用胀管固定。调整木台（板）或灯具底托使其平正不歪斜，再用机螺丝将灯具拧在木台上（板）或灯具底托上，最后配好灯泡、灯管和灯罩，安装在室外的壁灯，其台板或灯具底托与墙面之间应加防水胶垫，并应打好泄水孔。

3）灯具的接地：当灯具距地面高度小于 2.4 m 时，灯具的可接近裸露导体必须接地（PEN）可靠，并应有专用接地螺栓，且有标识。

4）灯具安装工艺的其他要求：

①同一室内或场所成排安装的灯具，其中心线偏差不应大于 5 mm。日光灯和高压汞灯及其附件应配套使用，安装位置应便于检查和维修。公共场所用的应急照明灯具和疏散指示灯，应有明显的标志。无专人管理的公共场所照明宜装设自动节能开关。

②矩形灯具的边框宜与顶棚面的装饰直线平行，其偏差不应大于 5 mm。日光灯管组合的开启式灯具，灯管排列应整齐，其金属或塑料的间隔片不应有扭曲等缺陷。对装有白炽灯泡的吸顶灯具，灯泡不应紧贴灯罩；当灯泡与绝缘台之间的距离小于 5 mm 时，灯泡与绝缘台之间应采取隔离措施。安装在重要场所的大型灯具的玻璃罩，应采取防止玻璃罩破裂后向下溅落的措施。一般可采用透明尼龙丝编织的保护网，网孔的规格应根据实际情况决定。安装在室外的壁灯应有泄水孔，绝缘台与墙面之间应有防水措施。

5. 成品保护

1）在安装、运输中应加强保管，成批灯具应进入成品库，码放整齐、稳固。

2）搬运时应轻拿轻放，以免碰坏表面的镀锌层、油漆及玻璃罩。

3）设专人保管，建立责任制，对操作人员做好成品保护技术交底，不应过早地拆去包装纸。

4）安装灯具时不要碰坏建筑物的门窗及墙面。灯具安装完毕后不得再次喷浆，以防止器具污染。电气照明装置施工结束后，对于施工中造成的建筑物、构筑物局部破损部分，应修补完整。

6. 质量标准

1）灯具的固定应符合以下规定：

①灯具重量大于 3 kg 时，固定在螺栓预埋吊钩上。

②软线吊灯，灯具重量在 0.5 kg 及以下时，采用软电线自身吊装。

③大于 0.5 kg 的灯具采用吊链，且软电线编叉在吊链内，使电线不受力。

④灯具固定牢固可靠，不使用木楔。每个灯具固定用螺钉或螺丝不少于 2 个。

⑤当绝缘台直径在 75 mm 及以下时，采用 1 个螺钉或螺栓固定。

检验方法：观察检查。

2）花灯吊钩圆钢直径不应小于灯具挂销直径，且不应小于 6 mm。大型花灯的固定及悬吊装置，应按灯具重量的 2 倍做过载试验。

3）当钢管做灯杆时，钢管内径不应小于 10 mm，钢管厚度不应小于 1.5 mm。

4）固定灯具带电部件的绝缘材料以及提供防触电保护的绝缘材料，应耐燃烧和防明火。

5）当设计无要求时，灯具的安装高度和使用电压等级应符合下列规定：

一般敞开式灯具，灯头对地面距离不小于下列数值（采用安全电压时除外）：室外为 2.5 m（室外墙上安装）；厂房为 2.5 m；室内为 2 m；软吊线带升降器的灯具在吊线展开后为 0.8 m。

6）危险性较大及特殊危险场所，当灯具距地面高度小于 2.4 m 时，使用额定电压为 36 V 及以下的照明灯具，或有专用保护措施。

7）当灯具距地面高度小于 2.4 m 时，灯具的可接近裸露导体必须接地（PE）或接零（PEN）可靠，并应有专用接地螺栓，且有标识。

8）灯具的外形、灯头及其接线应符合下列规定：

①灯具及其配件齐全，无机械损伤、变形、涂层剥落和灯罩破裂等缺陷。

②软线吊灯的软线两端做保护扣，两端芯线搪锡；当装升降器时，套塑料软管，采用安全灯头。

③除敞开式灯具外，其他各类灯具灯泡容量在 100 W 及以上者采用瓷质灯头。

④连接灯具的软线盘扣、搪锡压线，当采用螺口灯头时，相线接于螺口灯头中间的端子上。

⑤灯头的绝缘外壳不破损和漏电；带有开关的灯头，开关手柄无裸露的金属部分。

9）变电所内，高低压配电设备及裸母线的正上方不应安装灯具。

10）装有白炽灯泡的吸顶灯具，灯泡不应紧贴灯罩；当灯泡与绝缘台间距离小于 5 mm 时，灯泡与绝缘台间应采取隔热措施。安装在重要场所的大型灯具的玻璃罩，应采取防止玻璃罩碎裂后向下溅落的措施。投光灯的底座及支架应固定牢固，枢轴应沿需要的光轴方向拧紧固定。安装在室外的壁灯应有泻水孔，绝缘台与墙面之间应有防水措施。

六、避雷引下线和变配电室接地干线敷设

1. 一般规定

1）避雷引下线和变配电室接地干线安装工程应按已批准的设计进行施工。

2）避雷引下线安装应符合以下要求：

①明装敷设引下线截面，采用镀锌圆钢时其直径不得小于 8 mm，采用镀锌扁钢时其截面不得小于 12 mm×4 mm。引下线应沿最短路线引至接地体，弯曲处应制成软弯，常规弯度应大于 90°。明装引下线距墙面为 15 mm，每隔 1 500～2 000 mm 应设置支持架固定。

②暗装引下线，利用建筑物中钢筋混凝土柱的钢筋作为组成时，至少要选用 4 根柱子且每根柱子至少要有 2 根主筋通过连接焊接组成一体后，作为引下线。

3）引下线安装应按以下程序进行：

①利用建筑物柱内主筋做引下线，在柱内主筋绑扎后，按设计要求施工，经检查确认，才能支模；直接从基础接地体或人工接地体暗敷埋入粉刷层内的引下线，经检查确认不外露，才能贴面砖或刷涂料等；直接从基础接地体或人工接地体引出明敷的引下线，先埋设或安装支架，经检查确认，才能敷设引下线。

②引下线测试点的设置是，先将地面以上 1 400 mm 的线段用开口钢管、角钢等预以保护，然后在 1 500～1 800 mm 处应设断接卡子作为测试点。暗装时可引到接地电阻测定箱中。

③接地线裸露部位应设置保护装置，以防止机械损伤。凡易遭受损伤部位应用角钢加以保护。接地线穿过墙壁时应预留明孔，以及预埋钢管作保护套管。

2. 施工准备

1）技术准备：按照已批准的施工组织设计（施工方案）进行技术交底。按施工图设计变配电室接地干线的位置进行放线、确定线路，经复核符合设计要求。利用主筋作引下线时，检查钢筋连接完成情况并符合要求。

2）作业条件：防雷引下线的作业条件，防雷引下线暗敷设时建筑物（或构筑物）有脚手架或爬梯，能达到上人操作的条件。

利用建筑物柱筋做引下线时，钢筋绑扎完毕。防雷引下线明敷设时，建筑物（或构筑物）有脚手架或爬梯，能达到上人操作的条件。防雷引下线明敷时支架已安装完毕，建筑外装饰应完毕。

变配电室接地干线作业条件，支架安装完毕。保护管已予埋好。土建抹灰完毕。在配合土建结构施工的同时，做好预埋铁件及预留孔洞。

3. 施工工艺

（1）工艺流程

定位放线→变配电室接地干线→引下线敷设→断接卡子制作安装。

（2）施工要点

1）定位放线：按设计规定变配电室接地干线的位置进行放线。做好明敷接地引下线及室内接地干线的支持件，固定牢固。引下线沿外墙面明敷时，应在表面进行弹线或吊铅垂线测量，以确保其垂直度。

2）变配电室接地干线安装，同接地干线安装中室内接地干线敷设施工要求。

①避雷引下线安装：避雷引下线常用镀锌扁钢不小于−25 mm×4 mm 或镀锌圆钢不小于 ϕ12 mm 材料加工制作。引下线的数量位置由设计定。如无设计要求时一般设在建筑物伸缩缝的两侧以及每隔 18 m 处。

②避雷引下线暗敷设：利用建筑物主筋作暗敷引下线：当钢筋直径为 16 mm 及以上时，应利用 2 根钢筋（绑扎或焊接）作为一组引下线，当钢筋直径为 10 mm 及以上时，应利用 4 根钢筋（绑扎或焊接）作为一组引下线。引下线的上部与接闪器焊接，下部与接地体焊接。并按设计要求的高度设置测试点，测试点用−40 mm×4 mm 镀锌扁钢制作，与引下线主筋焊接，并安装测试盒保护。在盒盖上应做出接地标记。测试点无设计高度时，应在距室外地坪 0.5 m 处安装测试点。如果测试接地电阻达不到设计要求，必须在距室外地坪 0.8～1 m 处预留导体加接外附人工接地体。

③引下线沿墙或混凝土构造柱暗敷设：应使用不小于 ϕ12 mm 镀锌圆钢或不小于−25 mm×4 mm 的镀锌扁钢。施工时配合土建主体外墙（或构造柱）施工。将钢筋（或扁钢）调直后与接地体（或断接卡子）连接好，由下到上展放钢筋（或扁钢）并加以固定，敷设路径要尽量短而直，可直接通过挑檐或女儿墙与避雷带焊接。

④避雷引下线明敷设：首先将引下线调直，然后根据设计的位置定位放线安装支持件（固定卡子），支持件（固定卡子）应随土建主体施工预埋。一般在距室外护坡 2 m 高处，预埋第一个支持卡子，随土建主体的上升依次预埋所有支持卡子，卡子间距 1.5～2 m，但必须均匀。卡子应突出墙装饰面 15 mm。

将调直的引下线由上到下安装。用绳子提升到屋顶将引下线固定到支持卡子上。上部与避雷带焊接下部与接地体焊接，依次安装完毕。引下线的路径尽量短而直，不能直线引下时应拐弯，并做成弯曲半径为 10 倍圆钢的弯。

明装引下线在断接卡子下部应外套塑料管以防机械损伤，为避免接触电压，游人众多的建筑物，明装引下线的外围要装设护栏。

⑤重复接地引下线安装：在低压 TN 系统中，架空线路干线和分支线的终端，其 PEN 或 PE 线应做重复接地。电缆线路和架空线路在每个建筑物的进线外均需做重复接地（如无特殊要求，对小型单层建筑，距接地点不超过 50 m 可除外）。

低压架空线路进户线重复接地可在建筑物的进线处做引下线。引下线处可不设断接卡子，N 线与 PE 线的连接可在重复接地节点处连接。需测试接地电阻时，打开节点处的连接板。架空线路除在建筑物外做重复接地外，还可利用总配电屏、箱的接地装置做 PEN 或 PE 线的重复接地。

电缆进户时，利用总配电箱进行 N 线与 PE 线的连接，重复接地线再与箱体连接。中间可不设断接卡，需测试接地电阻时，卸下端子，把仪表专用导线连接到仪表 E 的端钮上，另一端连到与箱体焊接为一体的接地端子板上测试。

引下线各部位的连接：当引下线长度不足时，需要在中间做接头搭接焊接。扁钢搭接长度不小于宽度的 2 倍，3 个棱边都要焊接。圆钢引下线搭接长度不小于圆钢直径的 6 倍，两面焊接。

断接卡子制作安装：接地装置由多个接地装置部分组成时，应按设计要求设置便于分开的断接卡子，自然接地体与人工接地连接处应有便于分开的断接卡，建筑物上的防雷设施采用多根引下线时，宜在各引下线距地面 1.5～1.8 m 处设断接卡并安装断接卡箱。

断接卡有明装和暗装，断接卡可利用不小于−40 mm×4 mm 或−25 mm×4 mm 的镀锌扁钢制作。断接卡子应用两根镀锌螺栓拧紧，引下线的圆钢与断接卡子的扁钢采用搭接焊，搭接长度不应小于圆钢直径的 6 倍，而且两面焊。

4. 成品保护

1）安装保护管时，注意保护好土建结构及装饰面。

2）拆架子时不要碰撞引下线。

3）变配电室安装设备时，不得碰坏接地干线。

5. 质量标准

1）暗敷在建筑物抹灰层内的引下线应有卡钉分段固定。

2）明敷的引下线应平直，无急弯，与支架焊接处，油漆防腐处理，且无遗漏。

3）变压器室、高低压开关室内的接地干线应有不少于 2 处与接地装置引出干线连接。

4）当利用金属构件，金属管道做接地线时，应在构件或管道与接地干线间焊接金属跨接线。

5）明敷接地引下线及室内接地干线的支持件间距应均匀，水平直线部分 0.5～1.5 m；垂直直线部分 1.5～3 m，弯曲部分 0.3～0.5 m。

6）接地线在穿越墙壁、楼板和地坪处应加套钢管或其他坚固的保护管，钢套管应与接地线做电气连通。

7）变配电室内明敷接地干线安装应符合下列规定：

①便于检查，敷设位置不妨碍设备的拆卸与检修；当沿建筑物墙壁水平敷设时，距地面高度 250～300 mm。

②与建筑物墙壁间隙 10～15 mm；当接地线跨越建筑物变形缝时，设补偿装置；接地线表面沿长度方向，每根为 15～100 mm，分别涂以黄色和绿色相间的条纹。

③变压器室、高压配电室的接地干线上应设置不少于 2 个供临时接地用的接线柱或接地螺栓。

④当电缆穿过零序电流互感器时，电缆头的接地应过零序电流互感器后接地；由电缆头至穿过零序电流互感器的一段电缆金属护层和接地线应对地绝缘。

⑤配电间隔和静止补偿装置的栅栏门及变电室金属门铰链处的接地连接，应采用编织铜线。变配电室的避雷器应用最短的接地线与接地干线连接。

⑥设计要求接地的幕墙金属框架和建筑物的金属门窗，应就近与接地干线连接可靠，连接处不同金属间应有防电化腐蚀措施。

第五节　建筑智能安装工程施工工艺

一、典型智能化子系统安装和调试的基本要求

1. 一般规定

1）智能建筑工程质量验收应包括工程实施及质量控制、系统检测和竣工验收。

2）智能建筑分部工程应包括通信网络系统、信息网络系统、建筑设备监控系统、火灾自动报警及消防联动系统、安全防范系统、综合布线系统、智能化系统集成，电源与接地，环境和住宅（小区）智能化等子分部工程；子分部工程又分为若干个分项工程（子系统）。

3）智能建筑工程质量验收应按“先产品，后系统；先各系统，后系统集成”的顺序进行。

4）智能建筑工程的现场质量管理应符合《智能建筑工程质量验收规范》（GB 50339—2013）的要求。

5）火灾自动报警及消防联动系统、安全防范系统、通信网络系统的检测验收应按相关国家现行标准和国家及地方的相关法律法规执行；其他系统的检测应由省市级以上的建设行政主管部门或质量技术监督部门认可的专业检测机构组织实施。

2. 材料和设备的要求

（1）主要材料设备要求

1）前端部分：主要包括网络控制器、计算机、不间断电源、打印机、控制台。

2）终端部分：主要包括各类传感器、电动阀、电磁阀等执行机器。

3）传输部分：主要包括电缆、DDC 控制器等。

工程所用设备型式、规格、数量、质量在施工前应进行检查，应有出厂检验证明材料并符合设计要求。经检验的设备应做好记录，对不合格的器件应单独存放，以备核查与处理。工程中使用的缆线、器材应与订货合同或封存的产品样品的规格、型号、等级相符。备品、备件及各类资料应齐全。

各种型材的材质、规格、型号应符合设计文件的规定，表面应光滑、平整，不得变形、断裂。管材采用钢管、硬质聚氯乙烯管时，其管身应光滑、无伤痕，管孔无变形，材质及孔径、壁厚应符合设计要求。各种铁件的材质、规格均应符合质量标准，不得有歪斜、扭曲、毛刺、断裂或破损。设备的表面处理和镀层应均匀、完整，表面光洁，无脱落、气泡等缺陷。各类前端执行器的型号、尺寸等应符合图纸要求，并有出厂合格证。设备在进场前，应委托鉴定单位对其各项功能等检测，并出具检测报告。

4）线缆要求：工程使用的对绞电缆或专用线缆，其型号、规格应符合设计的规定和合同要求。电缆所附标志、标签内容应齐全、清晰。电缆外护线套需完整无损，电缆应附有出厂

质量检验合格证及本批量电缆的技术指标。电缆的电气性能抽验应从本批量电缆中的任意三盘中各截出 100 m 长度，加上工程中所选用的接插件进行抽样测试，并作测试记录。

5）其他材料：镀锌钢管、镀锌线槽、金属膨胀螺栓、金属软管、接地螺栓、塑料胀管、机螺钉、平垫、弹簧垫圈、接线端子、绝缘胶布、接头等。

（2）主要机具

1）安装器具：管/锁钳、斜嘴钳、电钻、钻头、钢锯、扁嘴钳、螺丝刀（扁头、十字花）、板岩锯、通条、剪丝钳、多用刀、绳子、拉绳、冲击工具、电缆夹、布线支架等。

2）测试器具：250 V 兆欧表、500 V 兆欧表、水平尺、小线。

3）调试仪器：楼宇自控系统专用调试仪器。

3. 作业条件

线缆沟、槽、管、箱、盒施工完毕。中央控制室内土建装修完毕，温、湿度达到使用要求。空调机组、冷却塔及各类阀门等安装完毕。暖通、水系统管道、变配电设备等安装完毕。电梯安装完毕。接地端子箱安装完毕。导线间绝缘电阻经摇测符合设计要求，并编号完毕。施工图纸齐全，已经会审。施工方案编制完毕并经审批。施工前，应组织施工人员熟悉图纸、方案及专业设备安装使用说明书，并进行有针对性的培训及安全、技术交底。

4. 操作工艺

（1）工艺流程

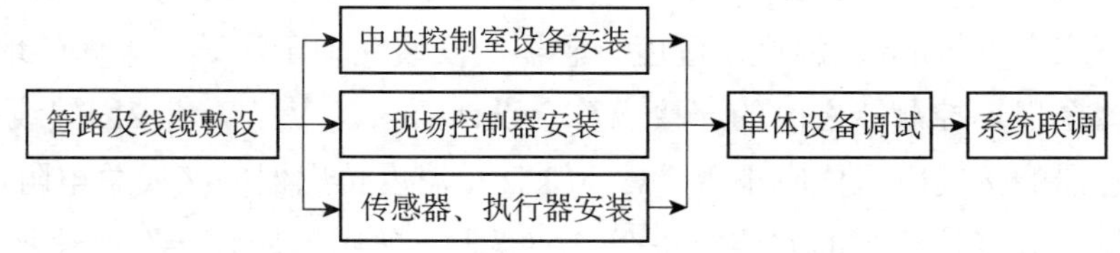

（2）施工要点

施工要点详见管路及线缆敷设，参见线缆敷设相关章节。

（3）中央控制室设备安装

设备在安装前应进行检验，并符合下列要求：设备外形完好无损，内外表面漆层完好。设备外形尺寸、设备内主板及接线端口的型号、规格符合设计要求，备品、备件齐全。

按照设计图纸连接主机、不间断电源、打印机、网络控制器等设备。设备安装应紧密、牢固，安装用的紧固件应做防锈处理。设备底座应与设备相符，其上表面应保持水平。

（4）中央控制室及网络控制器等设备的安装

控制台、网络控制器应按设计要求进行排列，根据柜的固定孔距在基础槽钢上钻孔，安装时，从一端开始逐台就位，用螺栓固定，用小线找平找直后再将各螺栓紧固。对引入的电缆或导线进行校线，按图纸要求编号。标志编号与图纸一致，字迹清晰，不易褪色；配线应整齐，避免交叉，固定牢固。交流供电设备的外壳及基础应可靠接地。中央控制室一般应根据设计要求设置接地装置。当采用联合接地时，接地电阻不应大于 1 Ω。

（5）现场控制器安装

现场控制器箱安装方法如图 10-18 所示。现场控制器接线应按照图纸和设备说明书进行，并对线缆进行编号。

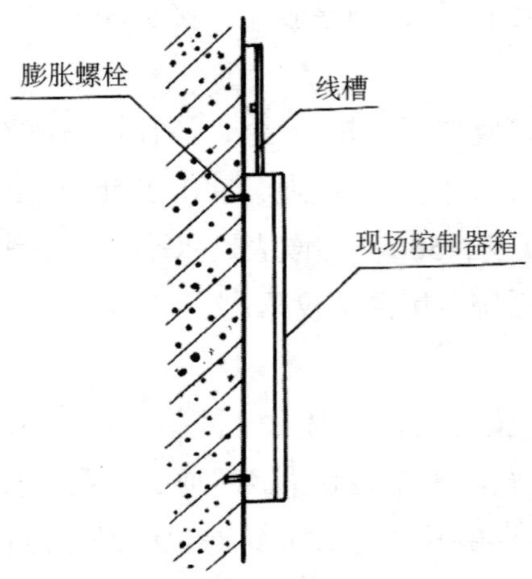

图 10-18　现场控制器箱安装示意

（6）传感器、执行器安装

室内外温度、湿度传感器的安装位置应符合以下要求：温度、湿度传感器应尽可能远离窗、门和出风口的位置。并列安装的传感器，距地高度应一致，高度差不应大于 1 mm，同一区域内高度差不应大于 5 mm。温度、湿度传感器应安装在便于调试、维修的地方。

温度传感器至现场控制器之间的连接应符合设计要求，应尽量减少因接线引起的误差，对于铂温度传感器的接线电阻值应小于 3 Ω，1 kΩ 铂温度传感器的接线总电阻值应小于 1 Ω。

风管型温度、湿度传感器的安装应符合下列要求：传感器应安装在风速平稳，能反映温度、湿度变化的位置。风管型温度、湿度传感器应在做风管保温层时完成安装。

水管温度传感器的安装应符合下列要求：水管温度传感器宜在暖通水管路完毕后进行安装。水管温度传感器的开孔与焊接工作，必须在工艺管道防腐、衬里、吹扫和压力试验前进行。水管温度传感器的安装位置应在水流温度变化灵敏和具有代表性的地方，不宜选择在阀门等阻力件附近和水流流束死角及振动较大的位置。

压力、压差传感器、压差开关安装如图 10-19 所示。

传感器宜安装在便于调试、维修的位置。传感器应安装在温度、湿度传感器的上侧。风管型压力、压差传感器应在做风管保温层时完成安装。风管型压力、压差传感器应安装在风管的直管段，如不安装在直管段，则应避开风管内通风死角和蒸汽排放口的位置。水管型压力、压差传感器应在暖通水管路安装完毕后进行定装，其开孔与焊接工作必须在工艺管道的防腐、衬里、吹扫和压力试验前进行。

水管型压力、压差传感器不宜在管道焊缝及其边缘处开孔及焊接。水管型压力、压差传感器宜安装在管道底部和水流流束稳定的位置，不宜安装在阀门附近、水流流束死角和振动较大的位置。

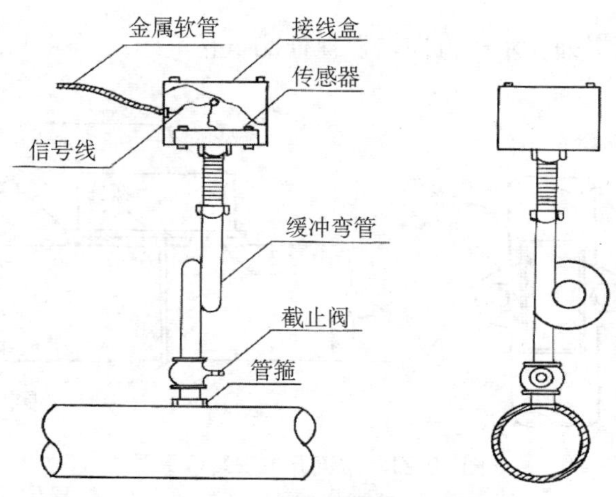

图 10-19　压差传感器安装示意图

（7）压差开关安装

安装压差开关时，宜将薄膜处于垂直于平面的位置。风压压差开关的安装应在做风管保温层时完成安装。风压压差开关宜安装在便于调试、维修的地方。风压压差开关安装完毕后应做密闭处理。风压压差开关的线路应通过软管与压差开关连接。风压压差开关应避开蒸汽排放口。风压压差开关安装如图 10-20 所示。

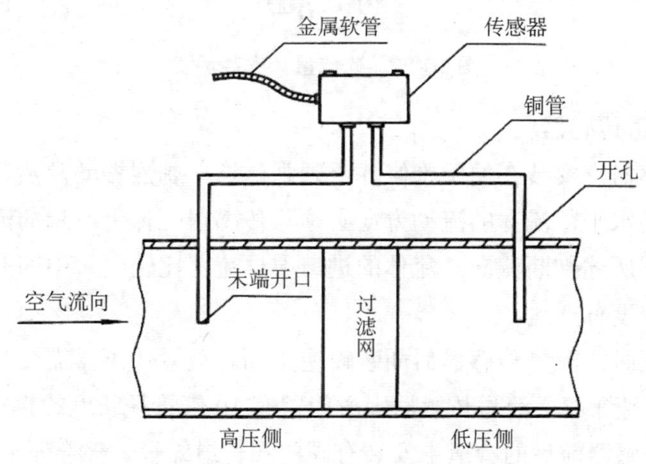

图 10-20　压差开关安装示意

（8）水流开关安装（如图 10-21 所示）

水流开关的安装，应与工艺管道预制、安装同时进行。水流开关的开孔与焊接工作，必须在工艺管道的防腐、衬里、吹扫和压力试验前进行。水流开关宜安装在水平管段上，不应安装在垂直管段上。水流开关宜安装在便于调试、维修的地方。

（9）流量传感器的安装

磁流量计安装方法如图 10-22 所示。电磁流量计应避免安装在有较强的交直流磁场或有剧烈振动的场所。电磁流量计应设置在流量调节阀的上游，流量计的上游应有一定的直管段。在垂直的工艺管道安装时，液体流向自下而上，以保证导管内充满被测液体或不致产生气泡；

水平安装时，必须使电极处在水平方向，以保证测量精度。

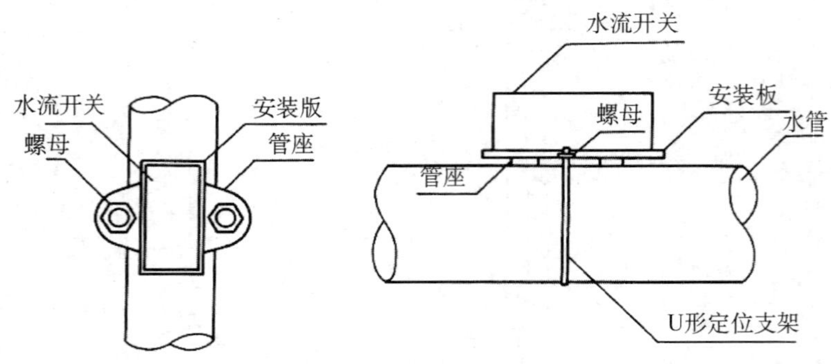

图 10-21 水流开关安装示意图

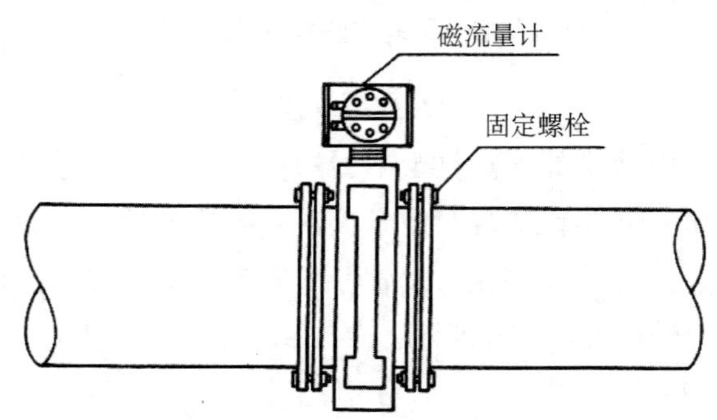

图 10-22 磁流量计安装示意

（10）涡轮式流量传感器

涡轮式流量传感器宜安装在便于维修并避开强磁场、剧烈振动及热辐射的场所。涡轮式流量传感器安装时要水平，流体的流动方向必须与传感器壳体上所示的流向标志一致。如果没有标志，可按下列所述判断流向：流体的进口端导流器比较尖，中间有圆孔。流体的出口端导流器不尖，中间没有圆孔。

当可能产生逆流时，流量传感器后面装设逆止阀。流量传感器需要装在一定长度的直管上，以确保管道内流速平稳。流量传感器上游应留有 10 倍管径长度的直管，下游留有 5 倍管径长度的直管。若传感器前后的管道中安装有阀门和管道缩径、弯管等影响流量平稳的设备，则直管段的长度还需相应调整。信号的传输线宜采用屏蔽和绝缘保护层的线缆，线缆的屏蔽层宜在现场控制器侧一点接地。

（11）风机盘管温控器、电动阀的安装

温控开关与其他开关并列安装时，距地面高度应一致。电动阀阀体上箭头的指向应与介质流动方向一致。风机盘管电动阀应安装于风机盘管的回水管上。四管制风机盘管的冷热水管电动阀共用线应为零线。

（12）电磁阀、电动阀的安装

电磁阀、电动阀安装前应按安装使用说明书的规定检查线圈与阀体间的绝缘电阻值。电磁阀、电动阀在安装前宜进行模拟动作和试压试验。空调器的电磁阀、电动阀旁一般应装有旁通管路。电磁阀、电动阀的口径与管道通径不一致时，应采用渐缩管件，且结合处不允许有间隙、松动现象。同时，电动阀口径一般不应低于管道口径 2 个等级。

执行机构应固定牢固，操作手轮应处于便于操作的位置，并注意安装的位置便于维修、拆装。执行机构的机械传动应灵活，无松动或卡涩现象。有阀位指示装置的电磁阀、电动阀，阀位指示装置应面向便于观察的位置。电磁阀、电动阀一般安装于回水管道。阀体上箭头的指向应与介质流动方向一致，并应垂直安装于水平管道上，严禁倾斜安装。

大型电动调节阀安装时，为避免给调节阀带来附加压力，应安装支架，在有剧烈振动的场所，应同时采取抗震措施。安装于室外的电磁阀、电动阀应加防护罩。在管道冲洗前，应将阀体完全打开。

（13）风阀控制器的安装（如图 10-23 所示）

风阀控制器安装前，应按安装使用说明书的规定检查工作电压，控制输入线圈和阀体间的电阻等，应符合设计和产品说明书的要求，风阀控制器与风阀门轴的连接应固定牢固。风阀控制器在安装前，宜进行模拟动作试验。

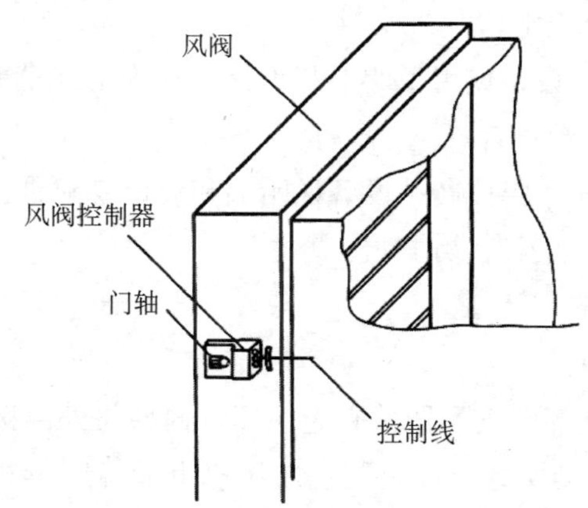

图 10-23　风阀控制器安装示意

风阀控制器上的开闭箭头的指向应与阀门开闭方向一致。风阀的机械机构开闭应灵活，无松动或卡涩现象。风阀控制器不能直接与风门挡板轴相连接时，则可通过附件与挡板轴相连，但其附件装置必须保证风阀控制器旋转角度的调整范围。

风阀控制器应与风阀门轴垂直安装，垂直角度不小于 85°。

风阀控制器的输出力矩必须与风阀所需要的相匹配，符合设计要求。风阀控制器安装后，风阀控制器的开闭指示位置应与风阀实际状况一致，风阀控制器宜面向便于观察的位置。

二、单体设备调试

1. 调试程序

楼宇自控系统调试必须具备下列条件：

1）楼宇自控系统的全部设备包括现场的各种阀门、执行器、传感器等全部安装完毕，线路敷设和接线全部符合图纸及设计的要求。

2）楼宇自控系统的受控设备及其自身的系统安装完毕，且调试合格。

3）同时其设备或系统的测试数据必须满足自身系统的工艺要求，具备相应的测试记录。

检测楼宇自控系统设备与各联动系统设备的数据传输符合设计要求。确认按设计图纸、产品供应商的技术资料、软件和规定的其他功能和联锁、联动程序的控制要求。

2. 现场控制器测试调试程序

1）数字量输入测试：信号电平的检查，按设备说明书和设计要求确认干接点输入和电压、电流等信号是否符合要求。动作试验，按上述不同信号的要求，用程序方式或手动方式对全部测点进行测试，并将测试值记录下来。

2）数字量输出测试：信号电平的检查，按设备说明书和设计要求确认继电器开关的输出启/停（ON/OFF）、输出电压或电流开关特性是否符合要求。

动作试验，用程序方式或手动方式测试全部数字量输出，记录其测试数值并观察受控设备的电气控制开关工作状态是否正确，并观察受控设备运行是否正常。

3）模拟量输入测试：按设备说明书和设计要求确认其模拟量输入的类型、量程（容量）、设定值（设计值）是否符合规定。

4）模拟量输出测试：按设备使用说明书和设计要求确定其模拟量输出的类型、量程（容量）与设定值（设计值）是否符合。

5）现场控制器功能测试：应按产品设备说明书和设计要求进行，通常进行运行可靠性测试和现场控制器软件主要功能及其实时性测试。

3. 空调单体设备的调试

（1）新风机单体设备调试

检查新风机控制柜的全部电气元器件有无损坏，内部与外部接线是否正确，严防强电电源串入现场控制器。按监控点要求，检查装在新风机上的温度、湿度传感器，电动阀，风阀，压差开关等设备的位置、接线是否正确，并检查输入、输出信号的类型、量程是否与设计一致。

在手动位置确认风机在手动控制状态下已运行正常。确认现场控制器和I/O模块的地址码设置是否正确。确认现场控制器送电并接通主电源开关后，观察现场控制器和各元件状态是否运行正常。

用笔记本电脑或手提检测器检测所有模拟量输入点送风温度和风压的量值，并核对其数值是否正确。记录所有开关量输入点（风压开关和防冻开关等）工作状态是否正常。强置所有的开关量输出点开与关，确认相关的风机、风门、阀门等工作是否正常。强置所有模拟量输出点、输出信号，确认相关的电动阀（冷热水调节阀）的工作是否正常及其位置调节是否跟随变化，并打印记录结果。

启动新风机，新风阀门应联锁打开，送风温度调节控制柜应投入运行。模拟送风温度大于送风温度设定值，热水调节阀逐渐减小开度直至全部关闭（冬天工况）；或者冷水阀逐渐加大，开度直至全部打开（夏天工况）。模拟送风温度小于送风温度设定值时，确认其冷热水阀运行工况与上述完全相反。

模拟送风湿度小于送风湿度设定值时，加湿器运行湿度调节。新风机停止运转，则新风门以及冷、热水调节阀门、加湿器等应回到全关闭位置。单体调试完成时，应按工艺和设计要求在系统中设定其送风温度、湿度和风压的初始状态。

（2）空气处理机单体设备调试

启动空调机时，新风门、回风门、排风门等应联动打开，进入工作状态。空调机启动后，回风温度应随着回风温度设定值改变而变化，经过一定时间后，应能稳定在回风温度设定值范围之内。如果回风温度跟踪设定值的速度太慢，可以适当提高比例积分微分调节器（PID）的放大作用；如果系统稳定后，回风温度和设定值的偏差较大，可以适当提高 PID 调节的积分作用；如果回风温度在设定值上下明显地做周期性波动，其偏差超过范围，则应先降低或取消微分作用，再降低比例放大作用，直到系统稳定为止。PID 参数设置的原则是：首先保证系统稳定，其次满足其基本的精度要求；各项参数值设置精度不高，应避免系统振荡，并有一定余量。当系统调试不能稳定时，应考虑有关的机械或电气装置中是否存在妨碍系统稳定的因素，做仔细检查并排除这样的干扰。

如果空调机是双环控制，那么内环以送风温度作为反馈值，外环以回风温度作为反馈值，以外环的调节控制输出作为内环的送风温度设定值。一般内环为 PID 调节，不设置微分参数。空调机停止转动时，新风机风门、排风门、回风门、冷热水调节阀、加湿器等应回到全关闭位置。

变风量空调机应按控制功能变频或分挡变速的要求，确认空气处理机的风量、风压随风机的速度也相应变化。当风压或风量稳定在设计值时，风机速度应稳定在某一点上，并按设计和产品说明书的要求记录 30%、50%、90%风机速度时相对应的风压或风量（变频、调速）；还应在分挡变速时测量其相应的风压与风量。模拟控制新风门、排风门、回风门的开度限位应满足空调风门开度要求。

（3）空调冷热源设备调试

按设计和产品技术说明书规定，在确认主机、水泵、冷却塔、风机、电动蝶阀等相关设备单独运行正常情况下，通过进行全部 AO、AI、DO、DI 点的检测，确认其满足设计和监控点表的要求。启动自动控制方式，确认系统各设备可以按设计和工艺要求的顺序投入运行、关闭、自动退出运行。

增加或减少空调机运行台数，增加其冷热负荷，检验平衡量的方向和数值，确认能启动或停止的冷热机组的台数能满足负荷需要。模拟一台设备故障停运以及整个机组停运，检验系统是否自动启动一个备用的机组投入运行。

变风量系统末端装置单体调试：变风量系统末端单体检测的项目和要求应按设计和产品供应商说明书的要求进行，变风量系统末端通常应进行如下检查与检试：

按设计图纸要求检查变风量系统末端、变风量系统控制器、传感器、阀门、风门等设备的安装和变风量系统控制器电源、风门和阀门的电源是否正确。用变风量系统控制器软件检查传感器、执行器工作是否正常。用变风量系统控制软件检查风机运行是否正常。

测定并记录变风量系统末端一次风最大流量、最小流量及二次风流量是否满足设计要求。

确认变风量系统控制器与上位机通信正常。

（4）风机盘管单体调试

检查电动阀门和温度控制器的安装和接线是否正确。确认风机和管路已处于正常运行状态。观察风机在高、中、低三速的状态下电动开关阀风机、阀门工作是否正常。操作温度控制器的温度设定按钮和模式设定按钮，风机盘管的电动阀应有相应的变化。如风机盘管控制器与现场控制器相连，则应检查主机对全部风机盘管的控制和监测功能（包括设定值修改、温度控制调节和运行参数）。

（5）空调水二次泵及压差旁通调试

如果压差旁通阀门采用无位置反馈，则应做如下测试：打开调节阀驱动器外罩，观测并记录阀门从全关至全开所需时间和全开到全关所需时间，取此二者较大者作为阀门“全行程时间”参数输入现场控制器输出点数据区。

按照原理图和技术说明的内容，进行二次泵压差旁通控制的调试。先在负载侧全开一定数量调节阀，其流量应等于一台二次泵额定流量，接着启动一台二次泵运行，然后逐个关闭已开的调节阀，检验压差旁通阀门旁路。在上述过程中，应同时观察压差量值是否基本稳定在设定值范围之内。

按照原理图和技术说明的内容，检验二次泵的台数控制程序是否能按预定的要求运行。其中负载侧总流量先按设备参数规定，这个数值可在经过一年的负载高峰期，获得实际峰值后，结合每台二次泵的负荷适当调整。在发生二次泵台数启/停切换时，应注意压差测量值也应基本稳定在设定范围之内。

检验系统的联锁功能，每当有一次机组在运行，二次泵便应同时投入运行，只要有二次泵在运行，压差旁通控制便应同时工作。

4. 给排水系统单体设备的调试

检查各类水泵的电气控制柜与现场控制器之间的接线应正确，严防强电串入现场控制器。按监控点表的要求检查装于各类水箱、水池的水位传感器，以及温度传感器、水量传感器等设备的位置、接线是否正确。

确认受控设备在手动控制状态下运行正常。对给排水系统中的液位、压力等参数的检测及水泵运行状态的监控和报警进行测试。在现场控制器侧，检测该设备 AO、AI、DO、DI 应满足设计、监控点和联动连锁的要求。

5. 变配电、照明系统单体设备调试

按图纸和变送器接线要求检查变送器与现场控制器、配电箱、柜的接线是否正确，量程是否匹配，检查通信接口是否符合设计要求。利用工作站数据读取和现场测量的方法对电压、电流、（无功）功率、功率因数、用电量等各项参数的测量和记录准确性和真实性进行检查。

按照明系统设计和监控要求检查控制顺序、时间和分区方式是否正确。检查对照明系统控制动作的正确性，并检查其手动开关功能。检查柴油发电机组及相应的控制箱、柜的监控是否正常。

对电压、电流、有功（无功）功率、功率因数、用电量等各项参数的图形显示功能进行验证。对报警信号进行验证。

电梯监控系统的设备调试：检查电梯监控系统的接线和通信接口是否符合要求。通过工作站对电梯的运行状态进行监视，并检查其图形显示功能。检查电梯监控的故障报警功能。

三、系统联调

控制中心设备的接线检查。按系统设计图纸要求，检查主机与网络器、开关设备、现场控制器、系统外部设备（包括电源 UPS、打印设备）、通信接口（包括与其他子系统）之间的连接、传输线型号规格是否正确。通信接口的通信协议、数据传输格式、速率等是否符合设计要求。

系统通信检查。主机及其相应设备通电后，启动程序检查主机与本系统其他设备通信是否正常，确认系统内设备无故障。对整个楼控系统监控性能和联动功能进行测试，要求满足设计图纸及系统监控点表的要求。

四、质量标准

1）空调与通风系统功能检测：建筑设备监控系统应对空调系统进行温、湿度及新风量自动控制、预定时间表自动启停、节能优化控制等控制功能进行检测。应着重检测系统测控点（温度、相对湿度、压差和压力等）与被控设备（风机、风阀、加湿器及电动阀门等）的控制稳定性、响应时间和控制效果，并检测设备连锁控制和故障报警的正确性。

2）变配电系统功能检测：建筑设备监控系统应对变配电系统的电气参数和电气设备工作状态进行监测，检测时，应利用工作站数据读取和现场测量的方法对电压、电流、有功（无功）功率、功率因数、用电量等各项参数的测量和记录进行准确性和真实性检查，显示的电力负荷及上述各参数的动态图性能比较准确地反映参数变化情况，并对报警信号进行验证。

对高低压配电柜的运行状态、电力变压器的温度、应急发电机组的工作状态、储油罐的液位、蓄电池组及充电设备的工作状态、不间断电源的工作状态等参数进行检测时，应全部检测，合格率 100%时为检测合格。

3）公共照明系统功能检测：建筑设备监控系统应对公共照明设备（公共区域、过道、园区和景观）进行监控，应以光照度、时间表等为控制依据，设置程序控制灯组的开关，检测时，应检查控制动作的正确性，并检查其手动开关功能。

4）给排水系统功能检测：建筑设备监控系统应对给水系统、排水系统和中水系统进行液位、压力等参数检测及水泵运行状态的监控和报警进行验证。检测时，应通过工作站参数设置或人为改变现场测控点状态，监视设备的运行状态，包括自动调节水泵转速、投运水泵切换及故障状态报警和保护等项是否满足设计要求。

5）热源和热交换系统功能检测：建筑设备监控系统应对热源和热交换系统进行系统负荷调节、预定时间表自动启停和节能优化控制。检测时，应通过工作站或现场控制器对热源和热交换系统的设备运行状态、故障等的监视、记录与报警进行检测，并检测对设备的控制功能。

6）冷冻和冷却水系统功能检测：建筑设备监控系统应对冷水机组、冷冻冷却水系统进行系统负荷调节、预定时间表自动启停和节能优化控制。检测时，应通过工作站对冷水机组、冷冻冷却水系统设备控制和运行参数、状态、故障等的监视、记录与报警情况进行检查，并检查设备运行的联动情况。

7）电梯和自动扶梯系统功能检测：建筑设备监控系统应对建筑物内电梯和自动扶梯系统进行监测。检测时应通过工作站对系统的运行状态与故障进行监视，并与电梯和自动扶梯系统的实际工作情况进行核实。

8）建筑设备监控系统与子系统（设备）间的数据通信接口功能检测：建筑设备监控系统与带有通信接口的各子系统以数据通信的方式相连时，应在工作站监测子系统的运行参数（含工作状态参数和报警信息），并和实际状态核实，确保准确性和响应时间符合设计要求；对可控的子系统，应检测系统对控制命令的响应情况。

9）中央管理工作站与操作分站功能检测：对建筑设备监控系统中央管理工作站与操作分站功能进行检测时，主要检测其监控和管理功能，检测时，应以中央管理工作站为主，对操作分站，主要检测其监控和管理权限以及数据与中央管理工作站的一致性。

应检测中央管理工作站显示和记录的各种测量数据、运行状态、故障报警等信息的实时性和准确性，以及对设备进行控制和管理的功能，并检测中央站控制命令的有效性和参数设定的功能，保证中央管理工作站的控制命令被无冲突地执行。

应检测中央管理工作站数据的存储和统计（包括检测数据、运行数据）、历史数据趋势图显示、报警存储统计（包括各类参数报警、通信报警和设备报警）情况，中央管理工作站存储的历史数据时间应大于 3 个月。

应检测中央管理工作站数据报表生成及打印功能以及故障报警信息的打印功能。

应检测中央管理工作站操作的方便性，人机界面应符合友好、汉化、图形化要求，图形切换流程清楚易懂，便于操作。对报警信息的显示和处理应直观有效。

应检测操作权限，确保系统操作的安全性。以上功能全部满足设计要求时为检测合格。

10）系统实时性检测：采样速度、系统响应时间应满足合同技术文件与设备工艺性能指标的要求。

11）系统可维护功能检测：应检测应用软件的在线编程（组态）和修改功能，在中央站或现场进行控制器或控制模块应用软件的在线编程（组态）、参数修改及下载，全部功能得到验证为合格，否则为不合格。

设备、网络通信故障的自检测功能，自检必须指示出相应设备的名称和位置，在现场设置设备故障和网络故障，在中央站观察结果显示和报警，输出结果正确且故障报警准确者为合格，否则为不合格。

12）系统可靠性检测：系统运行时，启动或停止现场设备，不应出现数据错误或产生干扰，影响系统正常工作。检测时，采用远动或现场手动启/停现场设备，观察中央站数据显示和系统工作情况，工作正常的为合格，否则为不合格。

切断系统电网电源，转为 UPS 供电时，系统运行不得中断。电源转换时系统工作正常的为合格，否则为不合格。

中央站冗余主机自动投入时，系统运行不得中断；切换时，系统工作正常的为合格，否则为不合格。

第六节　火灾自动报警及消防联动系统安装工艺

本工艺适用于建筑工程中火灾自动报警及消防联动系统的安装、检测。工程施工应以设计图纸和有关施工质量验收规范为依据。

一、材料、设备要求

1）明确各类火灾探测器、离子式探测器、光电式探测器、线性感烟探测器、感温式火灾探测器等的材质、规格、型号应符合设计文件的规定，表面应光滑、平整，不得变形、断裂。

2）设备的表面处理和镀层应均匀、完整，表面光洁，无脱落、气泡等缺陷。有出厂合格证。前端探测器、各类缆线、管材、联动装置等设备均在进场前应委托鉴定单位对其各项功能检测，并出具检测报告。

3）镀锌材料：镀锌钢管、镀锌线槽、金属膨胀螺栓、金属软管、接地螺栓。

4）其他材料：塑料胀管、机螺钉、平垫圈、弹簧垫圈、接线端子、绝缘胶布、接头等。

5）主要机具：同水电。

二、作业条件

1）线缆沟、槽、管、箱、盒施工完毕。主机房内土建、装饰作业完工，温度、湿度达到使用要求。机房内接地端子箱安装完毕。

2）火灾自动报警系统工程的施工单位必须是公安消防监督机构认可的单位，并受其监督。导线间绝缘电阻经摇测符合国家规范要求，并编号完毕。

3）施工图纸齐全，已经会审。施工方案编制完毕并经审批。施工前，应组织施工人员熟悉图纸、方案及专业设备安装使用说明书，并进行有针对性的培训及安全、技术交底。

三、操作工艺

1. 工艺流程

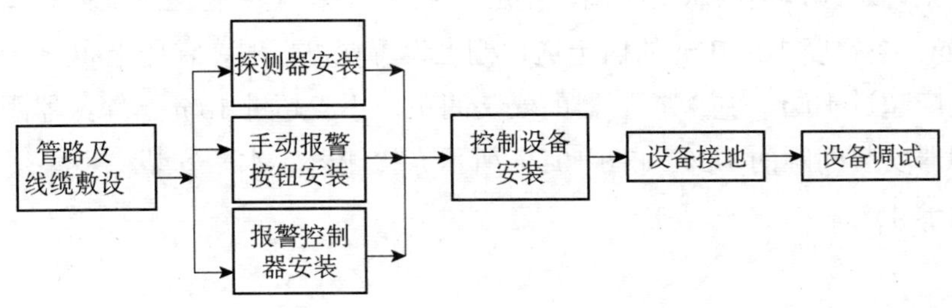

2. 施工要点

（1）管路及线缆敷设

火灾自动报警系统的管线敷设，参见给排水施工。火灾自动报警系统管线敷设，应根据设计要求，对导线的种类、电压等级进行检查。

在管内或线槽内的穿线，应在建筑抹灰及地面工程结束后进行。在穿线前，应将管内或线槽内的积水及杂物清除干净。不同系统、不同电压等级、不同电流类别的线路，不应穿在同一管内或线槽的同一槽孔内。

导线在管内或线槽内，不应有接头或扭结。导线的接头，应在接线盒内焊接或用端子连接。敷设在多尘或潮湿场所管路的管口和管子连接处，均应按设计要求做密封处理。

管路超过下列长度时，应在便于接线处装设接线盒：管子长度每超过 45 m，无弯曲时；管子长度每超过 30 m，有 1 个弯曲时；管子长度每超过 20 m，有 2 个弯曲时；管子长度每超过 12 m，有 3 个弯曲时。

管子入盒时，盒外侧应套锁母，内侧应装护口，在吊顶内敷设时，盒的内外侧均应套锁母。在吊顶内敷设管路和线槽时，必须采用金属管、金属线槽，宜采用单独的卡具吊装或支撑物固定。线槽的直线段应每隔 1.0～1.5 m 设置吊点或支点，在下列部位也应设置吊点或支点：线槽接头处；距接线盒 0.2 m 处；线槽走向改变或转角处。

吊装线槽的吊杆直径不应小于 6 mm。管线经过建筑物的变形缝（包括沉降缝、伸缩缝、抗震缝等）处，应采取补偿措施，导线跨越变形缝的两侧应固定，并留有适当余量。火灾自动报警系统导线敷设后，应对每回路的导线用 500 V 的兆欧表测量绝缘电阻，其对地绝缘电阻值不应小于 20 MΩ。

埋入非燃烧体的建筑物、构筑物内的电线保护管其保护层厚度不应小于 30 mm。如因条件限制，强电和弱电线路共用一个竖井时，应分别布置在竖井的两侧。暗装消火栓箱配管时，应从侧面进线，接线盒不应放在消火栓箱的后侧。

火灾自动报警系统的传输线路应采用铜芯绝缘线或铜芯电缆，阻燃耐火性能符合设计要求，其电压等级不应低于交流 250 V。火灾报警器的传输线路应选择不同颜色的绝缘导线，探测器的“+”线为红色，“−”线为蓝色，其余线应根据不同用途采用其他颜色区分。同一工程中相同用途的导线颜色应一致，接线端子应有标号。

（2）火灾探测器的安装

点型火灾探测器的安装位置，应符合下列规定：探测器至墙壁、梁边的水平距离，不应小于 0.5 m。探测器 0.5 m 内，不应有遮挡物。

探测器至空调送风口边的水平距离，不应小于 1.5 m；至多孔送风顶棚孔口的水平距离，不应小于 0.5 m。在宽度小于 3 m 的内走道顶棚上设置探测器时，宜居中布置。感温探测器的安装间距，不应超过 10 m；感烟探测器的安装间距，不应超过 15 m。探测器距端墙的距离，不应大于探测器安装间距的 1/2，如图 10-24 所示。探测器宜水平安装，当必须倾斜安装时，倾斜角不应大于 45°。

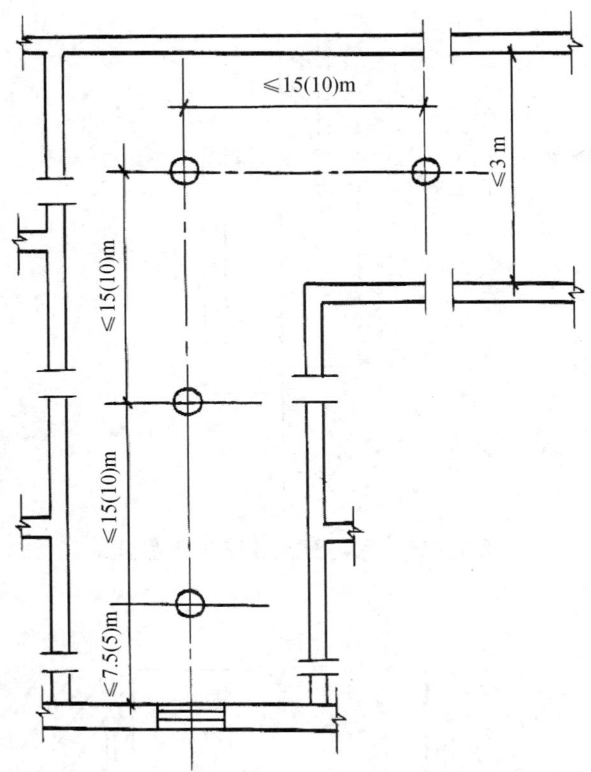

图 10-24 探测器在宽度小于 3 m 的走道布置

可燃气体探测器的安装位置和安装高度应依据所探测气体的性质而定。当探测的可燃气体比空气重时，探测器安装在下部，当探测的可燃气体比空气轻时，探测器安装在上部。探测器的底座应固定牢靠，其导线连接必须可靠压接或焊接。当采用焊接时，不得使用带腐蚀性的助焊剂。

探测器底座的外接导线，应留有不小于 150 mm 的余量，入端处应有明显标志。探测器底座的穿线孔宜封堵，安装完毕后的探测器底座应采取保护措施。

探测器的确认灯，应面向便于人员观察的主要入口方向。探测器在即将调试时方可安装，在安装前应妥善保管，并应采取防尘、防潮、防腐蚀措施。在电梯井、升降机井设置探测器时其位置宜在井道上方的机房顶棚上。

（3）手动火灾报警按钮的安装

手动火灾报警按钮的安装位置和高度应符合设计要求，如图 10-25 所示。手动火灾报警按钮，应安装牢固，并不得倾斜。手动火灾报警按钮的外接导线，应留有不小于 10 cm 的余量，且在其端部应有明显标志。

（4）红外光束探测器的安装应符合的要求

发射器和接收器应安装在同一条直线上，如图 10-26 所示。

光线通路上不应有遮挡物。相邻两组红外光束感烟探测器水平距离应不大于 14 m，探测器距侧墙的水平距离不应大于 7 m，且不应小于 0.5 m。探测器光束距顶棚一般为 0.3～0.8 m，且不得大于 1 m。探测器发出的光束应与顶棚水平，远离强磁场，避免阳光直射，底座应牢

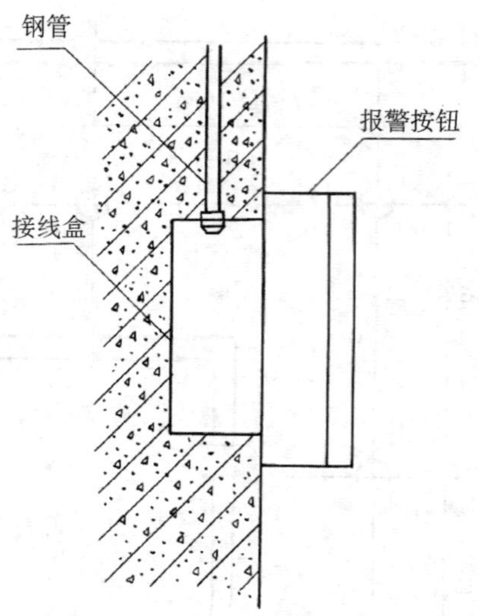

图 10-25　手动报警按钮安装示意图

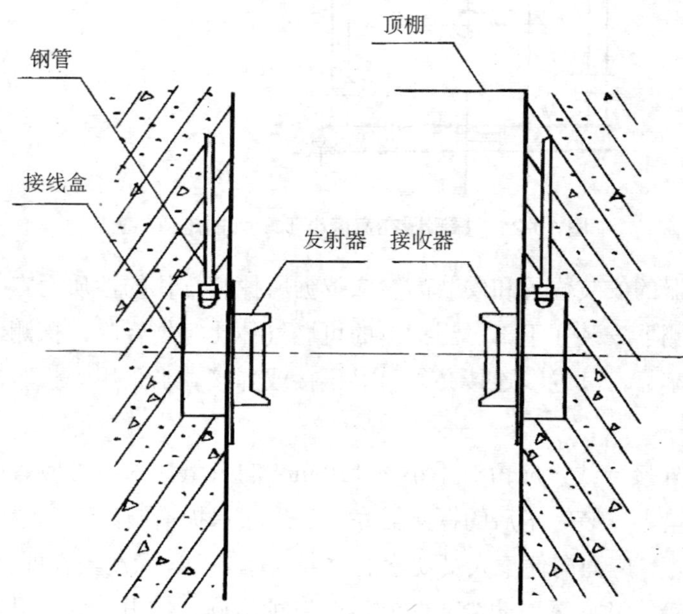

图 10-26　红外光束探测器安装示意

固地安装在墙上。

缆式探测器的安装应符合以下要求：缆式探测器用于监测室内火灾时，可敷设在室内的顶棚下，其线路距顶棚的垂直距离应小于 0.5 m，如图 10-27 所示。

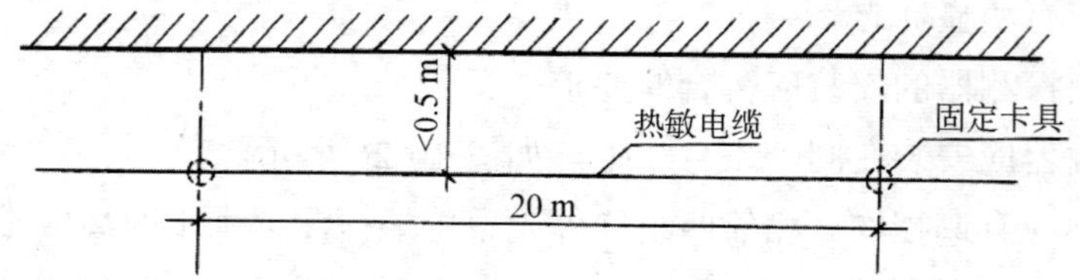

图 10-27　热敏电缆在顶棚下安装示意

热敏电缆安装在电缆托架或支架上时，应紧贴电力电缆或控制电缆的外护套，呈正弦波方式敷设。热敏电缆敷设在传送带上时，可直接敷设于被保护传送带的上方及侧面。热敏电缆安装于动力配电装置上时，应与被保护物有良好的接触。热敏电缆敷设时，应用固定卡具固定牢固，严禁硬性折弯、扭曲，防止护套破损。必须弯曲时，弯曲半径应大于 200 mm。

（5）火灾报警控制器的安装

火灾报警控制器（以下简称控制器）在墙上安装时，其底边距地（楼）面高度不应小于 1.5 m；落地安装时，其底宜高出地坪 0.1～0.2 m。控制器应安装牢固，不得倾斜。安装在轻质墙上时，应采取加固措施。

引入控制器的电缆或导线，应符合下列要求：配线应整齐，避免交叉，并应固定牢靠。电缆芯线和所配导线的端部，均应标明编号，并与图纸一致，字迹清晰不易褪色。端子板的每个接线端，接线不得超过 2 根。电缆芯和导线，应留有不小于 200 mm 的量。导线应绑扎成束。导线引入线穿线后，在进线管处应封堵。控制器的接地应牢固，并有明显标志。

（6）消防控制设备的安装

消防控制设备在安装前，应进行功能检查，不合格者，不得安装。消防控制设备在外接导线，当采用金属软管作套管时，其长度不宜大于 2 m，且应采用管卡固定，其固定点间距不应大于 0.5 m。金属软管与消防控制设备的接线盒（箱）应采用锁母固定，并应根据配管规定接地。

消防控制设备外接导线的端部，应有明显标志。消防控制设备盘（柜）内不同电压等级、不同电流类别的端子应分开，并有明显标志。

（7）系统接地装置的安装

工作接地线应采用铜芯绝缘导线或电缆不得利用镀锌扁铁或金属软管。由消防控制室引至接地体的工作接地线，在通过墙壁时，应穿入钢管或其他坚固的保护管。工作接地线与保护线必须分开，保护接地导体不得利用金属软管。

接地装置施工完毕后，应及时作隐蔽工程验收，验收应包括下列内容：测量接地电阻，并作记录。查验应提交的技术文件。审查施工质量。

（8）系统调试

1）火灾自动报警系统设备单机调试：分别对每一回路的线缆进行测试，检查是否存在短路、断路等故障，并检查工作接地和保护接地是否连接正确、可靠。对消防报警主机进行编程，并进行汉化图形显示。对系统每一回路中的每一个探测器应进行模拟火灾响应试验和故障报警试验，检验其可靠性。

对手动报警按钮逐一进行动作测试。对楼层显示器、警报器、警铃等设备的功能进行测试。逐一检查广播系统扬声器的音质及音量，并进行选层广播、消防强切等测试。逐一对消防电话进行通话试验，并对消防控制室内的外线电话进行拨通测试。对区域报警控制器的功能进行测试。

2）对集中报警控制器的下列功能进行测试：火灾报警自检功能。消音、复位功能。故障报警功能。火灾优先功能。报警记忆功能。对电源自动转换和备用电源的自动充电功能及备用电源的欠压和过压报警功能进行检测，在备用电源连续充放电 3 次后，主电源和备用电源应能自动转换。

3）联动系统设备单机调试：在联动系统设备单机自调合格之前，禁止打开联动控制器的电源。对联动系统线路进行测试，排除线路故障。检查控制模块接线端子的压线是否正确、可靠。检查控制信号电平是否符合设计要求。

对系统需联动控制的通风、给排水、消防水、强电、弱电、电梯及防火卷帘门的设备进行现场模拟联动试验，确保联动设备单机运行正常。风阀、风机等设备自调合格后，检查其对消防系统控制信号的动作响应是否正确，并检查是否有反馈信号返回消防主机。

水流指示器、信号阀、报警阀、喷淋泵等设备自调合格后，对各防火分区内的喷淋管末端逐一进行放水试验，检查水流指示器是否报警准确；对信号阀进行手动开关，检验其动作信号报警是否准确；对报警阀进行放水试验，检查水力警铃及压力开关报警是否准确；检查喷淋泵的运行状态、工作泵、备用泵转换，检测反馈信号是否正确。

消防泵自调合格后，检查消防泵的运行状态、工作泵、备用泵转换，检测反馈信号是否正确。防火卷帘门自调合格后，检查防火卷帘门对消防控制信号的响应，并检查是否有反馈信号返回主机。非消防电源控制装置自调合格后，检查其对系统控制信号的动作响应是否正确，并检查是否有反馈信号返回消防主机。电梯自调合格后，主机发出控制信号，电梯迫降至首层，并有反馈信号返回消防主机。

4）系统联合调试：联动系统设备单机调试合格后，对消防报警主机进行联动控制逻辑编程。将联动主机的转换开关设为自动状态，以防火分区为单位分层进行系统联合调试。对探测器进行模拟火灾试验，监测主机及现场报警状态、预设报警联动动作及反馈信号，并在现场逐一进行核实。使用火灾报警按钮模拟火灾状态，监测主机及现场报警状态、预设报警联动动作及反馈信号，并在现场逐一进行核实。使用消火栓按钮模拟火灾状态，监测主机及现场报警状态、消火栓泵运行状态，并在现场进行核实。

喷淋系统末端进行放水模拟火灾状态，监测主机及现场报警状态、预设报警联动动作及反馈信号，并在现场逐一进行核实。手动拉动防火阀使其动作，模拟火灾状态，监测主机及现场报警状态、预设报警联动动作及反馈信号，并在现场逐一进行核实。系统应按有关规定连续试运行数小时无故障后，填写火灾自动报警系统调试报告。

四、质量标准

1）在智能建筑工程中，火灾自动报警及消防联动系统的检测应按《火灾自动报警系统施工及验收规范》（GB 50166—2007）的规定执行。

2）火灾自动报警及消防联动系统应是独立的系统。除规范中规定的各种联动，当火灾自动报警及消防联动系统还与其他系统具备联动关系时，不得与规范的规定相抵触。

3）火灾自动报警系统的电磁兼容性防护功能，应符合《消防电子产品环境试验方法和严酷等级》（GB 16838—2005）的有关规定。

4）检测火灾报警控制器的汉化图形显示界面及中文屏幕菜单等功能，并进行操作试验。

5）检测消防控制室向建筑设备监控系统传输、显示火灾报警信息的一致性和可靠性，检测与建筑设备监控系统的接口、建筑设备监控系统对火灾报警的响应及其火灾运行模式，应采用在现场模拟发出火灾报警信号的方式进行。

6）检测消防控制室与安全防范系统等其他子系统的接口和通信功能。检测智能型火灾探测器的数量、性能及安装位置，普通型火灾探测器的数量及安装位置。

7）新型消防设施的设置情况及动能检测应包括：早期烟雾探测火灾报警系统。大空间早期火灾智能检测系统、大空间红外图像矩阵火灾报警及灭火系统。可燃气体泄漏报警及联动控制系统。

8）公共广播与紧急广播系统共用时，应符合《火灾自动报警系统设计规范》（GB 50116—2007）的要求。

9）安全防范系统中相应的视频安防监控（录像、录音）系统、门禁系统、停车场（库）管理系统等对火灾报警的响应及火灾模式操作等功能的检测，应采用在现场模拟发出火灾报警信号的方式进行。

10）当火灾自动报警及消防联动系统与其他系统合用控制室时，应满足《火灾自动报警系统设计规范》（GB 50116—2007）和《智能建筑设计标准》（GB 50314—2015）的相应规定，但消防控制系统应单独设置，其他系统也应合理布置。

11）探测器安装牢固，确认灯朝向正确，且配件齐全，无损伤变形和破损等现象。探测器其导线连接必须可靠压接或焊接，并应有标志，外接导线应有余量。探测器安装位置应符合保护半径、保护面积要求。

五、成品保护

1）报警探测器应先装上底座，戴上防尘罩，调试时再安装探头。端子箱和模块箱在安装完毕后，箱门应上锁，并对箱体进行保护。

2）易损坏的设备如手动报警按钮、扬声器、电话及电话插座面板等应最后安装，且做好保护措施。

3）安装探测器时，应注意保持墙体的整洁。

4）探测器、联动设备应有防破坏、防拆卸等功能。

第十一章　安装工程质量资料管理

第一节　安装工程质量资料的编制、收集分析

质量资料收集鉴别的基本知识，为编制整理质量资料做好基础工作，并对归档资料的质量提出要求。

一、资料分析

1）参加单位工程施工组织设计的编制，编制中能对建筑设备安装各专业提出分项工程的数量，并对每个分项工程依据工程实际提出检验批的划分方案。

2）依据质量检验评定统一标准的规定及施工质量验收规范的要求，结合工程实际提出质量资料的各专业的记录表式（样品）。

3）如承包合同约定或新技术、新工艺、新材料、新设备采用，业主要求采用新的质量记录或对原有质量记录作出补充，质量员要提出新表式记录的方案。

4）质量资料收集的原则：

①及时参与施工活动，即对产生质量资料的施工活动要准时参与，不要把实时记录变为回忆录。

②保持与工程进度同步，指质量资料的形成时间与工程实体形成的时间的一致性。

③认真把关，指质量员对作业队组提供的质量资料要仔细审核，发现有误要指导纠正。

5）质量资料整理的要点：

①要按不同专业、不同种类划分，以形成时间先后顺序进行整理组卷。

②整理中对作业队组提供的资料有疑问不要涂改，应找提供者澄清。

③整理后要有台账记录。

6）质量资料的基本要求：

①符合性要求。

②质量资料应该实事求是、客观正确，既不为省工省料或偷工减料而隐瞒真相，又不为提高质量等级而歪曲事实。

③准确性要求：质量资料填写要完整、准确、齐全、无漏项，真实反映工程实际情况。

④及时性要求：要与工程同步形成。

⑤规范化要求：

a. 资料中的工程名称、施工部位、施工单位应按总承包单位统一规定填写。

b. 资料封面、目录、装帧使用统一规格、形式。

c. 纸质载体资料使用复印纸幅面尺寸宜为 A4 幅面（297 mm×210 mm）。

d. 资料内容打印输出，打印效果要清晰。

e. 手写部分使用黑色钢笔或签字笔，不得使用铅笔、圆珠笔或其他颜色的笔。

f. 纸质载体上的签字使用手写签字，不允许盖章和打印。签字者必须是责任人本人。签字要求工整、易认，不得使用艺术签字。

二、质量资料的鉴别

对形成的资料进行鉴别是档案管理工作的重要内容之一，鉴别工作内容主要有：

（1）资料的完整性

资料收集应齐全、成套，不能缺少组成部分，在一套资料内不能缺页。

（2）资料的准确性

判定准确性的标准是两个一致：一是资料所反映的对象（单位工程、分部工程、分项工程）相一致；二是同一类资料中内容（专业）应一致。

（3）资料的属性

所谓资料的属性鉴别就是判定资料的性质和归属。把技术资料、物资资料、施工记录、试验记录、质量验收记录区别开来。

（4）保管期限

资料在归档前要根据有关规定和标准鉴别资料是否具有保存价值，确定哪些要归档，哪些不要归档，还要根据保存价值的大小，按规定确定保管期限。

三、质量资料归档要求

如质量员编制、收集、整理的质量资料要纳入城建档案，则应符合《建设工程文件归档规范》（GB/T 50328—2014）对工程文件质量要求的规定，其要点如下：

1）归档的工程文件应为原件。

①因各种原因不能使用原件的，应在复印件上加盖原件存放单位公章，注明原件存放处，并有经办人签字及日期。

②对于物资质量证明文件可用抄件（复印件）。若用抄件（复印件）时，应保留原件所有内容，其上必须注明原件存放单位、经办人签字和日期，并加盖原件存放单位公章（公章不能复印）。

③对于群体工程，若有多个单位工程需用同一份洽商记录，则除原件存放单位外，其他单位工程可用复印件，但其上必须注明原件存放单位、经办人签字和日期，并加盖原件存放单位公章（公章不能复印）。

2）工程文件的内容及其深度必须符合国家有关工程勘察、设计、施工、监理等方面的技术规范、标准和规程。

3）工程文件的内容必须真实、准确，与工程实际相符合。

4）工程文件应采用耐久性强的书写材料，如碳素墨水、蓝黑墨水，不得使用易褪色的书写材料，如红色墨水、纯蓝墨水、圆珠笔、复写纸、铅笔等。

5）工程文件应字迹清楚，图样清晰，图表整洁，签字盖章手续完备。

①工程文件中的照片（含底片）及声像档案应图像清晰，声音清楚，文字说明或内容准确。

②计算机形成的工程文件应采用内容打印、手工签名的方式。

③施工图的变更、洽商、绘图应符合技术要求。

6）工程文件中文字材料幅面尺寸规格宜为A4幅面（297 mm×210 mm）。图纸宜采用国家标准图幅。

7）工程文件的纸张应采用能够长期保存的韧力大、耐久性强的纸张。

四、质量资料编制收集

1）隐蔽工程记录：

①隐蔽的部位，查阅各专业施工图纸。

②隐蔽的时间，与施工员沟通作业计划的安排，并如期至作业面查核。

③隐蔽前的检查或试验要求，查阅相关专业的施工质量验收规范。

2）检验批的质量验收记录：

①检验批的划分，按施工组织计确定的方案进行。

②检验批完工时间、检查时间安排与施工员沟通，确定实施检查的时间。

③检验批的质量检查标准，按相关专业施工质量验收规范规定执行。

3）分项工程质量验收记录：

①分项工程所属全部检验批完工时间、检查时间与施工员沟通，确定实施检查时间。

②检验批的质量检查标准，按相关专业施工质量验收规范规定执行。

4）分项工程质量验收记录：

①分项工程所属全部检验批完工时间、检查时间与施工员沟通，确定实施检查时间。

②检查完毕该分项工程的全部检验批及时填写所属检验批质量验收记录。

③按《建筑工程施工质量验收统一标准》（GB 50300—2013）规定，判定分项工程的质量，如合格则填写分项工程质量验收记录。

5）分部工程质量验收记录：

①分部工程所属分项工程已全部完工，且经检查验收合格，并填写验收记录。

②并按《建筑工程施工质量验收统一标准》（GB 50300—2013）规定对安装工程有关安全及功能的检验和抽样检测完成，并作出记录。

③对该分部工程观感质量检查已完成，并作出记录。

④按《建筑工程施工质量验收统一标准》（GB 50300—2013）规定，已整理好该分部工程

的质量控制资料。

⑤按《建筑工程施工质量验收统一标准》（GB 50300—2013）规定，判定分部工程的质量，如合格则填写分部工程质量验收记录。

6）单位工程验收记录：

①房屋建筑设备安装工程的室内部分仅有分部工程，分包单位完成所有设备安装分部工程质量验收记录后，要移送至总包单位，由总包单位编制单位工程质量验收记录。

②房屋建筑设备安装工程室外安装仅有室外给水排水与采暖和室外电气两个单位工程。

③室外安装单位工程按《建筑工程施工质量验收统一标准》（GB 50300—2013）规定判定为合格，则填写单位工程质量竣工验收记录。

7）除检验批的质量验收记录明确由质量员负责填写外，分项、分部、单位等工程的质量验收记录应该由组织验收的负责人指定人员填写记录。质量员要跟踪收集整理。

8）原材料质量证明文件、复检报告：

①材料进场验收，由材料供应部门材料员主持，其质量证明文件、复验报告及进场材料验收记录等质量资料日常由材料部门保管，并登记造册。

②工程竣工验收时由质量员会同材料部门材料员将材料、质料、资料收集汇总整理成竣工验收资料之一部分，同时材料部门要提供主要材料用在工程实体部位的记录资料。

9）建筑设备试运行记录：

①建筑设备试运行质量资料由试运行方案依据施工质量验收规范确定。

②建筑设备试运行由施工员组织，负责填写试运行记录（质量资料），并负责保管。

③工程竣工验收时由质量员会同施工员将试运行记录收集汇总整理成竣工验收资料之一部分。

第二节　质量资料整理

整理完整的工程资料是确保工程质量的一项重要工作，工程资料检查是质量管理工作中的重要环节。在施工过程中，对于工程资料的收集和整理应注意工程资料的全面性、可追溯性、真实性、准确性。

1. 工程资料的全面性

工程资料必须要有总目录、分册目录、页码，清楚便于查找，装订整洁美观。一项工程，从立项、审批、勘察、设计、施工、监理、竣工、交付使用过程中，涉及众多环节和部门，这就要求工程资料齐全完整。应会同建设单位收集、整理一并归入工程档案。

2. 工程资料的可追溯性

工程资料的可追溯性主要有：原材料、设备的来源和施工（安装）过程中形成的资料，涉及产品的合格证、质量证明书、检验实验报告及施工过程中的质量控制资料，必须有相关负责人签字，根据记载的标识、可以追踪实体的历史，应用情况和所处环境的能力。

3. 工程资料的真实性、准确性

各种工程资料的数据应符合且满足规范要求，在施工过程中，检测人员应从严把关，真实地反映检验和试验的数据。同时邀请监理单位、建设单位、顾问单位确认检验或试验的结果，并真实记录。

4. 工程资料的签认和审批

根据《建设工程文件归档规范》（GB/T 50328—2014）规定：工程文件内容必须真实、准确，与工程实际相符。各种工程资料只有经过相应人员的签认或审批才是有效的。

第三节　资料管理归档要求

1. 规范总则

1）为加强建设工程文件的归档工作，统一建设工程档案的验收标准，建立真实、完整、准确的工程档案，制定《建设工程文件归档规范》（GB/T 50328—2014）。

2）适用于建设工程文件的整理、归档以及建设工程档案的验收与移交。

3）建设工程文件的整理、归档及建设工程档案的验收与移交除执行规范外，还应符合国家现行有关标准的规定。

2. 基本规定

1）工程文件的形成和积累应纳入工程建设管理的各个环节和有关人员的职责范围。

2）工程文件应随工程建设进度同步形成，不得事后补编。

3）每项建设工程应编制一套电子档案，随纸质档案一并移交城建档案管理机构。

4）建设单位应按下列流程开展工程文件的整理、归档、验收、移交等工作：

①在工程招标及与勘察、设计、施工、监理等单位签订协议、合同时，应明确竣工图的编制单位、工程档案的编制套数、编制费用及承担单位、工程档案的质量要求和移交时间等内容。

②收集和整理工程准备阶段形成的文件，并进行立卷归档。

③组织、监督和检查勘察、设计、施工、监理等单位的工程文件的形成、积累和立卷归档工作。

④收集和汇总勘察、设计、施工、监理等单位立卷归档的工程档案。

⑤收集和整理竣工验收文件，并进行立卷归档。

⑥在组织工程竣工验收前，提请当地的城建档案管理机构对工程档案进行预验收；未取得工程档案验收认可文件，不得组织工程竣工验收。

⑦对列入城建档案管理机构接收范围的工程，工程竣工验收后 3 个月内，应向当地城建档案管理机构移交一套符合规定的工程档案。

5）勘察、设计、施工、监理等单位应将本单位形成的工程文件立卷后向建设单位移交。

6）建设工程项目实行总承包管理的，总包单位应负责收集、汇总各分包单位形成的工程档案，并应及时向建设单位移交；各分包单位应将本单位形成的工程文件整理、立卷后及时移交总包单位。建设工程项目由几个单位承包的，各承包单位应负责收集、整理立卷其承包项目的工程文件，并应及时向建设单位移交。

7）城建档案管理机构应对工程文件的立卷归档工作进行监督、检查、指导。在工程竣工验收前，应对工程档案进行预验收，验收合格后，必须出具工程档案认可文件。

8）工程资料管理人员应经过工程文件归档整理的专业培训。

3. 归档文件及其质量要求

（1）归档文件范围

①对与工程建设有关的重要活动、记载工程建设主要过程和现状、具有保存价值的各种载体的文件，均应收集齐全、整理立卷后归档。

②工程文件的具体归档范围应符合《建设工程文件归档规范》（GB/T 50328—2014）附录A和附录B的要求。

③声像资料的归档范围范围和质量要求应符合《城建档案业务管理规范》（CJJ/T 158—2011）的要求。

④不属于归档范围、没有保存价值的工程文件，文件形成单位可自行组织销毁。

（2）归档文件质量要求

①归档的纸质工程文件应为原件。

②工程文件的内容及其深度应符合国家现行有关工程勘察、设计、施工、监理等标准的规定。

③工程文件的内容必须真实、准确，应与工程实际相符合。

④工程文件应采用碳素墨水、蓝黑墨水等耐久性强的书写材料，不得使用红色墨水、纯蓝墨水、圆珠笔、复写纸、铅笔等易褪色的书写材料。计算机输出文字和图件应使用激光打印机，不应使用色带式打印机、水性墨打印机和热敏打印机。

⑤工程文件应字迹清楚，图样清晰，图表整洁，签字盖章手续应完备。

⑥工程文件中文字材料幅面尺寸规格宜为 A4 幅面（297 mm×210 mm）。图纸宜采用国家标准图幅。

⑦工程文件的纸张应采用能长期保存的韧力大、耐久性强的纸张。

⑧所有竣工图（表 11-1）均应加盖竣工图章，并应符合下列规定：竣工图章的基本内容应包括“竣工图”字样、施工单位、编制人、审核人、技术负责人、编制日期、监理单位、现场监理、总监；竣工图章尺寸应为 50 mm×80 mm；竣工图章应使用不易褪色的印泥，应盖在图标栏上方空白处。

⑨竣工图的绘制与改绘应符合国家现行有关制图标准的规定。

⑩归档的建设工程电子文件应采用开放式文件格式或通用格式进行存储。专用软件产生的非通用格式的电子文件应转换成通用格式。

⑪归档的建设工程电子文件应包含元数据，保证文件的完整性和有效性。元数据应符合《建设电子档案元数据标准》（CJJ/T 187—2012）的规定。

⑫归档的建设工程电子文件应采用电子签名等手段，所载内容应真实、可靠。

⑬归档的建设工程电子文件的内容必须与其纸质档案一致。

⑭离线归档的建设工程电子档案载体，应采用一次性写入光盘，光盘不应有磨损、划伤。

⑮存储移交电子档案的载体应经过检测，应无病毒、无数据读写故障，并应确保接收方能通过适当设备读出数据。

表 11-1　竣工图

竣工图				备注
施工单位				
编制人		审核人		
技术负责人		编制日期		
监理单位				
总监		现场监理		

4. 工程文件立卷

1）立卷应按下列流程进行：

①对属于归档范围的工程文件进行分类，确定归入案卷的文件材料。

②对卷内文件材料进行排列、编目、装订（或装盒）。

③排列所有案卷，形成案卷目录。

2）立卷应遵循下列原则：

①立卷应遵循工程文件的自然形成规律和工程专业的特点，保持卷内文件的有机联系，便于档案的保管和利用。

②工程文件应按不同的形成、整理单位及建设程序，按工程准备阶段文件、监理文件、施工文件、竣工验收文件分别进行立卷，并可根据数量多少组成一卷或多卷。

③一项建设工程由多个单位工程组成时，工程文件应按单位工程立卷。

④不同载体的文件应分别立卷。

3）立卷应采用下列方法：

①工程准备阶段文件应按建设程序、形成单位等进行立卷。

②监理文件应按单位工程、分部工程或专业、阶段等进行立卷。

③施工文件应按单位工程、分部（分项）工程进行立卷。

④竣工图应按单位工程分专业进行立卷。

⑤竣工验收文件应按单位工程分专业进行立卷。

⑥电子文件立卷时，每个工程（项目）应建立多级文件夹，应与纸质文件在案卷设置上一致，并应建立相应的标识关系。

⑦声像资料应按建设工程各阶段立卷，重大事件及重要活动的声像资料应按专题立卷，声像档案与纸质档案应建立相应的标识关系。

4）施工文件的立卷应符合下列要求：

①专业承（分）包施工的分部、子分部（分项）工程应分别单独立卷。

②室外工程应按室外建筑环境和室外安装工程安装工程单独立卷。

③当施工文件中部分内容不能按一个单位工程分类立卷时，可按建设工程立卷。

5）不同幅面的工程图纸，应统一折叠成A4幅面（297 mm×210 mm）。应图面朝内，首先沿标题栏的短边方向以 W 形折叠，然后再沿标题栏的长边方向以 W 形折叠，并使标题栏露在外面。

6）案卷不宜过厚，文字材料卷厚度不宜超过20 mm，图纸卷厚度不宜超过50 mm。

7）案卷内不应有重复文件。印刷成册的工程文件宜保持原状。

8）建设工程电子文件的组织和排序可按纸质文件进行。

5. 卷内文件排列

1）卷内文件应按《建设工程文件归档规范》（GB/T 50328—2014）附录A和附录B的类别和顺序排列。

2）文字材料应按事项、专业顺序排列。同一事项的请示与批复、同一文件的印本与定稿、主体与附件不应分开，并应按批复在前、请示在后，印本在前、定稿在后，主体在前、附件在后的顺序排列。

3）图纸应按专业排列，同专业图纸应按图号顺序排列。

4）当案卷内既有文字材料又有图纸时，文字材料应排在前面，图纸应排在后面。

6. 案卷编目

1）编制卷内文件页号应符合下列规定：

①卷内文件均应按有书写内容的页面编号。每卷单独编号，页号从“1”开始。

②页号编写位置单面书写的文件在右下角；双面书写的文件，正面在右下角，背面在左下角。折叠后的图纸一律在右下角。

③成套图纸或印刷成册的文件材料，自成一卷的，原目录可代替卷内目录，不必重新编写页码。

④案卷封面、卷内目录、卷内备考表不编写页号。

2）卷内目录的编制应符合下列规定：

①卷内目录排列在卷内文件首页之前，式样宜符合《建设工程文件归档规范》（GB/T 50328—2014）附录C的要求。

②序号应以一份文件为单位编写，用阿拉伯数字从“1”依次标注。

③责任者应填写文件的直接形成单位或个人。有多个责任者时，应选择两个主要责任者，其余用“等”代替。

④文件编号应填写文件形成单位的发文号或图纸的图号，或设备、项目代号。

⑤文件题名应填写文件标题的全称。当文件无标题时，应根据内容拟写标题，拟写标题外应加“[ ]”符号。

⑥日期应填写文件的形成日期或文件的起止日期，竣工图应填写编制日期。日期中“年”

应用 4 位数字表示，“月”和“日”应分别用两位数字表示。

⑦页次应填写文件在卷内所排的起始页号，最后一份文件应填写起止页号。

⑧备注应填写需要说明的问题。

3）卷内备考表的编制应符合下列规定：

①卷内备考表应排列在卷内文件的尾页之后，式样宜符合《建设工程文件归档规范》（GB/T 50328—2014）附录 D 的要求。

②卷内备考表应标明卷内文件的总页数、各类文件页数或照片张数及立卷单位对案卷情况的说明。

③立卷单位的立卷人和审核人应在卷内备考表上签名，年、月、日应按立卷、审核时间填写。

4）案卷封面的编制应符合下列规定：

①案卷封面应印刷在卷盒、卷夹的正表面，也可采用内封面形式。案卷封面的式样宜符合《建设工程文件归档规范》（GB/T 50328—2014）附录 E 的要求。

②案卷封面的内容应包括档案号、案卷题名、编制单位、起止日期、密级、保管期限、本案卷所属工程的案卷总量、本案卷在该工程案卷总量中的排序。

③档案号应由分类号、项目号和案卷号组成。档案号由档案保管单位填写。

④案卷题名应简明、准确地揭示卷内文件的内容。

⑤编制单位应填写案卷内文件的形成单位或主要责任者。

⑥起止日期应填写案卷内全部文件形成的起止日期。

⑦保管期限应根据卷内文件的保存价值在永久保管、长期保管、短期保管 3 种保管期限中选择划定。当同一案卷内有不同保管期限的文件时，该案卷保管期限应从长。

⑧密级应在绝密、机密、秘密 3 个级别中选择划定。当同一案卷内有不同密级的文件时，应以高密级为本卷密级。

5）编写案卷题名，应符合下列规定：

①建筑工程案卷题名应包括工程名称（含单位工程名称）、分部工程或专业名称及卷内文件概要等内容；当房屋建筑有地名管理机构批准的名称或正式名称时，应以正式名称为工程名称，建设单位名称可省略；必要时可增加工程地址内容。

②道路、桥梁工程案卷题名应包括工程名称（含单位工程名称）、分部工程或专业名称及卷内文件概要等内容；必要时可增加工程地址内容。

③地下管线工程案卷题名应包括工程名称（含单位工程名称）、专业管线名称和卷内文件概要等内容；必要时可增加工程地址内容。

④卷内文件概要应符合《建设工程文件归档规范》（GB/T 50328—2014）附录 A 中所列案卷内容（标题）的要求。

⑤外文资料的题名及主要内容应译成中文。

6）案卷脊背应由档号、案卷题名构成，由档案保管单位填写；式样宜符合《建设工程文件归档规范》（GB/T 50328—2014）附录 F 的规定。

7）卷内目录、卷内备考表、案卷内封面宜采用 70 g 以上白色书写纸制作，幅面应统一采用 A4 幅面。

7. 工程文件归档

1）归档应符合下列规定：

①归档文件范围和质量应符合《建设工程文件归档规范》（GB/T 50328—2014）的规定。

②归档的文件必须经过分类整理，并应符合《建设工程文件归档规范》（GB/T 50328—2014）的规定。

2）电子文件归档应包括在线式归档和离线式归档 2 种方式。可根据实际情况选择其中一种或两种方式进行归档。

3）归档时间应符合下列规定：

①根据建设程序和工程特点，归档可分阶段分期进行，也可在单位或分部工程通过竣工验收后进行。

②勘察、设计单位应在任务完成后，施工、监理单位应在工程竣工验收前，将各自形成的有关工程档案向建设单位归档。

4）勘察、设计、施工单位在收齐工程文件并整理立卷后，建设单位、监理单位应根据城建档案管理机构的要求，对归档文件完整、准确、系统情况和案卷质量进行审查。审查合格后方可向建设单位移交。

5）工程档案的编制不得少于 2 套，一套应由建设单位保管，一套（原件）应移交当地城建档案管理机构保存。

6）勘察、设计、施工、监理等单位向建设单位移交档案时，应编制移交清单，双方签字、盖章后方可交接。

7）设计、施工及监理单位需向本单位归档的文件，应按国家有关规定和《建设工程文件归档规范》（GB/T 50328—2014）附录 A、附录 B 的要求立卷归档。

8. 工程档案验收与移交

1）列入城建档案管理机构档案接收范围的工程，竣工验收前，城建档案管理机构应对工程档案进行预验收。

2）城建档案管理机构在进行工程档案预验收时，应查验下列主要内容：

①工程档案齐全、系统、完整，全面反映工程建设活动和工程实际状况。

②工程档案已整理立卷，立卷符合《建设工程文件归档规范》（GB/T 50328—2014）的规定。

③竣工图的绘制方法、图式及规格等符合专业技术要求，图面整洁，盖有竣工图章。

④文件的形成、来源符合实际，要求单位或个人签章的文件，其签章手续完备。

⑤文件的材质、幅面、书写、绘图、用墨、托裱等符合要求。

⑥电子档案格式、载体等符合要求。

⑦声像档案内容、质量、格式符合要求。

3）列入城建档案管理机构接收范围的工程，建设单位在工程竣工验收后 3 个月内，必须向城建档案管理机构移交一套符合规定的工程档案。

4）停建、缓建建设工程的档案，可暂由建设单位保管。

5）对改建、扩建和维修工程，建设单位应组织设计、施工单位对改变部位据实编制新的工程档案，并应在工程竣工验收后3个月内向城建档案管理机构移交。

6）当建设单位向城建档案管理机构移交工程档案时，应提交移交案卷目录，办理移交手续，双方签字、盖章后方可交接。

主要参考文献

[1]《建筑施工手册》第五版编委会. 建筑施工手册（第五版）[M]. 北京：中国建筑工业出版社，2012.

[2] 蒋金生. 安装工程施工工艺标准 [M]. 上海：同济大学出版社，2006.

[3] 中国建筑标准设计研究院. 国家建筑标准设计图集　建筑给水聚丙烯管道工程技术规范：GB/T 50349—2005 [S]. 北京：中国计划出版社，2005.

[4] 中国建筑标准设计研究院. 国家建筑标准设计图集 02SS405-1～4　给水塑料管道安装 [S]. 北京：中国计划出版社，2008.

[5] 中国建筑标准设计研究院. 国家建筑标准设计图集 04S409　建筑排水用柔性接口铸铁管安装 [S]. 北京：中国计划出版社，2008.

[6] 金孝权. 质量员专业管理实务（设备安装）[M]. 北京：中国建筑工业出版社，2014.

[7] 中华人民共和国住房和城乡建设部. 建筑给水排水设计规范：GB 50015—2003 [S]. 北京：中国计划出版社，2003.

[8] 中国建筑标准设计研究院. 国家建筑标准设计图集 96S406　建筑排水用硬聚氯乙烯（PVC-U）管道安装 [S]. 北京：中国计划出版社，2002.

[9] 王清训. 机电工程管理与实务（一级第三版）[M]. 北京：中国建筑工业出版社，2011.

[10] 王清训. 机电工程管理与实务（二级第三版）[M]. 北京：中国建筑工业出版社，2012.

[11] 闵德仁. 机电设备安装工程项目经理工作手册 [M]. 北京：机械工业出版社，2000.

[12] 徐第，孙俊英. 怎样识读建筑电气工程图 [M]. 北京：金盾出版社，2005.

[13] 全国一级建造师考试用书编委会. 建设工程项目管理（第二版）[M]. 北京：中国建筑工业出版社，2007.

[14] 全国建筑业企业项目经理培训教材编写委员会. 施工组织设计与进度管理 [M]. 北京：中国建筑工业出版社，2001.

[15] 张振迎. 建筑设备安装技术与实例 [M]. 北京：化学工业出版社，2009.

[16] 郜风涛，赵晨. 建设工程质量管理条例释义 [M]. 北京：中国城市出版社，2000.

[17] 全国建筑施工企业项目经理培训教材编写委员会. 工程项目质量与安全管理 [M]. 北京：中国建筑工业出版社，2001.

[18] 李慎安. 法定计量单位速查手册 [M]. 北京：中国计量出版社，2001.

[19] 马福军，胡力勤. 安全防范系统工程施工［M］. 北京：机械工业出版社，2012.
[20] 周胜. 管道工［M］. 北京：化学工业出版社，2008.
[21] 温传舟. 管道工操作技术 800 问［M］. 北京：化学工业出版社，2007.
[22] 李涛，李小雄. 建筑给水排水安装施工员手册［M］. 广州：广东科技出版社，2009.
[23] 戴绍基. 安全用电［M］. 北京：高等教育出版社，2007.
[24] 中华人民共和国住房和城乡建设部. 建筑设计防火规范：GB 50016—2006［S］. 北京：中国计划出版社，2006.
[25] 阮红. 质量员（设备安装）通用知识和基础知识［M］. 上海：上海科学技术出版社，2015.
[26] 阮红. 质量员（设备安装）岗位知识和专业技能［M］. 上海：上海科学技术出版社，2015.
[27] 王增长. 建筑给水排水工程（5 版）［M］. 北京：中国建筑工业出版社，2005.
[28] 张东放. 建筑设备工程［M］. 北京：机械工业出版社，2008.

附录1　安装质量员专业知识测试模拟试卷

试卷一

一、单项选择题（每小题1分，共50分）

1.《房屋建筑和市政基础设施工程竣工验收规定》规定工程竣工验收由（　　）负责组织实施。

A. 工程质量监督机构　B. 建设单位　C. 监理单位　D. 施工单位

2. 施工单位的工程质量验收记录应由（　　）填写，质量检查员必须在现场检查和资料核查的基础上填写验收记录，应签字和加盖岗位证章，对验收文件资料负责，并负责工程验收资料的收集、整理。其他签字人员的资格应符合《建筑工程施工质量验收统一标准》（GB 50300—2013）的规定。

A. 资料员　B. 工程质量检查员　C. 质量负责人　D. 技术负责人

3. 移交给城建档案馆和本单位留存的工程档案应符合国家法律、法规的规定，移交给城建档案馆的纸质档案由（　　）一并办理，移交时应办理移交手续。

A. 建设单位　B. 施工单位　C. 设计单位　D. 监理单位

4. 由建设单位采购的工程材料、构配件和设备，建设单位应向（　　）提供完整、真实、有效的质量证明文件。

A. 设计单位　B. 监理单位　C. 检测单位　D. 施工单位

5. 勘察、设计单位在工程竣工验收前，应及时向建设单位出具工程勘察、设计的（　　）。

A. 质量验收记录　B. 竣工图　C. 变更记录　D. 质量检查报告

6. 不属于通风与空调分部的分项工程是（　　）。

A. 风管与配件制作　B. 部件制作　C. 风管系统安装　D. 散热器安装

7. 工程质量控制资料应齐全完整，当部分资料缺失时，应委托有资质的检测机构按有关标准进行相应的（　　）。

A. 原材料检测　B. 实体检验　C. 抽样试验　D. 实体检验或抽样试验

8. 照明节能工程属于（　　）分部工程。

A. 电气动力　B. 电气　C. 可再生能源　D. 建筑节能

9.《建筑工程施工质量验收统一标准》（GB 50300—2013）规定隐蔽工程在隐蔽前，施工单位应当通知（　　）进行验收。

A. 建设单位　B. 建设行政主管部门　C. 工程质量监督机构　D. 监理单位

10.《建设工程质量管理条例》规定隐蔽工程在隐蔽前，施工单位应当通知（　　）。

A. 建设单位　　B. 建设行政主管部门

C. 工程质量监督机构　　D. 建设单位和工程质量监督机构

11. 经工程质量检测单位检测鉴定达不到设计要求，经设计单位验算可满足结构安全和使用功能的要求，应视为（　　）。

A. 符合规范规定质量合格的工程

B. 不符合规范规定质量不合格，但可使用工程

C. 质量不符合要求，但可协商验收的工程

D. 质量不符合要求，不得验收

12. 检验批应由专业监理工程师组织（　　）等进行验收。

A. 施工员　　B. 项目专业质量检查员

C. 专业工长　　D. 资料员

13. 住宅工程塑料排水管道与室外塑料雨水管道用材应区别检查、验收，同时按照同品牌、同批次进行不少于 2 个规格的见证取样，（　　）进行复试，合格后方可使用。

A. 委托监理单位　　B. 委托法定检测单位　　C. 委托建设单位　　D. 委托施工单位

14. 住宅工程同品牌、同批次进场的阀门应对其强度和严密性能进行抽样检验，抽检数量为同批进场总数的 10%，且每一个批次不少于 2 只。安装在主干管上起切断作用的闭路阀门，应逐个做强度和严密性检验，（　　）进行复试。

A. 委托监理单位　　B. 有异议时可见证取样，委托法定检测单位

C. 委托建设单位　　D. 施工单位

15. 由室内通向室外排水检查井的排水管，井内引入管应（　　）排出管或两管顶相平，并有不小于 90°的水流转角，如跌落差大于 300 mm 可不受角度限制。

A. 高于　　B. 低于　　C. 略低于　　D. 相平

16. 住宅工程埋地及（　　）的排水管道，应在隐蔽或交付前做灌水试验并合格。

A. 所有可能隐蔽　　B. 塑料管材水平安装　　C. 立管垂直安装　　D. 管道交叉

17. 消火栓箱的施工图设置坐标位置，施工时不得随意改变，确需调整、应经（　　）认可。

A. 消防部门　　B. 监理工程师　　C. 质量检查员　　D. 项目经理

18. 住宅工程应明确保温（绝热）材料的材质、规格、密度、厚度以及耐火等级，并且能够满足（　　）的要求。

A. 消防　　B. 环境　　C. 施工　　D. 进度

19. 调试过程中，系统排出的水应通过（　　）全部排走。

A. 给水设施　　B. 消防设施　　C. 排水设施　　D. 电气设施

20. 雨淋阀调试宜利用检测、试验管道进行。自动和手动方式启动的雨淋阀应在（　　）之内启动。

A. 10 s　　B. 15 s　　C. 20 s　　D. 25 s

21. 干式系统的联动试验，启动（　　）喷头。

A. 1 只　　B. 2 只　　C. 3 只　　D. 4 只

22. 照明配电箱（盘）内，（　　）设置零线（N）和保护地线（PE线）汇流排，零线和保护地线经汇流排配出。

A. 共同　　B. 分别　　C. 可不　　D. 严禁

23. 不间断电源输出端的中性线（N极），（　　）由接地装置直接引来的接地干线相连接，做重复接地。

A. 必须与　　B. 不必与　　C. 严禁与　　D. 可以与

24. 绝缘子的底座、套管的法兰、保护网（罩）及母线支架等可接近裸露导体应接地（PE）或接零（PEN）可靠。（　　）作为接地（PE）或接零（PEN）的连续导体。

A. 必须　　B. 不应　　C. 可以　　D. 宜

25. 金属电缆桥架及其支架全长应不少于（　　）处与接地（PE）或接零（PEN）干线相连接。

A. 1　　B. 2　　C. 3　　D. 4

26. 非镀锌电缆桥架间连接板的两端跨接铜芯接地线，最小允许截面积不小于（　　）。

A. 1.5 mm^2　　B. 2.5 mm^2　　C. 4.0 mm^2　　D. 6.0 mm^2

27. 镀锌电缆桥架间连接板的两端不跨接地线，但连接板两端不少于（　　）有防松螺帽或防松垫圈的连接固定螺栓。

A. 1个　　B. 2个　　C. 3个　　D. 4个

28. 金属电缆支架、电线导管必须（　　）可靠。

A. 接地（PE）　　B. 接地（PE）或接零（PEN）

C. 接零（PEN）　　D. 接地（PE）和接零（PEN）

29. 金属线槽（　　）作为设备的接地导体。

A. 不　　B. 可以　　C. 宜　　D. 严禁

30. 当设计无要求时，金属线槽全长不少于（　　）处与接地（PE）或接零（PEN）干线连接。

A. 1　　B. 2　　C. 3　　D. 4

31. 镀锌的钢导管、可挠性导管和金属线槽（　　）熔焊跨接地线。

A. 不得　　B. 宜　　C. 可以　　D. 最好不要

32. 镀锌的钢导管、可挠性导管和金属线槽以专用接地卡跨接的两卡间连线为铜芯软导线，截面积不小于（　　）。

A. 1.5 mm^2　　B. 2.5 mm^2　　C. 4.0 mm^2　　D. 6.0 mm^2

33. 三相或单相的交流单芯电缆，（　　）单独穿于钢导管内。

A. 可以　　B. 宜　　C. 不得　　D. 允许

34. 住宅工程进场的开关、插座、配电箱（柜、盘）、电缆（线）、照明灯具等电气产品必须具有“3C”标记，随带技术文件必须合格、齐全有效。电气产品进场应按规范要求进场验收。对起切断保护作用的开关、插座、配电箱以及电缆（线）实施见证取样，（　　）进行电气和机械性能复试。

A. 委托监理单位　　B. 委托法定检测单位　　C. 委托建设单位　　D. 委托施工单位

35. 住宅电气工程接地故障保护应采用（　　）接地保护形式。

A. TN-C-S　　B. TN-S　　C. TN-C　　D. 电涌保护器

36. 通风与空调系统总风量调试结果与设计风量的偏差不应大于（　　）。

A. 5%　B. 10%　C. 15%　D. 20%

37. 防排烟系统柔性短管的制作材料必须为（　　）。

A. 难燃材料　B. 不燃材料　C. 难燃 B1 级材料　D. 可燃材料

38. 低压系统风管的严密性检验应采用抽检，抽检率为（　　），且不得少于 1 个系统。

A. 5%　B. 10%　C. 20%　D. 100%

39. 风管、部件和设备的绝热工程施工应在（　　）进行。

A. 风管系统严密性试验合格后　B. 风管系统安装完毕

C. 质量检验合格后　D. 无须试验监理的认可后

40. 带有防潮层的绝热材料的拼缝应采用粘胶带封严，粘胶带的宽度不应小于（　　）。

A. 30 mm　B. 40 mm　C. 50 mm　D. 60 mm

41. 工作压力大于（　　）的调节风阀，生产厂应提供强度测试合格的证书（或试验报告）。

A. 500 Pa　B. 800 Pa　C. 1 000 Pa　D. 1 500 Pa

42. 中压系统风管的严密性检验，应在漏光法检测合格后，对系统漏风量测试进行抽检，抽检率为（　　），且不得少于 1 个系统。

A. 5%　B. 10%　C. 20%　D. 100%

43. 整体安装的活塞式制冷机组，其机身纵、横向水平度允许偏差为（　　）。

A. 0.1/1 000　B. 0.2/1 000　C. 1/1 000　D. 2/1 000

44. 在风管穿过需要封闭的防火、防爆的墙体或楼板时，应设预埋管或防护套管，其钢板厚度不应小于（　　）。风管与防护套管之间，应用不燃且对人体无危害的柔性材料封堵。

A. 1.0 mm　B. 1.5 mm　C. 1.6 mm　D. 2.0 mm

45. 连接电加热器的风管的法兰垫片，应采用（　　）。

A. 难燃材料　B. 耐热不燃材料　C. 难燃 B1 级材料　D. 可燃材料

46. 当采用漏光法检测系统的严密性时，低压系统风管以每 10 m 接缝，漏光点不大于 2 处，且 100 m 接缝平均不大于（　　）处为合格。

A. 15　B. 16　C. 18　D. 20

47. 安装通风机隔振器的地面应平整，各组隔振器承受负载的压缩量（　　）。

A. 应均匀　B. 必须相同

C. 应小于 2/3 的最大压缩量　D. 不得偏心

48. 通风机试运转应无异常振动，滑动轴承最高温度不得超过（　　），滚动轴承最高温度不得超过 80℃。

A. 60℃　B. 70℃　C. 75℃　D. 80℃

49. 住宅工程各类保温（绝热）材料耐火等级必须符合设计要求。材料在进场后应对其材质、规格、密度和厚度以及阻燃性能进行抽检，同品牌、同批次抽检不得少于 2 个规格，（　　）进行复试。

A. 委托监理单位　B. 有异议时可见证取样，委托法定检测单位

C. 委托建设单位　D. 委托施工单位。

50. 智能系统系统调试、检验、评测和验收应在（　　）进行。

A. 试运行周期结束后　B. 试运行周期结束前

C. 试运行前　　　　D. 竣工后

二、多项选择题（每小题2分，共20分）

1. 质量员在资料管理中的职责是（　　）。

A. 进行或组织进行质量检查的记录

B. 负责编制或组织编制本岗位相关技术资料

C. 汇总、整理本岗相关技术资料，并向资料员移交

D. 组织单位工程的竣工验收

E. 试验资料的收集

2. 建筑工程的质量检查验收与评定由（　　）等层次组成。

A. 分项工程检验批　　B. 分项工程　　C. 分部工程　　D. 单位工程

E. 项目工程

3. 根据工程质量事故造成的人员伤亡或者直接经济损失，工程质量事故分为（　　）等级。

A. 特别重大事故　　B. 重大事故　　C. 较大事故　　D. 一般事故

E. 普通事故

4. 工程档案资料是在工程（　　）等建设活动中直接形成的反映工程管理和工程实体质量，具有归档保存价值的文字、图表、声像等各种形式的历史记录。

A. 勘察　　B. 设计　　C. 施工　　D. 材料生产

E. 验收

5.（　　）等单位工程项目负责人应对本单位工程文件资料形成的全过程负总责。建设过程中工程文件资料的形成、收集、整理和审核应符合有关规定，签字并加盖相应的资格印章。

A. 建设　　B. 监理　　C. 勘察、设计　　D. 施工

E. 材料供应

6. 检验批的质量检验，应根据检验项目的特点在下列抽样方案中选择（　　）。

A. 计量、计数的抽样方案采用一次、二次或多次抽样方案

B. 对重要的检验项目，当有简易快速的检验方法时，选用全数检验方案

C. 根据生产连续性和生产控制稳定性情况，采用调整型抽样方案

D. 经实践检验有效的抽样方案

E. 随机抽样方案

7. 建设单位收到工程竣工报告后，应由建设单位项目负责人组织（　　）等单位项目负责人进行单位工程验收。

A. 监理　　B. 施工　　C. 设计　　D. 勘察

E. 检测

8. 质量员将验收合格的检验批，填好表格后交监理（建设）单位有关人员，有关人员应及时验收，可采取（　　）来确定是否通过验收。

A. 抽样方法　　B. 宏观检查方法　　C. 必要时抽样检测　　D. 抽样检测

E. 全数检测

9. 自动喷水灭火系统热镀锌钢管安装应采用（　　）连接。

A. 螺纹　　B. 沟槽式管件　　C. 焊接　　D. 法兰

E. 承插

10. 消防水箱、消防水池的容积、安装位置应符合设计要求。安装时，池（箱）外壁与建筑本体结构墙面或其他池壁之间的净距，应满足施工或装配的需要。无管道的侧面，净距不宜小于（　　）；安装有管道的侧面，净距不宜小于（　　），且管道外壁与建筑本体墙面之间的通道宽度不宜小于（　　）。

A. 0.7 m　　B. 1.0 m　　C. 0.6 m　　D. 0.8 m

E. 1.2 m

三、判断题（每小题 1 分，共计 20 分）

1. 《建设工程质量管理条例》规定施工单位必须按照工程设计要求、施工技术标准和合同约定，对建筑材料、建筑构配件、设备和商品混凝土进行检验，检验应当有书面记录和专人签字；未经检验或者检验不合格的不得使用。（　　）

A. 正确　　B. 错误

2. 移交给城建档案馆和本单位留存的工程档案应符合国家法律、法规的规定，移交给城建档案馆的纸质档案由建设单位一并办理，移交时应办理移交手续。（　　）

A. 正确　　B. 错误

3. 施工文件资料可分为施工与技术管理资料、工程质量控制资料、工程质量验收记录、竣工验收文件资料、竣工图 5 类。（　　）

A. 正确　　B. 错误

4. 工程文件资料应编制页码，并与目录的页码相对应。（　　）

A. 正确　　B. 错误

5. 工程建设中拟采用的新技术、新工艺、新材料，不符合现行强制性标准规定的，不得采用。（　　）

A. 正确　　B. 错误

6. 工程质量监督机构应当对工程建设勘察设计阶段执行强制性标准的情况实施监督。（　　）

A. 正确　　B. 错误

7. 建筑工程竣工验收时，有关部门应按照设计单位的设计文件进行验收。（　　）

A. 正确　　B. 错误

8. 检验批工程验收时，明显不合格的个体可不纳入检验批，但必须进行处理，使其满足有关专业验收规范的规定，对处理的情况应予以记录并重新验收。（　　）

A. 正确　　B. 错误

9. 检验批抽样样本应随机抽取，满足分布均匀、具有代表性的要求，抽样数量不应低于有关专业验收规范及《建筑工程施工质量验收统一标准》（GB 50300—2013）的规定。（　　）

A. 正确　　B. 错误

10. 单位工程完工后，施工单位应组织有关人员进行自检。总监理工程师应组织各专业监理工程师对工程质量进行竣工预验收。存在施工质量问题时，应由施工单位及时整改。整改完毕后，由施工单位向建设单位提交工程竣工报告，申请工程竣工验收。（　　）

A. 正确　　　　B. 错误

11. 排水管道的坡度必须符合设计要求，严禁无坡或倒坡。（　　）

A. 正确　　　　B. 错误

12. 室内供暖管道冲洗完毕应通水、加热，进行试运行和调试。（　　）

A. 正确　　　　B. 错误

13. 高层建筑中明设排水塑料管道应按设计要求设置阻火圈或防火套管。（　　）

A. 正确　　　　B. 错误

14. 住宅工程给排水管道穿越基础预留洞时、给水引入管管顶上部净空一般不小于 100 mm；排水排出管管顶上部净空一般不小于 100 mm。（　　）

A. 正确　　　　B. 错误

15. 管道暗敷设时，管道固定应牢固，楼地面应有防裂措施，墙体管道保护层宜采用不小于墙体强度的材料填补密实，管道保护层厚度不得小于 15 mm，在墙表面或地表面上应标明暗管的位置和走向，管道经过处严禁局部重压或尖锐物体冲击。（　　）

A. 正确　　　　B. 错误

16. 中水管道不宜暗装于墙体和楼板内，如必须暗装于墙槽内时，必须在管道上有明显且不会脱落的标志。（　　）

A. 正确　　　　B. 错误

17. 住宅工程照明系统通电连续试运行必须达到 8 h，所有照明灯具均应开启，且每 2 h 记录运行状况 1 次，连续试运行时间内无故障。（　　）

A. 正确　　　　B. 错误

18. 住宅电气工程在各区域电源进线处应设置总等电位联结，各区域的总等电位联结装置宜通过建筑物地下结构内设置的等电位联结装置（带）连接，并作用于全建筑物。（　　）

A. 正确　　　　B. 错误

19. 住宅电气工程中设有洗浴设备的卫生间应预设局部等电位联结板（盒）做局部等电位联结，并应在设计平面图中标明所有外露、外部可导电部分与其联结。（　　）

A. 正确　　　　B. 错误

20. 配电箱（柜、盘）内应分别设置中性（N）和保护（PE）线汇流排，汇流排的孔径和数量必须满足 N 线和 PE 线经汇流排配出的需要，严禁导线在管、箱（盒）内分离或并接。配电箱（柜、盘）内回路功能标识齐全准确。（　　）

A. 正确　　　　B. 错误

四、综合题（每大题 5 分，共 10 分）

1. ［背景资料］某商业大厦的机电安装工程，由业主通过公开招标方式确定了具有机电安装工程总承包一级资质的 A 单位承接，同时将制冷站的空调所用的制冷燃气溴化锂机组、电气、管道等分包给具有专业施工资质和压力管道安装许可证的 B 单位负责安装，设备由业主提供。在与 A 单位签定的施工合同中明确规定 A 单位为总包单位，B 单位为分包单位。

请根据背景资料完成以下题目。

(1)(判断题)制冷站安装工程完成，经自检合格后，由B单位通知业主和监理工程师组织检查验收。(　　)

A. 正确　　B. 错误

(2)(单选题)工程验收一年后，周围居民向环保部门投诉，制冷站的冷却塔夜间噪声很响，同时业主发现制冷站内的制冷管道滴水，试问业主应找谁回访保修？(　　)

A. A单位　　B. B单位　　C. 劳务班组　　D. 设备厂家

(3)(单选题)特种设备的制造安装、改造单位应具备的条件是(　　)。

A. 具有与特种设备制造、安装、改造相适应的设计能力

B. 拥有与特种设备制造、安装、改造相适应的专业技术人员和技术工人

C. 具备与特种设备制造、安装、改造相适应的生产条件和检测手段

D. 拥有一般的质量管理制度和责任制度

(4)(多选题)根据《特种设备安全监察条例》的有关规定：特种设备在施工前，应由具备相应资质的施工单位将拟进行的特种设备安装、改造、维修情况书面告之直辖市或者设区的市级特种设备安全监督管理部门，告知后方可施工。请问下列涉及生命安全、危险性较大的特种设备有哪些？(　　)

A. 锅炉　　B. 压力管道　　C. 电梯　　D. 大型游乐设施

E. 起重机械

2. [背景资料] 某工程生活给水管道施工过程中，国家颁布的《建筑给水排水及采暖工程施工质量验收规范》已过了实施日期。施工图纸上标注的是旧的施工验收规范(《采暖与卫生工程施工及验收规范》)。施工单位的技术人员按照图纸要求，布置了生活给水管道的冲洗，并根据施工验收规范的要求，填写了“出水口水质与进水口基本一致”的记录，但现场监理不予签字认可。

请根据背景资料完成以下题目：

(1)(判断题)规范中的强制性条文必须执行。(　　)

A. 正确　　B. 错误

(2)(单选题)施工记录中“冲洗试验合格”的结论。(　　)

A. 可信　　B. 不可信　　C. 无法证明　　D. 监理无权判定

(3)(单选题)水质结果是否符合饮用水卫生标准，可以采用的方法是(　　)。

A. 水质化验　　B. 观察　　C. 试饮　　D. 以上均可

(4)(多选题)不能出具水质化验报告的单位有(　　)出具。

A. 建设单位　　B. 监理单位

C. 施工单位　　D. 具有相应资质的检测单位

E. 规划单位

试卷二

一、单选题（每小题 1 分，共计 50 分）

1. 如发现工程质量隐患，工程质量监督站应通知（　　）。

A. 建设单位　　B. 监理单位　　C. 设计单位　　D. 施工单位

2. 电气导线敷设部位中暗敷在墙内为（　　）。

A. WC　　B. CC　　C. BC　　D. DC

3. 在智能建筑的监控系统中信号传输距离为（　　）。

A. 0.8 km　　B. 1 km　　C. 2 km　　D. 3 km

4. 在智能建筑使用电缆 SYV-75-3 不宜超过（　　）。

A. 50 m　　B. 100 m　　C. 200 m　　D. 300 m

5. 见证取样检测是检测试样在（　　）见证下，由施工单位有关人员现场取样，并委托检测机构所进行的检测。

A. 监理单位具有见证人员证书的人员

B. 建设单位授权的具有见证人员证书的人员

C. 监理单位或建设单位具备见证资格的人员

D. 设计单位项目负责人

6. 住宅宾馆自动喷水灭火工程有（　　）图样。

A. 水流指示器　　B. 干湿报警器　　C. 温感　　D. 按钮

7. 住宅宾馆室内自动喷水灭火工程有（　　）图样。

A. 烟湿感　　B. 报警阀　　C. 按钮　　D. 止回阀

8. 防盗系统中常用（　　）探测器。

A. 激光　　B. 热感　　C. 接触　　D. 光感

9. 检验批的质量应按主控项目和（　　）验收。

A. 保证项目　　B. 一般项目　　C. 基本项目　　D. 允许偏差项目

10. 建筑自动化系统结构图样（　　）。

A. 网络控制器　　B. 监控控制器　　C. 集散控制器　　D. 直接数字控制器

11. 阀门进场后，对安装在主管道上起切断作用的控制阀门，应该（　　）。

A. 每批数量的 10%抽查，不少于 1 个进行强度和气密性试验

B. 每批数量的 10%抽查，不少于 3 个进行强度和气密性试验

C. 每批数量的 50%抽查，不少于 1 个进行强度和气密性试验

D. 逐个做强度和气密性试验

12. 自然接地体底板钢筋敷设完成，应按（　　）做接地施工，应经检查确认并作隐蔽工程验收记录后再支模或浇捣混凝土。

A. 施工单位　　B. 建设单位　　C. 监督部门　　D. 设计要求

13. 管径小于或等于 100 mm 的镀锌钢管应采用螺纹连接，破坏的镀锌层及外漏螺纹部分应做（　　）。

A. 防锈处理　　B. 防水处理　　C. 防腐处理　　D. 二次镀锌

14. 室内给水管道的水压试验，当设计未注明时，应为工作压力的（　　），但不得小于 0.6 MPa。

A. 1 倍　　B. 1.5 倍　　C. 2 倍　　D. 2.5 倍

15. 通球试验的通球球径不小于排水管道管径的（　　）。

A. 3/4　　B. 2/3　　C. 1/2　　D. 1/3

16. 安装在卫生间及厨房的套管，其顶部应高出装饰面（　　）。

A. 20 mm　　B. 30 mm　　C. 40 mm　　D. 50 mm

17. 质量管理计划不包括（　　）。

A. 按照项目具体要求确定项目目标并进行目标分解，质量目标应具有可测量性

B. 建立项目质量管理的组织机构并明确职责

C. 制定符合项目特点的技术保障和资源保障措施，通过可靠的预防控制措施保证质量目标的实现

D. 以最经济的方法提高工程质量

18. 规格为 *DN*100 排水塑料管立管的支架安装最大间距是（　　）。

A. 1 m　　B. 1.5 m　　C. 2 m　　D. 2.5 m

19. 在风管穿过需要封闭的防火、防爆的墙体或楼板时，应设预埋管或防护套管，其钢板厚度不应小于（　　）。

A. 1.0 mm　　B. 1.2 mm　　C. 1.6 mm　　D. 2.0 mm

20. 圆形风管无法兰连接而采用承插连接形式时，要求插入深度大于（　　）且有密封措施。

A. 20 mm　　B. 25 mm　　C. 30 mm　　D. 40 mm

21. 风机盘管机组安装前宜进行单机三速试运转及水压检漏试验。试验压力为系统工作压力的（　　）倍，试验观察时间为 2 min，不渗漏为合格。

A. 1.1　　B. 1.15　　C. 1.2　　D. 1.5

22. 风管垂直安装，间距不应大于（　　），单根直管至少应有 2 个固定点。

A. 2.0 m　　B. 2.5 m　　C. 3.0 m　　D. 4.0 m

23. 低压系统风管的严密性检验应采用抽检，抽检率为（　　），且不得少于 1 个系统。

A. 5%　　B. 10%　　C. 20%　　D. 100%

24. 风管支架、吊架安装，当水平悬吊的主风管、干风管长度超过（　　）时，应设置防止摆动的固定点，每个系统不应少于 1 个。

A. 10 m　　B. 20 m　　C. 30 m　　D. 40 m

25. 低压电线和电缆，线间和线对地间的绝缘电阻值必须大于（　　）。

A. 0.5 MΩ　　B. 1 MΩ　　C. 2 MΩ　　D. 5 MΩ

26. 明配电线保护导管弯曲半径不宜小于管外径的 6 倍，当只有一个弯曲时，不宜小于管外径的（　　）倍。

A. 4　　B. 6　　C. 8　　D. 10

27. 在吊顶顶棚上安装灯具时，应设（　　）固定，不允许直接固定在饰面板上。

A. 主龙骨　　B. 次龙骨　　C. 专用吊杆　　D. 专用支架

28. 照明配电箱安装，箱内开关应动作灵活可靠，带有漏电保护的回路，漏电保护装置动作电流不大于（　　），动作时间不大于 0.1 s。

A. 10 mA　　B. 20 mA　　C. 30 mA　　D. 40 mA

29. 电缆在室外直接埋地敷设时，电缆外皮至在地面的深度不应小于（　　），并应在电缆上下分别均匀铺设 100 mm 厚的细砂或软土，并覆盖混凝土保护板或类似的保护层。

A. 0.4 m　　B. 0.5 m　　C. 0.7 m　　D. 0.8 m

30. 柜、屏、台、箱、盘的金属柜及基础型钢必须接地（PE）或接零（PEN）可靠；装有电器的可开启门和框架的接地端子间应用（　　）连接，且有标识。

A. BV 多股铜线　　B. 裸体多股钢线　　C. 黄绿双色铜芯线　　D. 裸编织铜线

31. 金属电缆桥架及其支架和引入或引出的金属电缆导管必须接地（PE）或接零（PEN）可靠，且必须符合（　　）规定。

A. 金属电缆桥架及其支架全长应不少于 1 处与接地（PE）或接零（PEN）干线相连接

B. 非镀锌电缆桥架间连接板的两端跨接铜芯接地线，接地线最小允许截面积不小于 3 mm^2

C. 非镀锌电缆桥架间连接板的两端跨接铜芯接地线，接地线最小允许截面积不小于 4 mm^2

D. 镀锌电缆桥架间连接板的两端不跨接地线，但连接板两端不少于 1 个有防松螺帽或防松垫圈的连接固定螺

32. 自动喷水灭火系统报警阀应进行渗漏试验。试验压力应为额定工作压力的 2 倍，保压时间不应少于（　　），阀瓣处应无渗漏。

A. 1 min　　B. 2 min　　C. 3 min　　D. 5 min

33. 火灾自动报警与联动控制系统的传输线路，采用绝缘导线穿管敷设在不燃烧体结构内时，其保护层厚度不应小于（　　）。

A. 15 mm　　B. 20 mm　　C. 25 mm　　D. 30 mm

34. 建筑物高度大于 12 m 时，应选择（　　）是适合的。

A. 光电感烟探测器　　B. 感温探测器　　C. 离子感烟探测器　　D. 火焰探测器

35. 自动喷水灭火系统墙壁消防水泵结合器安装位置应符合设计及规范要求，设计无要求时，其安装高度距地面宜为（　　）。

A. 0.4 m　　B. 0.5 m　　C. 0.7 m　　D. 1.0 m

36. 自动喷水灭火系统管道支架、吊架的安装位置不应妨碍喷头的喷水效果，管道支架、吊架与喷头之间的距离不宜小于 300 mm，与末端喷头之间的距离不宜大于（　　）。

A. 300 mm　　B. 500 mm　　C. 750 mm　　D. 1 000 mm

37. 喷淋系统配水支管上每一直管段、相邻两喷头之间的管段设置的吊架均不宜少于 1 个，吊架的间距不宜大于（　　）。

A. 1.8 m　　B. 2 m　　C. 3.6 m　　D. 5 m

38. 建筑工程质量验收应划分为单位（子单位）工程、分部（子分部）工程、分项工程和（　　）。

A. 验收部位　　B. 工序　　C. 检验批　　D. 专业验收

39. 管内穿线下列做法不对的为（　　）。

A. 管内导线包括绝缘层在内的总截面面积不大于管子内截面的40%

B. 导线在管内没有接头和扭结

C. 同一根管内穿人1个照明回路导线

D. 同一台设备的电机回路和有抗干扰要求的控制回路穿一根管子内

40. 分项工程应由（　　）组织施工单位项目专业技术负责人等进行验收。

A. 专业监理工程师　B. 质量检查员　C. 项目经理　D. 总监理工程师

41. 下面对建筑设备自动化系统直接数字式控制器（DDC）的要求描述，错误的是（　　）。

A. 可编写修改程序　B. 能独立完成控制操作

C. 能接受中央管理机统一控制　D. 不可编写修改程序

42. 建筑设备自动化系统现场仪表的选择中，对于温度传感量程的选择应为测点温度的（　　）倍。

A. 1.0～1.2　B. 1.2～1.5　C. 1.5～2.0　D. 2.0～3.0

43. 室内给水与排水管道平行敷设时，两管间的最小水平净距离不得小于（　　）。

A. 0.5 m　B. 0.15 m　C. 1.0 m　D. 1.2 m

44. 弯制有缝钢管时，其纵向焊缝应置于（　　）。

A. 水平位置　B. 与水平面呈45°的位置

C. 与水平面呈30°的位置　D. 与水平面呈15°的位置

45. 塑料排水立管穿越楼层处为固定支承且排水支管在楼板之下接入时，伸缩节应设置于（　　）。

A. 水流汇合管件之下　B. 水流汇合管件之上

C. 水流汇合管件处　D. 楼层任何部位

46. 排水立管在底层和楼层转弯时应设置（　　）。

A. 检查口　B. 检查井　C. 闸阀　D. 伸缩节

47. 为了排除上行下给式集中热水供应系统中干管热水散发出来的气体，以保证管内热水流畅，应在该方式管网的最高处装设（　　）。

A. 疏水器　B. 伸缩器　C. 自动排气阀　D. 安全阀

48. 在湿式喷水灭火系统中为防止系统发生误报警，在报警阀与水力警铃之间的管道上必须设置（　　）。

A. 闸阀　B. 水流指示器　C. 延迟器　D. 压力开关

49. 某*DN*100的给水立管，应采用（　　）作为固定构件。

A. 钩钉　B. 管卡　C. 吊环　D. 托架

50. 风管垂直安装时，支架间距不应大于（　　）。

A. 2 m　B. 3 m　C. 4 m　D. 5 m

二、多选题（每小题2分，共计20分）

1. 质量检验的基本环节有（　　）。

A. 量测（度量）比较　B. 判断

C. 处理　D. 报告

E. 处罚

2.（　　）必须安装柔性短管。

A. 风管穿越伸缩缝　　B. 风机出口　　C. 风机进口　　D. 消声器前

E. 沉降缝

3. 建筑工程质量是指反映建筑工程满足相关标准规定或合同约定的要求，包括其在（　　）等方面所有明显和隐含能力的特性总和。

A. 安全　　B. 使用功能　　C. 耐久性能　　D. 环境保护

E. 经济性能

4. 工程质量标准主要有（　　）。

A. 国家标准　　B. 行业标准　　C. 地方标准　　D. 企业标准

E. 专业标准

5. 当管道设置伸缩节时，应每层设一个伸缩节的管道是（　　）。

A. 当层高小于或等于4 m时的污水立管　　B. 当层高大于4 m时的污水立管

C. 当层高小于或等于4 m时的通气立管　　D. 当层高大于4 m时的通气立管

E. 当层高小于4 m时的雨水立管

6. 用于室内排水的排出管与立管，应采用（　　）连接。

A. 用2个45°弯头　　B. 曲率半径小于4倍管径的90°弯头

C. 曲率半径不小于4倍管径的90°弯头　　D. 两个90°弯头

E. 用一个30°的弯头

7. 分项工程应按主要（　　）等进行划分。

A. 工种　　B. 材料　　C. 施工工艺　　D. 设备类别

E. 楼层

8. 电缆敷设时下列做法正确的是（　　）。

A. 一般埋深不小于0.7 m

B. 沟底平整，底部向排水井有小于0.5%的坡度

C. 电缆支架要做好防腐处理

D. 电缆沟入户应采用管敷设，并做好封堵处理

E. 电缆可以直接埋在土下面

9.《建设工程质量管理条例》规定，（　　）依法对建设工程质量负责。

A. 建设单位　　B. 勘察单位、设计单位

C. 施工单位　　D. 工程监理单位

E. 工程质量检测单位

10. 排水塑料管道横管支、吊架间距符合规定的有（　　）。

A. 管径50 mm，间距0.5 m　　B. 管径75 mm，间距1 m

C. 管径125 mm，间距1.3 m　　D. 管径160 mm，间距1.6 m

E. 管径50 mm，间距1 m

三、判断题（每小题1分，共计20分）

1. 工程质量验收的前提条件为施工单位自检合格，验收时，施工单位对自检中发现的问题已经完成整改。（ ）

A. 正确　　B. 错误

2. 对检验批的抽样方案不可以根据检验项目的特点进行选择。（ ）

A. 正确　　B. 错误

3. 建筑电气工程质量必须保证安全和使用功能，对直接影响安全和使用功能的项目，要采取监督抽查和实物测试。（ ）

A. 正确　　B. 错误

4. 设备安装各分部的分项的施工，应把每一个分项施工工序作为工序交接检验点，可以不形成相应的质量记录。（ ）

A. 正确　　B. 错误

5. 对分项工程的质量控制，可以从人、机、料、法、环5个方面进行控制。（ ）

A. 正确　　B. 错误

6. 在工程施工过程中，发生重大工程质量事故，建设单位必须在24 h内，一般工程质量事故在48 h内向当地建设行政主管部门和质监站上报。（ ）

A. 正确　　B. 错误

7. 施工中出现的质量问题，应由施工单位负责整改。（ ）

A. 正确　　B. 错误

8. 死亡30人以上或直接经济损失300万元以上为一级重大事故。（ ）

A. 正确　　B. 错误

9. 防火风管为建筑中的安全救生系统，是指建筑物局部起火后，仍能维持10 min时间正常功能的风管。（ ）

A. 正确　　B. 错误

10. 最常用的导电金属是铜和锰。（ ）

A. 正确　　B. 错误

11. 绝缘材料的主要老化形式，有环境老化、热老化与化学氧化老化。（ ）

A. 正确　　B. 错误

12. 电线电缆的型号一般由阿拉伯数字一个或几个组成。（ ）

A. 正确　　B. 错误

13. 单位工程质量验收时，要求质量控制资料基本齐全。（ ）

A. 正确　　B. 错误

14. 返修是指对不合格工程部位采取重新制作、重新施工的措施。（ ）

A. 正确　　B. 错误

15. 一般项目是指允许偏差的检验项目。（ ）

A. 正确　　B. 错误

16. 交接检验是由施工的完成方与承接方经双方检查、并对可否继续施工作出确认的活动。( )

A. 正确 B. 错误

17. 通风管使用的材料是金属和复合材料。( )

A. 正确 B. 错误

18. 风管检查方法：查验材料质量合格证明文件、性能检测报告，观察检查与点燃试验。( )

A. 正确 B. 错误

19. 防排烟系统柔性短管的制作材料检查方法：核对材料品种的合格证明文件。( )

A. 正确 B. 错误

20. 智能化系统中使用的产品应包括：材料、硬件设备、软件产品。( )

A. 正确 B. 错误

四、综合题（每大题 5 分，共计 10 分）

1. [背景资料] A 公司在冬季承接了一室外压缩空气管网系统的安装，系统工作压力为 2.5 MPa。由于工期较紧，A 公司将系统中部分规格的直管分包给 B 公司。A 公司和 B 公司均具备与承包管道系统相符的压力管道施工许可证，管道及管件均由业主提供。管道系统施工完后，B 公司通过 A 公司后开始试压，A 公司质量员没有到试压现场监督，在试压阶段发现 B 公司施工的个别焊接接头发生泄漏，经检查是由于焊接接头裂纹引起。在进一步检查时发现，B 公司的试压方案是经 A 公司批准的，所有管道、管件均符合质量要求。试验当天的气温是 0～8℃，B 公司有两名焊工合格证已过期。

请根据背景资料完成以下问题：

(1)（判断题）关于两个焊工后续处理的说法：两名焊工可继续上岗操作，但需检查施焊记录，该两名焊工到期后焊接的焊缝均要重新检查、检测，必要时应重焊。( )

A. 正确 B. 错误

(2)（单选题）管道系统焊接接头泄漏的质量问题由( )组织调查。

A. 建设单位 B. 监理单位

C. A 单位项目质量负责人 D. B 单位项目质量负责人

(3)（单选题）质量问题处理结束后应( )处理结论。

A. 作出 B. 不作出 C. 无关紧要 D. 根据实际情况需要

(4)（多选题）处理方案应经批准，不能发给( )实施。

A. 建设单位 B. 监理单位 C. 质检机构 D. 质量问题负责人

E. 设计单位

2. [背景资料] 有一项建筑工程，属于一类高层建筑，设计使用的变压器为干式变压器，满足变压器安装条件。

请根据背景资料完成以下问题：

(1)（判断题）干式变压器和不带可燃油的 10 (6) kV 配电装置、低压配电装置等可设在同一房间内。( )

A. 正确 B. 错误

(2)（单选题）干式变压器的支架应( )。

A. 接地　B. 不接地　C. 可以接地也可以不接地　D. 架空

(3)(单选题)变压器安装程序正确的是(　)。

①基础施工　②变压器就位固定　③通电试运行　④变压器接地

A. ①→②→③→④　B. ①→③→②→④

C. ①→②→④→③　D. ④→①→②→③

(4)(多选题)干式变压器在运输过程中倾斜角可以为(　)。

A. 10°　B. 15°　C. 20°　D. 25°

E. 30°

附录 2　安装质量员专业知识测试模拟试卷参考答案

试卷一

一、单项选择题

1. B　2. B　3. A　4. D　5. D　6. D　7. D　8. D　9. D　10. D
11. A　12. B　13. B　14. B　15. A　16. A　17. A　18. A　19. C　20. B
21. A　22. B　23. A　24. B　25. B　26. C　27. B　28. B　29. A　30. B
31. A　32. C　33. C　34. B　35. A　36. B　37. B　38. A　39. A　40. C
41. C　42. C　43. C　44. C　45. B　46. B　47. A　48. B　49. B　50. A

二、多项选择题

1. ABC　2. ABCD　3. ABCD　4. ABCE　5. ABCD
6. ABCD　7. ABCD　8. ABC　9. ABCD　10. ABC

三、判断题

1. A　2. A　3. A　4. A　5. B　6. B　7. B　8. A　9. A　10. A
11. A　12. A　13. A　14. B　15. A　16. A　17. A　18. A　19. A　20. A

四、综合题

1.（1）B　（2）A　（3）C　（4）ABCDE
2.（1）A　（2）B　（3）A　（4）ABC

试卷二

一、单选题

1. D　2. A　3. B　4. A　5. C　6. C　7. A　8. B　9. B　10. A
11. D　12. D　13. C　14. B　15. B　16. D　17. D　18. C　19. C　20. C
21. D　22. D　23. A　24. B　25. A　26. C　27. D　28. C　29. D　30. D
31. C　32. D　33. D　34. D　35. C　36. C　37. C　38. A　39. A　40. A
41. D　42. B　43. B　44. B　45. A　46. A　47. C　48. C　49. B　50. C

二、多选题

1. ABC　2. ABC　3. ABCD　4. ABCD　5. AC

6. AC　7. ABCD　8. ABCD　9. ABCD　10. ACD

三、判断题

1. A　2. B　3. A　4. B　5. A　6. A　7. A　8. A　9. B　10. B

11. B　12. B　13. B　14. B　15. B　16. A　17. B　18. A　19. A　20. B

四、综合题

1.（1）A　（2）C　（3）A　（4）ABC

2.（1）A　（2）A　（3）C　（4）ABC